U0221613

◆ 国家自然科学基金面上项目“沿海城市产业重构背景下人居环境演变机制研究：宁波、舟山为例”（项目编号：41771174）的阶段性成果

◆ 浙江省新型重点专业智库——宁波大学东海研究院自设课题
（项目编号：DHST202302YB01）

浙江省海洋发展智库联盟

海岸带资源环境与东海可持续发展丛书

丛书主编　李加林　马仁锋

海岸带经济与陆海统筹管控

海岛产业演替与人居响应

马仁锋　姜露露　赵一然　傅雯清　著

ZHEJIANG UNIVERSITY PRESS
浙江大学出版社
·杭州·

图书在版编目（CIP）数据

海岸带经济与海陆统筹管控 ：海岛产业演替与人居响应 / 马仁锋等著. -- 杭州 ：浙江大学出版社，2024. 11. -- ISBN 978-7-308-25632-2

Ⅰ. P748

中国国家版本馆 CIP 数据核字第 202437MB07 号

海岸带经济与陆海统筹管控：海岛产业演替与人居响应

马仁锋　姜露露　赵一然　傅雯清　著

责任编辑　伍秀芳
责任校对　林汉枫
封面设计　周　灵
出版发行　浙江大学出版社
（杭州市天目山路 148 号　邮政编码 310007）
（网址：http://www.zjupress.com）
排　　版　杭州晨特广告有限公司
印　　刷　广东虎彩云印刷有限公司绍兴分公司
开　　本　710mm×1000mm　1/16
印　　张　22.5
字　　数　416 千
版 印 次　2024 年 11 月第 1 版　2024 年 11 月第 1 次印刷
书　　号　ISBN 978-7-308-25632-2
定　　价　98.00 元

浙江大学出版社市场运营中心联系方式：0571-88925591；http://zjdxcbs.tmall.com

丛 书 序

海岸带是地球系统中陆地、大气、海洋系统的界面，是物质、能量、信息交换最频繁、最集中的区域之一，同时又是人口与经济活动的密集带、生态环境的脆弱带，区域内资源环境问题特别尖锐。国际地圈生物圈计划（IGBP）和国际全球环境变化人文因素计划（IHDP）都把海岸带的陆海相互作用（LOICZ）列为核心计划之一。

作为人类活动最为活跃的地带之一，海岸带因其独特的地理位置深受大陆和海洋各种物质、能量、结构和功能体系的多重影响。一直以来，海岸带研究是一个备受各国家学术界关注的话题。人类对海岸带不合理的开发和利用使其成了一个生态脆弱区。2001 年，IGBP、IHDP 和世界气候研究计划（WCRP）联合召开的全球变化国际大会，把海岸带的人地相互作用列为重要议题。进入 21 世纪后，地理信息系统（GIS）、遥感（RS）和全球定位系统（GPS）等技术被广泛运用于海岸带研究。和传统的技术相比，这些技术能更快、更准确、更及时地获取海岸带资源环境状况的实时信息，更能及时地反映海岸带土地利用、景观格局变化，甚至海洋污染程度的最新变化，在海岸带资源演化监测和海洋社会经济研究中发挥着巨大的作用。

随着海岸带利用的深入，农牧渔业的发展、盐田的围垦、城市围海造地、码头工程和海岸建设、港内水产养殖等人类活动都将影响原有流场状况，改变自然岸线，影响景观生态资源环境。一旦流场或风浪条件发生变化，岸线地形、地貌及沉积特征就会发生改变，岸线功能、空间及景观资源也将发生相应变化，使海岸带地区的生态功能发生不可逆的变化。鉴于海岸带地区在人类生存和发展中的重要地位，各国政府对海岸带地区的研究均相当重视，在世界范围内开展的海岸带调查工作为沿海地区的景观格局演变研究积累了大量的科学资料，陆海相互作用研究已成为地球系统研究中的重要方向。因此，加强海岸带地区资源环境演变及其与沿海社会经济发展的关系研究，对我国海岸带资源环境的持续利用具有十分重要的意义。

东海是由中国大陆、台湾岛、琉球群岛和朝鲜半岛围绕的西北太平洋边缘海，它与太平洋及邻近海域间有许多海峡相通,东以琉球诸水道与太平洋相通,东北经朝鲜海峡、对马海峡与日本海相通,南以台湾海峡与南海相接。东海地理位置为21°54′N—33°17′N,117°05′ E—131°03′E,东北至西南长度1300km,东西宽740km,总面积7.7×105km^2;平均水深370m,多为水深200m以内的大陆架。东海濒临我国东部的江苏、上海、浙江、福建和台湾1市4省。东海区域具有包括上海港和宁波—舟山港在内的丰富而又相对集中的港口航道资源、位于全国前列的海洋渔业资源、丰富的滨海及海岛旅游资源、开发前景良好的东海陆架盆地油气资源、广阔的滩涂资源,以及理论储量丰富的海洋能资源。东海区海岸带开发有着悠久的历史,发展海洋经济具有得天独厚的条件。

改革开放以来,东海区的海岸带资源不断得到开发,包括江苏、上海、浙江、福建和台湾在内的东海区海洋经济综合实力不断增强。进入21世纪,东海区各省市海岸带开发与海洋经济发展面临新的机遇,同时具备建设海洋经济强省的良好基础。2011年,浙江海洋经济建设示范区规划获得国务院批复。同年,浙江舟山群岛新区建设规划获得国家批复。2012年,国务院正式批准《福建海峡蓝色经济试验区发展规划》,福建海洋经济发展上升为国家战略,面临新的重大历史机遇。2013年,中国(上海)自由贸易试验区正式成立。可见,无论是国家层面还是各省市政府,都十分重视和关注东海区的海洋经济发展与资源环境保护,东海区的海洋经济发展也取得了很多成就。在东海区海洋经济快速发展同时,东海海岸带海洋资源环境与社会经济发展研究也取得了大量的成果,有力地支撑着东海区可持续发展。尽管如此,现有研究还缺少东海海岸海洋资源环境与海洋经济发展态势的系统成果,对于海岸海洋资源环境与海洋经济发展研究还缺乏公认的理论解析框架,存在不系统、不规范、数据不统一等问题,远不能适应东海区海洋经济持续发展的需要。因此,加强海岸海洋资源环境与陆海社会经济统筹发展研究对东海可持续发展具有十分重要的意义。

基于海洋生态文明建设的重要性和现实紧迫性以及"浙江样本"的示范价值,作为浙江省海洋发展智库联盟牵头单位的宁波大学东海研究院的资源管理与海洋生态保护方向课题组立足浙江现实问题和实践经验,以海岸带资源环境管理为切口,针对陆海交错带生态文明建设中的若干核心主题和前沿领域,专门编撰了本套"海岸带资源环境与东海可持续发展丛书"。本丛书包括十本专著,分成总论、分论和政策策论三部分。本丛书遵循陆海统筹理念—模式—实践的基本逻辑,围绕"海岸带资源演化与陆海统筹适应""海岸带经济活动的环境效应陆海统筹管控""海岸灾害适应性与陆海统筹调控"三个维度,系统开展陆海交错带的海洋生态文明建设的陆海统筹理论分析、资源演化特性分析、人类活动的环境影响机制分析和海岸灾害适应政策探讨，总结了浙江省在海洋生态文明建设关键领域的典型模式和成功经验。

"海岸带资源环境与东海可持续发展丛书"按照浙江省海洋发展智库联盟章程和宁波大学东海研究院（2024—2028年）新一轮发展规划要求，聚焦海岸带资源环境管理与海洋生态保护，力争通过有组织科研产出东海海岸带资源与生态环境研究的并能体现宁波大学学科发展特色的精品著作。

本丛书的总论系国家社科基金重大招标项目首席专家李加林教授撰写的《东海区大陆海岸带陆海统筹水平及海岸带复合系统演化》。该书以人海关系地域系统为理论基础，基于长时序遥感影像数据以及历史时期的东海区大陆海岸线数据和土地利用数据，分析揭示了东海区海岸线时空变化规律和东海区大陆海岸带开发活动的时空特征；进而分析东海区沿海城市陆海统筹水平的时空变化特征，并甄别东海区大陆海岸带陆海统筹水平及其主要影响因素。总论的相关观点、结论与建议指引本套丛书分论与政策策论研究。

分论围绕海岸带资源演化及其环境效应与灾害应对展开递进式研究，形成分论Ⅰ海岸带资源演化与陆海统筹适应、分论Ⅱ海岸带经济与陆海统筹管控、分论Ⅲ海岸灾害适应性与陆海统筹调控。

（1）分论Ⅰ海岸带资源演化与陆海统筹适应：聚焦海岸带关键海洋资源的利用与保护，选择大河三角洲湿地资源、海岸带地区可再生能源进行系统研究，形成《海岸带资源演化与陆海统筹适应：大河三角洲湿地管理》（刘永超等著）、《海岸带资源演化与陆海统筹适应：可再生能源配置管理》（孙艳伟等著）、《海岸带资源演化与陆海统筹适应：太阳能光伏潜力利用》（贺晶等著）三部著作。

（2）分论Ⅱ海岸带经济与陆海统筹管控：聚焦海岸带人类资源利用及其环境效应阐释，围绕海岸带经济的环境胁迫强度、碳减排与碳中和、人居环境响应展开系统研究，形成《海岸带经济与陆海统筹管控：环境胁迫过程与机理》（陈妤凡等著）、《海岸带经济与陆海统筹管控：碳减排与用地优化》（任丽燕等著）、《海岸带经济与陆海统筹管控：海岛产业演替与人居响应》（马仁锋等著）三部著作。

（3）分论Ⅲ海岸灾害适应性与陆海统筹调控：聚焦海岸带资源利用与人类活动面临的关键自然灾害探索其陆海统筹调控路径与规划方法，形成《海岸灾害适应性与陆海统筹调控：城市热韧性规划策略》（蒋少晶等著）和《海岸灾害适应性与陆海统筹调控：城市社区韧性建设》（乔观民等著）两部著作。

政策策论研究集成海岸带资源演化特性、海岸带经济活动的环境扰动、海岸灾害适应性三方面的陆海统筹适应、管控与规划策略，理清浙江统筹管理海岸带的经验、示范价值与应用趋势，形成专著《陆海统筹管理海岸带的理论与政策》（王建庆等著)。

本套丛书既是宁波大学东海研究院首席专家李加林教授、海洋生态保护方向负责人马仁锋教授的系统策划与高效组织的产出,更是在宁波大学地理与空间信息技术系2013年以来有组织研究浙江、东海海洋资源环境与海洋经济可持续发展出版"海洋资源环境与浙江海洋经济丛书"(四卷,浙江大学出版社)、"海洋资源环境演化与东海海洋经济丛书"(四卷,海洋出版社)、"中国东海可持续发展研究报告"(五卷,海洋出版社)基础上,潜心研究海岸海洋可持续发展的阶段性成果。本套丛书不仅对促进人类活动对近海生态系统与环境的影响的深入研究具有重要的理论意义,而且对促进东海区海岸带资源环境的可持续利用与体系化保护具有重要的现实意义。

是为序。

李加林

2024年6月6日于宁波大学载物楼

前 言

21世纪是海洋的世纪。海岛以其特有的区位条件、资源和环境优势，成为海洋经济发展的天然基地，是中国走向海洋强国的“桥头堡”，是人居环境建设和规划实践的热点区域。人居环境质量既是海岛城市发展态势的综合表征，又是海岛城市发展水平与可持续发展状态的重要衡量标准。舟山市是中国东海重要的门户城市，岱山岛、六横岛、朱家尖岛是舟山市乃至浙江省的船舶工业或海洋旅游基地，率先走上对外开放之路。随着城市化、工业化、旅游化的快速推进，出现了产业结构层次低端锁定所致的生态环境等问题，人居环境质量受到威胁。因此，厘清海岛产业结构演替影响人居环境的机制迫在眉睫。

海岛兼具海洋与大陆两种地域特征，一直是地理学的重要研究对象。现有研究主要关注海岛产业结构转型与海洋资源利用方式等，鲜见探讨产业结构变迁与人居环境变化之间关系。研究海岛地区产业结构变迁对海岛人居环境影响的具体形式及产生的问题，能够为海岛城镇可持续发展决策提供参考，亦能引导海岛产业布局尽可能有效地规避自然灾害，降低由自然灾害带来的经济损失，繁荣海岛地区人口和就业，避免海岛地区地缘政治意义的丧失，还可以丰富和发展海岛陆域产业结构变化过程的人居环境理论。

本书以人类活动的外部性理论为基础，分析产业演替及其主体集聚的外部性，识别产业演替影响人居环境的关键要素，进而基于传统PSR（压力—状态—响应）和PRED（人口—资源—环境—发展）分析框架构建海岛产业结构演替影响人居环境的IS-PRED解析框架；综合利用主成分、通径系数、结构方程、系统动力学等模型，探究岱山岛、朱家尖岛、六横岛等海岛的产业演替及其影响人居环境关键要素的机制。主要研究结论如下。

（1）舟山市域产业结构总体趋向工业主导、服务业次之、农渔业呈缓慢下降态势，工业以船舶修造、临港化工、生物医药为主，服务业高度依赖海洋交通运输业和旅游业。舟山市域人居环境总体趋好，但是定海区、普陀区的人居环境硬件设施总体好于岱山县、嵊泗县。

(2)岱山岛产业发展存在区域不平衡、结构单一、与就业结构不匹配等问题;结构演替呈现第二、第三产业快速增长,非农产业由城区向外围乡村扩散的多中心布局结构,分布密度由高亭镇的镇中心向外围呈圈层式递减。其中,工业园区向港口岸线集聚,交通指向显著;服务业趋向社区与中心村分布。岱山岛产业演替影响人居环境关键要素的机制如下。①制造业与服务业的空间集聚趋势影响岱山岛土地利用类型的占比转换,呈现波动平稳型(东沙镇)、波动上升型(高亭镇)和波动下降型(岱东镇与岱西镇),产业结构演替与土地利用结构匹配度较低,非农企业集聚与建设用地分布呈高度耦合的强化趋势,土地利用占比转换的人居(生态效益和结构效益)正向影响显著。②产业结构高级化导致淡水资源利用结构均衡度、协调度降低,第二产业结构效益增加有利于水资源利用协调度提高;快速趋向第二、第三产业的产业高级化过程有利于降低水环境污染,其中第二产业发展是造成淡水资源污染的主要原因。③制造业空间集聚与公共服务设施分布耦合度较高,其中高亭镇主城区、岱山岛经济开发区、双合村、沿港中路和沿港西路附近以及泥峙村附近等区域为高耦合度区域,东沙社区附近为低耦合度区域;产业结构趋向第二、第三产业过程中,当第二产业产值比重显著提高时,区域公共服务设施空间配置效率显著提升。④第三产业比重提高有效提升了农户家庭生计资本水平,对农户家庭居住环境(物质资本)的正向影响尤为突出;农户家庭收入增长来源之中第二、第三产业的贡献显著增加,进而提升了家庭居住环境改善的消费支出占比。其中,第三产业比重提高能够有效提升农户家庭消费水平,而第一产业的发展以降低家庭消费水平为主,其对家庭人均食品支出的影响最显著。区域产业专业化生产能力的提升会导致交通通信支出显著增加,产业结构效益会降低海岛居民医疗、养老等社会保障性的投入。⑤海岛产业演替过程直接影响淡水资源、土地利用类型转换的生态服务价值结构;产业高级化过程的空间集聚,既能拓宽家庭收入增长来源实现居住环境支出改善,又能提高地方公共服务设施与环保设施的投入占比,从而缓解产业演替过程带来的建设用地占比快速增加的生态环境负效应。

(3)六横岛产业结构由农业主导转向工业主导,其城市化水平也快速提升,城市化公共基础设施日益密集布局于城市化社区,如龙山社区、峧头社区、台门社区;相应地,海岛本地居民感知公共服务设施满意程度也集中体现在公共设施齐全性、交通便利性、环境舒适性、环境健康性等方面,其中对于环境健康性区域分异尤为关注,主要是产业结构趋向工业升级会造成一定的工业“三废”排放以及岛内交通通勤压力,影响居民的安全感,表明产业结构变化将直接影响城镇村人居环境的硬件建设速度与质量,同时也在一定程度上影响工业密集区周边居民的人居环境主观满意度评价,尤其是环境健康性与社区居住安全性方面。

(4)朱家尖岛产业结构由农业主导转向旅游业主导,其旅游化水平快速提升,旅游类公共基础设施也日益密集布局于景区周边与街道办驻地;相应地,海岛本地居民感知公共服务设施满意程度也集中体现在公共设施齐全性、交通便利性、环境舒适性、环境健康性等方面,且普遍高于六横岛居民的感知状态。这表明海岛产业结构向旅游业方向升级,虽然会造成一定的经济收入季节性波动,但是"三废"排放及岛内通勤压力低于趋向工业主导的产业结构转型。产业结构趋向旅游业主导的服务业结构时,将对城镇村人居环境的硬件建设速度与质量产生积极影响,同时也在一定程度上提高了景区周边居民的人居环境主观满意度,尤其是在环境舒适性、环境健康性方面的评价高于趋向工业主导的产业结构转型。

本书探究海岛产业结构演替规律及其对人居环境关键要素的影响,有助于甄别海岛跃迁式产业结构演替的土地利用类型转换特征、家庭收入和政府公共财政增长来源的多样化,进而促成微观家庭居住环境消费支出和城乡公共设施与环保设施投入的增加,以及土地利用结构转换过程的结构效益恶化和生态服务功能提升。这有利于提高海岛城乡人居环境建设决策的科学性,丰富中国以大陆城镇为主体的人居环境演变理论。

本书由作者及研究生团队共同完成,他们包括姜露露(现任职于浙江省普陀中学)、赵一然(现任职于江苏省苏州市苏苑高级中学)、傅雯清等。限于作者的学识和能力,本书难免存在错漏之处,还望广大读者和学界同仁批评指正。

作者

2024 年 8 月于宁波大学载物楼

目　录

1 导　论

1.1　海洋世纪、陆海统筹与海岛人居环境

1.1.1　全球变化、海洋世纪与海岛可持续发展

全球变化是指在全球范围内气候平均状态统计学意义的改变或者持续较长一段时间的气候变动，可能导致海平面上升、海洋酸化等，直接或间接地危害人类活动，影响区域可持续发展。海岛是指四面环海水并在高潮时高于水面的、自然形成的陆地区域，包括岛陆、潮间带和海域 3 个部分①。海岛面积较小，生态系统相对独立，生态环境较为脆弱。部分研究阐释了全球气候变化与海岛可持续发展的关系，气候变暖是影响海岛可持续发展的因素之一；人均收入水平较高的海岛，受其自身面积限制且生产生活用地、基础设施过分集中于海岸带特征显著，极易受海平面上升的影响；全球变化及极端天气会使海岛、周边海域景观形态发生变化，影响海岛旅游业发展。当然，全球变化在给海岛发展带来压力的同时，也会产生一些积极影响，如全球技术扩散和海洋治理的国际合作经验，推动海岛开发管理水平进步和海岛保护恢复能力提升②。

海岛对一个国家具有高度的政治、经济和社会价值，在自然和人为因素作用下发生的全球和局部气候变化，给世界海岛利用保护敲响了警钟。中国海域面积广阔、岛屿众多、海洋资源较为丰富。在经济全球化背景下国家海权意识不断增强，

---

① 中华人民共和国海岛保护法[Z]. 北京：中国法制出版社，2010.

② Pelling M, Uitto J I. Small island developing states: natural disaster vulnerability and global change [J]. Global Environmental Change Part B: Environmental Hazards, 2001, 3(2): 49－62.

全球变化加剧,极端天气、自然灾害增多的当下,我们更应重视海岛可持续发展研究,尤其应该关注海岛人类经济活动与人居环境的可持续性。随着海洋世纪的到来,全球范围内海洋、海岛资源的开发利用与保护受到前所未有的重视。海洋资源开发利用繁荣了社会经济,也造成了不同程度的海岸海洋资源环境破坏,如近海渔业资源枯竭便是海岸资源环境被破坏的首要表现。近海资源枯竭不仅影响了海洋矿产原材料供应,而且影响了近海传统渔业生产。由于海洋渔业资源枯竭,渔民被迫转产或成为失渔农民,此过程造成了渔民失业局面,在一定程度上推动了海岛常住居民就业方式由传统农渔生产向收入较高的制造业或服务业转移。越来越多渔民在解决了自身温饱问题后,便日益关注居住环境、生活服务、文化教育、医疗保健、休闲娱乐等方面的可达性与供给质量,也开始思考如何解决海岛地区小岛离散、交通不便、基础设施共享性差等制约其生活质量的问题。

1.1.2 全球化背景下海岛城市人居环境的脆弱性

海岛城市是城市聚落类型的一种,其特有的社会经济发展问题和生态环境逐渐引起国内外学术界的关注。在不同的发展背景下,海岛城市人居环境表现出不同的状态、特征和问题。1976 年,联合国于加拿大温哥华召开"人居一"大会,来自世界各地的各领域专家学者汇集于此,签订了《温哥华人居宣言》,并讨论如何理解与解决世界城市化急剧突进带来的一系列人居环境问题。这一会议还成立了专门的人居机构,提出改善"人居"意见,并约定此会议每 20 年召开一次。1996 年,第一个 20 年后,以"城市化进程中人类住区的可持续发展"和"人人享有适当住房"为主题的"人居二"会议在伊斯坦布尔召开,会上签订了《人居议程》和《伊斯坦布尔宣言》。2016 年,"人居三"会议在厄瓜多尔首都基多举办,会上签订了《新城市议程》,并将人居环境可持续发展作为全球发展标准,建设可持续发展的、安全的、高效的、健康的、生态的人居环境成为世界各国的一致意愿①。

海岛作为海洋地缘战略桥头堡和海洋经济发展的重要支点、拓展发展空间的重要依托,其经济结构单一、资源数量有限、环境容量不高,是海陆相互作用的敏感地带和生态环境脆弱区②。受全球化影响,越来越多的人口和产业向城市集聚,城市区域消耗了世界能源的 70%③。由此可见,全球城市面临着巨大的生态环境压

① 石楠."人居三"、《新城市议程》及其对我国的启示[J].城市规划,2017,41(1):9-21.

② 尹鹏,刘曙光,段佩利.海岛型旅游目的地脆弱性及其障碍因子分析——以舟山市为例[J].经济地理,2017,37(10):234-240.

③ 孙艳伟,李加林,李伟芳,等.海岛城市碳排放测度及其影响因素分析[J].地理研究,2018,37(5):1023-1033.

力，是导致全球气候恶化的重点区域。海岛城市作为特殊的地域单元，其独特的发展模式与路径、经济体的发展演变与资源环境间的互动关系一直是地理学关注的重要问题。在应对全球化的大时代背景下，发展绿色海洋经济、协调海岛人居环境已成为海岛城市发展的大趋势。

海岛是中国21世纪以来重要的发展战略地，其可持续发展对于实现海洋强国战略、统筹陆海空间发展、优化海洋国土空间及促进海洋经济高质量发展具有重要的现实意义①。目前，我国东部沿海地区已成为国内城市最密集、人口最集中、工业产业规模最大、城市发展压力最大的区域之一，自然生态破坏、市政基础设施超压、居住条件下降、社会矛盾增加等问题突出。全球变暖、海平面日益上升、沿海区域自然灾害频发，对人类的可持续发展造成了巨大的影响。前述问题的存在严重制约了海岛城市的可持续发展，威胁到其海洋发展战略地位。另外，相较于大陆沿海城市，海岛城市资源贫瘠、结构单一，呈现较强的人居环境系统敏感性和脆弱性，自然或人为引起的些许变化都可能导致系统崩溃，产生严重的城市发展问题。

1.1.3 海岛产业迅速发展与海岛城市人居环境

中国海岛县产业发展类型多样、典型性突出，存在跃迁式的结构演替特征，且产业结构演替速度愈加快速，除以渔业为主导产业的长海县外，其余海岛县均向二、三产业转型升级②。跃迁式的产业结构演替主要表现为右旋式和左旋式的模式③，即二、三产业交替发展为区域主导产业。其中，定海县和洞头县经济基础较好，产业结构基本达到后工业化时期的高级水平。长岛、长海、平潭和嵊泗四个县凭借其优良海域资源对渔业进行规模化养殖，以渔业为主导产业，以服务渔业生产为目的的第三产业逐渐兴起。虽然服务业发展速度较快于工业发展速度，但两者仍无法超越渔业成为区域主导产业，产业结构呈现“一二三”向“一三二”演替的特征。岱山、普陀、崇明、南澳、东山和玉环凭借其优良的港湾资源和海洋资源，大力发展船舶修造、临港化工、水产品精深加工等工业，工业经济成为城市经济的支撑，但其比重与第三产业相比仍然较低，产业结构呈现“一二三”向“三二一”再向“二三一”演进的跳跃式演替特征。在海洋经济发展初期，渔业是海岛县的主导产业；随着渔业生产规模的不断扩大，以服务渔业生产为目的的海产品贸易服务业开始发

① 韩增林，朱珺，钟敬秋，等.中国海岛县基本公共服务均等化时空特征及其演化机理[J].经济地理，2021，41(2)：11－22.

② 朱菲菲，李伟芳，马仁锋，等.海岛县土地资源视角下的产业发展研究进展[J].世界科技研究与发展，2016，38(3)：492－499.

③ 包乌兰托亚.我国海岛地区产业发展现状与优化对策[J].中国渔业经济，2013，31(2)：132－138.

展,并依托独特的海洋旅游资源发展初级生产性服务业,为高效益的工业化生产积累资金。

海岛产业结构演替这一典型规律导致海岛城市人居环境呈现独特的景观现象和发展问题。首先,跃迁式演替规律的存在,表明区域产业结构不稳定,严重影响区域经济总量对地方财政收入的贡献率。其次,渔业仍为部分海岛县的主导产业,以海洋生物资源为基础,对海洋生态环境的影响显著。再者,以服务渔业生产为目的的海产品服务业、依托海洋旅游资源发展的初级生产性服务业附加值低,就业吸纳能力弱,无法大幅度改善海岛居民的收入和消费水平。另外,渔业本就属于污染性产业,海产品加工废弃物、海产品腥臭味、养殖对象排泄物等对海岛人居环境质量造成重要影响。最后,海岛地区比重较低的以船舶修造、临港化工和水产品加工为主体的传统型工业附加值低、就业吸纳能力弱、环境污染严重、淡水资源消耗量大,除降低自然环境质量外,还给海岛城市交通等基础设施造成巨大压力,对居民生活质量产生严重影响。

中国作为人口大国,人均资源匮乏,改善海岛城市人居环境质量、促进海岛产业结构转型升级对海洋资源的开发与保护具有重要的国家权益与国防安全战略意义。浙江舟山位于中国长江入海口,是中国对外开放的东大门城市,是建设深水良港、开发海上油气、发展渔业捕捞、海上旅游的重要基地,具有重要的政治、经济和生态价值。加强对舟山海岛的研究,促进对舟山海岛特征与发展规律的把握,对舟山整体价值的提升具有十分重要的现实意义与战略意义。本书从产业结构演替对人居环境影响的视角对舟山市典型海岛展开研究,突破以大陆区域为人居环境研究区域的惯例。通过研究,厘清海岛人居环境关键要素在不同时空下的演变阶段特征与问题,并利用经济外部性等理论分析产业结构演替影响人居环境关键要素的路径,对改善海岛人居环境具有重要的现实意义。

1.2 以舟山为案例的中国经验与学理价值

1.2.1 解析兼具高密度人类活动、高敏感陆海交互特性的海岛城镇产业演替及其人居环境效应

经过近40年的快速发展,中国沿海城市的地方生产总值与人口不断增长,城镇化进程持续加快,不仅成长为中国经济全球化、海陆一体化的战略要地,一直以来建设用地是由其他用地类型转化、滩涂围垦、开山、填海造陆等方式获得的,形成

了城市人居环境、自然环境要素剧烈恶化同快速富裕起来的城市居民生态环境服务功能由经济需求转向文化生态休闲需求之间的显著鸿沟。沿海城市的这种发展方式虽带来了地方生产总值近百倍的增长,但经济发展与人居环境的矛盾却日益凸显。2013年在联合国教科文组织大会上发布的 *World Social Science Report 2013: Changing Global Environments* 认为,人类行为对环境变化有很大影响,环境问题的解决归根结底还是要实现经济社会转型。在我国,如何改变沿海城市发展过程中以牺牲环境和资源为代价的"有毒的增长",实现滨海地区人地关系的协调、增长与环保的双赢和人民福祉的提高,是经济地理学创新的一个重要方向。国内外研究一直关注哪些因素改变了人居环境,其中大规模的人类活动无疑是最重要的方面。城市化导致的土地利用方式改变和工业化引发的污染问题等显著影响了人居环境。沿海城市高密度的产业更新与海陆产业关联性集聚—扩散,既受技术—经济范式变迁的主导,又被城市是否宜居以集聚各类人才促进新兴产业的茁壮成长而左右。显然,沿海城市人居环境演变过程对产业空间演化有着重要的影响,值得探究解析。

1.2.2 识别海岛城镇人居环境变化归因及其对城市可持续发展的重要支撑作用

人地关系一直是地理学研究的核心与主线,但是伴随着近年欧美主流经济地理学各种"转向"以及"新经济地理学"等新的研究趋势被引介到我国经济地理学探索之中,经济地理学日益重视"人及其活动空间性",但仍然缺乏深入推进人地关系耦合研究。在研究国内外经济地理学的新形势和全面分析国际经济地理学有关产业空间环境效应研究前沿动向的基础上,本研究将中国沿海城市产业空间集聚—扩散和转型升级的重大现实问题同我国经济地理学地方综合研究的新要求相结合,既能以产业空间演化为纽带弥补经济地理学企业、产业、区域三者分割研究的缺陷,又能以沿海城市人居环境效应为核心弥补经济地理学在人地关系耦合研究上的不足,试图为沿海城市可持续发展做出人文地理学科理论贡献,增强人文地理学对于城市发展现实问题的解释力。

城市新兴产业既是经济增长的引擎,又是高素质人才追逐、能源消耗和环境影响的主角。随着我国城市化与工业化的快速推进,环境污染等问题日益严重,已成为国家人居环境改善"瓶颈"。环境资源分布的不均衡加重了居民福利分配的不公,影响了社会稳定,其后果非常严重。中国东南沿海城市扮演着"出口世界工厂"的角色,虽然创造了一定的就业岗位和财富,但是已经造成资源环境、人力资本的投入冗余,以及加工出口、环境产出冗余。近年,中国东部城市多发的PX项目(对二甲苯化工项目)、垃圾发电厂等产业空间的环境邻避事件,不仅警醒相关部门考虑城市产业空间如何科学发展,更引起民众对人居环境感知公开的强烈意愿。当前,不合理的产业结构和产业空间组织诱发的环境污染问题已经成为沿海城市居民关注的重点之一,城市污染成为营造和谐宜居的人居环境的障碍。因此,识别并刻画沿海城市人居环境演变过程的产业驱动机制,有利于更深入地理解城市人居环境与城市产业空间演化问题,并有针对性地为"城市人居环境短板"的解决、优化提供更为准确的科学依据。

1.2.3 运用地理学理论透视海岛城镇产业与人居环境互馈机制

本书聚焦沿海城市人居环境演变过程中产业空间集聚—扩散过程环境效应的空间尺度与行业综合科学问题,将产业集聚落实到城市社区、城市功能区的空间上,将企业放在产业集聚区中考察,把产业集聚区放在城市内部结构和功能中考量,进而将沿海城市人居环境演变机理放在产业空间的驱动路径依赖、环境污染锁定、人地系统耦合综合作用机制下进行分析。当然,基于栅格刻画沿海城市人居环境变化的产业发展驱动,更为强调城市产业异质性与城市空间异质性的匹配与均衡,试图建立企业集疏格局动态、人居环境变化的脉冲响应分析,通过多层空间计量产业集聚区对人居环境演变的影响,有助于推动人文—经济地理学的方法集成,进一步提升地理学模拟和政策分析能力。

1.2.4 研究沿海城市人居环境并以舟山典型海岛作为案例的理由

沿海城市在中国经济全球化、海陆一体化、国家海洋战略中具有重要的战略地位,然而特殊的地理位置和高度集中的人口、经济活动也决定了其人居环境的海陆交互的脆弱性、海陆产业重构的高强度等特性。选择沿海城市来探索人居环境演变机理,既可弥补我国人地关系研究"强于陆,弱于海"的缺憾,又可拓展和完善城市人居环境研究的方法体系。

舟山作为中国东南沿海首批对外开放城市,兼具中国沿海城市的全球化和海陆一体化的高密度人口、产业活动特征,同时舟山拥有近2000年建城史,产业集聚扩散历程非常典型。此外,受陆地面积狭小等因素影响,舟山市的产业空间以海洋工业和海洋旅游最为典型,以海洋产业活动为主的产业空间演化研究能够丰富人居环境研究的海洋性活动案例。

1.3 方法论构建、量化路径与分析工具

1.3.1 相关理论溯源与借鉴

1.3.1.1 人地关系理论

人地关系这一论题既古老又崭新，与人类共生和共存。人地关系泛指人与地理环境的关系，属人与自然关系范畴，包括人与大气、水、生物等其他任何对人类活动有影响的自然要素的关系。随着人类活动的不断发展，多层次的人类主体活动与多功能的地理环境的相互作用、彼此渗透以及双向生成，极大地丰富了人地关系内涵①。人地关系中，"人"兼具自然属性和社会属性，并拥有认识、改变、控制、改造自己和自然的能力。"地"是人类生存最基本、最广泛、最重要的综合自然资源，由气候、土壤、水文、生物及人类活动结果共同组成，且土地资源各要素相互联系、相互影响、相互制约，构成完整的资源生态系统②。人地关系理论是人文地理学的核心理论，在历史的演进过程中出现了地理环境决定论、生产关系决定论、或然论、协调论等一些理论，极大地丰富了地理学思想。虽然这些理论均从不同角度阐释了人地关系，但在日益严重的全球性人口问题、资源问题、环境问题和人类社会发展问题（PRED 问题）面前显得力不从心，"可持续发展"理论应运而生。"可持续发展"理论肯定人类对自然的依赖，并指出人是自然的组成部分；自然环境兼具自然属性和社会属性；实践是连接自然与人类社会的唯一纽带，科学认识自然、按照自然规律改造自然是必然；正确处理经济发展与生态环境以及社会发展的关系，协调经济效益、生态效益和社会效益间的动态平衡，以满足人类不断增长的对物质和文化的需求③。本书涉及的人地关系是人类在生产、生活的过程中对自然环境和社会环境所产生的作用与自然环境和社会环境反馈人类活动的相互耦合关系。

1.3.1.2 产业结构演替理论

产业结构演替可表现为纵向由低级向高级演进的高度化和横向演进的合理化。其理论渊源可追溯到 17 世纪，大致可分为萌芽、形成和发展阶段（表 1-3-1）。

---

① 程莉. 1978—2011 年中国产业结构变迁对城乡收入差距的影响研究[D]. 成都：西南财经大学，2014.

② 吴传钧. 论地理学的研究核心——人地关系地域系统[J]. 经济地理，2015，11(3)：7－12.

③ 杜国明. 人文地理学、自然辩证法与人地关系理论的发展[J]. 内蒙古师范大学学报（哲学社会科学版），2004，33(5)：110－112.

威廉·配第(William Petty)和亚当·斯密(Adam Smith)是萌芽阶段的代表人物。威廉·配第首次提出产业结构是导致国民收入差异的主要因素,他发表的《政治算术》指出工业比农业附加值高、商业比工业附加值高①。配第的这一探索首次揭示了国民经济收入与产业分工及产业结构的关系。亚当·斯密在《国富论》中提出产业部门、产业发展及资本投入应服从农—工—商的发展顺序。赤松要(Kaname Akamatsu)和柯林·克拉克(Colin G. Clark)是形成阶段的代表人物。赤松要倡导产业结构国际化发展,相对落后的国家可根据发展的四个阶段加快产业结构演变。柯林·克拉克的"劳动力转移学说"揭示了产业结构演替的基本趋势,因其对产业间收入差异性规律具有重要的印证作用而与配第定律被统称为配第—克拉克定律,该定律的本质是劳动力在三次产业中的分布及流动规律②。霍夫曼、罗斯托、库兹涅茨、钱纳里等是发展阶段的代表人物。1931 年,霍夫曼在《工业化的阶段和类型》中提出著名的霍夫曼定理,认为霍夫曼比例呈现逐渐下降趋势。1941 年,库兹涅茨在《国民收入及其构成》中首次阐释国民收入与产业结构间的关联。钱纳里在《工业化和经济增长的比较研究》中提出工业化阶段理论,通过分析各产业部门的作用与地位的变化,发现产业间的关联效应,提出标准产业结构。

表 1-3-1　产业结构演替核心理论及核心思想

作者	著作	理论	核心思想
威廉·配第(William Petty)	《政治算术》	配第—克拉克定律	能够获得的收入:商业>工业>农业
柯林·克拉克(Colin G. Clark)	《经济进步的诸条件》	配第—克拉克定律	劳动力转移规律:第一次产业→第二次产业→第三次产业转移(产业结构演变的基本趋势)
赤松要(Kaname Akamatsu)	《我国经济发展的综合原理》	雁形产业发展形态理论	一国产业结构的演变必定要历经"进口→当地生产→促进出口→出口增长"四个阶段,这种从进口增长到出口增长的过程从图形上来看,很像张开翅膀的三只大雁,因此其理论也被称为"雁形形态论"

① 吕明元,陈维宣.产业结构生态化:演进机理与路径[J].人文杂志,2015,(4):46—53.

② 刘杰.沿海欠发达地区产业结构演进和经济增长关系实证——以山东省菏泽市为例[J].经济地理,2012,32(6):103—109.

续表

作者	著作	理论	核心思想
西蒙·库兹涅茨(Simon Kuznets)	《各国的经济增长》	库兹涅茨法则(产业比重变化U形定律)	从三次产业占国民收入比重变化的角度论证,工业在国民经济中的比重将经历一个由上升到下降的倒U形变化
霍夫曼(W. C. Huffman)	《工业化的阶段和类型、工业经济的成长》	霍夫曼定理	消费资料工业净产值与生产资料工业的比值,以工业内部结构中的消费资料工业与资本资料工业比例来判断工业化阶段,揭示工业化进程中工业结构的演变规律
华西里·列昂惕夫(Wassily W. Leortief)	《美国经济结构研究、投入产出经济学》	产业投入产出理论	包括投入产出分析法、投入产出模型和投入产出表等。具体测定产业间的关联效应,定量化分析产业结构的变动
霍利斯·钱纳里(Hollis B. Chenery)	《工业化和经济增长的比较研究》	工业化阶段理论(国际标准产业结构)	工业占国民经济总产出份额和其就业比重逐步上升,农业份额及其就业比重逐渐下降,服务业份额及其就业比重则呈现缓慢上升的趋势。发达国家:产业产值结构与劳动力就业结构同步变换;发展中国家:产业产值结构转换速度快于就业结构转换速度
罗斯托(Walt Whitman Rostow)	《经济增长的阶段》	经济增长阶段理论	依据技术的发展水平,把经济增长的过程分为:传统社会阶段、起飞准备阶段、起飞阶段、成熟阶段、高额消费阶段和追求生活质量阶段①。主导产业部门随产业结构演替而不断变化

1.3.1.3 产业结构演替外部性理论

一是经济外部性理论。外部性问题是经济学中的一个亘古话题,是新古典经济学和新制度经济学研究的焦点。其核心内涵是在市场失灵背景下,一个经济主体对其他经济主体作用所产生的积极(或消极)的影响,但无法获取收益或支付成本的一种现象②。亚当·斯密是最早涉及外部性概念的学者,在关于市场经济"利他性"的论述中,他指出"在追求本身利益时,也常常促进社会利益",即通常所说的

---

① 程莉.1978—2011年中国产业结构变迁对城乡收入差距的影响研究[D].成都:西南财经大学,2014.

② Charemza W W, Deadman D F. New Direction in Econometric Practice: General to Specific Modeling, Cointegration and Vector Auto Regression[M]. UK: Edward Elgar, 1992.

正外部性概念①。在外部性理论发展进程中，马歇尔“外部经济”理论、“庇古税”理论和“科斯定理”是最具里程碑意义的三大理论。马歇尔“外部经济”理论的贡献在于将工业组织作为除土地、资本和劳动力三大生产要素外的第四种生产要素，并利用“内部经济”与“外部经济”来论述第四生产要素对产量增加的影响机制。他认为，行业企业的地理集聚可以产生知识和技术的溢出，并产生一定份额的中间投入产品和劳动力市场，这种动态的产业内集聚经济被称为边际产出外部性②。相反，跨产业集聚经济被称为雅各布斯外部性，包括区域经济多样化和经济总量的外部性③。胡佛区分了产业集聚的两种外部性，一种是通过产业内企业集群来组织生产（本地化经济），另一种是由与某些地区的总体经济发展水平或产业多样化（城市化经济）相关的利益形成的④。地方化和城市化经济一般被称为静态外部性，这些经济分别对应于动态边际外部性和雅各布斯外部性⑤。静态强调对产业格局的影响，动态则涉及对某一地区或城市产业增长的影响。庇古在马歇尔提出的“外部经济”概念的基础上对“外部不经济”这一概念和内容进行了扩充，但与马歇尔的概念存在意义上的区别。马歇尔“外部经济”主要依赖于“规模效应”，当企业生产规模扩大时，外部的各种因素导致生产成本降低，即马歇尔指的是企业受外部因素的影响。而庇古指企业活动对外部要素影响，即当“社会边际净生产”与“个人边际净生产”不相等，且前者小于后者时，就产生负的外部性影响，政府征收外部不经济行为所带来的与外部边际成本相等的税收，即“庇古税”。“科斯定理”则是在“庇古税”理论的基础上发展而来的，其主要贡献在于指出外部效应不是一方指向另一方的单向问题，而具有明显的相互性；主张经济自由主义，希望通过市场进行调节，以实现生产成本的降低和收益的增加。不同的产业外部性对地区的影响不同，在发展经济的过程中应不断探索。

二是产业结构演替就业理论。产业结构演替对就业结构的作用机制复杂⑥。一般地，产业结构的发展决定就业结构和就业规模，产业结构调整决定就业结构变化。而产业结构演替是经济发展的必然规律，其实质是生产要素在不同生产部门

---

① 孙平军，赵峰，丁四保. 区域外部性的基础理论及其研究意义[J]. 地域研究与开发，2013，32(3)：1—4.

② Marshall A. Principles of Economics[M]. London：MacMillan，1920.

③ Jacobs J. The Economy of Cities[M]. New York：Random House，1969.

④ Hoover E M. Location Theory and the Shoe Leather Industries[M]. Cambridge，MA：Harvard University Press，1937.

⑤ Zhu H，Dai Z，Jiang Z. Industrial agglomeration externalities，city size，and regional economic development：Empirical research based on dynamic panel data of 283 cities and GMM method[J]. 中国地理科学：英文版，2017，27(3)：456—470.

⑥ 赵利，卢洁. 产业结构调整影响劳动就业的理论演变及作用机理分析[J]. 理论学刊，2016，265(3)：54—59.

间的优化配置,劳动力是最活跃的生产要素。随着产业结构的不断演进,"三次产业地位变化、产业内部各行业更替以及区域产业空间结构调整,必然会导致劳动就业结构发生变化。劳动力从第一产业转移至二、三产业,从农村转向城市"[①]。从作用机制看:①产业结构调整对劳动就业影响主要为补偿作用和破坏作用。新型产业崛起,增加对高素质人才的需求,此为补偿作用;传统产业的调整,使低素质劳动力受到排挤,此为破坏作用。②产业更替与扩张直接影响劳动力需求,产生就业扩散效应。传统劳动密集型产业的升级会导致经济生产率和人均收入水平的短暂性下降,促使旧产业萎缩,劳动力需求减少[①];新兴产业劳动生产率较高,可为扩大生产规模积累资金,从而增加对劳动力的需求。③产业结构调整导致劳动力素质变化,人力资本改变就业结构。新兴产业发展,对劳动者素质要求提高,劳动者为提升自身素质而延缓进入市场,从而缓解就业压力;产业结构调整导致收入增加,为劳动力继续发展教育提供资本支持[②]。

三是环境经济学说。系统论是环境经济学的理论基础,在该理论中,环境被视作社会大系统的子系统,从系统的高度来探究经济发展与环境保护的关系,探求一条协调发展之路[③]。环境经济学中的众多理论对降低经济主体产生的外部不经济影响具有重要的意义。环境经济学反对经济学中"理性人"的假设,认为人只是整个循环系统的一部分,而非主宰者;人的行为结果不仅止于自身,还会返回循环系统参加再循环,从而产生一系列后续效应。另外,环境经济学多从人类长远发展和总体利益出发,符合可持续发展理论的要求。这两点体现了环境资源论、环境价值论、环境生态论、持续发展论和环境产权论五大环境经济学理论。其中,环境资源论认为,环境即为总资源,环境中的一切以及环境本身皆可成为物质资料再生产的资源;而部分资源是有限的,人类的生存和发展受其约束;社会再生产包括经济再生产、自然再生产和人类再生产,环境作为生产力要素,人类经济活动的良性运转和资源的再生利用须相匹配,以实现再生产过程中物质与能量的可循环[④]。

1.3.2 实证主义视角解析城镇人居环境演变

采用理论分析和实证研究相结合、定性推理与定量演算相结合的研究方法,在

---

① 周明生,王帅.产业结构升级能否有效扩大就业:理论分析与实证检验[J].经济论坛,2020,597(4):23-34.

② 高东方.产业结构和就业结构互动演变研究——经典理论的回顾[J].首都经济贸易大学学报,2014,16(3):114-122.

③ 陆学,陈兴鹏.循环经济理论研究综述[J].中国人口·资源与环境,2014,24(S2):204-208.

④ 王玉梅.城市生活垃圾分类处理及经济社会效益分析[J].中国资源综合利用,2019,37(11):97-99.

构建沿海城市人居环境演变的理论解析框架基础上,以舟山市典型海岛为案例进行实证分析,建立集合经济普查、污染源普查、人口普查、工业用地普查、环境与气象监测、城市总体规划修编前期研究图件、产业集聚区实地调查的地理信息数据和具有空间属性的规模以上工业企业等数据的城市人居环境—产业发展数据库,识别舟山海岛城镇人居环境构成要素,刻画海岛城镇人居环境自然与人文因子的状态演变及其驱动因素,筛选海岛城镇人居环境演变的工业集疏驱动关键要素及其指标;利用面板向量自回归模型(PVAR)解析城市人居环境演变与产业发展的阶段性模式,采用空间计量模型分析产业集聚区的人居环境类型与格局;在此基础上,提出海岛城镇人居环境优化的产业调控策略,形成"概念解析→数据库构建→实证分析→调控策略"的解析思路。

拟解决的关键科学问题是:①筛选沿海城市人居环境演变的关键驱动因素,识别沿海城市人居环境演变的产业集疏作用强度与方式;②解析城市人居环境演变的产业驱动阶段性模式,定量分析与模拟产业集聚区、街道尺度的人居环境演变关键主控因素阈值及其深层驱动机制。

1.3.3 研究技术路线与关键工具

本书首先以经济外部性理论为基础,从产业演替主体及其外部性分析中提取税收、资源与环境、居民就业与收入这三条产业影响人居环境的路径,并识别人居环境受产业结构演替影响最大的关键要素。再分别解析产业演替对人居环境自然资源、人工化环境、家庭经济等人居环境关键要素影响的一般模式。而后基于 PSR 和 PRED 分析框架,在分析岱山岛人居环境独特性的基础上,重构海岛 PRED 分析框架 IS-PRED。最后,识别岱山岛人居环境关键要素,依据海岛产业结构—人居环境要素分析框架(IS-PRED)解析岱山岛产业演替与人居环境间的互动机制,为实证研究奠定理论基础。

首先借助产业规模数据和产业空间属性数据(POI)分别分析 2000、2005、2010、2015 和 2019 年产业规模结构与产业空间结构特征及其演变。再借助土地利用矢量数据、淡水资源供应与消耗数据、人工化设施 POI 数据、社会经济统计数据和问卷调查数据等,从网格上探究岱山岛 2000、2005、2010、2015 和 2019 年人居环境淡水资源、土地资源、社会服务设施等人工化要素,以及家庭经济结构特征与演变。在此基础上,借助主成分回归、通径系数、结构方程、系统动力学等多样化的因素分析法,探究岱山岛产业结构时空演变对人居环境关键要素的影响与作用逻辑。

(1)产业演替影响人居环境的解析思路。以经济外部性理论为基础,首先分析区域产业演替及其外部性，再分析区域产业演替影响人居环境的三大一般性模式，识别受产业演替影响最大的关键性人居环境要素，奠定后续研究的理论基础。基于传统 PSR 和 PRED 分析框架，以岱山岛人居环境独特性分析为基础，重构海岛 PRED 分析框架，并利用新分析框架识别岱山岛人居环境要素及各要素间的互动机制，绘制海岛 PRED 框架下的产业演替影响人居环境的逻辑图。

(2)舟山市典型海岛产业结构时空演变特征。产业结构演变特征分别从产业规模结构和产业空间结构刻画。对产业规模结构特征进行刻画时，我们以三次产业规模数据为基础，采用产业结构相似指数、产业结构熵、偏离份额和产业结构效益等动态分析法，探究六横岛、朱家尖岛、岱山岛的 2005、2010、2015 和 2019 年产业结构规模特征演变规律。产业空间结构特征分析以分行业 POI 数据为基础，借助 ArcGIS 10.5、GeoDa 等空间分析软件，采用核密度、空间自相关、最邻近距离等方法，探究舟山市典型海岛 2000—2019 年产业空间结构特征演变规律并使其可视化。

(3)舟山市典型海岛人居环境关键要素的时空演变特征。①土地资源时空演变特征以土地利用矢量数据(2000、2005、2010、2015 和 2019 年)及相关社会经济统计数据(2000、2005、2010、2015 和 2019 年)为基础，借助多样性指数、组合系数、空间基尼系数与洛伦兹曲线、熵值综合评价等方法，从土地利用数量结构、土地利用空间结构、土地利用结构效益以及土地利用集约水平四个角度刻画。②淡水资源利用时空演变特征以海岛全用水结构数据(2014—2018 年)和自来水用水结构数据(2010—2019 年)为基础，借助用水结构熵、熵值均衡度、熵值综合评价法，从全用水结构和自来水用水结构两个角度分别刻画。③人工化要素时空演变特征以区域相关设施 POI 数据(2010、2015 和 2019 年)、社会经济统计数据(2000、2005、2010、2015 和 2019 年)为基础，分别借助多距离空间聚类分析(Ripley's K 函数)、空间聚类和异常值分析(Anselin Local Moran's I)等空间分析法和主成分综合评价法，分别从人工化要素空间结构特征和人工化要素空间配置效率方面进行刻画。④家庭经济结构特征以社会经济统计数据(2010—2019 年)和问卷调查数据为基础，借助熵值综合评价法、收入差距泰尔系数(Theil)、拓展线性支出系统(ELES)和恩格尔系数(Engel's Coefficient)等方法，从家庭生计、家庭收入和家庭消费三个角度分别刻画家庭经济结构演化特征。

(4)舟山市典型海岛产业演替对人居环境关键要素的影响。在把握海岛产业结构演替和关键人居环境要素演替时空演变特征的基础上，探究海岛产业结构演替对关键人居环境要素的影响。①产业结构演替对土地利用的影响。产业规模结构演替影响土地利用数量结构和土地集约利用水平的路径，借助主成分回归分析法实现;产业空间结构对土地利用空间结构的影响,借助双变量空间自相关法实现,并可视化表达。②产业结构演替对淡水资源利用的影响。以产业规模结构特征为自变量,淡水资源利用结构特征为因变量,借助主成分回归分析法探究产业结构演替对淡水资源利用的影响及路径。③产业结构演替对人工化要素的影响。产业空间结构对人工化要素空间布局的影响主要借助双变量空间相关、缓冲区分析等方法实现;产业规模结构对人工化要素配置效率的影响主要借助通径分析法实现。④产业结构演替对家庭经济的影响。家庭经济包括家庭生计、家庭收入和家庭消费三部分,这里主要借助结构方程模型和主成分回归分析法,探究产业规模结构分别对家庭生计、收入和消费的影响。⑤产业结构演替影响人居环境关键要素子系统及人居环境系统的路径。在分别探究产业结构影响人居环境关键要素子系统的基础上,以系统动力学理论为指导,厘清海岛产业结构演替影响人居环境关键要素的路径。

本书的研究方法主要根据研究内容需要以及研究方法适用性而设计。①在理论基础与研究进展阶段,主要借助文献分析法和归纳演绎法,梳理并探究人居环境评价、产业发展与人居环境关系相关概念、理论及研究成果,提出海岛产业结构演替影响人居环境关键要素。②在解析建模构建阶段,重复分析海岛人居环境变化的过程中产业结构的作用机制。③在舟山案例研究阶段,主要借助熵值综合评价法和主成分评价法,对人居环境自然、人工化以及家庭经济要素进行评估;在探究产业结构演替影响人居环境关键要素时,主要采用结构方程模型、主成分回归、通径系数分析法以及系统动力学模型,分析海岛产业结构影响人居环境关键要素的机制(图1-3-1)。

1.3.4 海岛地区人居环境核心要素甄别与量化

1976 年在温哥华召开的第一次联合国人居会议后,人类住区问题日益受到重视。中国正式提出建立"人居环境科学",是吴良镛先生在 1993 年 8 月针对城乡建设中的实际问题,尝试建立一种以人与自然的协调为中心、以居住环境为研究对象的学科群。人居环境是指人类聚居生活的地方,是与人类生存活动密切相关的地表空间。可见,人居环境包括自然系统、人类系统、社会系统、居住系统和支撑系统等。

城市宜居性评价是人居环境理论的核心,可参考吴良镛人居环境学科群观点和张文忠[①]在《宜居城市的内涵及评价指标体系探讨》一文中构建的人居环境主客观评价指标体系(表 1-3-2)。而浅见泰司[②]在《居住环境:评价方法与理论》中提出了适用

---

① 张文忠.宜居城市的内涵及评价指标体系探讨[J].城市规划学刊,2007(3):30－34.

② 浅见泰司.居住环境:评价方法与理论[M].北京:清华大学出版社,2006.

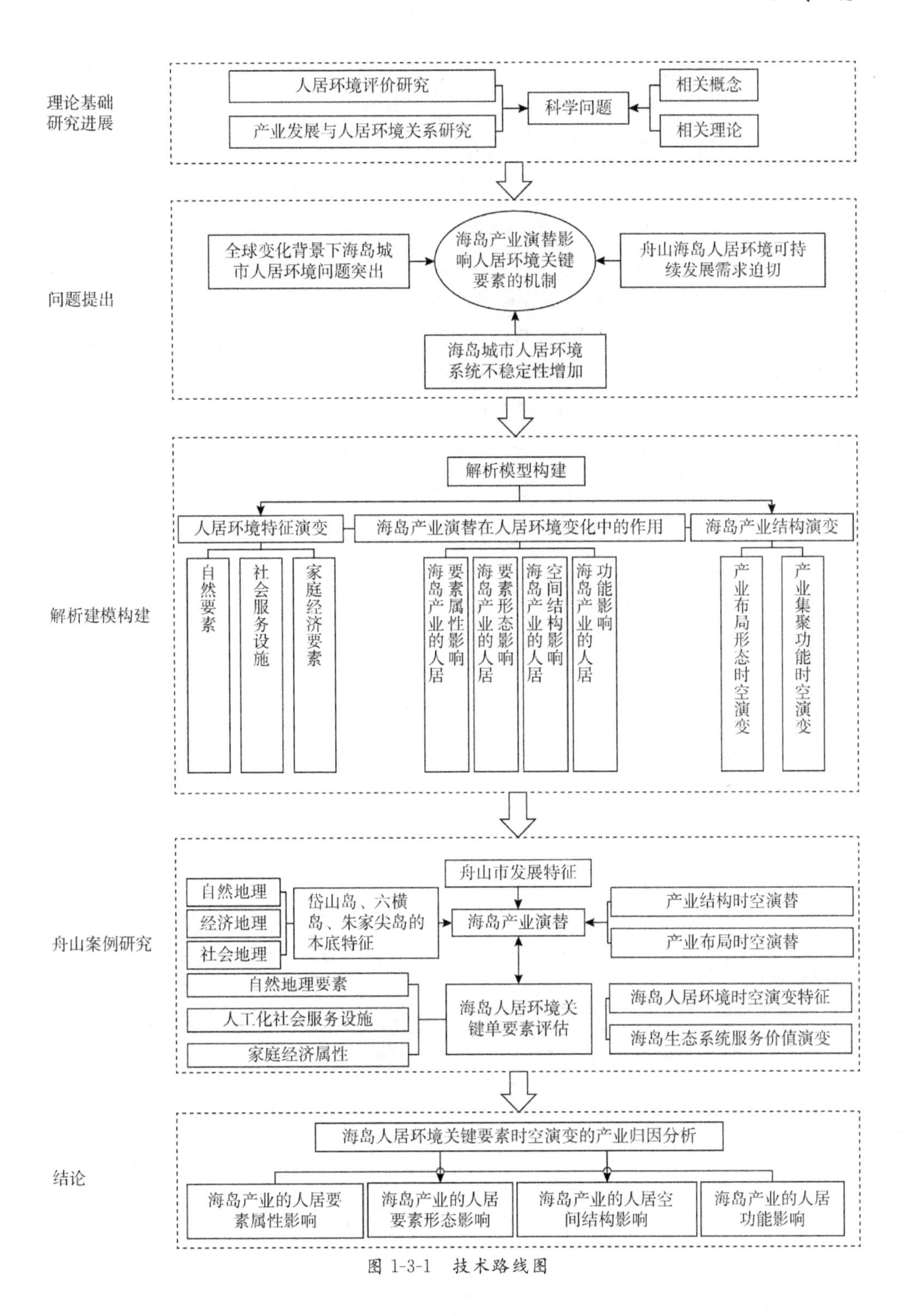
理论基础
研究进展
人居环境评价研究
产业发展与人居环境关系研究
科学问题
相关概念
相关理论
问题提出
全球变化背景下海岛城市人居环境问题突出
海岛产业演替影响人居环境关键要素的机制
舟山海岛人居环境可持续发展需求迫切
海岛城市人居环境系统不稳定性增加
解析建模构建
解析模型构建
人居环境特征演变
海岛产业演替在人居环境变化中的作用
海岛产业结构演变
自然要素
社会服务设施
家庭经济要素
海岛产业的人居要素属性影响
海岛产业的人居要素形态影响
海岛产业的人居空间结构影响
海岛产业的人居功能影响
产业布局形态时空演变
产业集聚功能时空演变
舟山案例研究
舟山市发展特征
自然地理
经济地理
社会地理
岱山岛、六横岛、朱家尖岛的本底特征
海岛产业演替
产业结构时空演替
产业布局时空演替
自然地理要素
人工化社会服务设施
家庭经济属性
海岛人居环境关键单要素评估
海岛人居环境时空演变特征
海岛生态系统服务价值演变
结论
海岛人居环境关键要素时空演变的产业归因分析
海岛产业的人居要素属性影响
海岛产业的人居要素形态影响
海岛产业的人居空间结构影响
海岛产业的人居功能影响
图 1-3-1 技术路线图

于日本岛国的居住环境评价指标体系,认为居住环境评价一级目标主要包括安全性、保健性、便利性、舒适性、可持续性,并进一步细化至三级目标。值得一提的是,浅见泰司提制的评价指标体系较为充分地体现了岛屿国家的地理环境实况,对街区、邻里关系、建筑物防火防灾、环境污染治理、医疗保障等方面进行了细致的指标筛选。同样,海岛地区的特殊性使得张文忠、浅见泰司针对一般城市的人居环境评价指标不能较好地适用于海岛地区。为此,本书尝试优先考虑海岛最具特殊性的人居景观和人居需求,充分考虑海岛地区城市化水平较低、容易遭受自然灾害、生态环境脆弱、陆域空间扩张受限、常住人口外流和文化认同地方性显著等情形,识别和确定海岛地区人居环境的核心要素,初步确定海岛人居环境客观评价主要包含经济发展水平、城市建设水平、特色产业发展。海岛人居环境主观评价主要通过问卷和访谈形式获取海岛居民对居住地和周边地区安全性、生活设施配备、日常交通、自然及人文环境舒适性、环境健康等项目的满意度。

表 1-3-2　人居环境评价指标体系

	一级指标	二级指标
人居环境客观评价	自然条件	地形起伏度(DEM 高程数据);海拔≥3000m 区域占行政区比重,单位:%;坡度≥25°区域占行政区比重,单位:%
	生态环境	气候指数(温湿指数、风效指数);水文指数(降水量、水域);植被覆盖度
	舒适性	绿地率(公园/绿地数量和规模);公用空地数量和规模;建筑密度;人均居住面积;建筑物高度;街区历史年代;自来水普及率
	方便性	教育设施数量和等级;医疗设施数量和等级;商业设施数量和等级;娱乐设施数量和等级(每百人公共图书馆藏书;每万人医院床位数;每万人普通中学数;互联网普及率;每百人拥有移动电话数)
	便捷性	交通设施数量和等级;交通线路的数量和等级;距市中心距离(每万人拥有公共汽车数量;人均道路面积;每万人拥有出租车数量)
	健康性	建成区绿化覆盖率;人均公园绿地面积;人均烟粉尘排放量;人均工业废水排放量;人均工业二氧化硫排放量;空气质量二级以上天数占全年比例;垃圾处理率;饮用水标准
	安全性	社会治安状况(十万人刑事案件立案数);出行安全(十万人交通事故死亡人数);灾害安全(十万人火灾事故数);安全保障设施(十万人极端天气死亡人数);紧急避难场所
	预警特征指标	对近 5 年出现重大交通事故、安全事故、环境污染、地质灾害等的城市区域给予减分;对有地方特色、高品质的山水田园的城市区域给予特殊赋分,例如对具有诸如滨海风光、田园风光等的城市区域给予加分

续表

	一级指标	二级指标
人居环境主观评价	安全满意度	交通安全；社会治安；防灾应急能力；紧急避难场所状况
	环境满意度	空气污染状况；污水排放和水污染状况；道路和工厂噪声状况；商店和学校等生活噪声情况；垃圾堆砌产生的污染；汽车尾气排放产生的污染
	设施满意度	教育设施状况；医疗设施状况；购物设施状况；休闲娱乐设施状况；儿童游乐设施状况；居住区物业管理；居住区配套设施
	出行满意度	公交设施利用；日常生活出行；到市中心的便利程度；通勤的便利程度；交通拥堵状况
	舒适满意度	公园、绿地状况；绿化状况；建筑景观美感；清洁状况；公用空地状况；空间开敞性；建筑物密度；邻里关系；城市特色文化氛围；市民文化素质；社会包容性；城市归属感；历史文脉保护

资料来源：张文忠. 宜居城市的内涵及评价指标体系探讨[J]. 城市规划学刊，2007(3)：30—34.

海岛人居环境客观评价指标选取主要从海岛经济发展水平、城市建设水平、特色产业发展三个方面考虑，详见表 1-3-3。

表 1-3-3 海岛人居环境客观评价

经济水平	城建水平	特色产业
户籍人口(万人)	城镇居民人均住房建筑面积(m^2)	渔农村居民人均全年总收入(元)
常住人口(万人)	渔农村居民人均居住面积(m^2)	渔农村居民人均渔业收入(元)
地区生产总值(万元)	建成区面积(km^2)	渔农村居民人均非渔业收入(元)
第一产业生产总值(万元)	城市道路面积($\times 10^4 m^2$)	海水养殖业产值(万元)
第二产业生产总值(万元)	每万人商业网点数(个)	水产品加工业产值(万元)
第三产业生产总值(万元)	每万人服务业网点数(个)	休闲渔业产值(万元)
第一产业占比(%)	自来水用水普及率(%)	渔业劳动力数(人)
第二产业占比(%)	公厕数(个)	休闲渔船(人)
第三产业占比(%)	中小学专任教师数(人)	渔业船数(艘)
人均 GDP(元)	卫生技术人员数(人)	捕捞渔业船数(艘)

续表

经济水平	城建水平	特色产业
工业(规上)总产值(万元)	每万人拥有公交数(辆)	冷库/织网/晾晒场等特色场所数(个)
人均工业产值(元)	公共图书馆藏书数(万册)	码头泊位(个)
渔农业总产值(万元)	年末移动电话用户(万户)	渔农村住宅改造户数(户)
人均渔农业产值(元)	公路通车里程(km)	旅行社数(家)
财政预算总收入(万元)	失业率(%)	渔家乐数(户)
人均地方财政收入(元)	人均公共绿地面积(m^2)	餐馆数(家)
渔农村常住居民人均可支配收入(元)	垃圾无害化处理率(%)	星级宾馆数(家)
城镇常住居民人均可支配收入(元)	一般公共服务支出(万元)	围垦面积(km^2)
人均年末储蓄余额(元)	医疗卫生支出(万元)	
居民消费价格指数(%)	社会保障和就业支出(万元)	
三产占就业比重(%)	污水处理率(%)	
旅游外汇收入(万美元)	应急避难场所数(个)	
港口货物吞吐量($\times 10^4$ t)	自然灾害受灾人口(人次)	
	自然灾害救济费(万元)	
	用气人口(万人)	

海岛人居环境主观评价,主要是通过问卷和访谈形式进行满意度调查,涉及访谈海岛居民对居住地和周边地区安全性、生活设施配备、日常交通、自然及人文环境舒适性、环境健康等项目的主观感知。为此,海岛地区人居环境核心要素量化方法如下。

(1)安全性评价主要考虑:社区住房/房屋抗风、耐涝性能(受台风、洪水影响程度);空地与紧急避灾安置点(设置的数量、容量、位置及可达性);与灾害高危区域的隔离措施(隔离带、安全距离);禁止进入、提醒危险等标志设置(标志数量、标志位置);受灾时紧急疏散、处理工作水平;防灾宣传工作开展情况(宣传栏、演习次数);传染病防疫工作开展情况;海岛慢性病检查、防治工作开展情况;交通安全情况(人车分流情况);社会治安情况(治安管理机构数量、人员配备等)。

(2)生活设施评价主要考虑:医疗服务(卫生室、卫生服务站、卫生院),应急医疗服务(日常急救、海上急救);养老服务(敬老院、托老所等);教育设施(幼儿园、小学、初中、教育培训机构），校车（含幼儿园至初中）；日常购物设施（生活超市、农贸市场）；大型购物设施（大型超市、购物中心）；餐饮服务（便民小餐馆、连锁餐饮店）；基层文体服务中心（文化活动室、文化礼堂、文化活动中心、综合文化站）；休闲娱乐设施（图书馆、影剧院、避暑纳凉场所、社区活动广场及健身场所、公共厕所）；通信服务（电信营业厅、广电网络营业厅、村邮站、邮政所）；环卫设施（垃圾桶、垃圾站）。

（3）日常交通评价主要考虑：抵达工作地点（农田、企业、行政事业单位）的便利程度；上下班交通（开车、公交、非机动车、步行）的便利程度；生活出行（开车、公交、非机动车、步行）的便利程度；停车便利程度（停车场数量、位置，停车收费标准及方式）。

（4）自然及人文环境舒适性评价主要考虑：绿化及清洁（植被隔离作用及美观程度、路面清扫等）；公共厕所（数量、位置）；生活污水排放、处理（简易处理装置、污水处理厂）；生活垃圾清运（分类垃圾桶、垃圾站、垃圾填埋场）；居住区建筑质量（防水、地基、密度、采光、通风等）；居住区建筑美观程度（城镇社区建筑外形设计、渔村或农村房屋风貌保护）；公共活动场所覆盖范围（室内外活动场地、社区活动中心的数量和位置）。

（5）环境健康评价主要考虑：自然灾害（台风、暴雨、旱涝）进行时的影响程度；自然灾害（台风、暴雨、旱涝）结束后的受灾情况；生产垃圾、生活垃圾污染情况及处理；生产用水、生活用水污染情况及处理；工业生产、建设及交通噪声污染情况及处理；文娱活动、商业活动噪声污染情况及处理。

1.3.5 研究数据来源及分析方法集成

数据类型主要包括经济、土地利用、企业属性以及政策规划等类别。其中，经济和产业数据主要来自舟山市、普陀区、岱山县各年统计年鉴数据源；土地利用现状数据主要从遥感影像的解译中获取；企业属性数据主要是各大网络系统平台提供的企业信息和空间坐标数据；规划政策数据主要取自各类城市规划文本和图件及各区县方志。企业数据主要来自企查查、启信宝等网络开放平台，通过搜索“朱家尖”“六横”“岱山”等关键词获取整条企业信息记录，包括企业的名称、位置、成立时间、经营状态、经营范围等，最终收集到企业信息 13114 条（截至 2019 年 6 月）；公共服务设施信息来源于浙江政务服务网（http://zsptlh.zjzwfw.gov.cn）。在此数据基础之上，利用百度地图 API 开发平台（http://api.map.baidu.com/lbsapi/getpoint/index.html）中的坐标拾取器，建立经过 GCJ-02 和 BD-09 两次加密的 WGS-84 坐标系，将每一家企业和公共服务设施的名称或地址进行坐标查找，获取相应的坐标值。

此外，为评价海岛地区人居环境主观感知，需要采用问卷访谈获取当地居民及外来游客的主观感知，因此，我们设计了针对这两类人群的调查问卷。对当地居民发放的调查问卷共计25题，分为填空、单选、多选等题型。内容包括3部分：第1部分为受访者个人与家庭情况了解；第2部分为问卷调查的重点，主要涉及受访者对其居住地及周边地区影响人居环境满意度各要素的评价，包含安全性满意度评价、生活设施配备满意度评价、日常交通满意度评价、自然及人文环境满意度评价、环境健康满意度评价等；第3部分对受访者住房及收入满意度进行调查（表1-3-4）。对外来游客发放的问卷共计15题，内容共3部分：第1部分为受访者基本情况调查；第2部分为受访者个人信息；第3部分为受访者对案例地作为旅游目的地的环境综合满意度调查，包括对周边自然环境、配套设施便捷程度、环境卫生、公共安全性、内外交通通达性、服务体验等方面（表1-3-5）。

需要说明的是，为保证问卷调查的有效性，我们对研究案例行政区划及人口情况进行了梳理，确定问卷样本量。研究案例选择浙江省舟山市普陀区朱家尖岛、六横岛、岱山岛三岛，行政归属分别为舟山市普陀区朱家尖街道和六横镇、舟山市岱山县。①在朱家尖岛、六横岛，以户为样本主体，根据简单随机抽样样本容量计算公式得各社区抽样数如表1-3-6所示，实际发放问卷数量500份，回收有效问卷475份；②在岱山岛，抽样调查42个村落，实际发放问卷数量205份，回收有效问卷194份[①]。

表1-3-4　海岛城镇宜居性问卷调查（本地居民）

尊敬的先生/女士：

您好，非常感谢您在百忙之中接受我们的采访。本次调查希望了解居住在舟山的居民（16周岁以上）对城市居住环境的评价，您的回答对未来舟山城镇人居环境建设有重要参考价值，谢谢您的支持与配合！（本次调查数据仅供科学研究之用，结果和相关信息将进行严格保密）

被调查者居住地：________区/县　________街道/乡/镇　________小区/村

一、个人与家庭情况

1. 年龄：________

A. 20岁以下　B. 20～29岁　C. 30～39岁　D. 40～49岁

E. 50～59岁　F. 60岁及以上

2. 性别：________

A. 男　B. 女

① 表1-3-4～表1-3-6由参与国家自然科学基金项目（项目号：41771174）的硕士生姜露露、赵一然、丰保羽、王芳芳、周小靖、焦会莹、季顺伟、江彬、刘丽东、潘琦等同学在导师组指导下实施完成，他们当时隶属于宁波大学中欧旅游与文化学院或宁波大学地理科学与旅游文化学院地理与空间信息技术系。

续表

3. 学历：________

A. 初中及以下　　B. 高中　　C. 大专、本科　　D. 研究生及以上

4. 就业状态：________

A. 全职　　B. 兼职　　C. 家庭主妇　　D. 退休

E. 待业

5. 职业类型：________

A. 农林牧渔、水利业生产人员　　B. 商业、服务业人员

C. 专业技术人员　　D. 办事人员和有关人员

E. 生产、运输设备操作人员及有关人员　　F. 国家机关、党群组织、企业、事业单位负责人

G. 学生

6. 家庭月收入：________

A. 2000 元以下　　B. 2000～3000 元　　C. 3000～4500 元　　D. 4500～6000 元

E. 6000～8000 元　　F. 8000 元～1 万元　　G. 1 万～1.5 万元　　H. 1.5 万～2 万元

I. 2 万～3 万元

7. 家庭人口数：________

8. 您是否为当地户口：________（选择“是/否”）；

若不是，则您的户口所在地为________省________市（县）；

您是何时________（年）来到舟山？

二、居住环境评价

9. 对居住地和周边地区安全性的评价（选项打“√”）

核心要素	非常满意	满意	一般	不满意	非常不满意
社区住房/房屋抗风、耐涝性能（受台风、洪水影响程度）					
空地与紧急避灾安置点（设置的数量、容量、位置及可达性）					
与灾害高危区域的隔离措施（隔离带、安全距离）					
禁止进入、提醒危险等标志设置（标志数量、标志位置）					
受灾时紧急疏散、处理工作水平					
防灾宣传工作开展情况（宣传栏、演习次数）					
传染病防疫工作开展情况					
海岛慢性病检查、防治工作开展情况					
交通安全情况（人车分流情况）					
社会治安情况（治安管理机构数量、人员配备等）					
居住安全性总体评价					

续表

10.对居住地和周边地区生活设施配备齐全性的评价(选项打“√”)					
核心要素	非常满意	满意	一般	不满意	非常不满意
医疗服务(卫生室、卫生服务站、卫生院),应急医疗服务(日常急救、海上急救)					
养老服务(敬老院、托老所等)					
教育设施(幼儿园、小学、初中、教育培训机构),校车(含幼儿园至初中)					
日常购物设施(生活超市、农贸市场)					
大型购物设施(大型超市、购物中心)					
餐饮服务(便民小餐馆、连锁餐饮店)					
基层文体服务中心(文化活动室、文化礼堂、文化活动中心、综合文化站)					
休闲娱乐设施(图书馆、影剧院、避暑纳凉场所、社区活动广场及健身场所、公共厕所)					
通信服务(电信营业厅、广电网络营业厅、村邮站、邮政所)					
环卫设施(垃圾桶、垃圾站)					
生活设施配备齐全性的总体评价					
11.对居住地和周边地区日常交通便利性的评价(选项打“√”)					
核心要素	非常满意	满意	一般	不满意	非常不满意
抵达工作地点(农田、企业、行政事业单位)的便利程度					
上下班交通(开车、公交、非机动车、步行)的便利程度					
生活出行(开车、公交、非机动车、步行)的便利程度					
停车便利程度(停车场数量、位置,停车收费标准及方式)					
交通便利性总体评价					

续表

12. 对居住地和周边地区自然、人文环境舒适性的评价(选项打“√”)

核心要素	非常满意	满意	一般	不满意	非常不满意
绿化及清洁(植被隔离作用及美观程度、路面清扫等)					
公共厕所(数量、位置)					
生活污水排放、处理(简易处理装置、污水处理厂)					
生活垃圾清运(分类垃圾桶、垃圾站、垃圾填埋场)					
居住区建筑质量(防水、地基、密度、采光、通风等)					
居住区建筑美观程度(城镇社区建筑外形设计、渔村或农村房屋风貌保护)					
公共活动场所覆盖范围(室内外活动场地、社区活动中心的数量和位置)					
环境舒适性总体评价					

13. 对居住地和周边地区环境健康性的评价(选项打“√”)

核心要素	很轻	轻	一般	严重	很严重
自然灾害(台风、暴雨、旱涝)进行时的影响程度					
自然灾害(台风、暴雨、旱涝)结束后受灾情况					
生产垃圾、生活垃圾污染情况及处理					
生产用水、生活用水污染情况及处理					
工业生产、建设及交通噪声污染情况及处理					
文娱活动、商业活动噪声污染情况及处理					
环境健康性总体评价					

14. 对居住地和周边地区整体环境打分:________(满分100分,请综合本问卷第9—13五项评价内容进行打分)

15. 您认为影响居住环境的重要因素(多选,至多选3项,并排序):____,____,____。

A. 安全性　　B. 生活设施配备齐全性

C. 交通便利性　　D. 自然、人文环境舒适性

E. 环境健康性

三、住房及收入满意度

16. 现住房来源:________

A. 自建房　　B. 商品房　　C. 拆迁安置房　　D. 廉租房

E. 单位房

续表

17. 现住房方式：________

A. 建房　　B. 购房　　C. 租房　　D. 借住(免费提供)

E. 单位分配

18. 现住房大致建成年份：________年;大致建筑面积：________m^2;户型：________室________厅________卫。

19. 选择现住房的原因(多选)：________

A. 房价或房租便宜　　B. 交通出行便利

C. 生活(购物、娱乐)设施齐全且便利　　D. 就医便利

E. 子女上学便利　　F. 个人或家人工作便利

G. 居住区环境好(景观、配套、管理、氛围、治安)

H. 单位分配　　I. 邻近亲朋好友

J. 祖宅　　K. 其他________________

20. 对目前住房的满意程度：________

A. 非常满意　　B. 满意　　C. 一般　　D. 不满意　　E. 非常不满意

21. 对目前收入的满意程度：________

A. 非常满意　　B. 满意　　C. 一般　　D. 不满意　　E. 非常不满意

22. 与过去相比,您对目前收入的满意程度：________

A. 非常满意　　B. 满意　　C. 一般　　D. 不满意　　E. 非常不满意

23. 与周围认识的人相比,您对目前收入的满意程度：________

A. 非常满意　　B. 满意　　C. 一般　　D. 不满意　　E. 非常不满意

24. 总体来讲,您对目前生活状态的满意程度：________

A. 非常满意　　B. 满意　　C. 一般　　D. 不满意　　E. 非常不满意

表 1-3-5　海岛旅游地环境满意度问卷调查

尊敬的先生/女士：

您好,非常感谢您在百忙之中接受我们的采访。本次调查希望了解来舟山旅游的游客(18周岁以上)对舟山海岛旅游地环境的满意度,您的回答对未来舟山海岛旅游地环境建设有重要参考价值,谢谢您的支持与配合!(本次调查数据仅供科学研究之用,结果和相关信息将进行严格保密)

一、基本情况

1. 请问您是来舟山旅游的游客吗? ________(选择“是/否”,“是”则继续回答后续问题)

A. 是　　B. 否

2. 请问您来自哪里(客源地)? ________(请填写)

3. 请问您是第几次来舟山旅游? ________

A. 第一次　　B. 第二次　　C. 第三次　　D. 第四次及以上

续表

4. 请问您此次旅游的主要目的为：________

A. 休闲、娱乐、度假(观光旅游、度假旅游、娱乐旅游)

B. 健康医疗(体育旅游、保健旅游、生态旅游)

C. 探亲、访友(探访亲友)

D. 宗教朝圣(以朝圣、传经布道为主要目的进行旅游活动)

E. 商务、专业访问(商务旅游、公务旅游、会议旅游、修学旅游、考察旅游、专项旅游)

5. 您的旅游方式：________

A. 自助游　　B. 跟团游

二、个人信息

6. 性别：________

A. 男　　B. 女

7. 年龄：________

A. 20 岁以下　　B. 20～29 岁　　C. 30～39 岁　　D. 40～49 岁

E. 50～59 岁　　F. 60 岁及以上

8. 婚姻状况：________

A. 已婚　　B. 未婚

9. 学历：________

A. 初中及以下　　B. 高中　　C. 大专、本科　　D. 研究生及以上

10. 就业状态：________

A. 全职　　B. 兼职　　C. 退休　　D. 待业

E. 家庭主妇　　F. 其他________

11. 职业类型：________

A. 国家机关、党群组织、企业、事业单位负责人

B. 办事人员和有关人员

C. 商业、服务业人员

D. 专业技术人员

E. 生产、运输设备操作人员及有关人员

F. 农林牧渔、水利业生产人员

G. 学生

12. 您的月收入：________

A. 5000 元以下　　B. 5000～8000 元　　C. 8000 元～1 万元　　D. 1 万～1.5 万元

E. 1.5 万～2 万元　　F. 2 万～3 万元　　G. 3 万～5 万元　　H. 5 万元以上

续表

三、舟山旅游地环境综合满意度

13. 旅游地环境满意度评价(选项打"√")

核心要素	非常满意	满意	一般	不满意	非常不满意
周边自然环境(海水清澈程度、岛上绿化情况)					
配套设施便捷程度(餐饮、住宿、商超、公厕、医疗、景点导览及咨询、路灯、停车场、银行等)					
环境卫生(就餐环境卫生、住宿环境卫生、道路环境卫生、公厕卫生、景区环境卫生、垃圾箱配备)					
公共安全性(食品安全、住宿安全、海陆交通安全、景区安全、岛内安全警示标志设置)					
内外交通通达性(进入舟山交通、海岛内部交通、景区拥挤程度)					
服务体验(服务人员态度、服务人员业务能力)					
整体满意度(景区形象、城市形象)					

14. 您是否会选择重游舟山:________

A. 是　　B. 否

15. 影响您重游/不会再来舟山的重要因素是:________

A. 各类配套设施　　B. 当地内外交通　　C. 当地公共安全　　D. 当地环境卫生

E. 旅游服务体验　　F. 当地居民友好程度

16. 您对此次舟山之旅的总体满意度打分:________(满分 100 分)

表 1-3-6　舟山市普陀区朱家尖街道、六横镇各社区抽样调查样本容量

朱家尖街道	抽样数	六横镇	抽样数	六横镇	抽样数	六横镇	抽样数
福兴	28	峧头	16	双塘	12	高峰	3
南沙	18	石柱头	6	青联	6	台门中心	12
莲花	16	龙山中心	15	青山	7	田岙中心	11
莲兴	8	大脉坑	2	滚龙岙	3	悬山	9
三和	10	山西	4	岑夏	4	佛渡中心	8
顺母	15	嵩山	4	平峧中心	9	东靖社区	5
中欣	10	积峙	3	梅峙	3	蟑螂山社区	3

续表

朱家尖街道	抽样数	六横镇	抽样数	六横镇	抽样数	六横镇	抽样数
西岙	14	五星	4	杜庄中心	5	棕榈湾社区	2
白沙港	9	和润	3	小湖	5	台门社区	4
总计	129	小郭巨	3	苍洞中心	8	新民社区	3
		双屿港	5	礁潭中心	6	总计	195

1.4 陆海统筹视域海岛产业演替的人居环境响应新认知

传统的人居环境研究区域主要包括行政尺度的城市和乡村，特殊尺度的城市边缘区、住宅区、干旱区、绿洲、平原等地。城市尺度人居环境研究重点关注城市内部人居环境质量、居住适宜度以及空间差异，采用人居环境构成要素作为具体指标，多借助 AHP、Delphi、DPSIR 分析法及综合比较法等对数据进行归一化和赋权处理，指标项的集成多运用线性权重法和模糊层次聚类法。乡村人居环境研究重点关注古村落人居环境特征、新农村人居环境改善，从人居环境满意度、人居环境影响因素等视角探究乡村人居环境本质、农业与人居环境的关系及农民需求等，研究方法与城市无异。特殊尺度人居环境的研究主要关注人居环境脆弱性、人居环境适宜度、人居环境质量改善、人居环境影响因素等，从城镇化、工业化等视角探究经济发展、城市发展与人居环境的关系，及工业、农业推进与人居环境的关系，评价指标凸显区域特殊性，研究方法多引入生态学、经济学等理论。目前，典型人居环境研究集中于单要素的机理解析，该类研究未能扣住人居环境主体，诱发主体集聚、流失、单一等问题。

本书首先借助经济外部性与产业结构演替理论，提取人居环境主体和产业结构演替主体，破解研究主体集聚但缺乏针对性的问题；再以传统 DPSIR 和 PRED 分析框架为理论基础，在分析海岛人居环境独特性的基础上，重构海岛 PRED 分析框架(IS-PRED)，奠定整个研究的分析思路；然后紧扣海岛人居环境主体和产业结构演替主体，构建研究指标体系，借助多种适用性较强的计量经济模型和空间分析法，从岛和镇的尺度分别探究舟山典型海岛产业规模结构和空间结构特征及演替规律，从海岛、镇、村/社区的尺度分别探究典型海岛人居环境自然资源(土地资源、淡水资源)和人工化要素(民生设施、发展设施和邻避设施)的时空演变特征，从村/

社区、农户的微观尺度探究典型海岛人居环境家庭经济要素(家庭生计资本、家庭收入和家庭消费)的时空演变特征,为后续产业结构演替影响人居环境关键要素路径奠定基础;最后,借助双变量空间自相关、主成分回归、通径系数、结构方程模型和系统动力学等因素分析法,分别厘清舟山市典型海岛产业空间结构和规模结构对人居环境关键要素的影响路径。

概而言之,沿海城市在中国全球化、海陆一体化发展中具有重要的战略地位,然而特殊的地理位置和高度集中的人口、产业活动决定了其人居环境具有敏感的海陆交互作用、高强度的海陆产业重构等特性。舟山拥有2000多年的建城史,拥有全球第四、中国第三大的“宁波—舟山港”,城市产业的海陆关联性强、更新速度快,城市人居环境的海洋特性突出。本书选择舟山典型海岛城镇探究产业重构背景下沿海城市人居环境演变,研究具有如下特色与创新。

(1)尽管人居环境是人地关系的经典研究议题并已得到重视,但是受限于研究区域以陆域城市为主、研究领域重视状态及其变化等,相关研究仍未能针对性地探究沿海城市人居环境演变过程。本书针对沿海城市人居环境独特性,提出将人地关系理论具体化为“城市人居环境质量——城市产业发展阶段”脉冲响应函数模型,能够形成解析城市人居环境演变的新视角,并且丰富人居环境研究的海岸与海岛人类聚居地案例。

(2)本书基于城市人居环境演变的归因体系,筛选产业驱动对城市人居环境影响的作用成效,进而研究多层次空间计量在产业集聚区、街道双尺度上城市人居环境自然、人文因素与产业发展阶段的空间聚类及其演替模式,探索城市人居环境演变的关键主控因素识别新方法。

(3)城市人居环境研究向海洋进军。城市人居环境早期研究主要聚焦陆地,多是针对城市建成环境要素与功能是否会被干扰失能,也就是注重纯粹的人居实体或设施供给,探索城市人居环境研究科学问题未能充分重视具有陆、海双重属性的海岸及近岸海域。全球海岸带地区是人类活动最为密集的地区,必须强调人类能动性的人居保护与利用,通过解析社会—生态系统耦合关系衡量海岸带人工化进程的人居关键要素及其风险。因此,探究海岸带城市社会—生态系统视角人居环境特别具有挑战性。本课题组长期研究宁波、舟山土地利用、产业空间变化和陆海统筹管制,对陆海统筹视域下的海岸带城乡人居研究具有知识基础和地域优势。同时,本项目研究设计也实现了从“重视基础与设施供给”转向“考虑人类能动性及其与城市建成环境相互影响的宜居并重”。

(4)探索城市人居环境风险的多尺度空间异质性。人居环境同时受到不同尺度实体、设施与文化环境特征以及家庭属性特征的多重影响,因此,我们在人居环境风险感知研究中，建立了一个集成家庭与社区/街道/城市的多尺度分析模式，并选取适用于多尺度分析的方法测度各尺度属性特征影响人居环境的因素，这有助于提升城市人居环境建设与社会管制的时空匹配逻辑性，填补城市人居环境研究的人文驱动空间，拓展和丰富人地关系理论解析城市人居环境研究的视角与理论体系。

(5)影响城市人居环境的因素很多，但是社会—生态系统复合因素往往被忽视。本书通过理论解析城市社会—生态系统变化影响人居环境的机制，综合考察“社会—生态”交互影响，并以实证分析方法加以验证，最终确定影响海岸带城市人居环境的关键社会—生态系统复合因素，进一步明晰海岸带城市人居环境风险的社会—生态耦合的障碍与突破口。

产业演替影响海岛人居环境的解析方法论

2.1 概　念

2.1.1 人居环境

人居环境研究起源于19世纪工业革命时期的城市规划领域。这一时期西方国家快速推进工业化、城市化发展,导致住房、交通、环境、犯罪和贫困等城市问题层出不穷。各学科学者均从自身专业领域出发探寻改善人居环境的路径,其中建筑学、规划学和社会学领域研究成果颇丰。霍华德(Ebenezer Howard)和盖迪斯(Patrick Geddes)是城市规划学的先祖,两人默契地将人居环境改善作为城市规划的重点,分别提出"田园城市"①和"区域观念"②的概念,并共同认为理想的城市应兼具城乡二者的优点;芒福德(Lewis Mumford)更是强调从人的尺度进行城市规划,并提出影响深远的区域观与自然观③;芝加哥社会学派创建了城市社会学,主要关注城市移民生活问题。虽然这四者的观念中都蕴含着早期人居环境理论的内涵,但尚未形成学说。

1958年,希腊建筑师道萨迪亚斯(C. A. Doxiadis)在《为人类聚居而行动》中提出"人类聚居学"并作阐释,他认为"人类聚居是人类为自身作出的地域安排,是人

① 马仁锋,张文忠,余建辉,等.中国地理学界人居环境研究回顾与展望[J].地理科学,2014,34(12):1470－1479.

② 张文忠,谌丽,杨翌朝.人居环境演变研究进展[J].地理科学进展,2013,32(5):710－721.

③ 曾菊新,杨晴青,刘亚晶,等.国家重点生态功能区乡村人居环境演变及影响机制[J].人文地理,2016,31(1):81－88.

类活动的结果，其主要目的是满足人类生存的需求”。[①] 人类聚居学理论得以初步建立。

1980 年，吴良镛院士从中国国情出发，借鉴道氏的人类聚居学理论，创造性建立人居环境科学。2001 年，随着《人居环境科学导论》的出版，中国人居环境科学理论基础初步形成。该人居环境科学理论可用“五大系统”“五大层次”和“五大原则”来概括。“五大系统”指人居环境可分为自然、人类、社会、居住和支撑系统[②]；“五大层次”指全球、区域、城市、社区(村镇)和建筑五个层次[①]；“五大原则”指经济观、生态观、社会观、科技观和文化观[①]，原则间相互联系、相互制约。

国内学者则从多角度对人居环境作出了阐释(表 2-1-1)，其共同点是将人居环境视作一个多要素综合体，涉及与人有关的自然、经济、社会和文化四大要素。本书对人居环境的定义主要借鉴“一般意义”角度下概念，认为人居环境应包括内部物质居住环境、外部自然生态环境、基础设施供应与完善、社会风气与安全等方面，且各方面要素呈相互影响状态。

表 2-1-1 人居环境概念梳理

角度	定义	层次
城市生态学[③]	以人为中心，围绕城市人群各种环境因素形成的复合生态系统整体	自然环境、经济环境、社会环境、文化环境
形态学[④]	人文与自然相协调，生产与生活相结合，物质享受与精神满足相统一	结构形态(室内环境、室外环境以及区位环境)、社会形态(人文、社会和居住环境)
资源学[⑤]	人类活动过程，包括居住、生活、环境、娱乐等，以及为维护这些而进行建设的实体结构的各类资源的有机结合	人居软环境与人居硬环境

① 金星星，叶士琳，吴小影，等. 海岛型城市人居环境质量评价[J]. 生态学报，2016，36(12)：3678－3686.

② 李林衡. 长江三角洲地区城市群人居环境失配度演变研究[D]. 宁波：宁波大学，2017.

③ 周直，朱未易. 人居环境研究综述[J]. 南京社会科学，2002(12)：84－88.

④ 宁越敏，项鼎，魏兰. 小城镇人居环境的研究——以上海市郊区三个小城镇为例[J]. 城市规划，2002(10)：31－35.

⑤ 宁越敏，查志强. 大都市人居环境评价和优化研究[J]. 城市规划，1999(6)：14－19.

续表

角度	定义	层次
广义与狭义①	广义人居环境是由社会、经济和物理环境三大部分整合而成的人类居住系统,是物质环境与精神环境的总和;狭义的特指人们居住社区的综合环境,侧重空间与实体	广义分为宏观(城市)、微观(乡村)和中观(社区);狭义分为人们现实的硬件设施与建筑空间
一般意义②	人类聚居生活的自然、经济、社会和文化环境的综合,涵盖居住条件、自然地理状况、生态环境、生活便利度、教育和文化基础、社会风气、生活品质等各方面,存在经济特性、自然地理及生态特性、社会特性和文化特性等多元特征	自然环境、经济环境、社会环境、文化环境

2.1.2 产业结构及产业结构演替

学界对产业的概念还存在争议,但多数人认为:产业是指在原料投入、生产工艺过程、产品或劳动等基本方面存在相同或相似之处的经济活动组织总和。根据三次分类法,可将产业分为第一、第二和第三产业。"产业结构"这一经济学术语源自 20 世纪 40 年代。当时产业结构的概念比较宽泛,涵义也不够具体和规范,既可以指产业部门间的、产业间的关系,也可以用于指代产业内部微观企业间的关系,以及产业空间分布特征与规律③。随着产业经济的不断发展以及相关研究的深入,产业结构的概念逐渐明确,产业结构理论专指产业间关系的理论,产业组织理论专指产业内部企业间的关系,生产力布局理论专指地区产业分布及规律问题。目前,大家一致认为产业结构指国民经济的构成,包括各产业的比例及比例关系、产业内部各部门的比例及比例关系。产业和部门间的技术联动和扩散的相互联系也是产业结构重要的组成部分。

具体地,可以从动态与静态两个角度分别分析产业结构数量与质量两个层面的内容。静态的产业结构数量往往指某一时期国民经济部门中各产业之间及产业内部微观企业间的比例关系,包括三次产业的构成比例、三次产业内部细分行业的

---

① 李丽萍.城市人居环境[M].北京:中国轻工业出版社,2001.

② 邓玲,王芳.共享发展理念下城市人居环境发展质量评价研究——以南京市为例[J].生态经济,2017,33(10):207-211.

③ 从培军,李淑芳,耿福文,等.关于阿荣旗亚东镇农业产业结构调整的调查[J].内蒙古农业科技,2014(5):133-134.

构成比例;而静态的产业结构质量指某一时期产业间的经济效益与技术水平的分布差异,具体可以从规模效益、附加值、资本集约度、高新技术产值占比、产业竞争力等角度进行研究。动态的产业结构数量与产业结构质量将时间因素考虑其中,因为一个国家或地区的产业结构会随着国家或地区经济的增长而不断变化演进。因此,动态的产业结构数量着重指产业发展和产业构成比例的变动情况;动态的产业结构质量指产业间经济效益和技术水平的动态变化,表现为主导产业部门的不断演替和结构效益的不断变化。产业结构演替由此诞生。

本书所指的产业结构演替包括了动态的产业结构数量和产业结构质量两个层面的内容,即三次产业构成比例关系的变动和主导产业以及结构效益的变化。国家或区域技术进步、新兴产业涌现、经济发展、资源配置协调度变化是产业结构发生变迁的主导因素。一般地,新旧产业更替和变迁存在生产要素时间差异和演进模式空间差异:①从高新技术应用上来说,传统产业—新兴产业—传统产业与新兴产业相结合;②从生产要素密集度来说,劳动密集型—资金密集型—资金技术密集型—知识技术密集型[①];③从附加值增加幅度来说,低附加值—高附加值—更高附加值[①];④从产业演替区域来说,大陆产业结构演替以右旋式的模式为主,而海岛呈现左旋式跳跃性的演进模式(图 2-1-1)。一个国家或区域的产业结构变迁既是一定发展阶段的客观要求,也是一定时期内经济增长的任务[①]。

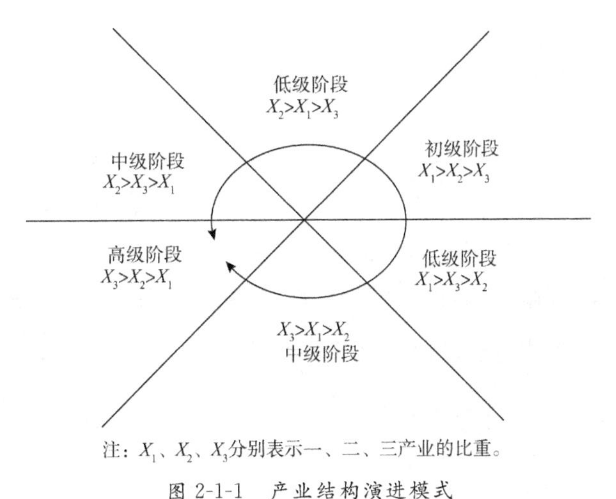

注:X_1、X_2、X_3分别表示一、二、三产业的比重。

图 2-1-1 产业结构演进模式

① 程莉.1978—2011 年中国产业结构变迁对城乡收入差距的影响研究[D].成都:西南财经大学,2014.

2.2 国内外研究动态

2.2.1 国外人居环境评价研究

学界对人居环境的研究由来已久,并不断深入①。国外人居环境评价研究开始于建筑学、生态学、规划学领域,主要从定性的角度对人居环境进行评价。直到20世纪70年代,计算机科学与统计学兴起与发展,人居环境的定量评价才逐渐出现。美国是当时城市人居环境定量评价研究的领头者,大部分的政府机构、私人研究组织和学术机构都在试图通过构建城市经济和社会指标,采用时空比较、需求评价、城市概况、市民调查和社会经济数据等形式,实现对人居环境的定量评价与分析。70年代中后期,有学者通过问卷调查的方式,研究了决定居民选择居住区的因素②。后来有人对这些决定因素进行整理并分为美学、邻里关系、治安、交通、噪声、生活烦心事等六大类,开创了人居环境系统调查评价的先河。还有学者以热带地区为研究区域,基于生物和气候两项影响因素建立评价指标体系,对居住地舒适性进行评价研究。后来,计算机兼容磁带遥感数据的方法伴随着环境卫星和地球资源卫星的不断投入与运行而出现,英、法、德等发达国家围绕城市人居环境信息开展了此类研究与应用③。这一评价技术在国内外人居环境评价研究中作为典型方法和手段,被广泛应用。

发达国家居住环境、经济质量普遍较高,人口密度小,法律法规完善。这些国家针对居住区环境质量总体评价的研究较少,多集中于对某一要素的、特定问题的评价,如噪声评价、空气质量评价、工程项目建设评价等④。多个国家开展了区域人居环境质量评价实践活动,如大温哥华地区、北爱尔兰地区、波特兰都市区、欧洲北海地区和京阪神城市群等①。国外学者通过对评价内容的不断拓展与深入,认

---

① 谭萌佳,严力蛟,李华斌.城市人居环境质量定量评价的生态位适宜度模型及其应用[J].科技通报,2007,23(3):439-445.

② 李雪铭,田深圳,张峰,等.特殊功能区尺度的人居环境评价——以大连市10所高校为例[J].城市问题,2014,223(2):24-30.

③ United Nations Department for Policy Coordination and Sustainable Development Indicators of Sustainable Development. Framework and Methodologies[R]. New York: United Nations,1997.

④ 杨雪,张文忠.基于栅格的区域人居自然和人文环境质量综合评价——以京津冀地区为例[J].地理学报,2016,71(12):79-92.

识到“性别、低收入群体、环境卫生、交通、自然灾害以及环境目标等方面的因素”[①][②][③]对人居环境质量评估体系的完善具有重要的作用，并不断探索新的研究方法和评价方法[④]。Fidler 等[⑤]对美国最大的非营利性组织——美国退休人员协会提出的宜居社区战略进行评价，分析了社区宜居性提高的影响因素并对该战略提出了改进的建议。Komeily 和 Srinivasan[⑥] 对现有的可持续性评估方法进行分析，发现现有的评估方法未能平衡地考虑环境、经济、社会和机构四个方面，为弥补这一点提出了 NSA5 评估法。Wilhelm BE 等[⑦]基于 2010 年在肯尼亚内罗毕两个定居点做的霍乱病例调查对该区域的水源和家庭用水质量进行了评估，其研究发现这两个居住点的水质普遍较差。Lyudmila 等[⑧]针对环境污染、气候变化对居民身体健康的影响对人居环境展开评价。Clemson 等[⑨]以微观尺度的社区环境干预措施（增加辅助设施以减少老年人在家庭、户外或公共场所跌倒的危险）为研究对象，评估社区干预措施预防社区老年人跌倒的效果（益处和危害），针对性较强。

---

① Reeves D. Putting women and gender in the frame: A consideration of gender in the Global Report on Human Settlement Planning Sustainable Cities 2009[J]. Habitat International，2014，43：293－298.

② Charoenkit S，Kumar S. Environmental sustainability assessment tools for low carbon and climate resilient low-income housing settlements[J]. Renewable and Sustainable Energy Reviews，2014，38：509－520.

③ Schetke S，Haase D，Kötter T. Towards sustainable settlement growth: A new multi-criteria assessment for implementing environmental targets into strategic urban planning[J]. Environmental Impact Assessment Review，2012，32：195－210.

④ Ouzounis G K，Syrris V，Pesaresi M. Multiscale quality assessment of Global Human Settlement Layer scenes against reference data using statistical learning[J]. Pattern Recognition Letters，2013，34：1636－1647.

⑤ Fidler D，Olson R，Bezold C. Evaluating a long-term livable communities strategy in the U. S. [J]. Futures，2011，43(7)：690－696.

⑥ Komeily A，Srinivasan R. A need for balanced approach to neighborhood sustainability assessments: A critical review and analysis [J]. Sustainable Cities and Society，2015，18： 32－43.

⑦ Wilhelm B E，O'Reilly N C，et al. A rapid assessment of drinking water quality in informal settlements after a cholera outbreak in Nairobi，Kenya[J]. Journal of Water and Health，2015，13(3)：714－725.

⑧ Lyudmila V，Lyudmila V，Tatyana I，et al. Impact evaluation of environmental factors on respiratory function of asthma patients living in urban territory[J]. Environmental Pollution，2018，235(4)：489－496.

⑨ Clemson L，Stark S，Pighills A C，et al. Environmental interventions for preventing falls in older people living in the community[J]. Cochrane Database of Systematic Reviews，2019(2)：1－19.

2.2.2 国内人居环境评价研究

2.2.2.1 评价指标遴选与指标体系构建

指标体系的构建是人居环境评价研究的基础与核心,学界已形成多样化的指标体系。国内人居环境评价指标体系有三种分类法:①按专业领域分,包括自然、经济、社会三大块;②按政府行政部门分工分,包括市政设施、支撑系统、网络系统、经济发展、社会服务等;③按PSR、PRED等分析框架分,包括压力—状态—响应以及人口、资源、环境、发展两类指标体系。评价内容、评价区域对评价指标体系的构建同样具有较大的影响。

(1)评价内容与评价指标

评价内容的不同,会导致评价侧重点的差异。通过文献梳理,根据评价角度的差异将评价内容概括如下(表2-2-1)。

1)景观学、生态学角度,注重对生态环境质量、生态(自然)适宜性、气候适宜性、地形适宜性等的评价。对人居环境适宜度的评价,逐渐由评估人居环境的外在环境转向评估人类自身的主观属性,评价指标体系也逐渐由广度走向深度。目前,学者主要从经济、社会、生态等角度构建人居环境适宜度评价指标,但也有部分学者增加了文化、历史和建筑等方面的指标。

2)居民生活便利性角度,注重人居环境满意度、舒适性(度)、便利性等的评价。对居民生活便利性的评价,主要针对人居环境中的基础设施、公共服务、交通条件、居住条件、区位条件等某一类事物进行;对人居环境满意度的评价,从人本主义出发,关注人居环境对人类5大层次需求的满足程度,以实现人居环境的优化。

3)可持续发展角度,注重人居环境脆弱性、敏感性、建设水平、容量、载荷耦合协调度、可持续发展水平与能力等的评价。人居环境可持续性、脆弱性、协调度等的评价内容以可持续发展理论为指导。学界认为,宏观人居环境评价体系隶属于可持续发展评价体系[①]。

4)居民需求层次实现角度,注重人居环境适宜性、安全性、危险度、风险性等的评价。

5)综合角度,包括对自然环境、生态环境、经济系统、社会系统等各种人居环境组成部分的质量、适宜性、满意度等的评价,综合质量或综合水平评价较多见。人居环境综合评价内容相较于前述要复杂许多,评估指标往往涉及居住系统的四大类评估指标(PRED),即人口指标、资源指标、环境指标和发展指标。

---

① 毛大庆.城市人居生活质量评价理论与方法研究[M].北京:原子能出版社,2003.

表 2-2-1 评价角度、评价内容、评价指标的分类

评价角度	评价内容	评价指标分类
景观学、生态学	适宜度	经济发展水平、社会生活水平、生态环境质量
		自然环境质量、社会建设水平、经济发展水平
居民生活便利性	满意度	建筑质量、环境安全、景观规划、公共服务、社区文化环境
	便利性、舒适性	城市经济水平、城市居住条件、城市生态环境质量水平、城市社会发展水平
可持续发展	脆弱性	自然生态、人类、社会经济、居住环境、支撑条件
	协调度	居住条件、城市生态环境、公共基础设施、社会稳定度、文化教育生活
居民需求层次实现	自我实现需要	经济实现、数字化实现、学习实现、居住实现、交通实现、安全实现、绿色实现、休闲实现、自然环境实现
	生存需要、生活需要	人居设施环境、人居生态环境、人居社会环境、人居经济环境
综合	人居环境综合质量	住房条件、农村经济、基础设施、服务设施、生态环境
		自然环境、空间环境、设施环境、人文环境

(2)评价区域、评价尺度与评价指标

1)评价区域与评价指标

“区域”指一定范围的地理空间,多以行政边界、典型山河为界。区域间自然资源状况、人口空间分布状况、教育状况、技术发展水平、工农业发展水平、文化政策制度等的差异是形成不同区域特色的主要原因,区域特色即为“地方性”。不同区域的人居环境系统具有地方性特征,构成要素大相径庭。人居环境评价指标构建工作的第一步就是识别研究区域人居环境系统的构成要素,甄别能够反映地方实际与特色的指标。

中国人居环境评价研究的主要区域集中于中部地区、西南地区、东北地区和东部沿海地区。我国中部地区和西南地区经济发展相对东部落后,生态环境更具脆弱性与敏感性。人居环境的脆弱性与敏感性与它的自然环境分不开,气候干旱、水资源短缺、植被稀疏、地形起伏变化大是其主要影响因素。因此,在构建适用于该区域人居环境评价的指标体系时,较多地考虑自然因素。

东北地区是中国的粮仓,人居环境保护非常重要。早期的东北是我国重工业基地,对该区域人居环境评价内容以“人居环境质量”综合评价和“经济耦合协调发

展”为主,所构建的评价指标体系涉及面较广、内容较为丰富,多考虑工业对环境的影响,但涉及经济发展评价的指标较多利用经济系统中的要素。

东部沿海地区作为中国第一批开放型城市所在地,经济发展总量占全国发展总量的大头,人民生活水平逐渐提高,对生活环境质量的要求逐渐提升,对该区域人居环境的评价以优化人居环境、满足居民生活需求为主要目标。学者在构建适用于该区域人居环境评价的指标体系时,多从满足居民的多种需求出发,包括最基本的生活需求以及最高级的精神需求(表2-2-2)。从马斯洛的“需求层次理论”可知,居民最基本的生活需求指的是生理层次上的需要,反映到人居环境上即为环境的安全性、适宜度、便利性;高级精神需求包括尊重的需要和自我实现的需要,反映到人居环境上即为满意度、舒适性、和谐性、可持续发展性(能力)等。

2)评价尺度与评价指标(表2-2-3)

人居环境评价尺度指研究范围,研究区域指分布位置,两者具有明显的区别。评价尺度差异是促成多样化评价指标体系的重要原因之一。目前国内人居环境评价研究尺度按照行政尺度可以分为城镇、乡村和社区,按照功能尺度可以分为建筑内部、住宅区、交通枢纽区、教育区等。根据尺度大小,又可分为宏观尺度、中观尺度和微观尺度。宏观尺度主要指行政尺度上的城市、县(区)域、乡镇、街道,中观尺度主要指乡村、社区以及各类功能分区,微观尺度一般指建筑内部。国内人居环境评价研究的尺度经历了微观—中观—宏观的过程。中国风水学起源于建筑学,关注影响建筑居住舒适性的因素,包括建筑分布位置、建筑格局、建筑用材等。这些因素是微观人居环境评价关注的重点。建筑分布位置影响着它的受光面、建筑类型,建筑格局影响着人类对建筑内部空间的满意度以及建筑的通风舒适度,而建筑用材影响着建筑的安全性、保温性、隔音效果等,对人类居住的舒适性具有重要的影响作用。中观尺度的乡村和社区等多考虑邻里关系、商业网点、文化设施、体育设施、学校和医院等基础服务设施对人居环境的影响,经济层面的要素相对来说考虑较少。乡村人居环境评价相对宏观尺度的人居环境评价研究起步较晚,国家乡村振兴战略给其带来了蓬勃发展的机遇,主要集中于对“乡村人居环境质量”“居民满意度”“气候舒适度”以及“居住适宜性”进行评价。宏观尺度的城市人居环境评价研究相对成熟一些,着力于人居环境质量和舒适度评价,西安市、南京市、上海市、广州市和杭州市是评价研究的热点城市。县域乡镇级别人居环境评价内容丰富,包括危险度、满意度、综合效益、安全性、载荷量、生态敏感性、脆弱性等,不仅针对人居环境综合系统进行评价,对人居环境子系统如自然要素系统、经济系统的评价也颇丰。除上述类型评价尺度外,还包括“流域”这一特殊尺度,主要针对“中国

表 2-2-2　我国东部沿海地区“人居环境评价”研究成果统计

作者	文献	研究内容	评价指标
李华生、徐瑞祥、高中贵、彭补拙	城市尺度人居环境质量评价研究	人居环境质量	环境质量(工业废气排放量、区域环境噪声年平均值)、生态维护(人均公共绿地面积、建成区绿地覆盖率)、居住水平(人均居住面积、人均房屋面积)、建设能力(固定资产投资占 GDP 比重、工程优良品率)、建筑条件(住宅套型完整性、危险建筑比重)、能源环卫(燃气普及率、综合污水处理率等)、给水排水(人均生活用水量、排水管道密度等)、交通通信(人均道路面积、万人公交车辆数)、经济水平(恩格尔系数、人均国内生产总值)、稳定程度(就业率)、文明程度(人口自然增长率、第三产业增加值占 GDP 比重)、智力能力(每万人中大学生数)
陈浮、陈海燕、朱振华、彭补拙	城市人居环境与满意度评价研究	人居环境满意度评价	建筑质量(房型、通风、隔音、室温控制等)、环境安全(空气质量、噪声污染、化学工厂、饮水质量等)、景观规划(建筑密度、自然景色、绿化草坪等)、公共服务(商业网点、给水系统、医疗保障等)、社区文化环境(邻里和谐、住区治安、流动人口等)
李陈、杨传开、张凡	基于人—地关系的长三角中心城市人居环境评价	人居环境综合评价	气候(年均气温、湿地指数等)、地形(最高海拔、平整度等)、植被(森林覆盖率、人均绿地面积等)、水文(水资源总量、水域面积比重等)、资源环境(空气质量指数、土地资源承载力)、居住条件(房价收入比、人均居住面积等)、经济社会(人均财政支出、城镇登记失业率等)、基础设施(人均城市道路面积、人均居民年用水量等)、软环境(每万人中大学生数、每万人中医生数等)、信息化水平(通信指数、每万人中图书数)
朱彬、张小林、尹旭	江苏省乡村人居环境质量评价及空间格局分析	人居环境质量评价	基础设施(有二级公路通过的乡镇比重、村内主要道路路面材料较好的村比重等)、公共服务(中学教师总数、综合市场个数等)、能源消费生活用煤户数比重、使用取暖制冷设施(空调或暖气)的户数比重等、居住条件(住宅建筑时间在 1989 年以前的户数比重、砖混结构住房户数比重等)、环境卫生(在正常年景下农田水利用水有保障的村比重、实施垃圾集中处理的村比重等)
吴恺华	乡村振兴战略背景下苏北乡村人居环境评价与优化策略研究	人居环境综合评价	住房面积、宽带网络覆盖、卫生厕所使用、炊用能源类型、家用电器情况,基础设施包含供水设施、污水处理设施、垃圾收集处理设施、雨水设施、道路硬化情况,村容村貌包含树木种植、路灯、村庄整体整洁度

资料来源:姜露露. 海岛产业结构演替影响人居环境关键要素的机制研究[D]. 宁波:宁波大学,2021.

表 2-2-3　按尺度级别分类统计部分评价指标体系

一级尺度级别	二级尺度级别	评价内容	评价区域	评价指标
宏观尺度	城市	居住环境满意度	环渤海地区城市	面积、人口、GDP、职工工资、人均 GDP、人口密度、三产比重、道路面积、住房面积、临海性、绿化率、外来人口
	县(区)域	人居环境容量	泸水县	与水资源的距离、坡向、坡度、土壤质量、土地利用、交通距离、海拔
	乡镇	人居环境舒适指数	湖南省长沙县城镇	气候、绿化、经济结构、人民生活水平、基础设施、公共服务设施、环境质量及保护、社会保障及就业
	街道	居住景观实际感知与期望	大连市南关岭街道	街道景观品质(经典特色、街道文明、街道交通)、居住区景观品质(配套设施、对外交通、公共安全、小区环境、物业管理、邻里交流)、住宅景观品质(户型设计、建筑密度、建筑间隔、建筑风格)
中观尺度	乡村	人居环境系统脆弱性	黄土高原半干旱区乡村	森林覆盖、干旱灾害、雨涝灾害、化肥施用;性别平衡、人口增长、家庭规模、人口负担;饮水安全、通信条件、家电设备、住房面积
	社区	人居环境安全性	大连市社区	资源安全(人口资源、土地资源、水资源)、环境安全(自然环境、经济环境、社会环境)
	各类功能区	人居环境质量、满意度	大连市 10 所高校	环境(空气污染指数、生活垃圾污水排放量、噪声达标率等)、生态(绿地率、广场绿地面积)、居住条件(人均产权建筑面积、人均居住面积等)、居住质量(建筑容积率、公寓面积比例)、科研结构水平(本研比、教授(副教授)占比等)、教育规模水平(在校生总数、专业结构等)
微观尺度	建筑内部	人居环境的综合性能	木结构住宅	热环境、声环境、光环境、空气品质;心电、脑电、血压、脉搏、皮肤温度
流域尺度	河流湖泊流域	人居环境生态敏感性	高原湖泊流域(异龙湖)	人类干扰指数(道路、聚落、湖泊污染)、地形地貌指数(高程、坡度、坡向、地形起伏度)、土地利用指数(地被)、政策法规指数(规划)、自然条件指数(气候、水体)

高原湖泊流域”“黄土高原沟壑区小流域”“汾河流域”“干旱内陆河流域”“澜沧江流域”“滇池流域”“开孔河流域”“渭河流域”。这些流域分布于西北、西南区域，区域自然环境多具敏感性、脆弱性，具有较大的研究意义。该类区域人居环境评价指标构建多围绕流域典型特征构建，气候、水文、植被、土壤等自然要素以及规划、政策、污染等人类行为会较多地被采用。

2.2.2.2 评价指标体系构建流程

中国城市、乡村的自然环境与经济发展水平差异显著，人居环境建设无法通过单一建设模式总结，大多因地制宜。传统指标体系构建以主观确定为主，指标分类和指标内涵模糊不清，具有交叉性。如果不能对选择的指标进行客观、有效和科学的分析，那么主观人为因素可能会影响评价的准确性。因此，在确定评价指标的过程中，应在传统确定指标方法的基础上，根据已有的统计信息，分析其关联性、代表性等属性特征和关系，及时修正、遴选、更替和构建更加客观、科学的评价指标体系。

国内确定人居环境评价指标体系的方法包括：①运用借鉴和专家咨询法，在前人研究的基础上，通过专家咨询进行指标体系的更替与修正；②通过对收集到的各类数据进行相关性分析，遴选指标，构建具有地方属性的评价指标体系；③利用层次分析法（AHP）、专家咨询法等主观赋权法，以及 CRITIC（基于数据波动性的客观赋权）、熵权法等客观赋权法对各项指标进行赋权，然后选择；④建立综合评价模型并进行分析评价（图 2-2-1）。

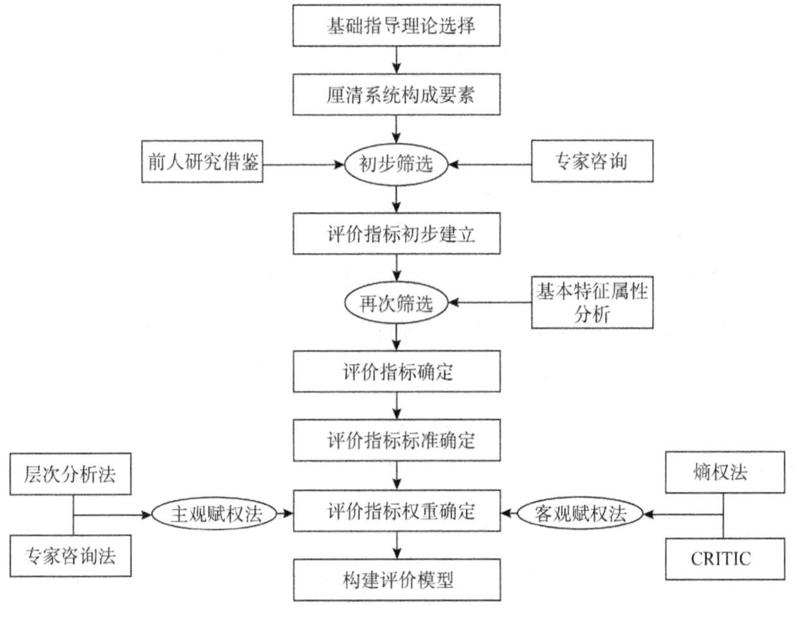

图 2-2-1 人居环境评价指标体系构建流程

2.2.2.3 人居环境评价数据及其获取

国内评价数据包括地理数据和专题数据两大类。①地理数据包括地理空间数据、地理属性数据和地理时域特征数据。地理空间数据主要指研究区域的遥感影像、数字高程(DEM)模型数据等,用以描述某一地理要素经纬度位置,或地理要素在空间上相邻、包含等相对位置关系。地理属性数据即非空间数据,包括定性、定量两类,如企业的占地面积、成立时间、职工人数、生产产值等,主要用于特定地理要素特征的描述。地理时域特征数据主要用于地理数据采集、地理现象发生时刻或时段的记录,因其对环境模拟分析起决定作用,在地理信息系统学界的地位日益上升。②专题数据主要是一些能够直接获取的关于自然、经济和社会的数据,多反映社会经济实际发展情况。

评价数据根据时空纬度又可以分为横截面数据、面板数据和时间序列数据。横截面数据指不同对象在同一时间点的数据,多用于平行研究对象间人居环境质量的对比;面板数据又称为"纵向数据",同时包含时间序列数据的时间性特征和横截面数据的区域面属性特征,综合信息能力突出,不仅可以分析个体间的差异,还可以描述个体的动态变化特征,多用于多个区域人居环境演变对比研究中;时间序列数据指在不同时间点上连续观察同一对象所得到的数据,多用于评价人居环境质量演变与态势预测。

各类数据的获取方式及数据源不同(表 2-2-4)。地理数据中的地理空间数据、地理属性数据主要来源于国家基础地理信息数据库、地理空间数据云等官方网站,运用地理信息系统(GIS)进行处理。部分地理属性数据需要结合 POI 数据,制成数据集,再利用 GIS 提取。地理时域特征数据在人居环境评价中较为少见,一般用于人居环境监测动态评价过程中。专题数据的获取相对简单,大部分数据均可从国家公布的网站和书籍中查询。其中自然类数据,如气候、水文等数据可直接从气象观测站与水文观测站处获得,也可从专门的统计年鉴获取,如中国气象年鉴、中国水文年鉴等;土壤、植被类数据可从政府官方部门、中国土壤数据库、资源环境数据云平台查询与下载。经济类、社会类数据多通过查询文献资料、实地调研、问卷访谈等方式获得,部分数据如家庭居住面积、道路宽度、道路长度等数据均可通过 GIS 提取得到。

2.2.2.4 人居环境评价方法与尺度(表 2-2-5)

评价尺度与评价方法应匹配,当两者搭配不合理时可能会出现评价结果偏离实际的情况。目前国内对人居环境的定量评估法主要包括主成分分析法、层次分析法、

表 2-2-4　人居环境评价研究数据及数据源

数据类型	数据	数据源	适用尺度
地理数据	地理空间数据	国家基础地理信息数据库、地理空间数据云等	全尺度
	地理属性数据	国家基础地理信息数据库、地理空间数据云、专题普查数据、专题地图提取	全尺度
	地理时域特征数据	动态监测	大尺度
专题数据	自然类数据	官方公布网站、统计年鉴、地方志、遥感图像解译、地理信息国情普查	全尺度
	经济类数据	官方公布网站、统计年鉴、地方志等	全尺度
	社会类数据	官方公布网站、统计年鉴、地方志、专题普查数据、110 警情数据	中小尺度
	其他类数据	官方公布网站、统计年鉴、地方志、问卷调查、传统活动日志调查、手机等移动数据调查、新媒体数据库	村/社区/农户等小尺度
横截面数据		官方公布网站、统计年鉴、地方志等	国家、省、市、县中等尺度
面板数据		官方公布网站、统计年鉴、地方志等	省、市、县中等尺度
时间序列数据		官方公布网站、统计年鉴、地方志等	省、市、县中等尺度

加权平均法、综合模糊评价法、神经网络评价法、健康距离模型、数据包络法(DEA)、人因工程法、“驱动力—压力—状态—作用—响应”模型、hedonic 价格法以及 GIS 和遥感(RS)技术等。前 5 种评价方法应用较为广泛，其余应用比较少。有学者将人居环境评级方法分为简单数据分析法、线性权重法、模糊综合评价法、BP 神经网络模型和 GIS 分析法以及结构方程模型 6 大类①。

(1)简单数据分析法与线性权重法

简单数据分析法与线性权重法多用于国家尺度，计算过程比较简单。简单数据分析法属于客观评价法，首先将评价指标问卷化，并作 5 级划分，对收集到的数据进行简单的赋分处理，采用均值法、回归模型、层次聚类法等，实现对人居环境质量的评价以及影响因素分析。李明和李雪铭②利用熵值法对中国 286 个城市的人

① 刘建国，张文忠. 人居环境评价方法研究综述[J]. 城市发展研究，2014，21(6)：52—58.

② 李明，李雪铭. 基于遗传算法改进的 BP 神经网络在我国主要城市人居环境质量评价中的应用[J]. 经济地理，2007，27(1)：99—103.

表 2-2-5　部分人居环境评价研究方法与模型整理

研究尺度	指标处理	评价结果计算法或模型
国家尺度		熵值法
		全排列多边形综合指数法
流域	熵权法和层次分析法	城市人居环境星形拓扑测度模型,综合运用改进的灰色关联 TOPSIS 法和 ESDA 等方法
	归一化	基于线性权重法的指数模型
	极差标准化、熵值法	多目标线性加权函数法
城市		主成分分析、反距离加权插值法
	层次分析法和群体决策	模糊综合评价模型和灰色关联分析算法
	地形起伏度函数模型、温湿指数、风效指数、水文指数、地被质素模型	人居环境指数模型
	因子分析	BP 神经网络
县(区)	相关分析法、熵值法	熵权 TOPSIS 模型
	德尔菲法和层次分析法	加权平均法
	因子探测法	人居环境质量综合指数评价模型
	层次分析法与熵权法结合	城市人居环境质量综合计算模型
	层次分析法	健康距离模型
镇	线性权重法	多层线性回归
社区	极差标准化、模糊层次分析法	反距离权重模型
	层次分析法	主成分分析、聚类分析
乡村	专家打分法	人居环境指数模型
	极差标准化	无加权求和聚合法
	层次分析法	线性权重法
	熵值法	模糊综合评价法、空间分析法

居环境质量特征和时空分析进行研究。根据权重赋予方式的不同,线性权重法可以分为:基于算术平均法的线性权重法、基于德尔菲法的线性权重法、基于层次分析法和德尔菲法的线性权重法、基于熵值法的线性权重法以及主成分分析法(因子分析法)。这些分析方法各具特点以及优缺点(表 2-2-6),虽然多用于国家尺度,但中等尺度的城市或小尺度的乡村和社区依然适用。

表 2-2-6 人居环境评价线性权重法详细分类与优缺点

一类	二类	三类	特点	优点	缺点
线性权重法	基于算数平均法		各指标权重均等化赋值	计算简单、方便	不同区域发展情况有差异，无法保证一致性
	基于德尔菲法	专家咨询法	专家打分确定指标权重	适用于主观评价	受主观因素影响大
		居民打分法	根据居民对某一指标的重视度与满意度赋权重		
	基于层次分析法和德尔菲法		定性定量相结合	比较准确与科学	计算过程复杂繁琐
	基于熵值法		根据各项指标值变异程度确定权重	克服信息的重叠和赋权的主观性	赋权结果可能与实际不符
	主成分分析法		可以将众多具有错综复杂相关关系的一系列指标归结为少数几个综合指标	使各主成分相互独立，舍去重叠的信息，避免重复工作，表明研究对象的特征	可能造成信息的流失，仅适用于有数据的项目

来源：借鉴参考文献①绘制。

(2)BP 神经网络分析法

BP 神经网络分析法适用尺度较为明显，多用于中等尺度的城市、县(区)的人居环境评价。BP 神经网络是一种基于多层误差反馈的训练模型，是目前评价研究中应用较为广泛的神经网络模型，具有自组织、自适应、自学习等的特点，对解决线性问题有着特殊的作用，同时还具有很强的输入输出非线性映射能力和易于学习与训练的优点②。有学者运用因子分析和 BP 神经网络，从人居环境和软环境的角度构建了江苏省城市人居环境质量综合评价体系。

模糊综合评价法与 BP 神经网络分析法类似，多用于城市、县(区)的中等尺度，多与层次分析法、德尔菲法、熵值法联用，能够实现对复杂事物间关系的衡量与

① 陈浮，陈海燕，朱振华，等.城市人居环境与满意度评价研究[J].人文地理，2000(4)：24－13.

② 李明，李雪铭.基于遗传算法改进的 BP 神经网络在我国主要城市人居环境质量评价中的应用[J].经济地理，2007，27(1)：99－103.

刻画,具有化复杂为简易的优点,但评价结果可能不能完全如实反映实际情况。鲁艳玲等①以层次分析法与群体决策相结合的指标赋权重法为基础,基于优化的模糊综合评价模型与灰色关联分析法计算并确定城市人居环境等级。陈晓华和袁晨晨②以安徽省16个地级市作为研究单元,运用主成分分析法及空间分析法对安徽省乡村人居环境质量进行评价。

(3)结构方程模型(structural equation modeling,SEM)

结构方程模型兴起于西方地理研究,主要用于评价结果解释,其中包含了可观测的显性变量和不可观测的隐性变量,能够清晰分析单项指标对总体的作用以及单项指标间的相互关系③,多用于中小尺度,特别是乡村或社区这些小尺度的人居环境的评价。袁芳④从人居环境的三大空间出发,分别运用结构方程模型、综合评价指数法和二元Logistic回归模型,对移民家庭的生计发展水平、生活居住舒适度以及社会交往适应力进行了分析。孙慧波⑤以北京和河北为例,从农户视角出发,采用结构方程模型分析了农村人居环境公共服务供给的优先次序。

(4)GIS分析法

GIS分析法具有操作简便、评估结果直观的优点,但是对数据的收集和整理具有较高的要求。它是目前地理学领域应用逐渐广泛的一种软件技术方法,适用于各类各尺度的评价研究,多用于气候、高程、坡度、植被、水文等自然要素的适宜性与结构演变的特征分析。游珍等⑥以西藏的气象数据、DEM、NDVI(归一化植被指数)、人口数据等资料为基础,通过构建人居环境指数模型,对人居环境进行综合评估。李威等⑦以黔中地区为研究区,基于250m×250m的栅格,采用GIS和RS,选取地形、土地、植被、气候、水文和石漠化等自然因子构建人居环境指数(HEI)模

---

① 鲁艳玲,胡红亮,张彦峰.基于改进模糊综合评价模型的城市人居环境评价体系研究[J].微电子学与计算机,2013,30(9):164-169.

② 陈晓华,袁晨晨.安徽省农村人居环境质量评价及其空间分布特征[J].池州学院学报,2017,31(6):60-65.

③ 李明,李雪铭.基于遗传算法改进的BP神经网络在我国主要城市人居环境质量评价中的应用[J].经济地理,2007,27(1):99-103.

④ 袁芳.移民家庭对乡村人居环境的适应性研究——以红寺堡区为例[D].银川:宁夏大学,2018.

⑤ 孙慧波.中国农村人居环境公共服务供给效果及优化路径研究——以北京、河北省为例[D].北京:中国农业大学,2018.

⑥ 游珍,封志明,杨艳昭,等.栅格尺度的西藏自治区人居环境自然适宜性综合评价[J].资源科学,2020,42(2):394-406.

⑦ 李威,赵卫权,苏维词.基于GIS技术的黔中地区人居环境自然适宜性评价[J].长江流域资源与环境,2018,27(5):147-156.

型,探究黔中地区人居环境自然适宜性特征和空间差异。唐倩等[①]基于 GIS,通过构建人居环境指数模型评价了城口县村落人居环境的适宜度。

2.2.2.5 评述

通过对国内外人居环境评价相关文献的梳理与总结,发现无论是国内学者还是国外学者对城市人居环境的研究,大多将人居环境视作一个由多种要素构成的且要素间相互关系复杂的复合系统。这一认识促使人居环境研究呈现多维性和多样性的特点。事实上,人居环境评价研究最初起源于西方发达国家生态学、规划学、建筑学以及景观学等领域,特别重视可持续发展理念的应用、人类对能源资源的消耗、城市生活质量的提升,社会平等、种族歧视、城市安全、社会稳定等是其重点关注领域。国外很少有学者进行人居环境的总体性评价,大多针对人居环境的某一部分或实际产生的某一问题进行评价。国外人居环境的评价正在走向深化与细致化,不仅关注人居环境外在的客观因素,同时将文化、心理等一系列内在因素考虑其中。国外人居环境评价方法以主观定性评价法为先,随着计算机、统计学和地理软件的出现与发展,定量评价法逐步登台。美国在定量评价人居环境质量方面走在了时代的前列,为世界其他国家人居环境的定量评价奠定了基础。随着遥感以及地理信息系统的发展,其他发达的资本主义国家大多沿用了美国的定量评价法。这种评价法直到现在仍然是地理学界人居环境评价研究的主流方法。

国内人居环境评价研究发展特征与西方国家大致相同,但研究起步相对较晚,在国内学者的努力下,已形成如下进展。①国内主要从景观学、生态学、可持续理论、人本理论以及综合理论的角度对人居环境适宜度、脆弱性、协调度、居民满意度、人居环境质量(指数)等进行评价,既包括了综合质量的评价,也包括了某一要素的评价。②国内对人居环境某一要素的评价多集中于对自然生态环境的评价,主要从地形、气候、生物、水资源、植被、土地利用等几个方面构建评价指标。人居环境评价指标体系构建受评价内容、评价区域、评价尺度等多项因素的影响,往往具有针对性、完整性以及科学性的优点,能够如实客观地反映研究区域的人居环境状况。评价内容的差异对人居环境指标的影响显著,自然环境和经济环境的评价指标针对性明显不同。评价区域对人居环境评价指标的构建影响较大,主要是因为区域具有地方性。评价指标必须贴合地方实际,否则会导致评估结果偏离实际。评价尺度对评价指标的构建也具有一定的影响,城市和乡村是两种截然不同的社

① 唐倩,李孝坤,钟博星,等.基于 GIS 的重庆城口县村落空间分布特征及人居环境适宜性评价研究[J].水土保持研究,2019,26(2):309-315.

会系统，会形成两种差异明显的评价指标。除了城市和乡村，流域尺度、特殊功能尺度也是关注的重点尺度，如黄土高原流域、高校、交通枢纽区、城市边缘区等。不同案例区域的自然、社会系统差异明显，评价侧重点不同，指标体系差异显著。③评价方法与评价内容及尺度具有一定的匹配性。评价方法囊括了简单统计描述法、线性权重法、模糊综合评价法、BP神经网络模型、GIS分析法以及结构方程模型等6大类，涉及SPSS、GIS、RS、ENVI、Matlab、Stata等统计制图软件。评价尺度主要涉及行政尺度和特殊区域两大类，目前对城市边缘区、住宅区、干旱区、绿洲、平原等特殊区域的研究逐渐增多，可见人居环境评价研究尺度逐步在缩小，更具针对性。④不同的评价法适用尺度不同，简单统计描述法和线性权重法多用于大尺度研究，中小尺度也适用，可见其应用范围之广；模糊综合评价法和BP神经网络模型多用于中等尺度的研究；结构方程模型多用于中小尺度的研究；GIS分析法适用于各尺度研究。⑤在评价基础单元方面，评价精度也在逐步提升。最初的评价较为粗糙，多从省、市、县（区）等大尺度的行政区域出发，现今多从大小不同栅格出发，进行网格化的精细评价，大大提高了评价结果的精度。

总体上，国内对人居环境评价的内容由综合评估逐步走向对某一特定问题或领域的评估，指标体系的构建引入了更深层次的人本因素与文化因素，指标处理也逐步实现了主客观结合以及定性定量相结合的方法，更具科学性；评价方法也由定性评价走向了与定量评价相结合的道路，相关评估方法以及实现软件与技术也有了极大的突破与发展。但现存的人居环境评价指标体系和方法尚不完善，过于单一和笼统，缺乏区域针对性和特色，无法客观地刻画区域人居环境特征；评价方法有待进一步完善，存在适用范围失度、实用性差、指标重叠、缺乏科学依据等问题；研究范围局限于大陆一线城市、旅游城市、生态环境脆弱的大陆区域，缺乏对自然、经济均较为脆弱的海岛的关注；研究尺度局限于行政尺度和一些特殊尺度，行政色彩、研究目的性过于强烈；地理信息技术应用存在滥用，缺乏必要性的探讨，其次功能运用单一，仅限于分析和可视化。本书突破研究范围局限于大陆的设置，首先基于理论梳理与实地调研，厘清海岛人居环境构成要素，分析海岛人居环境特色，在此基础上构建能够反映海岛人居环境特征的指标体系，并借助GIS、RS等地理信息技术手段，将单项指标评价与基于其相关性建立的综合评价模型结合，综合主观评价与客观评价，将定性和定量研究方法相结合；为细化研究范围，提高研究精度，将研究海岛栅格化作为人居环境研究的基本单元，在此基础上识别海岛产业对地方人居环境的影响路径，以填补现有研究的不足。

2.2.3 国内外产业演替与人居环境关系研究

2.2.3.1 旅游产业与人居环境具有高度关联性

(1)非同步特征明显

旅游业与人居环境耦合协调的研究将旅游与人居环境视作两个相互独立又相互联系的子系统，通过构建子系统评价指标体系，利用主成分分析法、耦合协调模型、模糊数学方法协调度，分析时间演变和空间分布特征。这一方向研究文献的指标构建大体上保持一致，包括城市人居环境指标体系和城市旅游业发展指标体系(表 2-2-7)，其下又分为多个二级指标，二级指标下的三级指标多结合区域实际以及统计资料获取便利性而确定。指标数据主要来源于《(城市)统计年鉴》《旅游统计年鉴》《环境统计年鉴》《区域经济统计年鉴》以及政府公报等。评价结果多采用均匀分布函数来划分耦合协调类型，划分标准差异导致类型差异，各类型相互间不可直接比较。研究发现旅游产业与人居环境具有高度关联性，具有明显的时间和空间特征，非同步特征显著，这说明目前国内旅游产业与人居环境还处于非协调阶段，但趋势向好。

表 2-2-7 旅游业与人居环境耦合协调评价指标体系

作者	系统层	二级指标层
向丽等	旅游产业子系统、人居环境子系统	旅游市场规模、旅游要素结构、旅游人力资源；经济环境、社会环境、人文环境、生态环境
吴英玲等	旅游产业子系统、人居环境子系统	旅游市场规模、旅游要素、旅游人力资源；社会经济环境、居住环境、基础设施、生态环境
杜婷等	旅游产业子系统、人居环境子系统	旅游竞争力、旅游竞争潜力、基础支持力；经济评价指标、社会评价指标、环境评价指标、物质评价指标

(2)旅游业对人居环境的积极影响大于消极影响

在梳理旅游业与人居环境耦合关系的基础上，大多研究者会利用障碍度模型进一步分析障碍因子，当然也有不少研究者直接研究旅游业对人居环境的影响及其机制。障碍度分析包括单项指标障碍度测算和子系统障碍度测算，单项指标障碍度适用于分析子系统发展影响因素，子系统障碍度适用于分析产业与人居环境间的关系，多数研究会进行综合考虑。影响研究的内容相对丰富，包括影响力评价分析、影响机制分析、人居环境空间格局影响等。

这里的影响力评价分析为定性评价,通过建立评价体系做初步参考分析。人是人居环境系统的核心要素,旅游产业对人居环境的影响本质上是旅游产业对人的影响,所以在建立评价指标体系过程中均从人这一核心要素出发。根据马斯洛的需求层次理论可知,人的需求具有多样化和层次性的特征,实现的需求层次越高,影响越弱。①最低层次的需求是生理需求,一般指日常生活状况和环境污染状况,主要考查旅游发展对人们生活和健康的影响[①];②安全需求主要考虑人为环境安全,包括经济和社会状况,用以评价旅游对当地经济发展、居民收入、就业、犯罪率以及安全事故发生的影响;③社交需求主要考虑旅游业发展过程中对当地居民使用公共空间的影响;④尊重需求指在旅游业发展过程中,相关配套设施的设计是否体现人本主义,对边缘人群的特殊照顾;⑤自我实现需求主要指在旅游业发展过程中对自然景观、历史文化遗产古迹、城市文化和道德体系产生的影响。通过实际研究发现,游客涌入、劳动力流动会威胁居民生活隐私和安全,加重交通压力和环境污染,导致社区公共设施滞后,本土文化流失加剧。学界根据上述5项需求构建的旅游业对人居环境影响的评价指标体系系统、全面、科学,具有较大的参考价值。

旅游景区是旅游产业不可或缺的一部分,对周边人居环境的影响不可避免。国内多数景区的周边分布着多样的社区或村落,景区开放除吸引大量游客集聚,给当地居民带来增收以外,大量的人流也给当地造成一定的交通压力、服务压力和设施压力。根据"地理第一定律"知道,地理事物间的联系随着距离的增加而递减。总体上,旅游景区对周边社区人居环境的积极影响要大于消极影响,矛盾主要在公共空间使用上,集中解决这一问题是改善周边人居环境的关键;旅游景区对于文化的融合和认同具有较强的积极作用,但是随着距离的增加,文化氛围和社区活跃度会很快减弱,社区服务能力也很快下降。

2.2.3.2 农业生产对人居环境影响最直接

由一次产业入手的人居环境研究较少,农业产业多元化、农户生产方式转型、土地整理、土地利用等对人居环境的影响的评价研究占多数。人居环境是产业多元化的基础。产业多元化通过为农民增加就业机会、丰富收入来源,提升社会福利和公共服务共享能力,改善经济环境和生活环境,通过技术升级减少产业能耗和污染排放,同时通过闲置资源利用改善乡村风貌、提升生态环境。乡村人居环境融合资源、社会、空间等要素,为产业多元化提供发展动力。[②] 两者协调演变会受到路

---

① 印艳艳.旅游业对城市人居环境的影响分析——以奉化市溪口镇为例[J].中国城市经济,2010(10):87,89.

② 曹萍,任建兰.农业产业多元化与乡村人居环境协调发展:时空演变与驱动机制[J].山东大学学报(哲学社会科学版),2019(6):166—174.

径依赖、人才技术、基础设施、国际贸易、资源环境等多重因素的综合驱动①。

农户生产方式是农业发展的综合表现，包括劳动生产方式、技术生产方式和耕作方式，不同的生产方式对人居环境演变作用的机理、作用范围、作用对象和作用过程都不同。传统农业生产方式对乡村人居环境影响最大，外出务工次之②。目前是传统农业生产方式向现代农业型转型的关键时刻，农户在信息不对称的情况下，受急功近利的心理影响，过度使用化肥，对自然环境造成了最直接的影响。随着农业生产效率的提高，很多的剩余劳动力进城务工，这样的生产方式会降低土地的利用价值，很多土地被撂荒。建立完善的土地流转制度、提高土地利用价值是改善人居环境的关键。很多企业在这个时候会迁入，就需要考虑企业对环境的污染。

土地资源是人居环境系统中的基础要素，土地资源配置、土地整理、土地利用、土地占用等行为均能对人居环境产生较大的影响。土地资源配置指为达到一定生态经济目标，依据土地特性对土地利用的结构和方向进行时空尺度上的设计、安排、组合和布局，以提高土地利用价值，实现生态平衡和可持续发展③。我国土地资源稀缺，存在利用率低、浪费严重的问题，土地资源已经成为目前人居环境改善的主要问题之一。随着地理信息技术的发展，以 GIS 为技术支撑的土地资源优化配置信息系统正在开发中，是未来土地资源配置的重要实现工具。土地利用对人居环境"自然、人、社会、居住和支撑系统"的影响主要通过利用类型结构和利用强度结构实现。在土地利用类型上，交通运输、水域和水利设施的土地利用类型的增加对人居环境的改善具有重要的意义。在土地利用强度上，单位土地面积价值的产出率和利用强度的增加同样对人居环境质量具有正面意义；减少城镇村和工矿用地、提高土地利用强度对人居环境质量呈负面影响④。在实际的土地利用规划中，要综合考虑利用类型和利用强度对人居环境的影响，缺一不可。土地整理是指通过再组织和再优化土地资源的利用方式以实现生态环境效应和经济效益的一系列工程措施。土地整理工程项目对生态环境的影响最大，而生态环境改善是土地整理最重要的目标。农村人居环境通过土地整理可以减弱水土流失，提高系统承载能力。土地整理是农村人居环境改善的最佳手段。另外，土地整理能够提高土

① 曹萍，任建兰．农业产业多元化与乡村人居环境协调发展：时空演变与驱动机制[J]．山东大学学报(哲学社会科学版)，2019(6)：166－174．

② 李伯华，王云霞，窦银娣，等．转型期农户生产方式对乡村人居环境的影响研究[J]．西北师范大学学报：自然科学版，2013，49(1)：103－108．

③ 俞义．水网、滨海平原城乡土地资源配置的优化模式——农业环境与人居环境双向评价研究[D]．杭州：浙江大学，2004．

④ 王勇．土地利用结构变化及其对人居环境的影响研究——以大连市为例[D]．大连：辽宁师范大学，2015．

地利用率,缓解当地人地矛盾、改善农业生产条件,在增产和增收方面具有重要作用。

土地占用一般指非农化占地,包括工业占地、服务业占地、基础设施占地、居住占地、污染后闲置和废弃基础设施占地等影响土地利用的占地。工业占地对乡村人居环境的影响表现在改变乡村景观、冲击传统观念、污染环境、增加经济收入,原本的农田、农房、谷地逐渐被楼房、厂房和高耸入云的烟囱取代,失地农民转入工业生产,生产生活方式发生巨大改变,对传统的观念产生巨大冲击,工业在生产过程中排放的三废又对当地人居环境产生各种污染影响,本质上改变了土地利用结构。农村服务业包括生活服务业和生产服务业两种,生活服务业在农村的兴起大大方便了农民生活,另外还能为农村剩余劳动力提供就业岗位,增加农民家庭收入,优化农民家庭收入结构;生产服务业专门为农业生产服务,帮助农民从繁重的农活中解放出来的同时,解决了农村剩余劳动力的就业问题和外出务工者的后顾之忧。但乡村服务业的发展也难以避免对环境的污染和破坏,白色污染的增加是最明显的。交通设施的社会效益显著,但是对人居环境的影响不容忽视,表现在噪声污染、尾气污染、两侧土壤和水资源污染、土地占用面积大。汽车在行驶的过程中会发出各样的噪声,速度越快,噪声越大;尾气排放也是如此,污染大气和土壤,危害人体健康。居住用地是城市功能分区中占地面积最大的一类,在农村中也是如此。但居住范围的扩张,必然会导致污染范围的扩大,增加受污染面积。污染过度而无法恢复的土地只能被闲置。

2.2.3.3 石化产业对人居环境的危害较大

从二次产业着眼人居环境研究,主要考虑临港石化、滨海石化、煤炭资源枯竭等对人居环境的影响并进行评价。工业对人居环境的影响主要体现于三废排放所引起的负外部性,而石化业、煤炭业对环境影响最大。国内原油资源的匮乏、沿海城市便利的交通、科学技术的高超导致多数的石化企业集中分布于原本便具高脆弱性的沿海城市,对这些城市的人居环境造成了较大的影响,使其成为国内人居环境研究的关注焦点。中国石化业包括石油炼制和石油化工,石油化工为石油炼制的下游产业,属高能耗、高污染行业。石化工业园在中国滨海城市遍地开花,反映出滨海城市产业结构的不合理,缺乏有效监管,给当地的人居环境构成了潜在的威胁。加之石化工业园区规划建设存在利益导向性,环保产业发展滞后,近些年由石化产业引起的环境极端事件频发。随之而起的还有“生态环境型邻避冲突”,这种冲突与居民感知石化区影响的程度相关,环境状况、经济发展、生活便利等是居民感知的主要角度。居民感知石化区影响存在街道尺度分异和年龄阶段差异特征。

街道尺度分异要求兼顾石化工业发展的基础需求和环境布局的适宜性问题。居民感知影响因素会随着距离的变化而变化，容易形成人居环境认知悖论，这不利于城市人才集聚和城市管理。不同年龄阶段的人群感知石化区影响存在差异，老年人环境感知比较客观，青年的感知比较主观且呈现矛盾心理——想要兼得环境、经济和生活利益。兼顾生态平衡、工业带来的收入增长和基础设施的便利性已经成为城市规划的重点问题①。

2.2.3.4 居民收入与产业(结构)具有高度关联性

产业结构与城乡居民收入(结构、差距)间保持着动态关系。产业结构在长期的发展过程中存在调整与变迁两种变化途径与方向。调整往往使产业结构更趋合理化，变迁使产业结构趋向高级化，两者对居民收入的影响存在较大的差异。产业结构对居民收入的影响包括收入增长贡献、收入结构、收入差距的影响，收入差距又包含了城乡居民收入差距、地区收入差距、行业收入差距。如何通过产业结构调整与变迁来增加居民收入、缩小收入差距的研究已成为经济学、社会学等领域的研究重点。

(1)产业结构(调整)对居民(农民)增收影响存在异质性

目前国内就产业结构与居民增收这一主题进行的研究较少，多以案例研究为契机，关注农业产业结构调整对农民收入增长的影响。农业结构调整能够增加农民收入，源于市场拓展、比较优势、产业集群三大增收效应；在实际农业调整过程中，很难增加农民的收入，是因为存在农业结构调整与农业衰退、农业结构调整与粮食安全、农业结构调整个体理性与集体理性的三种矛盾。在调整农业结构的过程中要注意对三大效应的利用，以及对三大矛盾的规避。

农业生产结构指第一产业中农林牧渔业的产值及其比例关系，还包括各种产品的构成比例和每个种类不同品质的构成与比例。农业结构调整指农业生产为适应市场需求变化而改变部门构成比例及其内部构成比例的一种方式，需要政府和市场的共同管控。农民收入具有多样化的特征，根据收入来源分为家庭经营性收入、工资性收入、财产性收入和转移性收入；按收入形态分为现金(纯)收入和实物(纯)收入。家庭纯收入指在家庭总收入中扣除各项费用支出后的收入，能够代表一个家庭的实际购买力。国内就县市区尺度展开的该类研究成果很少，多集中于重庆市、新疆，从农业结构内部切入，探究农林牧渔业对农民收入或纯收入的影响。

---

① 马仁锋，王美，张文忠，等.临港石化集聚对城镇人居环境影响的居民感知——宁波镇海案例[J].地理研究，2015，34(4)：133－143.

研究发现,重庆市种植业总产值的增加并不能为农民增加纯收入,林业和畜牧业总产值的增加对收入几乎不产生影响,渔业总产值的增加能够明显增加农户家庭的纯收入,主要影响因素在于自然条件(地形)、产业基础和市场需求。杨凌示范区的种植业和畜牧业对农民纯收入具有明显增收作用,种植业每增长一个百分点,将会带动农民人均纯收入增长0.706%;畜牧业每增长一个百分点,将会带动农民人均纯收入增长0.522%①。绥化市的畜牧业对农业增收具有明显的效果。大庆市种植业对农民增收具有显著的作用,其次是林业和渔业,至于畜牧业能否增加农民收入存在争议,可能因指标选取、数据收集、方法选择差异所致。

可见不同区域的农业产业结构调整对农民的收入影响存在着较大的区别,与当地自然、人文、社会、历史等因素均相关。农业发展的原则是"因地制宜",在此基础上结合市场需求,辅以技术进行生产,实现农民增收。

(2)产业结构调整优化居民(农民)家庭收入结构

农户家庭收入结构指收入构成及其比例,会随着大环境产业结构的变化而发生变化。收入形式上,现金收入比重增加,实物收入比重下降,这与国内市场经济的发展和城镇化分不开;收入性质上,生产性收入仍然是农户家庭收入的大头,转移性收入和财产性收入比例持续较低,产业结构调整、农民收入结构优化依然存在较大的问题。在产业类型影响收入类型方面,第一产业发展能够直接增加农民家庭的经营性收入,通过增加产量、转换品种、提高质量来实现;二、三产业的发展能够增加农民家庭的工资性收入,但第三产业带来的增收效应更明显②③。我国农民工普遍存在素质偏低的情况,多从事一些建筑类的体力活,工资低,即便在工业发展期,农民工资性的收入也不会大幅度提高。通过对二级分类产业的进一步研究发现,收入增幅最大的属社会服务业、房地产行业、金融保险服务行业、科研和技术服务业,增幅最低的属农林牧渔业、建筑业、采掘业、批发零售和餐饮业,平均工资最低的属社会服务业、农林牧渔业、教育文化艺术和广播电视业以及批发零售和餐饮业。随着产业结构的不断调整与升级,拥有高级管理知识和专业技术的人更容易获得高收入④。

---

① 孟元亨,姚柳杨,罗文春.农民收入与农业结构变动的分析——以杨凌示范区为例[J].经济研究导刊,2011(15):43-45.

② 郭炜.区域间农民收入结构及其构成差异分析——基于中国农村住户调查年鉴(2010)数据的分析[J].经济研究导刊,2015(24):24-29.

③ 冯晓明,区域经济产业结构与农民收入的关联分析[D].北京:首都经济贸易大学,2015.

④ 卢冲,刘媛,江培元.产业结构、农村居民收入结构与城乡收入差距[J].中国人口·资源与环境,2014,163(S1):147-150.

(3)产业结构变动对收入差距影响明显

产业结构变动与收入差距间存在着长期稳定的均衡关系和双向因果关系[①]，主要通过生产要素流动、技术带动和增加就业量实现。学界将因人力资本知识、技术、能力等方面的差异造成收入差距的影响方式称为微观影响路径，将因城乡二元经济结构、部门二元经济结构、城镇化、政府的政策方针影响收入差距的方式称为宏观影响路径。不同发展阶段的产业结构对城乡收入差距的冲击效应和影响效应不同。短期的产业结构变动促进经济的增长，能够一定程度上抑制城乡收入差距的扩大；但是长期来看，经济增长与城乡收入差距间存在倒U型曲线，正处在上升阶段。产业结构调整包括合理化和高级化两个方向，对收入差距的影响存在差异。一般地，合理化的产业机构调整对城乡收入差距具有缩小的作用，高级化的产业结构调整不仅不能缩小收入差距，还会拉大收入差距[②]。这是因为产业结构高级化必定会减少劳动密集型和资源密集型的产业，增加资金密集型和技术密集型的产业，对劳动力本身的素质要求较高，而乡村劳动力根本无法满足，只能从事一些低工资水平的行业，最终导致城乡收入差距越来越大。从产业类型来看，一般来说，一、三产业比重的增加能够缩小城乡收入差距，第二产业比重的增加对城乡收入差距呈正向效应。通过进一步的研究发现，第一产业中的林业和渔业以及第二产业中的建筑业是缩小城乡收入差距的主要因素，农村居民收入结构的优化能够有效缩小城乡间的收入差距[③]。区域间可能存在异质性，第三产业的发展速度超过第二产业时，这种产业结构对城乡收入差距的影响存在双面性，需要结合实际考虑。产业结构变动直接影响产业就业结构，从而影响收入结构，对单个家庭来说，意味着家庭收入构成、收入量、劳动力资源配置都将发生变化。现今，农村居民收入分配制度改革背景下的区域间农村居民收入差距依然与日俱增，短期逃离不了产业结构对其的影响。

当然收入差距不仅仅停留在城乡收入差距上，城市居民内部、农村农民内部、行业间、区域间同样存在收入差距。南昌市城市居民内部的收入差距与产业结构调整高度相关，第三产业的影响最大，服务业的工资比制造业高；随着第三产业的

---

① 黄可人，韦廷柒．经济增长、产业结构变迁与城乡居民收入差距——基于PVAR模型的动态分析[J]．工业技术经济，2016(4)：145－152.

② 赵立文，郭英彤，许子琦．产业结构变迁与城乡居民收入差距[J]．财经问题研究，2018(7)：38－44.

③ 黄可人，韦廷柒．经济增长、产业结构变迁与城乡居民收入差距——基于PVAR模型的动态分析[J]．工业技术经济，2016，35(4)：145－152.

不断发展,服务业收入占总收入的比例增加,同时也会增加居民收入①。另外,身份、户籍歧视也是影响南昌市居民内部收入差距的要素。渔业按照劳作类型可以分为渔业第一、第二、第三产业。渔业第一产业指养殖、捕捞以及相关原材料的培育;渔业第二产业指水产品加工、相关材料原料的生产等;渔业第三产业指为渔业第一、第二以及本身提供服务的产业,包括技术指导、宣传管理、仓储与运输、销售等。在渔业对居民增收上,渔业第二、三产业起正向效应,特别是对东部地区家庭经营性收入和工资性收入的增加影响显著,渔业第一产业对其影响不大。中西部地区财产性收入和转移性收入受一、二产业的拉动较大。东部地区二、三产业间的转换对渔民收入差距的影响效应明显大于一、二产业间的转换,中西部地区恰好相反。东、西部收入差距主要体现在东部家庭经营性收入高,而中西部区域渔业不发达,开放程度较低,人均渔业收入低②。

2.2.3.5 产业与人居环境污染关系复杂

污染的方式包括直接污染与间接污染。根据产业(行业)类型,污染可以分为农业污染、工业污染和服务业污染。根据影响要素,污染可以分为水污染、大气污染、固体废弃物污染、重金属污染等。产业在整个产业链条中都会产生污染物,包括产前污染、产中污染以及产后污染。不同阶段的污染物以及污染程度与特征不一样。平面上的产业布局结构与横向的行业结构均会对人居环境产生多样化的污染影响。

(1)产业结构趋向工业化会加重环境污染

产业废弃物排放直接污染人居环境,不同产业、行业的排放物不同,污染类型与程度也不同,其中工业污染的影响最大。相关研究发现,产业结构优化会加重污染排放量波动,但产业结构升级率提高能够降低污染程度,即二、三产业产值的增加会增加单位污染的排放;城镇化率提高、外商投资增加、政府有效管制均能有效抑制环境污染③。其中,文化、体育、渔业、卫生、社会保障、社会福利、交通运输、仓储、邮政及工业与“三废”排放的联系最强,是造成环境污染的主要因素④。

---

① 彭迪云,韩迟.南昌市城市居民内部收入差距及其与产业结构调整的关联性[J].南昌市:南昌大学学报(理科版),2013,37(1):93-97.

② 杨卫,严棉.渔业结构调整对渔民收入的地区性影响[J].江苏农业科学,2018,46(21):324-328.

③ 王保乾,朱希镭.新型城镇化、产业结构升级与水污染关系研究[J].水利经济,2021,39(1):6-14.

④ 闫兰玲.杭州市产业结构与环境污染间的灰色关联度分析研究[J].环境科学与管理,2013,38(10):112-115.

(2)工业对人居环境污染影响最严重

农业污染主要源自化肥、农药污染、农用塑料薄膜等白色污染。大量化肥和农药的使用不但会恶化土质,还会导致土壤和地下水的重金属污染。污染物通过农作物最终到达人体,损害人体健康。塑料薄膜目前在农村生产过程中的用量非常大,且呈增长状态。掩埋是塑料薄膜主要的处理方式,严重影响土壤结构和发育①。工业污染以重金属、化合物污染为主,源自三废排放以及拆解、安装等过程②。空气、水、土壤中的重金属主要通过食物链进入人体。烧碱制造业排放的废水中含有大量的汞,能造成水俣病;汽车尾气含有大量的铅,现代人吸收的铅量是原始人的100倍,体内含铅过量容易造成铅中毒,表现为头痛、肌肉酸痛、失眠、贫血、便秘等。随着新农村建设、城镇化的不断推进,很多的工厂走进了郊区、村镇。浙江省西桥村是典型的现代工业村,分布着91家大大小小的工业企业。该村的污染主要来自喷水织布厂和金属家具厂,其中喷水织布厂有81家①。织布机在工作中容易造成噪声污染,排放的废水含有多种化学物质和机油等残留物;金属家具在清洗去锈、高温融化两个过程多排放有毒废水,这些污水直接流入就近河流。另外,熔炉烟囱也会排放有毒烟尘,造成空气污染。在西桥村还存在"癌症村"一说,2003—2007年,癌症死亡率为6.06%①。原因之一是产业区与生活区布局不合理,距离太近;另外一个原因是当地企业环保意识不强,存在侥幸心理,工业生产三废排放不达标。

2.2.3.6 产业集聚对人居环境污染的影响呈多样化

产业集聚与人居环境污染之间存在三种关系:①线性关系(产业集聚能够改善或加重环境污染);②非线性关系(U型、倒U型、N型、倒N型关系);③不确定关系。

(1)线性关系

产业集聚包含产业规模扩大、产业集聚能力提升和产业集聚效应提高三个方面,每个方面的变化对环境污染产生不同的影响。产业规模的扩大和产业集聚的能力提升具有抑制雾霾污染的作用,而产业集聚的效益增加会加重雾霾污染。总体上,产业集聚对雾霾污染减缓和治理具有重要的作用,知识溢出、劳动力和基础

---

① 于志娜,王晓双.黑龙江省农村土地污染对人居环境影响的调查分析[J].黑龙江八一农垦大学学报,2016,28(5):133-136.

② 程鹏立,唐争翠.工业污染与癌症高发的社会学分析[J].医学与社会,2010,23(6):25-27.

设施共享是其主要影响因素①。三次产业中,二、三产业的集聚效应最明显,其中的制造业和服务业集聚对环境污染的影响更应该被关注和考虑。通过研究发现,制造业集聚会加大环境污染,而服务业相反,其中消费性、生产性、公共服务性的服务业集聚对污染减排的效用最大,居民素质、劳动力资本、高新技术创新是其主要影响因素②。制造业集聚加重环境污染的考虑主要是,集聚规模扩大导致区域资源能耗加大,污染物排放增加,引进技术是否主要用于减污排放很难说。服务业是集生产与消费于同一时空的产业,具有比制造业和工业更强的空间集聚性。因服务业不直接生产物质,所以被称为“清洁产业”,多通过知识技术溢出和经济结构优化两种途径降低制造业污染排放强度③。另外,城市规模不同,其产业集聚对环境的影响存在差异。对于大中小城市来说,城市规模越大,产业集聚越能改善环境;对于特大城市来说,产业的过度集聚对城市环境的恶化作用更强④。产业集聚和人口集中是城市化的结果,当其集聚度超过环境承受范围后,就会出现城市病,导致“逆城市化”,此为产业集聚对特大城市环境存在恶化作用的合理解释之一⑤。

(2)非线性关系

1)U 型关系

理论上,产业集聚对环境的影响存在正效应(技术效应、共生效应、规制效应)和负效应(扩张效应、密集效应、锁定效应),效应间的相互作用使得产业集聚与环境间关系复杂化。U 型关系指产业集聚对环境的影响前期为改善作用,后期为恶化作用。专业化集聚与环境污染间呈 U 型的先抑制后促进关系。多样化的集聚发展模式优于专业化集聚,受到科技创新、环保产业、物质循环系统、路径依赖、结构僵化等影响,多样化集聚与环境污染间关系更复杂。目前国内大部分城市正处于右侧的拐点处,该类城市正面临着环境带来的经济问题。产业集聚阶段、集聚方式的不同是导致产业集聚对环境影响产生时空分异的重要因素⑥。对全国而言,产业集聚只会加重环境的污染;从分区来看,产业集聚能够改善东部地区环境污

---

① 徐盈之,刘琦.产业集聚对雾霾污染的影响机制——基于空间计量模型的实证研究[J].大连理工大学学报(社会科学版),2018,39(3):24-31.

② 杨敏.产业集聚对工业污染排放影响的实证研究——基于制造业集聚和服务业集聚对比的研究[J].求实,2018(2):59-74.

③ 王保乾,朱希镭.新型城镇化、产业结构升级与水污染关系研究[J].水利经济,2021,39(1):6-14.

④ 汪聪聪,王益澄,马仁锋,等.经济集聚对雾霾污染影响的空间计量研究——以长江三角洲地区为例[J].长江流域资源与环境,2019,28(1):1-11.

⑤ 徐瑞.产业集聚对城市环境污染的影响[J].城市问题,2019(11):52-58.

⑥ 徐辉,杨烨.人口和产业集聚对环境污染的影响——以中国的100个城市为例[J].城市问题,2017(1):53-60.

染，而对中西部为恶化作用①。

2）倒 U 型关系

产业集聚对环境污染的影响存在门槛特征，当集聚度低于门槛值时，环境污染随着产业的不断集聚而加重；当产业集聚度超过门槛值时，产业的集聚反而对环境污染能够起到改善的作用②。这种关系即为产业集聚与环境污染间的倒 U 型关系。外商直接投资能够促使产业集聚对环境污染的作用由正 U 型转为倒 U 型③。国内各地区行政和经济中心城市及环保部重点监管城市的污染正处于下降阶段，但是不同污染物排放的“拐点”存在差异。一般情况下，二氧化硫等气体污染物排放的“拐点”要比烟粉尘埃高很多④，这是因为烟粉尘埃相对气体污染物产生量降低得快，对产业集聚度比较敏感。二氧化硫等污染气体的排放看似是因为产业集聚，其实更深层次的原因是科学技术未得到创新发展。科技创新能力往往是产业集聚诱发污染物排放达到“拐点”而改善环境的决定因素。东部沿海地区经济发展水平高，技术创新能力强，当前产业集聚以改善环境污染为主，而内陆地区的产业集聚水平和科技创新能力还有待提升。

不同产业间的集聚度、同一行业在不同区域的集聚度对环境污染影响存在差异性。研究多关注旅游产业集聚对环境污染的影响。旅游业作为第三产业的一部分，对环境污染的影响具有一致性。旅游产业的集聚对环境污染起改善作用，技术创新和产业结构优化是环境污染的主要影响要素。在区域上，东西部地区旅游产业集聚能够有效改善环境，而中部地区的改善结果不明显⑤。就西部地区而言，经济发展水平、产业结构、能源消费强度对区域旅游业集聚、环境污染物排放具有显著的正向作用，外商直接投资、科技创新对环境污染的作用为负，能够降低污染程度。

3）N 型关系

N 型关系指导下的产业集聚与环境污染的关系是动态变化的，当产业集聚度较低时，其对环境的污染程度反而深；当集聚程度达到一定高度时，产业聚集又会降低对环境的污染；产业集聚程度超过一定高度时，又会返回到第一阶段。换而言

---

①　尚海洋，毛必文．基于 IPAT 模型的产业集聚与环境污染的实证研究[J]．生态经济，2016，32(6)：77－81.

②　杨仁发．产业集聚能否改善中国环境污染[J]．中国人口·资源与环境，2015，25(2)：23－29.

③　苗建军，郭红娇．产业协同集聚对环境污染的影响机制——基于长三角城市群面板数据的实证研究[J]．管理现代化，2019，39(3)：70－76.

④　韩晶，毛渊龙，朱兆一．产业集聚对环境污染的影响[J]．经济社会体制比较，2019(3)：71－80.

⑤　杨卫，严棉．渔业结构调整对渔民收入的地区性影响[J]．江苏农业科学，2018，46(21)：324－328.

之,产业集聚度与最低环境污染之间存在唯一确定值,这个值是所有产业在集聚过程中应该把握的点。目前我国制造业集聚程度与工业污染排放量的关系正处于N型两个转折点间的下降曲线上,未来的某一天环境污染还是会加重。

4)不确定关系

不确定关系指产业集聚对环境污染的关系存在不确定性,无法用模型方法将其计算和描述。因为产业集聚是一个动态的过程,在不同的时空背景下集聚规模、集聚能力、集聚方式均存在差异,所以对环境的污染也很难保持一个方向。产业集聚只会加重生产污染,对生活污染不会产生显著的影响;工业结构的内部优化相较于降低工业比重更能抑制生产污染。更有趣的是,产业污染存在临近性,存在明显且稳定的空间自相关特征,与污染的流动性以及产业间合作有联系。随着污染密集型企业的减少、资本和技术密集型产业的增加和扩大,第二产业结构内部实现优化,对环境污染加重的影响逐渐减弱①。从影响期限来看,短期内的产业集聚对环境改善保持正外部性,能够一定程度上降低环境污染;但是长期来看,产业集聚与环境污染间的关系难以把握,并不一定具有必然的因果关系。

2.2.3.7 结论与展望

产业与人居环境的关系研究由“总”走向“分”是大势所趋。“总”指某一产业或综合产业与人居环境之间是否协调可持续发展的问题。目前国内较多的是从某一类产业出发研究其对人居综合环境的影响。①国内旅游业与人居环境发展在时间上和空间上错开,非同步性明显,处于非协调阶段;在产业影响力评价方面以人为核心,从马斯洛需求层次理论出发创新评价指标;总体上,旅游业对人居环境的影响符合“地理第一定律”,随着距离的增加影响降低。②农业影响人居环境的途径包括农业产业多元化、农村生产方式转型、土地利用等。产业多元化能够调整合理化产业结构,延长产业链,增加就业,同时能够丰富农民收入,增强改善居住环境的意识与经济能力;技术提升能够提高资源、能源利用率,降低能耗,减少污染物的排放。农业生产方式直接影响人居环境的作用最大,传统农业生产方式影响最为显著。土地资源是农业发展的基本,但须以生态平衡为前提和目标,所以在资源配置的过程中要进行合理的规划和设计。在实际的利用过程中,自然要素会导致水土流失、坍塌等问题,人为利用又会导致土地污染、搁置浪费、用作他途(土地非农化占用)等问题,对人居环境产生直接和间接的多样化影响。③第二产业中的石化业

---

① 徐盈之,刘琦.产业集聚对雾霾污染的影响机制——基于空间计量模型的实证研究[J].大连理工大学学报(社会科学版),2018,39(3):24-31.

是所有产业中对人居环境危害最严重的产业，污染源自下游产业——石油化工。目前我国该类产业多集中分布于东部沿海城市，产业园区规划布局在利益导向下促成了多次环境污染极端事件。居民感知石化影响存在空间尺度差异和年龄层次差异。

“分”这一类的研究要复杂很多，产业及下分行业对居民（农民）收入构成、比例、收入增长情况、收入差距等经济环境的影响以及产业污染排放对自然环境的污染是目前研究较多的。①产业与居民（农民）的收入构成、比例、增长情况具有高度关联性。一般情况下，三次产业对居民增收的影响大小依次为第三产业＞第二产业＞第一产业，三产具体行业的影响存在区域差异；在收入构成层面，第一产业影响经营性收入，二、三产业影响工资性收入；二产中的建筑业工资低，但吸纳农民工就业强；知识密集型、技术密集型行业工资收入增幅最大，劳动密集型、资源能源密集型行业收入增幅低，高新技术人才、管理人才的收入将会越来越高。②产业结构变动对收入差距的影响显著。从影响期限来看，短期的产业结构变动能够缩小城乡收入差距，而长期来看，两者间关系呈倒U型曲线；从产业结构变动方向上来看，产业结构合理化调整能够抑制收入差距扩大，产业结构高级化调整对拉大城乡收入差距作用明显；在产业类别上，一般地，林业、渔业、工业不利于收入差距的扩大，第三产业的发展能够缩小城乡收入差距，实际上该影响存在空间异质性；行业收入差距层面，服务业收入最高，其中渔业二、三产业增收明显，我国东中西三区渔业一、二、三产业对家庭收入的影响不同。③产业结构变动、产业布局状态均对环境污染具有重要的影响。三产中，二产带来的环境污染最严重，促进产业结构升级比产业结构优化更有利于降低污染程度；文体卫、社会福利保障等服务业和仓储运输以及工业与三废排放联系最强。产业集聚与人居环境污染是一个动态的关系，存在时间、空间、行业的差距，研究发现的关系可以总结为三种：线性关系、非线性关系和不确定关系，本书比较赞同不确定关系的理论说法。

产业影响人居环境的途径比较固定，以产业结构变动、产业集聚度变化、产业污染物排放为主。产业结构变动包括产业比例与产业内部结构的变动，合理化和高级化是两个不同的方向，具有明显的差异。高级化较合理化更多地关注环保生态和持续以及效率，较多地引入一些高级生产技术与管理，在实现高单位产值的同时实现环保的理念。产业集聚在不同的行业间、区域间、发展阶段所释放的外部性差异明显，长期来看，产业集聚是城市化的产物，目前国内的城市化率在65%左右，距离发达国家85%的水平还存在一定的差距，产业集聚将会是一个长久的过程。目前研究的产业集聚与人居环境污染之间的关系只能考虑产业集聚初期发展至今的一个状况,至于长期关系的把握并不准确。产业污染排放是造成人居环境恶化最重要的原因,笔者根据前述研究重点把握产业污染排放与人居环境污染间的逻辑关系(图 2-2-2),探究产业污染结构与人居环境污染间的关系,为后期产业空间组织污染排放的土地格局对人居环境污染的影响研究奠定基础。

2.3 区域产业演替的主体及外部性

2.3.1 区域产业演替主体

政府政策和发展战略定位是引导区域产业结构演替的主要因素之一。新中国成立之初,地方政府在"优先发展重工业"这一思想指导下,各地掀起重工业发展浪潮,一定程度上影响了传统的农业产业结构。改革开放后,二、三产业迅速发展,传统农业地位直线下降。进入 21 世纪后,国家又提出经济发展应由"又快又好"转向"又好又快"发展,强调高质量的绿色生态发展。在此背景下,地方政府严格管控高污染、高耗能等产业,部分区域的该类产业以迁出为主,对区域产业结构产生了较大的影响。海岛城市因其独特的地理位置和海洋资源优势,以发展低耗能的临港工业、轻工业和旅游服务业为主。另外,海岛因其散污快而成为高污染性企业的聚集地,对海岛地区产业结构产生巨大的冲击。

区域产业往往以区域企业为载体。产业是企业的统称,根据国家产业分类标准可划分为一、二、三产业,第一产业以农业、渔业、畜牧业为代表,第二产业以制造业、建筑业为代表,第三产业以服务业为代表。在生产技术的催动下,区域产业随企业呈现动态变化的特征,学界将这一动态变化过程定义为产业演替。据相关研究文献可知,产业演替主体有二:一是产业规模结构演替;二是产业空间结构演替。产业规模结构即指一般性的产业结构,包括区域三次产业产值占总产值的比例关系,三次产业内部各行业产值占总产值的比例关系。从三次产业划分来看,产业规模演替存在高级化与合理化两大趋势,高级化一般以二三次产业比重较高为特征,即区域产业结构由最初的"一二三"逐渐演变为"二一三""二三一""三二一";合理化指与区域资源环境和人文环境相适应,保障可持续性发展的同时,实现经济效益与社会效益的最大化,以产业结构多样为主要特征。从产业生产要素来看,产业结构规模演替呈现三个明显的变化方向和路径:①劳动密集型—资金技术密集型—知识技术密集型;②低附加值—高附加值—更高附加值;③传统产业—新兴产业—传统产业与新兴产业相结合。还可根据区域产业规模比例差异确定区域主导产业、

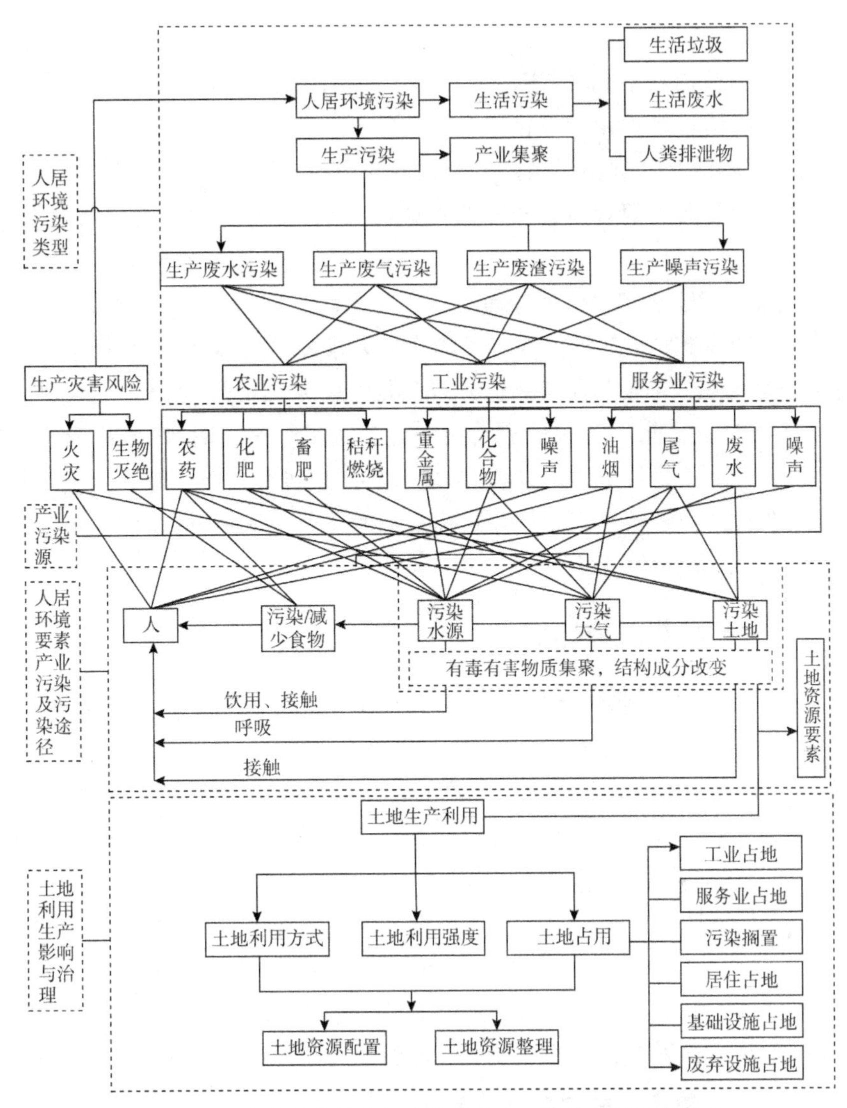

图 2-2-2 产业污染排放与人居环境要素污染间的逻辑关系

支柱产业，而区域主导产业与支柱产业会随着区域产业规模比例的变化而变化，呈现一定的时空特征。总体而言，产业规模演替以追求绿色集约化发展为目标，通过调整产业内部结构，实现与区域环境的协调。产业空间结构演替指产业空间分布位置及集聚状态的变化。根据城市功能区形成过程可知，同类型企业对资源环境及位置的需求基本一致，在一定程度上导致同类型企业在某一位置上的集聚，但区位因素以及产业区位选择是变化的，导致各产业空间集聚发生变化，主要包括空间集聚和空间分散两个方向①。根据区位主导因素,产业区位可分为:交通指向型、市场指向型、资源指向型、能源指向型、技术指向型等。当产业区位要素发生变化时,产业空间结构将呈现相应变化。

劳动力结构演替往往与区域产业结构演替保持一致性。区域劳动力结构应与产业结构相匹配,因为两者间属于相互依赖的关系,产业为劳动力提供就业岗位,劳动力为产业创造价值。当产业结构处于较低级阶段时,该时期的产业以劳动密集型和资源能源密集型为主,对劳动力素质要求较低,以当地劳动力为主力;随着产业结构的不断转型升级,产业对劳动力素质要求不断提高,当区域劳动力素质无法满足产业需求时,其他区域高素质劳动力会逐渐转入补充,而当地的劳动力则转向其他行业或区域。当其他区域劳动力转入无法得到满足时,区域产业结构转型即为失败,有些产业将被迫转出,或维持现状而拒绝转型升级。海岛区呈现较为显著,即区域劳动结构演替是区域产业结构演替的一个表征,具体还可表现为居民收入结构和消费结构演替。

2.3.2 区域产业演替外部性

产业外部性是指产业这一经济主体对其他经济主体产生的一种外部影响,而这种影响无法通过市场价格进行转移②。根据影响性质,可将这种影响划分为外部经济和外部不经济。前者指正向影响,以增加收益为主要标志;后者指负向影响,以增加损失为主要标志。而这种收益和损失皆无法通过收费或者补偿得以解决。本书将产业演替作为外部性产生的主体,即为生产外部性(图 2-3-1)。根据影响性质,生产外部性又可分为生产正外部性和生产负外部性。根据研究的需要,生产正外部性指产业结构演替过程中对其他经济主体产生的正面影响,这里主要考虑经济效益的增加;生产负外部性指产业结构演替过程中对其他经济主体产生的负面影响,主要指三废排放对外部环境的污染以及对资源能源的占用与消耗。

2.3.2.1 区域产业演替经济外部性

区域产业演替经济外部性主要体现在为当地居民提供就业岗位,缓解区域就业压力,丰富居民收入来源,提高居民收入水平。据相关研究表明,二、三产业是吸纳就业能力强,居民家庭增收贡献最明显的产业类型。区域产业结构演替包括高级化和合理化两大趋势,目前还出现了生态化这一新趋势。二、三产业比重不断提升即为产业结构高级化,这一演进过程意味着区域生产总值和产业生产规模的不

① 毛渊龙,袁祥飞.集聚外部性、城市规模和环境污染[J].宏观经济研究,2020,255(2):140—153.

② 李九领,朱昱成,李幸欣.税收收入结构与产业结构转型升级的关系研究——以上海市为例[J].国际税收,2017(8):45—51.

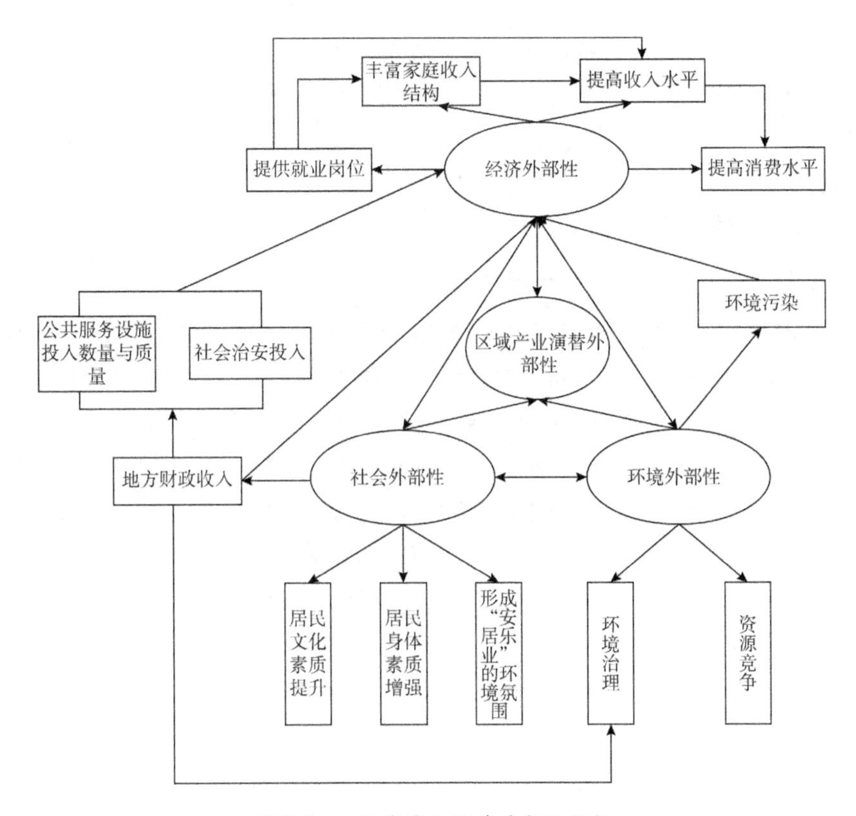

图 2-3-1 区域产业演替外部性逻辑

断增长与扩大,更多的劳动力获得就业机会,得以维持家庭生计。产业结构合理化,强调区域产业结构与当地资源结构和劳动力结构相协调,以持续化发展为根本目标。海岛地区相较于大陆有着独特的资源结构和劳动力结构,推进产业结构合理化更有利于海岛地区可持续发展。

区域产业演替经济外部性的另一个主要体现为增加地方财政收入,为政府管治社会环境提供资金支撑。第二产业为地方财政收入的支撑点,第三产业逐渐成为新的增长点,其总产值的增长决定着地方政府建设公共服务设施,提升社会环境质量的投资力度。

2.3.2.2 区域产业演替社会外部性

地方财政收入和财政支出是区域产业演替社会外部性实现的重要手段之一。二、三产业属于高附加值产业,其比重的不断提升是地方财政收入增长的基本条件。地方财政收入和地方财政支出是地方社会公共福利的保障,如学校、医院、图书馆、体育馆等公共服务设施和相关服务的提供与运营均需政府财政的支持。产业结构演替主要通过产业高级化促使地方财政收入增加,为区域地方公共服务设施和服务提供保障,进而实现居民居住外部环境质量的改善。海岛地区产业结构演替趋向高级化,为地方财政收入支持海岛人居环境建设提供了支撑。

从产业自身分析,产业演替高级化、合理化、生态化三大趋势均带来了较大的社会外部性。高级化与合理化以解决居民就业为主,减少区域贫困户,降低偷盗、抢劫等影响社会治安事件发生的可能性。生态化的社会性主要表现为无害于居民身体健康,造就健康、和谐的社会环境氛围。

2.3.2.3 区域产业演替环境外部性

资源占用、环境污染和环境治理是区域产业演替环境外部性的主要体现。①区域资源理应由产业、人类和自然三大主体所共有,而当其总量有限时,产业、人类和自然三者间即会形成竞争关系。随着生态、绿色发展的理念的提出,自然这一主体的资源、能源占有量得以保证,而产业与人类间资源、能源的竞争关系日益突出。产业生产、居民生活均以资源消耗为基础。海岛地区是典型的资源、能源有限区,在保证生态环境的前提下,产业与人类间资源、能源等的竞争关系更加突出,其中尤以淡水资源和土地之争为最。②产业三废排放是造成环境污染的根本,污水、固体废弃物排放主要污染水源和土地,废气排放污染大气和降水。而水是生命之源,土地是生存之本,受污染的水和土地最终会影响人体自身的健康。人为劳动力,是家庭收入的资本,是产业发展的条件,影响人类健康即损害家庭资本与产业生产要素,最终降低人类居住环境质量。③当区域产业演替足以支撑因环境治理而导致的财政收入的增加,则会产生正向的环境外部性。首先财政收入对产业发展规模存在一定限制性的作用,防止产业随意扩大生产规模而导致环境污染加重。另外,地方政府还会对企业排污收取一定费用,与“三废”排放量直接挂钩,一定程度上抑制了“三废”的排放;地方政府收入增加将直接导致污染处理设施建设、先进处理技术和设备引进等投资力度的加大,当政府环境治理效果优于产业破坏效应即产生正外部性。

2.3.3 区域产业结构影响人居环境关键要素的外部性

2.3.3.1 区域产业结构演替影响下的财政税收外部性

区域生产总值水平决定地方财政收入水平,第二次产业是地方财政收入的攻坚力量,第三产业将成为财政收入新的增长点[①]。产业结构的演替将直接导致二、三产业结构比例发生改变,从而影响地方财政收入的增长及其稳定性。而地方财政收入对区域外部人居环境具有重要的影响。这里主要讨论地方财政收入支撑下

① 李九领,朱昱成,李幸欣.税收收入结构与产业结构转型升级的关系研究——以上海市为例[J].国际税收,2017(8):45-51.

的地方财政支出对人居环境公共服务设施支持以及生态环境治理的影响(图2-3-2)。公共服务设施及配套服务存在公共性与排他性,是区域居民满足生活基本需求,丰富业余生活的标配,是体现区域人居环境质量的重要指标。由其公共性可知,公共服务设施及相关服务的提供及运营均由政府出资,财政支持力度的强弱与区域产业经济发展直接相关。一般地,区域产业结构高级化程度越高,越有利于资本的积累,地方财政对区域公共服务设施及配套服务的支持力度就会越强,以满足当地产业及居民对基本服务设施的需求,从而实现外部人居环境质量的改善。地方财政支出对生态环境治理的支持体现于区域污水与垃圾的集中处理,如铺设污水收集管道、建设污水处理厂、购买污水处理设备,增设城市垃圾桶、建设垃圾处理厂、引进垃圾处理技术与设备等。产业不仅是地方财政收入的主要来源,也是地方污水、固体废弃物和废气生产的大头,是地方政府三废处理财政支出的主要项目。生活污水和垃圾处理的财政支出基本也依赖于产业增值。

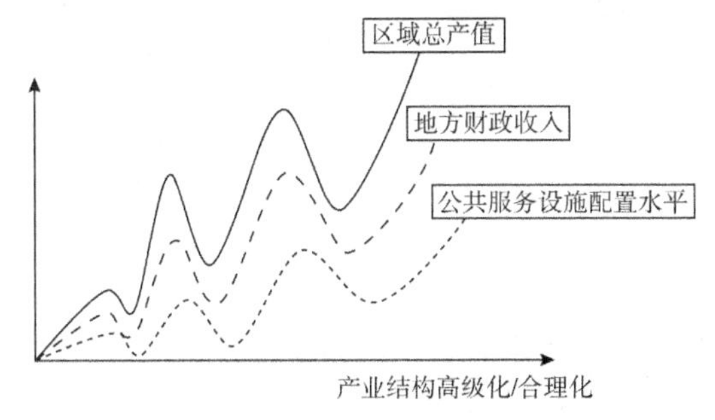

图 2-3-2　产业演替财政税收外部性

2.3.3.2　区域产业结构演替影响下的资源利用与环境外部性

产业对环境的影响集中表现在对资源的利用与消耗以及对环境的污染,受生产技术影响显著。不同产业的资源消耗系数存在较大的差异(图 2-3-3),即不同的产业结构会形成迥异的资源利用结构,并随着产业结构的演替而不断变化,具有明显的时空特征①。同一产业在不同的发展阶段的资源消耗系数也不一样,一般会随着生产技术的提升而降低,逐渐减小对资源的依赖性②。而环境中资源的数量是有限的,当消耗速度超越生产速度时会导致资源的枯竭。另外,资源也是人类生存的基础,产业资源消耗与人类生活资源消耗之间为对立的竞争关系。当产业资源消耗量过大而影响人类生活资源消耗时,人居环境问题便会层出不穷,严重影响

① 苏琼,秦华鹏,赵智杰.产业结构调整对流域供需水平衡及水质改善的影响[J].中国环境科学,2009,29(7):767－772.

② 原媛,席强敏,孙铁山,等.产业结构对区域碳排放的影响——基于多国数据的实证分析[J].地理研究,2016,35(1):82－94.

居民居住环境质量。环境外部性主要指产业“三废”的生产能力，因为三废的生产能力会随着产业结构的演替而变化，存在显著的结构差异性。一般而言，三次产业中，第二产业“三废”生产能力最强，其次为第一产业，而第三产业属于清洁型产业，即产业结构高级化程度与产业“三废”生产能力成正比。在处理技术一定的条件下，“三废”生产能力越强，“三废”排放系数越大，对环境污染的可能性就会越大，最终加重对生态环境的影响，从而降低外部环境质量，影响人居环境水平。

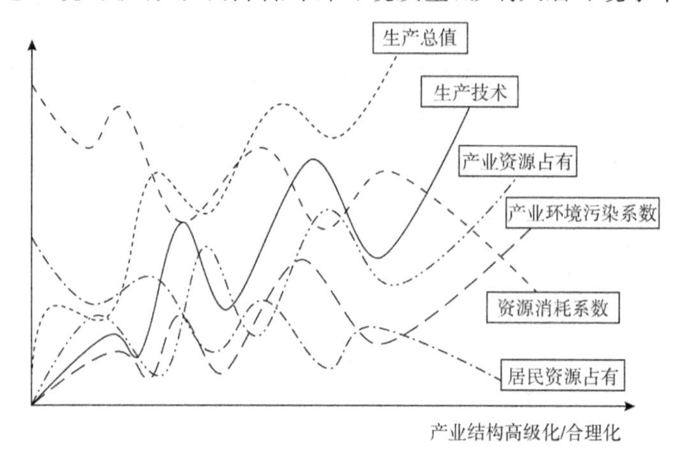

图 2-3-3　产业演替资源利用与环境外部性

2.3.3.3　区域产业结构演替影响下居民就业与收入外部性

产业就业吸纳能力存在较大差异，一般较低端的劳动密集型产业的就业吸纳能力较强①，即不同产业结构对应差异化的居民就业结构，居民就业结构随着区域产业结构的演替而改变，家庭收入总量及收入结构为直接表征现象(图 2-3-4)。根据产业结构演替主体分析，产业结构演替存在三大趋势，其中“劳动密集型—资金密集型—技术密集型—资金技术密集型”这一演替过程对居民就业和收入的影响最为直接。劳动力素质低、与就业岗位不相匹配是目前存在的最难以解决的就业问题。随着产业结构的不断演替，产业的不断转型升级，劳动密集型产业逐渐转向资金、技术密集型产业，对劳动力素质提出了更高的要求，大部分的劳动力可能会因无法满足岗位素质要求而失业。收入是改变家庭居住环境的唯一路径，就业是家庭收入最重要的途径，失业意味着没有收入，没有收入就无法实现居住环境质量的改善，从而影响人居环境。而未因产业升级而失业的居民有可能获得更高的收入，高收入意味着高消费，除了居住环境得到改善以外，吃穿用层次相应提高并增

① 方行明，韩晓娜.劳动力供求形势转折之下的就业结构与产业结构调整[J].人口学刊，2013，35(2)：60—70.

加，生活垃圾等废弃物明显增加，从而加重政府生态环境治理的压力。其次，家庭收入的增加会导致居民对外部环境要求的提高，如优良的医疗资源和教育资源、丰富的娱乐休闲设施等，加重政府公共福利事业建设的压力。

产业结构的合理化与多样化更有利于居民家庭就业与收入的增长。产业结构的合理化与多样化，意味着产业结构与区域劳动力结构相协调，居民有多种就业的可能和机会，导致居民家庭抚养比明显下降，收入结构多样化，为居民家庭持续生存提供稳定的资金支持。

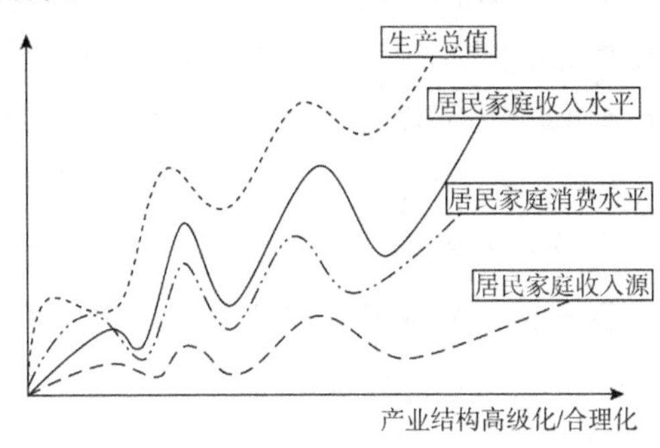

图 2-3-4 产业演替居民就业与收入外部性

2.4 海岛产业演替独特性及其影响人居环境的逻辑

2.4.1 海岛产业结构演替的独特性

2.4.1.1 海岛产业结构跳跃式演进

产业结构演替是推动社会经济发展的根本原因。一般而言，城市产业结构演替往往呈现出以第一产业为主导转为以第二产业为主导，再到以第三产业为主导的演进过程，即从农业社会转到工业社会，再到后工业化社会。这一发展模式在“三轴线”分析图上显示为左旋式演进路径。海岛地区产业结构演替呈现截然不同的演进过程，在“三轴线”分析图上显示为右旋式的演替路径①，即首先以第一产业为主导到以第三产业为主导，再到以第二产业为主导。据相关研究表明，目前中国绝大多数海岛城市第二产业与第三产业发展大致相当，已基本进入后工业化发展阶段。根据海岛城市的独特性可预见：海洋旅游、海洋文化和现代港口物流等海洋

① 张耀光．中国海岛县产业结构新演进与发展模式[J]．海洋经济，2011，1(5)：1－7．

性第三产业将持续迅猛发展,而以船舶修造业为主导的第二产业因航运经济周期的存在,其增速明显降低,未来一段时间中国海岛城市将步入以第三产业为主导的后工业化发展阶段。海岛城市产业结构演进与陆地产业结构“三二一”的演进趋势不同,海岛产业结构在演进过程中二、三产业主导地位处于动态变化状态,二、三产业交替上升①,与陆地二产或三产独大的静态趋势存在较大差异。在海洋经济发展早期,以海洋渔业为主导的第一产业在海洋经济中占主导地位,同时,以海洋运输业为主导的第三产业占有较高的比重,而第二产业比重较低;海洋经济进入中期阶段后,以海洋旅游为主导的第三产业迅速发展,并且逐渐超过第一产业成为主导产业;海洋经济发展进入末期后,海洋科学技术突飞猛进,以船舶修造为主的第二产业比重逐渐提高,逐步超过第一产业和第三产业成为区域主导产业;第三产业在海洋经济发展成熟阶段又将反超第二产业成为区域主导产业。

2.4.1.2 海岛地区产业结构演替易受经济技术条件的制约

技术进步和需求拉动是区域产业结构变动的主要驱动力,相较于陆地产业,海岛产业受经济技术条件的制约更加显著。海洋产业属于新兴产业,技术和资本要求高,尤以船舶修造为主的第二产业突出②。在海洋经济发展早期,以海洋捕捞、海盐、海洋运输等为主的第一产业比重较高,但发展速度极慢,当资金与技术积累达到一定程度后,产业发展重点逐步转向富含高新技术、高附加值的海洋装备制造、海洋生物工程、海底矿砂开采、海洋石油等能源开发等的第二产业,海洋经济随之进入高速发展阶段;随着第二产业的不断发展,以服务业为主的第三产业迅速崛起,海洋经济进入“高级服务化”阶段,以港航物流、海洋信息、技术服务为主的海岛第三产业成为海岛产业经济的主导产业。

2.4.1.3 海岛地区产业结构演替受资源限制显著

资源是产业和人类持续生产、生活的物质基础,海岛产业结构演替在考虑海岛特色发展特色优势产业的同时,应注意海岛地区资源结构的特殊性及资源总量的有限性。海岛地区海洋资源丰富,如海产品、风能、潮汐能、海岛风景等,但淡水资源、生物资源、土地资源总量有限,对高耗水、高耗能企业的发展极其不利,同时会降低居民生活对资源的占有量。但因海岛地区陆域面积狭小,且四面环山,污水与污染性气体停留时间短,更新较快,对自然环境的影响相对弱于大陆污染性产业对

---

① 阳立军.浙江舟山群岛新区海洋产业结构演进研究——兼论海洋产业结构演替的特殊规律性[J].特区经济,2015(6):37-40.

② 孙兆明,马波.中国海岛县(区)产业结构演进研究[J].地域研究与开发,2010,29(3):6-10.

环境的影响。因此，可适当在海岛地区发展一些节水节能但污染性较大的产业。另外，海岛地区劳动力素质普遍偏低，限制海岛地区产业结构的高级化进程，一些产业可能会因劳动力短缺而转移，甚至破产，所以海岛地区产业结构的演替还需考虑海岛劳动力结构这一实际问题。因此，海岛地区产业结构演替应集中发展经济效益较高、对劳动素质要求较低的服务业，在产业结构转型的同时极大的促进就业，提升居民的收入和消费水平。

2.4.2　海岛人居环境要素识别及产业结构演替影响路径

2.4.2.1　海岛人居环境要素识别

(1)传统人居环境分析框架

PSR模型和PRED系统分析法是人居环境理论重要的分析框架。PSR模型重点关注要素间的因果逻辑关系，多用于区域人居环境要素间相互关系分析，最早由安东尼·弗雷德于1970年提出，后又被改进为DSR(驱动力—状态—响应)模型；1995年联合国有关部门结合PSR与DSR两个模型的优点，推出DPSIR(驱动力—压力—状态—影响—响应)模型；李雪铭等[①]将“管理”这一指标引入，发展DPSIR为DPSIRM(驱动力—压力—状态—影响—响应—管理)；生物多样性公约组织直接在PSR的基础上引入“利用”和“承载力”两个层面的指标，作为“响应”这一环节前后的关联环节。在该过程中，由欧洲环境局(EEA)提出的DPSIR模型成为近年来一个公认的较为完善反映系统内部因果关系的概念模型(图2-4-1)，并制定了该模型的普适性规则，对每个因子做了注解[②]。根据欧洲环境局的注解，该模型中，社会、经济和人口变化发展为驱动力因子，人口增长和个体对发展的需求是根本驱动力[①]；人类活动对资源的利用、污染物质的排放为压力因子；状态因子指区域物理、生物和化学现象的数量和质量情况；影响因子用以描述状态环境在压力影响下的变化情况，包括人类健康、生态系统和环境的可持续发展等；响应因子指人类社会和政府管理部门为减少负面影响而采用的保护和适应系统改变而采取的措施。该模型的基本思想是将社会、经济和环境发展等潜在变量作为驱动力(D)造成环境系统压力(P)，进而促使系统状态(S)变化，这些动态变化对人居环境系统产生影响；政府、社会和个人为减少负面性影响，在感知影响后积极采取一些应

① 李雪铭，冀保程，杨俊，等.社区人居环境满意度研究——以大连市为例[J].城市问题，2008(1)：58—63.

② 张峰.基于SD和DPSIRM模型的饮马河流域生态脆弱性评价[D].长春：东北师范大学，2019.

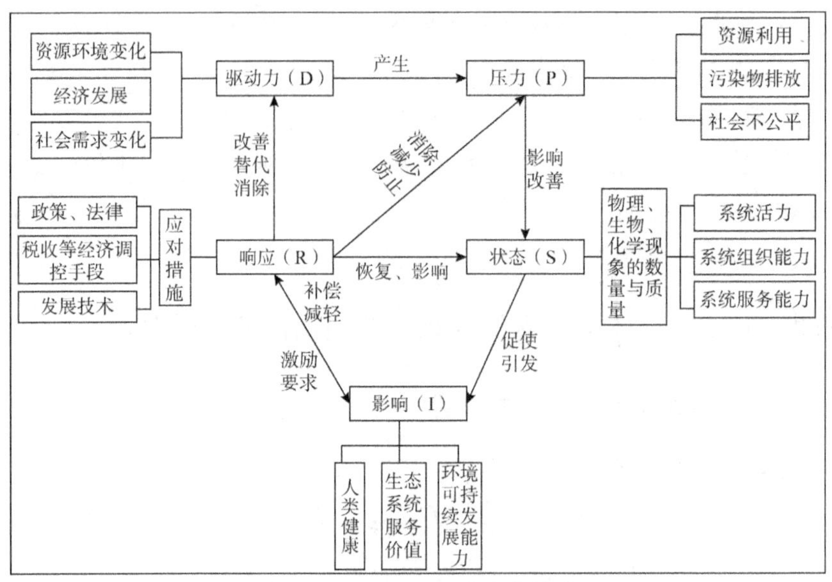

图 2-4-1 DPSIR 因果关系模型

对措施(R),这些应对措施又会反馈给驱动力、压力、状态和影响,最终形成一个因果关系网络①。该分析框架存在的主要问题是缺乏对人居环境这一宏观系统要素的分类考虑,易造成分析主体不清、主体缺失、主体不全的问题,导致偏离研究主题。

PRED 系统最早由道萨迪亚斯提出,原指人居环境发展过程中出现的人口(P)问题、资源(R)问题、环境(E)问题和发展(D)问题,是构成人居环境系统的组成部分。当各组成部分为联结点时,各部分要素间形成相互联系、相互作用的网络结构(表 2-4-1),体现出整体性的特征。在这一网络结构中,人处于核心地位,通过生活活动直接作用于资源和环境,通过资源开发获得物质用于环境和经济建设,同时通过生产活动直接或间接作用于资源和环境。另一方面,资源和环境又以自身的数量、质量和时空差异制约人类的生存和发展,由此形成彼此共生、相互关联的网络关系,始终处于动态平衡中,人类活动则处于关系网络中的主导地位。当人类活动与资源环境承载力及再生能力协调时,则环境为良性演替;当人类无度开发利用,生态环境将会逆向演替,并导致一系列社会生态问题产生②。该分析法的缺点主要是分析框架固定、子系统间差异大、对系统内部逻辑关系把握不准确等。

① 刘倩,杨新军,石育中,等.基于 DPSIR 模型的六盘山集中连片特困区生计安全评价[J].山地学报,2018,36(2):323—333.

② 周哲,熊黑钢,韩茜.中国区域 PRED 系统研究进展[J].干旱区地理,2004(2):266—272.

表 2-4-1　PRED 系统逻辑①

<table>
<tr><th colspan="2" rowspan="2">结构　使动因子
受动因子</th><th colspan="4">区域 PRED 系统因子</th><th rowspan="2">系统环境
（系统汇）</th></tr>
<tr><th>人口</th><th>资源</th><th>环境</th><th>社会经济</th></tr>
<tr><td rowspan="4">区域
PRED
系统因子</td><td>人口</td><td>人口结构</td><td>人口→资源</td><td>人口→环境</td><td>人口→
社会经济</td><td>人口→
外部系统</td></tr>
<tr><td>资源</td><td>资源→人口</td><td>资源结构</td><td>资源→环境</td><td>资源→
社会经济</td><td>资源→
外部系统</td></tr>
<tr><td>环境</td><td>环境→人口</td><td>环境→资源</td><td>环境结构</td><td>环境→
社会经济</td><td>环境→
外部系统</td></tr>
<tr><td>社会经济</td><td>社会经济
→人口</td><td>社会经济
→资源</td><td>社会经济
→环境</td><td>社会经济
结构</td><td>社会经济
→外部系统</td></tr>
<tr><td colspan="2">系统环境（系统库）</td><td>外部系统
→人口</td><td>外部系统
→资源</td><td>外部系统
→环境</td><td>外部系统→
社会经济</td><td>外部系统
结构</td></tr>
</table>

本书基于海岛人居环境要素识别的基础上，将 DPSIR 能够清晰把握系统内部因果关系的优点与 PRED 系统主体清晰的优点相结合，将系统内部因果关系做联结线，PRED 系统要素做联结点，重组海岛 PRED 分析框架，并确定指标体系，以满足研究需要。

（2）海岛人居环境要素识别

海岛地区人居环境相较于大陆人居环境具有更为明显的整体性和脆弱性。海岛因其独特的地理位置形成了相对封闭的独立空间，狭小的陆域面积、有限的淡水资源决定了其较小的环境承载力。其中某一要素的变化都有可能产生一系列的连带效应，包括人口、环境、资源和发展各方面的问题。为实现探究海岛产业要素变化影响人居环境各要素的路径，笔者基于海岛人居环境的独特性，以传统 PSR 分析思路为基础，重组海岛 PRED 分析模型，提出海岛产业结构—人居环境关键要素分析框架（IS-PRED）（图 2-4-2），其关键要素及要素关系如下。

① 王黎明．面向 PRED 问题的人地关系系统构型理论与方法研究[J]．地理研究，1997，16(2)：39－45.

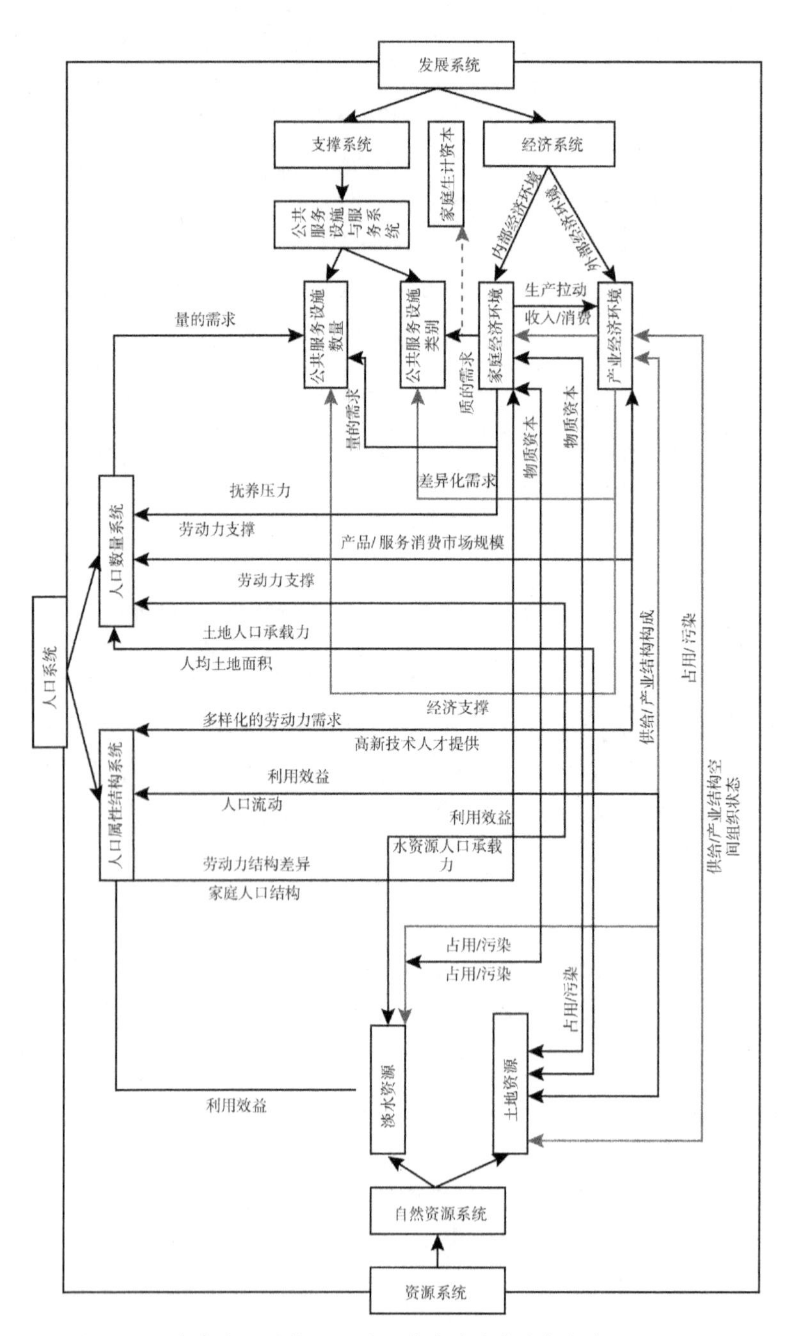

图 2-4-2 海岛产业结构—人居环境关键要素分析框架(IS-PRED)

1)人口系统(P)主要包括人口数量和人口质量两个方面的要素，人口数量即人口规模，涉及农村人口、城镇人口、死亡人口、新生人口、劳动力人口、非劳动力人口、从事农业人数、从事非农职业人数、自然增长量、机械增长量等指标[①]；人口质量一般指劳动力质量、人口素质等，如男女性别比、老龄人口比、受教育程度差异、身体健康情况差异等。本书并未单独考虑人口系统，仅将劳动力人数、男性人口、农村人口、死亡人口、总人口、人口受教育程度、人口健康程度用于城市收缩测度、水资源利用和人力资本评价研究中。

2)资源系统(E)指一切可被人类开发和利用的资源，包括自然资源、社会资源和经济资源。自然资源指自然本地要素，如水资源、土地资源、生物资源、大气资源、地热资源、太阳光资源等；社会资源指人脉资源、制度资源和政策资源；经济资源相对不好区分，这里将资金、生产技术、生产知识、劳动力等归入经济资源系统中[②]。本书重点关注自然资源系统中的淡水资源系统和土地资源系统。淡水资源系统包括“供需”两个方面，“供”指水源得以不断地补充，降水补充、地下水补充、冰川补充等为主要补充方式；“需”指用水，生产用水、生活用水以及生态环境用水为主要用水类型，而生产用水可根据行业类别进一步划分为农业用水、工业用水和服务业用水。污水根据来源可分为生产性污水和生活污水，其生产量由用水量及污水生产系数(污水生产系数＝污水生产量/用水量)[③]决定。对于海岛土地资源，这里仅从“需”的层次考虑，根据用地类型可将土地资源分为生产用地、生活用地和生态用地，三类用地间的比例关系呈现实时的动态变化[④]。生产用地即为生产而用的地，根据产业类型可划分为一产用地(水田、旱地、菜田等)、二产用地(工业用地、建筑业用地等)、三产用地(餐饮、住宿、零售、休闲、教育、文化等产业用地)，各产业用地面积随着产业结构的变化而变化；生活用地包括农村生活用地和城镇居民生活用地，一般指居住用地、公共设施用地和服务用地；生态用地包括林地、草地、水域等，是最容易被挤压的一类用地。

3)环境系统(E)是对存在于人周边所有物质、非物质事物的统称，包括物质环境和非物质环境，自然生态环境质量一般为关注重点。因本书研究未涉及该领域，故不作详细阐述。

---

① 叶盛杰，严志强，杨巧玲．基于熵值法和综合评价法的区域PRED综合协调度研究——以南宁市为例[J]．资源与产业，2015，17(5)：82－87．

② 王黎明．面向PRED问题的人地关系系统构型理论与方法研究[J]．地理研究，1997，16(2)：39－45．

③ 冯利华，鲍毅新．滩涂围垦区的PRED关系——以慈溪市为例[J]．海洋科学，2006，30(4)：88－91．

④ 李晓青，刘旺彤，谢亚文，等．多规合一背景下村域三生空间划定与实证研究[J]．经济地理，2019，39(10)：146－152．

4)因海岛经济发展对社会经济因素的依赖性更强,故将发展支撑系统和发展经济系统综合为发展系统(D),突出其强依赖性和整体性的特点。发展支撑系统指能源、网络、交通等公共基础设施及其服务设施。发展经济系统包括外部产业经济系统和内部家庭经济系统,外部产业经济系统包括产业规模和产业属性要素,内部家庭经济系统包括家庭经济结构、家庭投资和家庭生计等要素①。产业规模主要指产业结构比例,各产业自身产值的纵向变化及产业间的横向比较;产业属性包括产业空间属性和产业社会属性,产业空间属性主要指产业在空间上的分布位置以及空间集聚状态;产业社会属性内容相对繁多,包括产业类型、产业名称、产业成立时间、注册资本、职工人数、占地面积、分布地址、企业法人、联系电话等多项属性信息。家庭经济系统相对于产业系统而言为内部经济系统,一般的家庭经济结构指家庭收入结构与消费结构,包括收入与消费的量,以及收入源和消费项。根据文献可知,家庭生计指一个家庭维持持续性生活的方式和能力,主要包括自然资本、物质资本、人力资本、金融资本和社会资本五大块,自然资本一般指自然本地条件,如水资源、土地资源等,常被归并于物质资本中;物质资本主要包括,住房、电脑等家用电器、轿车等交通工具、盥洗浴室等配套生活设施;金融资本主要指现有资金量以及获得资金的能力与可能,如银行储蓄、个人征信、职业收入等;人力资本主要从劳动力的角度考虑,主要包括劳动力数量和劳动力质量两个层面,劳动力数量主要指实际劳动力人数,而劳动力质量需从性别、年龄、文化程度、身体健康等多个角度综合考量,一般将18~50岁的身体健康的高学历男青年视作优质劳动力;社会资本主要指农户家庭获取外界物质、信息、技术和资金支持的能力,与亲朋好友数量、亲朋好友从事的职业、参加社团活动、距离外部聚落的远近、交通的便利性、网络的通达性以及通信技术的掌握性等均密切相关②。

根据上述分析并结合相关研究及海岛特殊性构建海岛人居环境关键要素评价指标体系,详见表2-4-2。

---

① 宁国强,兰庆高,于丽红,等.农户外出就业、家庭经济结构与土地流转——基于辽宁沿海经济带的调查数据[J].江苏农业科学,2015,43(11):555-558.

② 王俊月.不同生计方式对人居环境影响研究[D].芜湖:安徽师范大学,2018.

表 2-4-2 基于海岛 PRED 系统模型的人居环境关键要素评价指标体系

一级指标	二级指标	三级指标	指标单位
土地集约利用水平评价		地均城镇固定资产投资	万元/km^2
		地均二三产业从业人员	人/km^2
		地均 GDP	万元/km^2
		地均二三产业产值	万元/km^2
		地均财政收入	万元/km^2
		地均社会消费品零售额	万元/km^2
		人口密度	人/km^2
		人均道路铺装面积	m^2/人
		人均城市建成区面积	m^2/人
		非农人口与建成区弹性系数	%
		GDP 与建成区弹性系数	%
		(林地、草地)与建成区弹性系数	%
土地生态服务价值	供给服务	食物生产	元/hm^2
		原材料生产	元/hm^2
	调节服务	气体调节	元/hm^2
		气候调节	元/hm^2
		水文调节	元/hm^2
	支持服务	废物处理	元/hm^2
		保持土壤	元/hm^2
	文化服务	维持生物多样性	元/hm^2
		提供美学景观	元/hm^2
水资源—社会经济复合系统评价		人均年综合用水量	m^3
		万元 GDP 用水量	m^3
		万元工业增加值用水量	m^3
		城镇居民生活日用水量	L
		城镇公共日用水量	L
		农村居民日用水量	L
		水田亩均用水量	m^3
		旱地亩均用水量	m^3

续表

一级指标	二级指标	三级指标	指标单位
水资源—社会经济复合系统评价		菜田亩均用水量	m^3
		林果灌溉亩均用水量	m^3
		鱼塘补水亩均用水量	m^3
		水资源利用率(%)	%
产业结构对水环境污染效应评价		第一产业比重	%
		第二产业比重	%
		第三产业比重	%
		人口密度	人/km^2
		人均 GDP	万元/人
		单位面积化肥用量	t/km^2
		单位面积工业废水	t/km^2
		单位面积工业固废排放	t/km^2
		单位面积工业需氧量排放	kg/km^2
		单位面积工业氨氮	kg/km^2
		单位面积工业总氮	kg/km^2
		单位面积工业石油类排放量	kg/km^2
		单位面积工业废水总铬排放量	kg/km^2
关键人工化要素空间配置效率	教育设施	每千人学校数	所/千人
		每千人教师数	名/千人
	医疗设施	每千人医生数	名/千人
	福利设施	每千人床位数	张/千人
	市政设施	千人均道路面积	m^2/千人
		水路货运量	t
		公共汽车千人均占有量	辆/千人
	规模城镇	人口密度	人/km^2
	经济发展	人均 GDP	万元/人
		二、三产业占总产值比重	%
	空间地域因素	区域面积	km^2
		交通条件	

续表

一级指标	二级指标	三级指标	指标单位
生计资本评价	物质资本	人均住房面积	m^2/人
		住房结构质量	
		公共汽车	辆/家庭
		公共汽车价值	万元
		水源	
		水质	
		水价	元/t
	人力资本	实际劳动力比重	
		实际劳动力文化程度	
		抚养比	
		从业资本	
		养老保障	
	金融资	家庭年收入	万元
		教育支出比重	
		医疗支出比重	
		贷款能力	
		家庭收入类别	种
	社会资本	政策了解程度	
		非农技术培训	
		经验分享交流	
		参加组织活动	
		亲戚公职工作	
		与亲戚朋友的联系程度	
		获取信息的渠道	

2.4.2.2 海岛产业结构演替影响人居环境的路径

以经济系统中的产业经济系统为自变量系统，淡水资源系统、土地资源系统、公共服务设施和服务系统、家庭经济环境为因变量系统，探究海岛产业结构演替对各自变量系统中各要素的影响。故将产业经济系统作为该节内容分析的出发点，产业经济系统对外部的影响途径（产业外部性）主要是产业增值和污染排放。

(1)产业增值主要依赖劳动力、资金、技术的投入,扩大产业规模,创造更多就业岗位,促进地方财政收入的增长。①产业增值与居民就业、消费。就业是家庭收入的主要来源,随着家庭收入的增加,家庭各项消费也会随之增长,特别是教育、医疗养老保障、个人发展、交通通信、家用住房和设备等方面的消费[①]。随着消费水平的提升,居民对消费产品、公共产品等的数量需求和质量要求明显提高,反过来促进地方产业的转型和升级,公共产品的丰富与多样化。一般地,公共产品及服务往往包含了资源、能源、交通供应设施,废水废物处理设施,公园、公厕、步行栈道等休闲设施,银行、中小学、人民医院、社会公益组织等提供的公共服务。其公共性决定其受众群体为个人、企业、社会组织等多个主体,资源、能源、交通供应设施以及废水废物处理设施以满足其基本生存需求为主,更高一层次的安全需求依赖于政府提供的公共服务,如公园、公厕、步行栈道等休闲设施,银行、中小学、人民医院、社会公益组织等提供的公共服务主要满足其社交等需求。随着收入与消费增长的还有生活污水和生活垃圾,当其增长速度超过处理设施数量及处理率的增长速度时,难免会对自然生态环境造成垃圾乱堆、污水横流的现象,这一要素的变化对前述公共产品及服务的要求,层次要更高一些。②产业增值与地方财政税收。当然产业增值的同时为地方财政税收的增长作出了巨大的贡献,在地方财政的支持下,区域公共服务设施及环境治理投入明显增加,对外部人居环境的改善具有重要的作用。产业增值的另一个表现为产业结构的高级化和合理化[②],二、三产业产值在区域经济中比例的提升为最直接的表现形式。因为二、三产业是地方政府财政收入、吸纳就业能力最强的产业类型,地方政府财政收入的增加,意味着交通、通信、公园等基础设施数量的增加和质量的提升,生活污水、产业废水、废渣处理率的提高,人居环境质量的改善;就业人数增加,未就业人数减少,家庭生活负担下降,家庭收入增加,居民生活水平提升。

(2)产业污染物主要有产业废水、固体废弃物和废气,对环境的污染强度与其排放量和处理量密切相关。①产业废水与生态环境。产业废水直接污染水资源和土地资源,从而间接导致动植物死亡、人类身体健康受损,生态系统服务价值降低。②产业废水与家庭生计资本。家庭生计资本中的物质资本和人力资本首当其冲,海岛淡水资源和土地资源本就极其有限,而其又是家庭维持生计不可或缺的资源,当其受到污染,必然会减少个人对其的拥有量;而人自身是家庭持续维持的根本,

① 谢芳明,丁元,吴程彧,等.珠三角就业的产业结构与居民收入分配——基于耗尽性分配定理的研究[J].南方金融,2011(12):18,49-52.

② 何维达,付瑶,陈琴.产业结构变迁对经济增长质量的影响[J].统计与决策,2020,559(36):101-105.

水、土资源的污染最终会返还到人体自身，损害其健康，降低其劳动力，减少家庭收入，增加医疗消费支出，不仅侵害了家庭的人力资本，金融资本也会受到一定的打击；金融资本是家庭消费的基础①，一旦受到打击，家庭消费能力必然下降，消费促生产也就几乎不可能。③固体废弃物与生态环境、家庭生计资本。固体废弃物对环境的影响主要通过废物堆置环节产生。废物堆置首要的影响就是占用土地资源，这对寸土寸金的海岛城市来说是非常不利的。污染土壤废弃物堆置，有害成分容易污染土壤，导致动植物受污染，当人体食用后，就会污染到人体自身，从而产生上述水资源污染土地资源而导致的结果。另外，当污染水体固体废弃物随地表径流进入河流、湖泊时，同样会造成水体污染而产生后续一系列的问题；固体废弃物在适宜的温度与微生物分解条件下，会释放有害的气体或者粉尘，当其进入空气而被人类和其他动物呼吸后，损害人体健康，破坏食物链，严重影响家庭经济系统的可持续性运转②。④污染性气体与环境。废气污染对大气的环境的污染更加严重一些，影响范围大、有毒气体排放量多，一般大气污染区的居民身体多疾病，年寿较低。海岛城市相对内陆城市来说，环境自然净化的能力相对更强一些。狭小的海岛陆域面积以及中间高四周低的地形地貌导致污水在城市中停留的时间并不长，污水停留的时间越短，对资源系统、经济系统和人口系统的影响就越小；四周环海的地理特征能够强化陆海间空气的流动，对大气污染的净化能力显然强于内陆城市；固体废弃物的影响相对大一些，而且无法规避，海岛因资源有限，大部分固体废弃物以运出岛处理为主。

基于上述分析，如何高效利用资源提高产业产值，增加居民收入，减少污染环境等负面影响，是提升海岛人居环境质量的根本。不同产业类型对资源的消耗、废弃物的生产、劳动力的吸纳、价值的生产是不同的，且同类型产业也会存在时空差异，具有显著的区域性和动态性。探究海岛城市产业结构及其演替对人居环境自然资源系统、产业经济系统、家庭经济系统和发展支撑系统直接或间接的影响路径，对海岛城市产业结构升级转型和人居环境质量提升具有重要的实际意义。

2.5 本章小结

本章以外部性理论为基础，首先阐述了区域产业演替主体及其外部性，详细梳

① 陈良敏，丁士军，陈玉萍. 农户家庭生计策略变动及其影响因素研究——基于CFPS微观数据[J]. 财经论丛，2020，257(3)：12－21.

② 陶建格. 中国环境固体废弃物污染现状与治理研究[J]. 环境科学与管理，2012，37(11)：1－5.

理了区域产业结构演替影响人居环境关键要素的外部性;在此基础上,分析海岛产业结构演替特征,总结海岛产业结构演替规律,鉴别海岛人居环境要素,构建海岛产业结构—人居环境关键要素分析框架(IS-PRED)。①区域产业演替主体狭义指以企业为载体的产业规模结构、产业空间结构的演替;广义的区域产业结构演替主体还应包括政府和劳动力。政府政策和战略定位是引导区域产业结构演替的主要因素,区域产业结构特征与政府产业政策保持同步变化;劳动力结构与产业结构相互影响、相互制约、相互促进,往往呈现一致的演进的方向和速度。②区域产业及其演替对外部环境造成的影响可概括为外部性,包括正外部性和负外部性,根据外部性作用主体又可分为经济外部性、社会外部性和环境外部性。区域产业演替经济外部性主要通过提供就业岗位,增加居民收入和地方财政收入实现;社会外部性通过增加财政税收,保障公共服务设施和相关配套服务的提供和运营实现;环境外部性主要指产业资源利用与环境污染。③传统人居环境分析框架存在要素识别与因果关系分离的问题,鉴于此构建海岛产业结构—人居环境关键要素分析框架(IS-PRED),将 PSR 因果分析模型与 PRED 系统要素识别相结合,弥补传统分析框架功能单一的缺陷。借助 IS-PRED 分析发现海岛产业结构演替影响人居环境的路径包括:①通过产业增值,增加就业岗位,提高居民收入和消费水平实现居民居住环境的改善;②通过产业增值,增加地方政府财政税收,改善区域公共服务设施及其服务的数量与质量,从而提高外部人工化环境质量;③通过三废排放污染区域自然生态环境、影响人类身体健康,促使自然环境质量降低、家庭生计资本减弱,内外部人居环境受影响显著。

3 舟山市域产业结构变迁及其与人居环境的协调性

一个市域产业结构是该市经济活动中各部门的构成比例和联系。产业部门作为城市的发展基础与主线，其产业结构直接影响城市经济发展水平，进而影响居民收入状态，影响常住居民对居住人居环境与日常生活空间、公共设施的购买能力；同时，亦可影响城市财税积累，继而影响城市各类公共设施投资。因此，经济发达地区的人居环境更优越。随着城市主导产业从劳动密集型向资金密集型、技术密集型演变，常住居民的居住环境相应地出现了定向改变，产业结构与人居环境的此类联系对促进整个城市经济发展和城市聚落发展形态演变起着关键作用。

3.1 舟山市产业结构演进特征

作为中国唯一以群岛设市的地级市，舟山在国家新区政策大力支持下，地方经济快速发展，地区生产总值从 1978 年 3.9 亿元增长到 2018 年 1316.7 亿元(图 3-1-1)，年均增长率高达 16.05%。然而，由于海岛区位、自然资源等限制，舟山的经济发展与浙江省的差距始终较大，2004—2018 年仅占浙江省地区生产总值的 2.22%，处于后发地区。

3.1.1 舟山市产业结构演变趋于平稳发展特征

基于《舟山市统计年鉴》和《舟山市国民经济和社会发展统计公报》汇总得到 1996—2018 年舟山市第一、二、三产业比重(图 3-1-2)。舟山市第二、三产业比重逐年增加，1998—2018 年间增长幅度较大，这时段第一产业比重从 32.8%快速下降至 9.7%，而后二、三产业比重之和基本维持在 81.0%。其中，第二产业比重变化总体较为平稳，研究期内比重变化标准差为 0.051，是一、二、三产业中最低，而第三产业比重则总体呈增长态势，2018 年占比创新高，为 56.6%。

由图 3-1-1 可见,1996—2018 年舟山市产业结构已发生质的变化。进一步分析产业结构演化情况可知(图 3-1-2 和表 3-1-1),2008 年后,舟山市第一产业比重变化平稳,第二、三产业比重呈现交替处于地方主导产业发展特征,即 2008—2009 年第二产业比重处于领先,在 1996—2007 年和 2010—2018 年时间段内第三产业均是主导产业。可见,2010 年以来舟山市产业结构演变稳定化特征凸显,保持"三二一"结构。

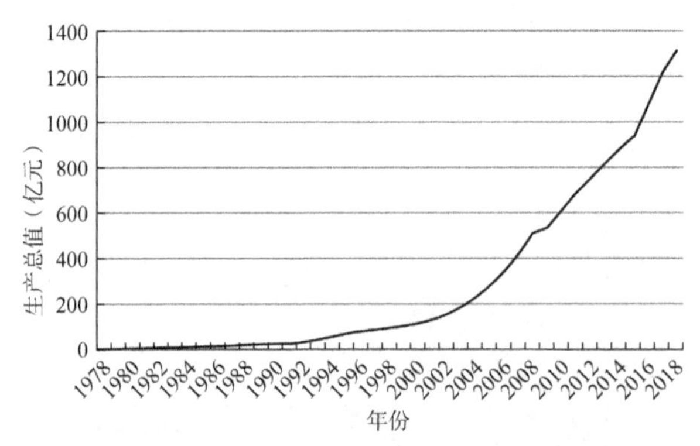

图 3-1-1 舟山市地区生产总值

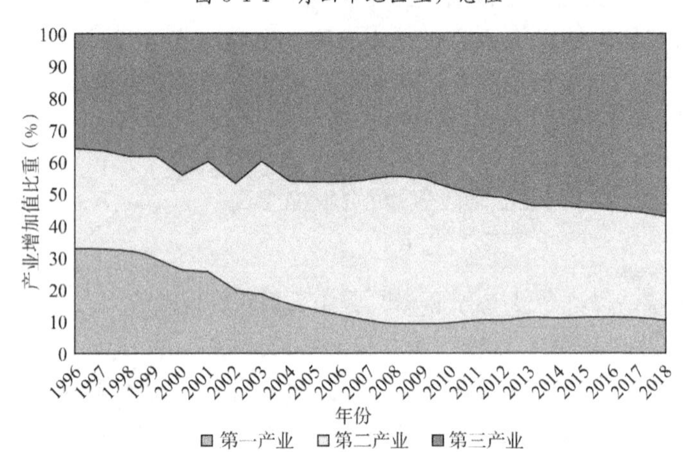

图 3-1-2 舟山市三次产业比重

表 3-1-1 舟山市三次产业结构演进特征

时间段	三次产业结构顺序
1996—1998 年	$X_2 < X_1 < X_3$
1999—2007 年	$X_1 < X_2 < X_3$
2008—2009 年	$X_1 < X_3 < X_2$
2010—2018 年	$X_1 < X_2 < X_3$

注:X_1,X_2,X_3 分别表示第一、二、三产业的比重

3.1.2 各区县产业结构演进差异化发展

舟山市辖2区2县，选取4个区县在1998、2002、2006、2010、2014和2018年6个时间节点产业结构顺序(表3-1-2)，进一步降尺度分析各区县产业结构演化特征。可以发现，各区县产业结构演进路径呈现差异化特征，表现在：①定海区三次产业结构趋向较为稳定，总体呈"三二一"结构，仅2002—2003年第二产业占据主导地位；②相较之下，普陀区产业结构波动大，1998年第一产业占主导，进入21世纪后其比重下降较快，二、三产业逐渐成为普陀区的主导产业；③岱山县三次产业结构发生变动相对滞后，直至2002年第一产业始终处于主导地位，随后二、三产业开始交替占据主导位置演进；④相较于岱山县，嵊泗县从1998年开始便摆脱第一产业主导的产业结构，同时嵊泗县1996—2018年产业结构顺序如表3-1-3所示，可知嵊泗县产业结构优化路径波动性强，但其阶段性特征明显。

表3-1-2 舟山各区县三次产业结构演化

年份	三次产业结构顺序			
	定海区	普陀区	岱山县	嵊泗县
1998	$X_1<X_2<X_3$	$X_3<X_2<X_1$	$X_2<X_3<X_1$	$X_2<X_1<X_3$
2002	$X_1<X_3<X_2$	$X_1<X_2<X_3$	$X_2<X_3<X_1$	$X_2<X_1<X_3$
2006	$X_1<X_2<X_3$	$X_1<X_2<X_3$	$X_1<X_2<X_3$	$X_1<X_3<X_2$
2010	$X_1<X_2<X_3$	$X_1<X_3<X_2$	$X_1<X_3<X_2$	$X_1<X_3<X_2$
2014	$X_1<X_2<X_3$	$X_1<X_2<X_3$	$X_1<X_3<X_2$	$X_2<X_1<X_3$
2018	$X_1<X_2<X_3$	$X_1<X_2<X_3$	$X_1<X_2<X_3$	$X_2<X_1<X_3$

注：X_1，X_2，X_3 分别表示第一、二、三产业的比重

表3-1-3 舟山嵊泗县三次产业结构顺序变化情况

时间段	$X_2<X_3<X_1$	$X_2<X_1<X_3$	$X_1<X_3<X_2$	$X_2<X_1<X_3$
1996—1997年	√			
1998—2002年	√			
2003—2010年		√		
2011—2018年		√		

3.2 舟山市人居环境评价

3.2.1 人居环境指标体系构建

人居环境以人类居住生活为核心,考虑人类居住需求要素可将其细分为居住条件、环境条件和公共服务设施三部分,其中公共服务设施又可分为医疗卫生和文化教育两类。最终,构建了包含 14 项指标的舟山市人居环境指标体系(表 3-2-1)。研究数据主要来源于 2008—2019 年舟山市统计年鉴、统计公报等。

表 3-2-1 舟山人居环境与产业结构协调性评价指标体系

目标层	准则层		指标层	指标
人居环境	居住条件 H		人均居住面积(m^2/人)	H_1
			日人均生活用水量(L/人)	H_2
			日人均生活用电量(度/人)	H_3
	环境条件 E		人均公共绿地面积(m^2/人)	E_1
			万元能耗(kg)	E_2
			万元工业产值下废水排放量(t)	E_3
			万元工业产值下 SO_2 排放量(kg)	E_4
			万元工业产值下固体废物排放量(kg)	E_3
	公共服务设施	医疗卫生 M	每千人拥有医生数(人)	M_1
			每千人拥有医疗床位数(张)	M_2
			医保覆盖率(%)	M_3
		文化教育 C	师生比(人)	C_1
			每千人拥有专任教师数(人)	C_2
			每千人拥有图书馆藏书数(册)	C_3

3.2.2 舟山市人居环境评价结果解析

运用软件 SPSS 22.0 分析舟山市及其各区县的人居环境,求出 2007—2018 年舟山人居环境与产业结构两个系统的主因子得分(表 3-2-2)。

表 3-2-2 舟山市及各区县人居环境主成分分析

区域	主成分	2007 年	2008 年	2009 年	2010 年	2011 年	2012 年	2013 年	2014 年	2015 年	2016 年	2017 年	2018 年
舟山市	F_1	−1.2142	−1.3921	−1.0855	−0.9783	−0.5059	0.4728	0.2601	0.2817	0.7728	0.8230	0.9221	1.6436
	F_2	−0.3736	−0.4756	−0.1616	−0.2158	−0.1367	−1.0528	1.2848	0.9926	0.9926	0.7285	0.6286	−2.2108
	F_3	−2.5706	−0.1638	0.6850	1.3808	1.3398	0.1719	−0.1060	−0.1948	−0.1673	−0.2382	0.0356	−0.1725
定海区	F_1	−1.0363	−0.7270	−1.1659	−1.2074	−0.6567	−0.6887	0.3174	0.9148	0.8870	0.9486	1.4683	0.9459
	F_2	−1.2812	−1.9012	−0.0695	1.0636	0.5074	1.2421	0.7749	−0.7696	0.0885	−0.2788	−0.5051	1.1289
普陀区	F_1	−1.7033	−1.5759	−1.0653	−0.6819	0.0476	0.4174	0.6695	0.4626	0.7442	0.5464	0.9334	1.2054
	F_2	−0.1182	0.5104	0.4054	0.0819	−1.1116	−1.7043	−1.6635	−0.0438	0.5786	1.3661	0.8674	0.8316
	F_3	1.1597	−1.0187	0.2080	−0.3155	−0.6285	−0.0436	−0.6267	1.1126	1.6626	−1.6854	0.7306	−0.5551
岱山县	F_1	−1.8195	−0.7185	−0.2965	−0.2993	−0.2307	−0.0917	−0.6949	−0.2675	0.3158	1.1226	0.9521	2.0281
	F_2	−0.4752	−0.9513	−1.2626	−1.4482	0.5393	1.8444	1.1484	0.8074	0.3803	0.1125	−0.1070	−0.5881
	F_3	2.0088	−0.6541	−1.1688	−0.8064	−1.1761	−1.1251	0.4217	0.2615	0.6603	0.0388	0.7326	0.8067
	F_4	−1.4058	0.1484	0.0549	0.2471	−0.0835	−1.7463	0.9983	1.5686	0.7729	−0.3756	0.8243	−1.0031
嵊泗县	F_1	−1.5147	−0.6717	−0.8824	−0.6780	−0.5939	−0.6014	−0.0277	0.1746	0.6575	1.0860	1.5594	1.4923
	F_2	0.5828	−1.3697	−1.1314	−1.5368	0.4889	1.3219	0.8757	1.1006	0.6953	0.1259	−0.4937	−0.6595
	F_3	−1.1440	0.0846	0.1826	0.0319	0.2495	2.4023	−0.9023	−0.8159	−0.9047	0.8932	−0.6375	0.5602

舟山人居环境系统经过降维得到 3 个主因子，根据旋转成分系数大小概括其意义。住房医疗与环保、文化教育、绿化的贡献率分别为 61.945%、16.763%、13.029%。2007—2018 年贡献率最大是第一主因，也是判断人居的主因，第二、三主因也存在影响。

由舟山人居得分 $H_{score}=0.6195F_1+0.1676F_2+0.1303F_3$，可知，良好人居建设要重视住房医疗与环保情况，也要加大文化教育力度和绿化建设。同理计算舟山各区县的人居环境系统主成分，得到 4 个区县人居环境主因子（表 3-2-3）。

根据主成分载荷表（表 3-2-3）及其贡献率，计算得出舟山人居环境综合得分（图 3-2-1）。可以发现：①舟山区县的人居环境综合得分均呈较大幅度的上升趋势，表明人居环境呈正向发展，人民生活水平、经济状况渐好；②区县间人居环境综合得分值较市域跨度较小，反映了人居环境发展水平相对差异较小；③2007—2018 年，岱山县人居环境水平由初期的较好水平跌至后期的较差水平，也反映了县内人居环境改善不足。

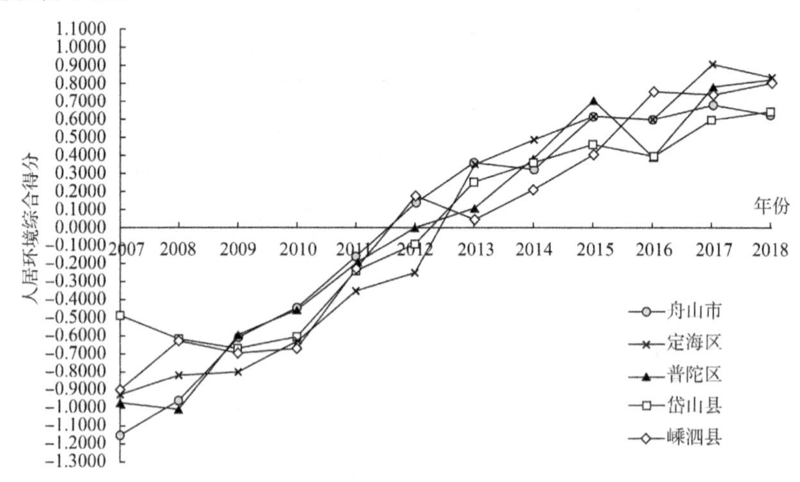

图 3-2-1　2007—2018 年舟山各县人居环境综合得分情况

表 3-2-3　舟山各区县人居环境的主因子

区县	人居环境的主因子		
	F_1	F_2	F_3
定海区	住房医疗与环保	文化教育	绿化
普陀区	文化教育设施	住房	绿化
岱山县	文化教育设施	绿化	住房医疗与环保
嵊泗县	文化医疗与生活耗能	住房与海洋环境	教育

3.3 舟山市人居环境与产业结构的协调度

3.3.1 人居环境与产业结构协调度模型构建

运用主成分方法将遴选的全部指标简化为3个主因子，进而运用模糊数学测量人居环境与产业结构之间协调状态。各指标从统计年鉴中获取原始数据，并根据其正负向效应采用 $X'=X-X_{\min}$（X 为正向指标）、$X'=X-X_{\max}$（X 为负向指标）标准化。统计矩阵作主成分分析，H_n 代表人居环境系统，E_n 代表经济系统。具体步骤如下。

①数据标准化处理。i 为某县域，j 为某指标，H_{ij} 为 i 县域 j 指标数据，$\overline{H}_{ij}$ 为 j 个指标的平均值，H'_{ij} 为标准化后的数据，S 为指标的标准差。同理可得经济发展的标准化矩阵 E'_{ij}。

$$H'_{ij}=(H_{ij}-\overline{H}_{ij})/S \tag{3-3-1}$$

②根据旋转成分系数的分异程度，选取 m 个主成分，得到各主成分值 F_m。C_{1m}、C_{2m}、C_{3m}、$\cdots C_{jm}$ 是第 m 个主成分下各指标系数，W_m 为第 m 个主成分的贡献率，得到人居环境系统的综合得分 H_{score}。同理获得县域经济发展综合得分 E_{score}。

$$F_m=C_{1m}H'_{i1}+C_{2m}H'_{i2}+C_{3m}H'_{i3}+\cdots+C_{jm}H'_{ij} \tag{3-3-2}$$

$$H_{\text{score}}=\sum_{m=1}^{m}F_m * W_m \tag{3-3-3}$$

③建立状态协调度函数 D。$C(H_n,E_n)$ 表示 H_n 系统相对于 E_n 系统的状态协调度，E'_{score} 表示 En 系统对 Hn 系统要求的协调值，S_2 表示 H_n 系统的实际方差。两个因素决定 E'_{score} 的大小：一是 H_{score} 的大小；二是两个系统之间综合得分的比例关系。采用线性回归模型，即线性标准式 $Y=a+bX$（a、b 为拟合模型的参数）。同理可得出 H'_{score}。

$$C(H_n,E_n)=\mathrm{e}^{-(E_{\text{score}}-E'_{\text{score}})^2/S^2} \tag{3-3-4}$$

$$D=\min[C(E_n/H_n),C(H_n/E_n)]/\max[C(E_n/H_n),C(H_n/E_n)] \tag{3-3-5}$$

3.3.2 人居环境与产业结构协调度解析

为刻画舟山市域人居环境与产业结构的状态协调度 D，用式(3-3-5)计算，以建立模糊协调等级和划分标准，结果见表3-3-1。

联合人居环境与产业结构综合耦合等级划分标准（表3-3-2）详解二者协调性。可得：①2007—2018年，舟山市人居环境与产业结构协调度大体呈双系统滞后的高度协调向双系统发展的高度协调趋势；②定海区、普陀区、舟山市域的协调性几乎无变化，两系统由滞后型转变为发展型；③舟山市、岱山县两系统逐渐由滞后型转变为发展型，但协调度呈逆向演进；嵊泗县协调度呈正向演进。

表 3-3-1 舟山市及其下辖区县人居环境与产业结构的协调度

年份	舟山市	定海区	普陀区	岱山县	嵊泗县
2007	0.8653	0.9841	0.9599	0.8943	0.9675
2008	0.9020	0.9974	0.9548	0.9814	0.9968
2009	0.9959	0.9968	0.9770	0.9630	0.9958
2010	0.9971	0.9867	0.9921	0.9232	0.9830
2011	0.9579	0.9962	0.9701	0.9915	0.9297
2012	0.9335	0.9826	0.9686	0.9106	0.6796
2013	0.9102	0.9877	0.9948	0.7159	0.9860
2014	0.9876	0.9349	0.9733	0.7020	0.9994
2015	0.9555	0.9962	0.9836	0.9938	0.9710
2016	0.9648	0.9784	0.8964	0.8294	0.9936
2017	0.8746	0.9829	0.9110	0.9176	0.9336
2018	0.6404	0.8333	0.8223	0.5551	0.8744

联合人居环境与产业结构综合耦合等级划分标准（表 3-3-2）详解二者协调性。可得：①2007—2018 年，舟山市人居环境与产业结构协调度大体呈双系统滞后的高度协调向双系统发展的高度协调趋势；②定海区、普陀区、舟山市域的协调性几乎无变化，两系统由滞后型转变为发展型；③舟山市、岱山县两系统逐渐由滞后型转变为发展型，但协调度呈逆向演进；嵊泗县协调度呈正向演进。

表 3-3-2 人居环境与经济发展系统等级划分和协调模糊等级及划分标准

人居环境系统		产业结构系统		协调度 D	
划分标准	发展等级	划分标准	发展等级	划分标准	协调等级
−1.150～−0.464	滞后	−1.096～−0.307	滞后	0.001～0.200	濒临失调
−0.465～0.222	中等	−0.308～0.482	中等	0.201～0.400	初级协调
0.223～0.909	发展	0.483～1.272	发展	0.401～0.600	中级协调
—	—	—	—	0.601～0.800	良好协调
—	—	—	—	0.801～1.000	高度协调

同时按照均等距选取重要年份，即2010、2012、2014、2016、2018年，得表3-3-3所示舟山人居环境与经济发展协调度，大体都呈下降趋势。这些年份中，舟山市、岱山县(年份—协调度)趋势线呈较大下降趋势；定海区、普陀区的趋势线呈较缓和下降趋势；嵊泗县呈现高—低—高—低较大幅波动走势。空间视角上，舟山各区县人居环境与产业结构协调度特征在区域上存在一致性。

表3-3-3　舟山市及其下辖区县重要年份人居环境与产业结构协调度

区县	年份				
	2010	2012	2014	2016	2018
舟山市	0.9971	0.9867	0.9921	0.9232	0.983
定海区	0.9335	0.9826	0.9686	0.9106	0.6796
普陀区	0.9876	0.9349	0.9733	0.702	0.9994
岱山县	0.9648	0.9784	0.8964	0.8294	0.9936
嵊泗县	0.6404	0.8333	0.8223	0.5551	0.8744

3.4　本章小结

海岛地区特殊环境区位决定了其产业基础发展的选择与产业演进方式和陆域地区存在显著不同。国际公认的产业结构现代化标准是第一、二、三次产业生产增加值比重为(12%～15%)：(40%～43%)：45%。对比张耀光对中国沿海海岛的研究结论发现，该观点经考察并不适应海岛地区及其可持续发展的要求。舟山地区作为陆海过渡区、生态服务功能区、海洋生态脆弱区、海洋文化与经济创新区，其经济社会发展与海岛生态环境保护矛盾日益激化，决定了舟山海岛地区的陆域产业发展应当保持稳定第一产业、适度第二产业、优先第三产业的模式。渔业作为舟山地区第一产业中的基础性和永久性产业，应在保持稳定发展的基础上，向产品规模化、品牌化和工业化生产转变，但适度降低其在国民经济中的比重必然降低；第二产业在舟山海岛地区上发展受限主要是因为海岛生态环境承载力和交通等基础条件的限制性，大力发展第二产业固然能够带来更快增速的、更多生产附加值，但显然不符合海岛经济社会可持续发展的要求；海洋新兴产业与新型城镇建设要求海岛地区发展集聚经济，传统服务业要向与生产、生活配套的现代服务业转变，要有与之匹配的科技研发能力以及生产性服务业如海洋物流、海洋休闲旅游等产业。

依托旅游资源、深水良港、文化影响等条件,如何将海洋资源与海洋港口区位优势转变为产业优势,是舟山产业从而实现产业重心逐步从工业转向到服务业的先决条件。

采用主成分与模糊数学方法计量舟山市及各区县2007—2018年人居环境、经济发展的得分及二者协调度,可以看出:①2007—2018年舟山市人居环境与产业结构协调度呈现从双系统滞后的高度协调转向双系统发展的高度协调的趋势;②定海区、普陀区、舟山市域的协调性几乎无变化,两系统由滞后型转变为发展型;③舟山市、岱山县两系统逐渐由滞后型转变为发展型,但协调度呈逆向演进;嵊泗县协调度呈正向演进。

舟山典型海岛的社会经济及人居发展特征

被誉为“千岛之城”的中国浙江省舟山市，根据第3章舟山市产业发展与人居环境协调分析，结合舟山各海岛的产业结构演替、岛屿常住人口数量等维度特征，遴选舟山市六横岛、朱家尖岛、岱山岛作为案例，梳理它们的社会经济及人居环境发展特征。

4.1 六横岛特征

舟山市普陀区六横岛镇陆域面积139km^2，为舟山群岛第三大岛，辖区内包含六横、佛渡、悬山、对面山、凉潭5个住人岛及30个无人岛、80个岛礁，现辖27个渔农村社区和5个城市社区，户籍人口约6.3万人，常住人口约10万人①。1953—2019年，六横岛镇第二产业产值占比从0.95%增加至48.99%，成功实现了产业结构由海洋渔业、种植业为主转向船舶修造业、海洋运输业、旅游业与外贸进出口产业并行发展态势。与此同时，六横岛由纯农村农业用地发展成现代化城市化社区和农渔社区景观，基础设施覆盖了本地居民的全部日常生活需求和各类企业生产需求，人居环境发生了巨变。

4.1.1 六横岛归属及其行政区划变化

六横建制自秦始，自宋始隶属安期乡，至光绪二十六年(1900年)始设六横区；1949年7月成立定海县六横区(含今六横、虾峙、桃花)，1951年重划六横区，下设17乡；1958年10月改为六横人民公社，至1984年9月恢复为六横乡建制。1992年改设峧头、台门两镇和佛渡、双塘2乡；1993年被列为“海岛资源综合开发试验

① 浙江舟山群岛新区六横管理委员会.走进六横[EB/OL]. http://lhgwh.zhoushan.gov.cn/col/col1571635/index.html

区”;2001年撤乡以岛建六横镇。2008年设舟山市六横开发建设管理委员会,行使县区级社会行政管理职能;2013年改设浙江舟山群岛新区六横管理委员会,镇辖9个社区、45个行政村、2个居民区。至2019年,六横镇辖28个社区村,总户数19065户。

4.1.2 六横岛人居环境管理部门变化

城镇人居环境管理对象涉及土地利用、基础设施建设与运营维护、自然灾害防治、环境卫生、园林绿化、市容市貌、居民房屋及物业等方面,一直由多个部门分业管理。直到2018年中国政府实施新一轮机构改革以来,相关业务部门逐渐整合形成由自然资源与规划、住房和城乡建设等政府组成部门负责。

(1)六横自然环境保护管理变迁。1992年峧头、台门设环境卫生管理所,2005年成立六横园林环境卫生管理所,主要负责3个集镇街区保洁工作,并专派保洁员负责各渔农村公共卫生。2007年成立六横环境监察中队;2009年设普陀区环境保护局六横环境保护所,负责辖区内建设项目前期工作及项目环保监管等职能;2010年成立普陀区环保局六横环境保护分局,监测、管理和执法力度进一步加大。同期,2009年设首座乡镇级空气环境质量自动监测站,始建六横污水处理厂,主要负责峧头、台门、双塘、龙山区域居民及工业、企业等区块污水处理。

(2)六横水利设施与水务管理变迁。1948年建水利协会统一管理,20世纪50—70年代各公社始建水利工程管理站,80年代始利用水库水源建供水厂站,至1992年有供水厂站9座。1998年乡镇农业办公室设水利专管员,2008年专设水利水务科。境内建有160万立方米以下各类水库61座,供水站4家,工业企业、渔业企业和集镇居民基本实现自来水供应。

(3)六横交通运输管理变迁。1979年4月设六横交通管理站管理陆运,1985年设六横交通监理站,后改为六横交警站,主管车辆牌照颁发、公路管理及事故处理;2008年六横交管站改为普陀区交通运输局六横分局。1983年1月设六横航运管理站,专事海上运输安全管理,2010年升为舟山市港航管理局六横分局。1992年六横公路养护站有职工24人,隶属区公路管理站。1996年成立六横客运服务中心,管理出租车服务。

(4)六横电力设施与供电管理变化。20世纪60—70年代各村、企业用发电机组均自配电工,1982年台门镇建六横电厂统一管理供电,白天供工业用电,渔汛期供冷库生产用电,农忙主供灌排及农副产品加工,晚间供生活照明用。1987年设六横供电所,供发电分工。至1989年建成供电所、区、镇乡、村四级电力管理网络。1989年结束自主发电,开始由大陆供电;1994年并入舟山电网,实现舟山和大陆双向供电,由六横供电所管理。2011年始建六横电厂,后建设风电项目。

(5)六横城建管理变化。1993年设城建监察中队,负责城镇市容监测管理。2001年六横镇政府设立村镇建设办公室,统一规划管理城乡建设;2009年成立六横镇规划管理处，负责辖区城乡规划管理。1999年设六横房管所，开展房屋产权登记和白蚁防治工作；2008年升级为普陀区建设局下设的六横房管处，职能扩大至房产证审批、物业管理、装修装饰、中介管理、商品房预售证管理等。

2019年6月，根据浙江舟山群岛新区党工委管委会办公室《关于印发〈浙江舟山群岛新区六横管理委员会主要职责内设机构和人员编制规定〉的通知》文件要求，六横管委会与六横镇合署办公，并设立内设机构规划建设与交通局，负责拟订六横镇规划及其实施监督；负责土地利用报批、地质灾害防治、私人建房审批管理、房地产开发管理、人防工程、市容市貌、环境卫生、园林绿化、市政设施等管理工作；负责域内农房改造、村镇建设、城乡一体化、交通道路建设管理和道路运输市场监管。

4.2　朱家尖岛特征

舟山市普陀区朱家尖岛陆域面积72km^2，为舟山群岛第五大岛。朱家尖岛定位于主动承接普陀山辐射效应，打造国际海岛休闲度假胜地，岛内在建工程项目包括航空产业园、观音法界、禅意小镇、国际海岛旅游大会会址等①。

4.2.1　朱家尖归属及其行政区划

宋朝设有昌国县辖4乡，其中安期乡包括现今六横、虾峙、桃花、朱家尖、普陀山等岛，即为今舟山市普陀辖区。明洪武十九年(1386年)原乡随县废止，清康熙二十七年(1688年)复设4乡，安期乡仍属普陀。民国二十四年(1935年)，朱家尖成为普陀区境内18乡之一。1950年5月17日舟山解放，境内行政区划顺沿民国体系，朱家尖乡隶属普陀区。1953年舟山专区建立，辖普陀县。1959年7月至1960年5月设朱家尖公社，1961年10月成立朱家尖区公所辖朱家尖公社、西岙公社、顺母公社，1983年改为乡。1992年5月，撤销朱家尖区，合并朱家尖、顺母、西岙3乡建朱家尖镇，隶属舟山市普陀区。1993年3月成立“舟山市普陀区朱家尖开发建设管委会”；1998年5月撤销朱家尖开发建设管理委员会，设立“舟山市普陀区朱家尖风景旅游管委会”，与镇委镇政府合署办公。2007年10月，朱家尖撤镇建街道②，2015年11月由普陀区政府委托普陀山—朱家尖管委会全权管理，辖8个社区(村)、1个居委会，常住人口3.6万，户籍人口2.8万。

① http://zhujiajian.gov.cn/Tmp/indexContent.aspx?ChannelID=74e0d355-b73d-486e-8a32-a9ad537eb1f6 朱家尖概况

② http://zhujiajian.gov.cn/Tmp/indexContent.aspx?ChannelID=5f7301ca-7322-44fa-b9f6-cf0831778b8b 建制沿革

朱家尖街道现辖白沙岛办事处及福兴社区、南沙社区、莲花社区、莲兴社区、中欣社区、顺母社区、三和社区、西岙社区、白沙港社区(白沙、柴山住人岛及25个无人岛礁)9个社区。全域由朱家尖岛、白沙山岛、柴山岛、西峰岛、外洋鞍岛等组成。

4.2.2 朱家尖人居环境管理部门变化

4.2.2.1 城乡建设管理变化

(1)房产管理变化

解放前无专职房管机构,1972年成立普陀县房管处。1984年成立城镇建设征地拆迁办公室,后易名为区政府拆迁办公室,与1992年3月成立的普陀区房屋拆迁事务所职责职能分离。1985年成立普陀县房地产管理处白蚁防治站,后于1987年独立为普陀区白蚁防治站。1987年设普陀区房产管理处,1988年2月成立普陀区城镇房屋产权登记发证领导小组,3月成立普陀区住房制度改革领导小组。1990年成立普陀区房产交易所。这些机构对房屋租赁、房屋交易、房产登记、住房改革、拆迁安置和建筑物白蚁防治工作进行管理。

(2)土地管理职能变化

1954年至1962年6月,普陀县民政科兼管非农业建设用地,1962年6月改由县人民委员会办公室兼管,1971年6月起由普陀县农林水利局分管。1982年前,区、乡镇建设用地由分管农业干部兼管,1982年起配备土地管理员专门负责。1988年5月设普陀区土地管理局,同年各乡镇设立土地管理领导小组(办公室)、村(居委)设土管小组,至1995年区、乡镇、村三级土地管理网络基本形成。1996年2月,区土管局改为舟山市土地管理局普陀分局,市局管辖。

(3)环境保护机构变化

污染监测治理始于20世纪70年代;1981年普陀县环境监测站建立,主要监测和治理渔港、废水、废气、噪声等污染指标;1984年设县环境保护办公室,1994年设普陀区环境监理站。

(4)气象服务机构变化

民国二十五年(1936年)建定海测候所,1955年11月设暴风警报站并于1958年扩建为普陀县气象站,1988年开始组建乡镇气象警报网络,1992年10月改为舟山市普陀区气象局,为居民提供无偿天气预报服务及为专业单位(制盐、制砖、粮食、农业、交通)提供有偿预报预警服务。

4.2.2.2 朱家尖岛风景区建设管理机构流变

朱家尖岛于1983年3月被列为朱家尖岛旅游风景开发区。1983年成立资源保护办公室，保护风景区沙资源、岩石资源；1988 年成立朱家尖开发有限公司，开始建设南沙度假小区。1989 年 6 月，朱家尖岛东部 28km^2 区域被列入普陀山国家级重点风景名胜区，成立普陀山风景名胜区朱家尖管理处，负责朱家尖部分风景开发管理。1990 年建立风景区卫生管理组织，1993 年建立朱家尖开发建设管理委员会。

4.3 岱山岛特征

4.3.1 研究区概况

民国时期岱山岛属定海县，下分为多个镇和乡。民国三十八年（1949 年 7 月），定海县析定海县和滃洲县，岱山岛属滃洲县，下辖高亭、东沙两镇以及岱东、岱中、岱西 3 乡。1950 年，滃州县重新并入定海县，岱山岛下辖不变；1953 年，析定海县置定海、普陀和岱山 3 县，属岱山县，设高亭、东沙两镇和石马、司基、枫树、虎斗、南峰、北峰、龙头、沙洋、江窖、闸口、大岙、山外、蒲门、南浦、摇星、双合、青黑、念母、岱西、桥头、宫门、泥峙 22 乡。1956 年 5 月，岱山岛行政区划调整，两镇不变，22 乡调整为 6 乡，分别为岱东、岱中、岱西、泥峙、大岙和山外。同年 10 月，6 乡又被调整为岱东、岱中、岱南、岱北、岱西、南峰、北峰、山外、大岙、泥峙、双合 11 乡。1958 年，定海、普陀、岱山 3 县并为舟山县，岱山岛设岱中、岱西、东沙和高亭 4 个人民公社；1960 年，4 个公社合并为岱山人民公社；1961 年，岱山人民公社又析分为岱东、岱中、岱西、大岙、泥峙、东沙和高亭 7 个人民公社；1962 年复置岱山县，恢复东沙镇和高亭镇，设岱东、岱中、岱西、大岙、泥峙和山外 6 个公社；1964 年，山外公社并入大岙公社，1972 年大岙公社并入高亭镇，1978 年双合公社成立。1982 年 3 月，闸门公社更名为四平公社①。

1983 年开始改公社为乡，1984 年基本完成。1983 年 5 月，改泥峙公社为乡，次年 4—5 月，先后改 15 个公社为乡。1986 年开始部分乡改镇，改泥峙乡为泥峙镇，1992 年，南峰和岱中两个乡被并入高亭镇，双合乡撤销，并与岱西乡合并为岱西镇。1995 年，岱东乡改为岱东镇，2003 年，泥峙镇并入东沙镇。至此，岱山岛上设有岱东、岱西镇、高亭镇和东沙镇，分管 9 个城市社区、20 个农村社区和 41 个行政村（表 4-3-1 和表 4-3-2）。

---

① 中国海岛志编撰委员会，《中国海岛志 浙江卷（第一册 舟山群岛北部）》[M]. 北京：海军出版社，2014.

表 4-3-1 1949 年以来岱山岛行政区划变革

年份	县	镇	乡
1949	滃洲县	高亭镇、东沙镇	岱东乡、岱中乡、岱西乡
1950	定海县	高亭镇、东沙镇	岱东乡、岱中乡、岱西乡
1953	岱山县	高亭镇、东沙镇	石马、司基、枫树、虎斗、南峰、北峰、龙头、沙洋、江窖、闸口、大岙、山外、蒲门、南浦、摇星、双合、青黑、念母、岱西、桥头、宫门、泥峙
1956	岱山县	高亭镇、东沙镇	岱东、岱中、岱西、泥峙、大岙和山外
1956	岱山县	高亭镇、东沙镇	岱东、岱中、岱南、岱北、岱西、南峰、北峰、山外、大岙、泥峙、双合
1958	舟山县	岱中公社、岱西公社、东沙公社、高亭公社	
1960	舟山县	岱山人民公社	
1961	舟山县	岱东公社、岱中公社、岱西公社、大岙公社、泥峙公社、东沙公社、高亭公社	
1962	岱山县	东沙镇、高亭镇	岱东公社、岱中公社、岱西公社、大岙公社、泥峙公社、山外公社
1964	岱山县	东沙镇、高亭镇	岱东公社、岱中公社、岱西公社、大岙公社、泥峙公社
1972	岱山县	东沙镇、高亭镇	岱东公社、岱中公社、岱西公社、泥峙公社
1978	岱山县	东沙镇、高亭镇	岱东公社、岱中公社、岱西公社、泥峙公社、双合公社
1983	岱山县	东沙镇、高亭镇	开始公社改乡,部分完成
1984	岱山县	东沙镇、高亭镇	岱东乡、岱中乡、岱西乡、泥峙乡、双合乡、南峰乡
1986	岱山县	东沙镇、高亭镇、泥峙镇	岱东乡、岱中乡、岱西乡、双合乡、南峰乡
1992	岱山县	东沙镇、高亭镇、泥峙镇、岱西镇	岱东乡
1995	岱山县	东沙镇、高亭镇、泥峙镇、岱西镇、岱东镇	
2003	岱山县	东沙镇、高亭镇、岱西镇、岱东镇	

表 4-3-2　2019 年岱山岛村级以上行政区划

行政镇	行政社区
高亭镇	城镇社区：安澜社区、蓬莱社区、育才社区、沙涂社区、嘉和社区、闸口社区、兰亭社区、竹屿社区 城中村：高亭一社区、高亭二社区、闸口一社区、闸口二社区、大岙一社区、大岙二社区、东海社区、山外社区、塘墩社区、大峧社区、南浦社区 渔农村社区：大蒲门社区、小蒲门社区、官山社区、江南社区、大峧山社区、黄官泥岙社区、板井潭社区、南峰社区、渔山社区、枫树社区、浪激嘴社区、机场社区、石马岙社区
东沙镇	泥峙社区、司基社区、桥头社区、东沙社区
岱东镇	北峰社区、涂口社区、虎斗社区、龙头社区、沙洋社区
岱西镇	青黑社区、摇星蒲社区、双合社区、海丰社区、茶前山社区、前岸社区、后岸社区、火箭社区

资料来源：2019 年岱山县体制改革一览表

4.3.2　自然地理特征

4.3.2.1　岱山县

岱山县因岱山岛而得名，位于浙江东北部舟山群岛中部，地处长江与钱塘江入海口，地理坐标：北纬 30°07′—30°38′，东经 121°31′—123°17′。西靠上海、杭州和宁波等省级城市与副省级城市，与嘉兴市平湖县和宁波市慈溪市海域相交，东连公海，南与舟山市定海、普陀二区相邻，北至舟山市的嵊泗县海域为界，素有“蓬莱仙岛”之称。岱山作为海岛县，由岱山、衢山、大长涂山、小长涂山、秀山和大鱼山等 379 个岛屿组成（为 2012 年数）。尚有低潮位与大岛相连、礁块合名及围塘后自然消失等百余处，不计此数，其中住人岛仅 12 个；最高点为衢山岛的观音山，海拔 314.4m，其余一般在 200m 以下。海岛风光秀丽，气候温和，冬无严寒，夏无酷暑，适合人类居住。全县东西长 169.6km，南北宽 57km，总面积达 5242km^2，其中海域面积 4915.5km^2，陆域面积（岛屿面积）269.1km^2（丘陵占 61%，平地占 39%），潮间带海滩涂面积 57.4km，海岸线长 665km。区域内海洋滩涂资源丰富，海洋渔业、盐业、海涂围垦及海上运输条件优越，素称“鱼盐之利、舟楫之便”。

岱山县为典型的海岛独流入海水系，河道大多数起源于山脚，经滨海小平原，汇流入海。据统计，目前全县共有大小河道 113 条，河道总长 146.21km，现状河道功能主要为行洪、排涝、调蓄等，总蓄水能力约 216 万 m^3。据水文多年实测资料显示，全县多年平均降雨量约为 1191mm，呈由西南向东北递减趋势，多年平均水面蒸发量为 750～850mm。据统计，全县多年平均人均水资源拥有量仅为 484m^3，为全国平均水平的23%,世界平均水平的6%,岱山县的用水紧张情况仍将在较长时期内存在。

4.3.2.2 岱山岛

岱山岛是舟山市第二大岛,岱山县第一大岛,位于舟山本岛北部海域,舟山群岛中部,地处杭州湾口外;地理坐标范围:东经 122.03′—122.14′,北纬 30.13′—30.21′;西距大陆最近 37.8km,南距舟山岛岸 11.4km,距舟山市政府驻地 30km。东北区为岱瞿洋,东南为黄大洋,西、西北为灰鳖洋。全岛呈东西走向,东宽西窄,形似桑叶,长 14.8km,宽 10.4km,陆域面积共 104.97km^2,潮间带面积 14.345km^2,海岸线长 96.31km,多年平均淡水资源量为 4665 万 m^3。地势东高西低,最高点位于东南部的磨心山,海拔 257.1m,其余海拔均为 200m 以下。东部多为低丘、山岗,起伏绵延;沿海多小平地,以发展渔业和盐业为主;中部以农业为主。岱山岛属亚热带海洋型季风气候,冬夏季长,春秋季短,四季分明,冬无严寒,夏无酷暑,温暖湿润,光照充足;风速快,风量大,春季多海雾,夏秋多台风,干旱出现频率高;四周岛屿环绕,水道、航道密布,海岸线曲折,多优良港湾。位于岱山岛东南角的高亭港,是岱山县的重要渔港、商港,是岱山县对外交通的枢纽;西北角的东沙港也具有举足轻重的作用,是岱山县对内交通的重要商港、渔港和避风港。

4.3.3 经济结构

据《岱山县 2019 年国民经济和社会发展统计公报》可知,2019 年全县生产总值为 248.3 亿元,同比增长 22.7%。其中,第一产业增加值 39.5 亿元,下降6.1%;第二产业增加值 120.3 亿元,增长 52.9%;第三产业增加值 88.5 亿元,增长6.3%;三次产业结构比为 15.9∶48.5∶35.6。另外,第三产业增加值主要来源于批发零售业(26.3%),其他服务业(26.1%),交通运输仓储邮政业(16.9%),金属制品、机械和设备修理业(10.2%),金融业(9.4%),房地产业(8.7%)。从岱山岛全域来看,2019 年岱山岛水产品加工业总产值(当年价格)为 46610.6 万元,石膏、水泥制品及类似制品制造业本年总产值为 581860 万元,汽车零部件及配件制造业本年总产值为 196568.2 万元,船舶及相关装置制造业本年生产总值为 29060 万元,工业总产值高达 943550 万元,工业产值占全县生产总值的 38%。分乡镇来看,2019 年度高亭镇、东沙镇、岱东镇和岱西镇工业生产总值分别为 1678602.2 万元、197752.2 万元、11196.1 万元和 57252.5 万元,分别占岱山岛工业生产总值的17.87%、2.09%、1.19%和 6.07%。

4.3.4 人口与收入

2009 年以来,岱山岛总人口增长率<0,总人口呈加速度流失。其中,东沙镇

的总人口增长率最低，其次为岱西镇和高亭镇(表 4-3-3)。从性别结构比上看，岱山岛总体上女性人口比重大于男性人口比重，2009—2013 年性别比在 0.7 左右，2013 年以后增长为 0.9 左右，但是始终<1，男性人口持续增加，但是依然少于女性人口。人口密度上，2009—2017 年岱山岛人口密度约为 1050，变化幅度不大，但岱山岛人口密度持续降低。2009—2019 年，岱山岛四镇的人口密度始终保持着高亭镇>东沙镇>岱东镇>岱西镇的特点，且四个镇的人口密度均呈持续降低的趋势。2009—2017 年，岱山岛人口自然增长率持续为负，且上下波动，但波动变化较小。2017 年自然增长率约为 0.443%，达到 2007—2017 年的最低值。高亭镇的自然增长率在四镇中最高。岱山岛 2010 年的净迁入率为 0.17%，2011 年的净迁入率为0.089%，人口有持续增大的趋势，但各镇的净迁入率呈现持续降低的趋势。

表 4-3-3　2009—2017 年岱山岛人口基本情况(分镇)

年份	城镇	户数(户)	总人口(人)	总人口增长率(%)	男性(人)	女性(人)	男生：女生	人口密度(人/km^2)
2017	高亭镇	27517	63003	−1.36	31142	31861	0.98	1197.0930
	东沙镇	7636	17004	−1.65	8301	8703	0.95	853.6145
	岱东镇	5368	13982	−0.81	6955	7027	0.99	615.9471
	岱西镇	5979	14868	−0.84	7328	7540	0.97	572.0662
	岱山岛	46500	108857	−1.26	53726	55131	0.97	1037.0300
2016	高亭镇	27751	63870	−0.45	31620	32250	0.98	1213.5660
	东沙镇	7735	17290	−1.20	8449	8841	0.96	867.9719
	岱东镇	5401	14096	−0.36	7029	7067	0.99	620.9692
	岱西镇	6031	14994	−0.44	7409	7585	0.98	576.9142
	岱山岛	46918	110250	−0.55	54507	55743	0.98	1050.3000
2015	高亭镇	27865	64158	−0.34	31774	32384	0.98	1219.0390
	东沙镇	7856	17500	−0.97	8579	8921	0.96	878.5141
	岱东镇	5443	14147	−0.60	7063	7084	1.00	623.2159
	岱西镇	6068	15060	−0.66	7453	7607	0.98	579.4536
	岱山岛	47232	110865	−0.51	54869	55996	0.98	1056.1590

续表

年份	城镇	户数（户）	总人口（人）	总人口增长率(%)	男性（人）	女性（人）	男生：女生	人口密度（人/km²）
2014	高亭镇	27397	64375	－0.55	31937	32438	0.98	1223.1620
	东沙镇	7974	17671	0.03	8682	8989	0.97	887.0984
	岱东镇	5500	14232	1.19	7102	7130	1.00	626.9604
	岱西镇	6110	15160	0.46	7528	7632	0.99	583.3013
	岱山岛	46981	111438	－0.10	55249	56189	0.98	1061.6180
2013	高亭镇	27714	64731	－0.19	32445	32075	1.01	1229.9260
	东沙镇	8181	17665	－1.41	5903	8727	0.68	886.7972
	岱东镇	5585	14064	－0.06	562	7087	0.08	619.5595
	岱西镇	6256	15091	－0.42	623	7500	0.08	580.6464
	岱山岛	47736	111551	－0.40	39533	55389	0.71	1062.6940
2012	高亭镇	27831	64856	0.09	32457	32141	1.01	1232.3010
	东沙镇	8304	17918	－0.88	6005	8824	0.68	899.4980
	岱东镇	5644	14072	0.03	608	7088	0.09	619.9119
	岱西镇	6308	15155	－0.80	630	7542	0.08	583.1089
	岱山岛	48087	112001	－0.20	39700	55595	0.71	1066.9810
2011	高亭镇	27812	64798	－0.06	32169	32167	1.00	1231.1990
	东沙镇	8395	18077	－0.64	6064	8898	0.68	907.4799
	岱东镇	5691	14068	－0.21	577	7099	0.08	619.7357
	岱西镇	6339	15277	－0.57	614	7595	0.08	587.8030
	岱山岛	48237	112220	－0.24	39424	55759	0.71	1069.0670
2010	高亭镇	27830	64837	0.07	32025	32228	0.99	1231.9400
	东沙镇	8475	18193	－0.80	6065	8982	0.68	913.3032
	岱东镇	5748	14097	0.01	543	7102	0.08	621.0132
	岱西镇	6362	15364	－0.43	602	7645	0.08	591.1504
	岱山岛	48415	112491	－0.15	39235	55957	0.70	1071.6490

续表

年份	城镇	户数（户）	总人口（人）	总人口增长率(%)	男性（人）	女性（人）	男生：女生	人口密度（人/km²）
2009	高亭镇	27745	64791		31833	32232	0.99	1231.065932
	东沙镇	8506	18339		6119	9059	0.68	920.6325301
	岱东镇	5811	14096		467	7105	0.07	620.969163
	岱西镇	6345	15430		551	7664	0.07	593.6898807
	岱山岛	48407	112656		38970	56060	0.70	1073.22092

2010—2019年，岱山县居民收入总体呈现上升趋势，其中城镇人均可支配收入水平明显高于渔农村，且收入差距总体日益扩大(表4-3-4)。随着产业结构的不断优化升级，岱山县居民收入结构不断丰富和优化，工资性收入逐渐成为家庭主要收入来源。

表4-3-4　岱山县2010—2019年渔农村及城镇年人均可支配收入(元)

	2010年	2011年	2012年	2013年	2014年	2015年	2016年	2017年	2018年	2019年	平均
渔农村	14364	16702	23894	20726	23894	25998	28366	30851	33860	33860	25251.5
城镇	23978	26907	36723	32878	36723	39723	42965	46553	50192	50192	38683.4

数据来源：岱山县《统计年鉴(2010—2019)》

4.3.5　城市发展特征

4.3.5.1　海岛城市收缩衡量方法与数据源

“人口”是衡量城市收缩程度的核心指标之一，具有重要的城市发展表征意义。本书选取年末总人口变化率、户籍人口变化率、劳动力总数变化率和就业人数变化率等指标(表4-3-5)，从“人口”上探究岱山岛的城市发展状况。时间跨度上选取以2006年为研究起点，主要考虑到城市收缩是长期动态的过程，需要通过建立长期的时间序列数据才能够反映和测度城市收缩现象。另外，岱山岛行政区划直到2003年才稳定，考虑到信息的可获取性、全面性、连续性，选取2006—2016年乡镇级别观测数据，数据源于《岱山县志》和《岱山统计年鉴》，部分缺失数据通过模拟回归获得。在数据处理上主要通过“极差法”进行量化，再利用“标准离差法”确定指标权重，恰到好处地避免了各指标量纲和主观赋值的影响。最后利用综合指数法，先测得城市各年份的人口综合发展指数，然后根据人口综合发展指数的变化确定城市收缩程度。

相关的产业数据、劳动力数据、财政数据主要源于《岱山县志》和《岱山统计年鉴》,获取途径相对方便简单,但是岱山岛乡镇级别跨时间尺度的城镇建设用地数据获取具有一定的难度。目前国内的土地利用数据均以城市为最小尺度,乡镇级别的数据需要借助 Arcgis10.5 进行叠加提取处理。原始的土地利用数据主要源于国际基础地理信息中心的地理国情数据库,精度为 30m。

表 4-3-5　相关公式及其涵义

	公式	涵义
单指标处理	$X_{ij}=x_{ij}-x_{(i-1)j}/x_{i-1j}$	x_{ij} 表示某区域第 i 年 j 项指标原始数据,$x_{(i-1)j}$ 表示某区域第 $i-1$ 年 j 项指标原始数据;X_{ij} 表示第 i 年 j 项指标原始数据的变化率
极差量纲	正向指标:$Z_{ij}=(X_{ij}-X_{\min})/(X_{\max}-X_{\min})$ 逆向指标:$Z_{ij}=(X_{\max}-X_{ij})/(X_{\max}-X_{\min})$	Z_{ij} 表示标准化值,X_{ij} 为第 i 年 j 项指标数据,$X_{\min}$ 为某一项指标数据的最小值,$X_{\max}$ 为某一项指标数据的最大值
标准离差确定权重	均值:$E(I)=\frac{1}{n}\sum_{i=1}^{n}Z_{ij}$	$E(I)$ 为指标量纲平均值,n 为指标数据量
	均方差:$\sigma(I)=\sqrt{\sum_{i=1}^{n}(Z_{ij}-E(I))^2}$	$\sigma(I)$ 为指标量纲均方差
	权重:$W_j=\sigma(I)/\sum_{j=1}^{n}\sigma(I)$	W_j 为 j 项指标的权重
收缩度	城市人口综合发展指数:$I_{Z_{ij}}=\sum_{j=1}^{n}Z_{ij}W_j$	$I_{Z_{ij}}$ 为城市人口综合发展指数
	城市收缩度:$\Delta I_{Z_{ij}}=I_{Z_{ij}}-I_{Z_{(t-1)j}}$	$\Delta I_{Z_{ij}}$ 为城市收缩度,$I_{Z_{ij}}$ 为 t 年的城市人口发展指数,$I_{Z_{(t-1)j}}$ 为 $t-1$ 年的城市发展指数

4.3.5.2　海岛城市收缩影响因素分析法与数据源

城市收缩本土是一个发展变化的过程,人口变化和经济变化是两大主要表征,本书紧扣城市收缩本土概念,从城市发展变化和人口变化两个角度构建其影响因素分析模型(表 4-3-6 和表 4-3-7),并通过 SPSS 23.0 实现,以探究上述影响因素指标对人口变化以及城市收缩发展的影响情况。

表 4-3-6　岱山岛城市收缩指标体系及其权重

目标	指标类型	英文代码	测度指标	指标权重
城市收缩测度	人口变化(Pop)	Pop	年末总人口变化率	0.2527
		POP-H	户籍人口变化率	0.2552
	劳动力与就业(Empo)	Wf Empo	劳动力总数变化率	0.2569
		Empo	就业人数变化率	0.2353
影响因素分析	经济增长(Econ)	GDP-P	人均地区生产总值变化率	
		GDP	工农业生产总值变化率	
		GDP-I	工业生产总值变化率	
	土地扩张(Land)	PopDen	人口密度变化率	
		Built-L	建成区面积变化率	
	财政收入情况(Fisc)	Lfisc-Inc	地方财政收入变化率	

表 4-3-7　城市人口变化、经济变化和城市收缩度影响因素分析法

研究方法	公式
多元线性回归	人口变化：$Z_{ij}(\mathrm{Pop})=c+\alpha_1\ \mathrm{Econ}_i++\alpha_2\ \mathrm{Land}_i+\alpha_3\ \mathrm{Fisc}_i+\varepsilon_i$
多元主成分回归	城市收缩：$I_{Z_{ij}}=c++\alpha_1\ \mathrm{Econ}_i+\alpha_2\ \mathrm{Land}_i+\alpha_3\ \mathrm{Fisc}_i+\varepsilon_i$

4.3.5.3　基于人口变化的判定与分析

(1)人口总量与分布变化特征

岱山岛总人口四镇分布差异明显，高亭镇总人口占岱山岛总人口稳定保持于50%，其次为东沙镇>岱西镇>岱东镇(表 4-3-8)。变化趋势上，均呈现下降趋势，高亭镇和东沙镇的变化相对较小，其次是岱东镇以及岱西镇。据此可以推论该县四镇均存在着人口外流的现象，但流动方向上存在差异。高亭镇历年来人口总量几乎保持不变，最多以每年两位数在减少，而岱西镇则以每年三位数的速度在减少，可以肯定高亭镇为岱山岛乃至整个岱山县的人口流入地，而高亭镇本地人则以流向更高发展层次的城市为主，特别是舟山本岛城区以及宁波、杭州和上海等城市。

表 4-3-8　2006—2016 年岱山岛四镇年末总人口占比及变化

镇		2006 年	2007 年	2008 年	2009 年	2010 年	2011 年	2012 年	2013 年	2014 年	2015 年	2016 年
高亭镇	年末总人口占比(%)	57.56	57.55	57.39	57.51	57.64	57.74	57.91	58.03	57.77	57.87	57.93
	户籍人口占比(%)	57.36	57.45	57.55	57.69	57.64	57.76	57.87	57.96	57.90	57.93	57.88
东沙镇	年末总人口占比(%)	16.45	16.36	16.34	16.28	16.17	16.11	16.00	15.84	15.86	15.78	15.68
	户籍人口占比(%)	16.69	16.55	16.44	16.37	16.17	16.11	16.04	15.92	15.86	15.80	15.86
岱西镇	年末总人口占比(%)	13.66	13.68	13.77	13.70	13.66	13.61	13.53	13.53	13.60	13.58	13.60
	户籍人口占比(%)	13.63	13.63	13.63	13.56	13.66	13.60	13.52	13.51	13.53	13.59	13.49
岱东镇	年末总人口占比(%)	12.33	12.42	12.50	12.51	12.53	12.54	12.56	12.61	12.77	12.76	12.79
	户籍人口占比(%)	12.32	12.37	12.38	12.39	12.53	12.53	12.56	12.61	12.70	12.68	12.77

户籍人口、常住人口、人口总量是人口统计的三个口径,相互间具有一定的区别与关系。户籍人口是指具有当地户籍的人员,无论是否外出以及外出时间,只要在当地注册、有常住户口即为该地区户籍人口①。常住人口指无论是否拥有当地户籍,居住满半年以上的人口,通常包括户籍人口和外来人口。人口总量指地方年末现有人口。户籍人口中去除外出打工的,然后加上户籍外来人口以及户口待定人口即为现有人口。

岱山岛户籍人口分布及其变化特征与人口总量几乎一致,高亭镇户籍人口最多,其次为东沙、岱西、岱东。趋势上,四镇均有所缩减,但相对总量变化不大,说明本地户籍人口流动量较少。就前述总人口变化率而言,外籍人口的流动应该是造成总人口变化的主要原因。年末总人口减去年末户籍人口即为外来人口,外来人口的数量往往能够表征一个地区的发展情况与特征。2006—2016 年,岱山岛四镇外来人口均呈缩减趋势,但高亭镇始终为人口高密度分布区,说明高亭镇是岱山岛外来人口的主要集聚之地,这与其作为岱山岛政治、经济、文化中心的背景分不开。

① 罗利佳,周春山,吴沛钊.珠三角流动人口社会融入与生活满意度期望——结构方程模型的实证分析[J].世界地理研究,2020,29(3):608－620.

东沙镇作为岱山岛经济发展第二大区域，户籍人口数量始终多于年末总人口，说明该区域人口以户籍人口为主，而且总体呈现增加的趋势。其他三镇年末总人口一般多于户籍人口，虽然也存在着户籍人口减少的情况，但是侧面恰好反映了外籍人口流入依然存在，说明城市体现出流动人口增长与发展的特征(表4-3-9)。

表4-3-9 2006—2016年岱山岛四镇年末总人口、年末户籍人口以及两者差的年变化率

乡镇	年份	2007	2008	2009	2010	2011	2012	2013	2014	2015	2016
高亭镇	年末总人口变化率	−0.97	−1.36	−0.15	0.07	−0.06	0.09	−0.19	−0.55	−0.34	−0.45
	户籍人口变化率	−0.51	−0.31	−0.08	−0.02	0.02	0	−0.31	−0.44	−0.34	−0.45
东沙镇	年末总人口变化率	−1.49	−1.17	−0.75	−0.80	−0.64	−0.88	−1.41	0.03	−0.97	−1.20
	户籍人口变化率	−1.49	−1.17	−0.75	−1.14	−0.59	−0.59	−1.20	−0.75	−0.75	0
岱西镇	年末总人口变化率	−0.84	−0.42	−0.89	−0.43	−0.57	−0.80	−0.42	0.46	−0.66	−0.44
	户籍人口变化率	−0.68	−0.42	−0.89	0.81	−0.57	−0.79	−0.54	−0.19	0.09	−1.18
岱东镇	年末总人口变化率	−0.22	−0.45	−0.27	0.01	−0.21	0.03	−0.06	1.19	−0.60	−0.36
	户籍人口变化率	−0.22	−0.45	−0.27	1.25	−0.21	0.03	−0.06	0.43	−0.59	0.38

数据来源：岱山县县志

(2)人口增长速率

人口增长包括自然增长和机械增长两种途径。自然增长率的影响因素主要包括年龄结构、性别结构、医疗技术水平、经济发展水平等，能够一定程度上反映区域人口结构问题。机械增长率的影响因素从“推拉理论”[①]上来说，当地良好的生活环境、完善的基础设施、高水平的医疗卫生教育服务是吸引人口流入的主要拉力，恶劣的环境、落后基础设施与医疗卫生教育是促使区域人口迁出的主要推力。一个区域有可能同时存在着拉力与推力，人口流入的同时存在着人口流出。我们根

① 武前波，惠聪聪. 新时期我国中心城市人口城镇化特征及其空间格局[J]. 世界地理研究，2020，29(3)：523—535.

据出生人口、死亡人口、迁出人口、迁入人口分析岱山岛四镇的人口增长变化趋势。

岱山县高亭镇人口外流明显,年龄层次较高,城市呈现收缩现象(表 4-3-10)。自然增长率徘徊在 0 附近,说明对总人口数量变化的影响较低,育龄年轻人在总人口中比例较低,中老年层次的人口占绝大多数;净迁入率变化幅度较大,2006—2008 年以及 2012—2016 年为负值,人口以流出为主,2008—2011 年人口以流入为主,对整个镇的总人口数量变化影响较大。自然增长率与净迁入率之间的差距即为影响人口总量的直接因素。2006—2008 年,自然增长率与净迁入率均为负值,总人口数量减少;2008—2011 年,自然增长率为负值,净迁入率在 2008—2009 年为负值,总人口持续减少;净迁入率 2010—2011 为正值,总人口主要以机械增长为主;2012 年以后,自然增长率趋向于 0,净迁入率为负,此时人口总量以机械减少为主要变化类型。

表 4-3-10　2006—2016 年高亭镇人口自然变化与机械变化(%)

年份	2006	2007	2008	2009	2010	2011	2012	2013	2014	2015	2016
自然增长率	0	0	−0.10	−0.10	0	−0.10	0.02	0	0.09	0	0.09
净迁入率	−0.08	−0.90	−0.10	0	0.15	0.08	−0.10	−0.20	−0.30	−0.30	−0.50
出生率	0.54	0.57	0.56	0.49	0.57	0.46	0.69	0.60	0.69	0.60	0.60
死亡率	0.56	0.62	0.66	0.66	0.64	0.60	0.67	0.59	0.60	0.61	0.51
迁入率	2.06	2.16	2.10	1.87	3.42	3.75	0.73	0.63	0.56	0.58	0.39
迁出率	2.86	3.10	2.23	1.94	3.27	3.67	0.90	0.86	0.86	0.91	0.96

东沙镇的人口外流趋势(表 4-3-11)与高亭镇大体上保持一致,但是人口流入较少,导致人口老龄化、劳动力短缺等一系列社会问题产生,城市呈现收缩现象。东沙镇的人口自然增长率变化相较于高亭镇更具特色且明显,起伏于−0.1～−0.05,对总人口数量的影响以减少为主趋势,年轻人比例相较于高亭镇可能更低,老龄化更为突出。这与人口迁出率的变化曲线相符合。2006—2016 年人口迁出率虽然呈现逐年降低的趋势,但持续大于 0,可推测东沙镇人口流出不断减少的原因是年轻人在持续的流出后已经所剩无几。另外,净迁入率在 2013 年以后保持在 0 上下,人口的迁出量远大于人口的流入;当然,在 2009—2013 年出现了一定程度上的人口回流大潮,但是依然保持着一定的人口外流。

表 4-3-11 2006—2016 年东沙镇人口自然变化与机械变化(%)

年份	2006	2007	2008	2009	2010	2011	2012	2013	2014	2015	2016
自然增长率	−0.6	−0.6	−0.7	−0.8	−0.8	−0.8	−0.7	−0.9	−0.4	−0.9	−0.8
净迁入率	−1.10	−1.00	−0.10	0.12	0.09	0.23	0.06	0	0	−0.10	−0.30
出生率	0.33	0.34	0.35	0.39	0.40	0.34	0.46	0.39	0.48	0.42	0.34
死亡率	0.96	1.01	1.11	1.21	1.29	1.21	1.22	1.31	0.93	1.34	1.16
迁入率	0.72	0.70	1.03	1.10	1.26	1.06	0.42	0.43	0.45	0.26	0.23
迁出率	1.91	1.80	1.20	0.98	1.18	0.83	0.36	0.45	0.48	0.38	0.60

岱西镇同样存在人口缩减、城市收缩现象(表 4-3-12)。岱西镇在 2006—2016 年的人口自然增长率变化趋势类似,一直徘徊于−1～0 之间,对人口总量的影响以负向减少为主;净迁入率的变化幅度相对较大,但总趋势始终保持降低,这说明近些年来,岱西镇的人口流入正在减少,并且在 2015 年之后以年轻劳动力流出为主。2006—2009 年,岱西镇迁入率起伏变化幅度较大,这与当地最为发达的盐业发展分不开。

表 4-3-12 2006—2016 年岱西镇人口自然变化与机械变化(%)

年份	2006	2007	2008	2009	2010	2011	2012	2013	2014	2015	2016
自然增长率	0.46	0.54	0.54	0.36	0.45	0.48	0.46	0.44	0.51	0.41	0.44
净迁入率	0.90	0.71	0.87	0.87	0.85	0.88	0.94	0.85	0.74	1.01	0.71
出生率	−0.40	−0.10	−0.30	−0.50	−0.40	−0.40	−0.40	−0.40	−0.20	−0.60	−0.20
死亡率	1.24	2.54	1.44	0.71	0.54	0.39	0.29	0.37	0.86	0.25	0.13
迁入率	0.74	0.59	0.61	1.15	0.57	0.56	0.38	0.30	0.63	0.38	0.42
迁出率	0.51	1.95	0.83	−0.40	0	−0.10	0	0.07	0.23	−0.10	−0.20

岱东镇人口总量减少,年龄结构老化,存在隐性城市收缩(表 4-3-13)。在 2006—2016 年的人口自然增长率变化与前三个镇无较大区别,数值一直保持在−0.5～0之间,出生率远小于死亡率,说明该区域的年龄层次中老年人的比例可能要高出很多,而年轻人的比例要低很多。净迁入率与前三镇相比具有较大的差异,2007—2014 年净迁入率保持在 0 以上,迁入人口多于迁出人口,说明外在的因素导致了人口的回流。而这种回流对人口的保持是短暂的,在 2015 年之后,净迁入率逐渐低于 0,人口流动由净流入转为净流出,人口总量减少,年龄结构老化,存在隐性城市收缩。

表 4-3-13　2006—2016 年岱东镇人口自然变化与机械变化(%)

年份	2006	2007	2008	2009	2010	2011	2012	2013	2014	2015	2016
自然增长率	0.46	0.55	0.52	0.47	0.54	0.50	0.65	0.53	0.57	0.54	0.59
净迁入率	0.76	0.83	1.07	0.91	0.95	0.93	0.79	0.87	0.84	0.96	0.79
出生率	−0.3	−0.2	−0.5	−0.4	−0.4	−0.4	−0.1	−0.3	−0.2	−0.4	−0.2
死亡率	1.21	1.06	0.81	0.82	1.18	0.76	0.49	0.41	0.80	0.20	0.11
迁入率	1.57	0.94	0.52	0.46	0.57	0.54	0.24	0.26	0.25	0.25	0.26
迁出率	−0.3	0.13	0.29	0.36	0.61	0.22	0.25	0.16	0.56	−0.0	−0.1

通过上述对人口自然增长和机械增长的分析发现,岱山县四镇都存在着一定的隐性城市收缩现象(表 4-3-14),城市总人口减少尤以中青年人口流出为多、自然增长率始终保持在 0 及以下、净迁入率逐渐降低直至为负等,这些都足以证明岱山岛目前正经历着人口层面的城市收缩过程。

表 4-3-14　2006—2016 年岱山岛四镇人口密度变化率(%)

年份	2006	2007	2008	2009	2010	2011	2012	2013	2014	2015	2016
岱东镇	30.73	−0.22	−0.45	−0.26	−11.5	−0.20	0.028	−0.05	1.194	−0.56	−0.36
岱西镇	−30.9	−0.84	−0.42	−0.89	−0.42	−0.56	−0.79	−0.42	0.457	−.065	−0.43
东沙镇	−33.9	−1.49	−1.17	−0.75	−0.79	−0.63	−0.87	−1.41	0.034	−0.96	−1.20
高亭镇	−0.43	−0.96	−1.36	−0.15	0.071	−0.06	0.089	−0.19	−0.55	−0.33	−0.44

(3)人口密度变化

根据 2006—2016 年的人口数据和土地面积计算人口密度及其变化率发现①,岱山县四镇相对于上一年的人口密度变化率主要集中在−1～5 之间,变化范围较大。在人口学中,人口密度变化率以 1 为分析边界,大于 1 表示人口呈现增长之势,等于 1 表示人口保持稳定,小于 1 表示人口呈现减少之势。可见,岱山岛四镇在 2006—2016 年大部分时期的人口密度变化率都小于 1,仅岱东镇在 2014 年的人口密度变化率达到了 1 以上,说明岱山岛四镇在这一时期的人口以减少为主要趋势,城市收缩明显。

计算获得四镇在 2006—2016 年的人口密度变化率均值:高亭镇(−0.395)、东沙镇(−3.9272)、岱西镇(−3.2711)和岱东镇(−1.2540)。有研究①将每年人口

① 刘贵文,谢芳芸,洪竞科,等.基于人口经济数据分析我国城市收缩现状[J].经济地理,2019,39(7):50−57.

密度变化率的平均值作为判断城市人口变化的指标，同时结合国家统计局在六普、七普调查的全国人口增长率，可将岱山岛四个镇划分为：低速缩减型城镇—高亭镇；快速缩减型城镇—岱东镇；高速缩减型城市—岱西镇和东沙镇。可见，岱山岛的城镇均已逐步向缩减的方向发展。

4.3.5.4　城镇收缩测度及分析

(1)城市人口综合发展指数

城市人口综合发展指数与城市发展综合指数存在一定差别，城市发展综合指数用以表征城市综合发展情况，而城市人口综合发展指数用以表征人口聚集分布或流动情况。通过计算发现，岱山岛四镇除东沙镇外，其余三镇在2006—2016年间人口综合发展指数呈现先上升后下降的趋势，上升速度存在时空差异：高亭镇增长速度最快，其次是岱东镇和岱西镇(表4-3-15)。其中，高亭镇的人口综合发展指数最高，在2013年达到峰值0.71；其次是岱东镇，在2010年达到峰值0.58；然后是东沙镇，在2014年达到峰值0.55；最后是岱西镇，在2008年达到峰值0.47。以上数据说明，高亭镇、岱东镇和岱西镇在2006—2016年间，人口先流入聚集后流出分散；高亭镇凭借优良的港湾资源，吸引大批岛内外人口聚集，聚集度始终保持岱山岛第一；东沙镇作为岱山县原政治经济中心，发展初期人口总量较大，随着政治经济中心的转移，人口逐渐流出，后又因旅游发展而流入聚集。

表4-3-15　2006—2016年岱山岛四镇城市收缩度

年份	城市人口综合发展指数				城市收缩度			
	高亭镇	岱西镇	东沙镇	岱东镇	高亭镇	岱西镇	东沙镇	岱东镇
2006	0.27	0.37	0.45	0.26	0.12	0.04	0.03	0.01
2007	0.33	0.38	0.19	0.31	0.06	0.01	−0.26	0.04
2008	0.30	0.47	0.24	0.32	−0.03	0.09	0.05	0.01
2009	0.48	0.30	0.33	0.41	0.18	−0.17	0.09	0.09
2010	0.62	0.37	0.21	0.58	0.15	0.07	−0.12	0.18
2011	0.45	0.39	0.29	0.45	−0.17	0.03	0.09	−0.13
2012	0.51	0.31	0.32	0.46	0.06	−0.08	0.02	0.01
2013	0.71	0.32	0.37	0.47	0.20	0.00	0.05	0.01
2014	0.54	0.50	0.55	0.61	−0.17	0.18	0.18	0.14
2015	0.42	0.38	0.30	0.33	−0.12	−0.12	−0.25	−0.28
2016	0.45	0.26	0.37	0.39	0.03	−0.12	0.07	0.06

(2)城市收缩程度

城市综合发展指数能够表征一定时期内城市的发展状况。当发展指数不断增大时,说明城镇正在增长,当发展指数不断减小时,说明城镇正在收缩。本书根据公式将城市收缩度定义为城市后一年综合发展指数与前一年的差值。当城市收缩度>0,说明城市在增长;当城市收缩度<0,说明城市在收缩。另外,城市收缩度的大小与数值相反。

岱山岛在2006—2016年呈现先增长后衰减态势,且收缩现象有强化趋势。2006年后,东沙镇呈现收缩状态,其余三镇呈现增长状态;与2008和2013年相比,高亭镇呈现收缩状态,其余三镇均呈增长态势;与2009年相比,除岱西镇收缩外,其余三镇均呈增长态势;与2011年相比,高亭镇、岱东镇呈收缩状态,其余均表现为增长态势;与2012年相比,岱西镇呈收缩状态,其余为增长状态;与2014年相比,高亭镇呈收缩状态,其余呈增长态势;与2015年相比,四镇均呈收缩状态;与2016年相比,岱西镇呈收缩状态,其余三镇呈增长状态。四个镇在2006—2016年均出现过收缩现象,贯穿整个研究期,其中东沙镇的收缩现象出现较早。随着时间的推移,岱山岛四镇收缩现象出现越来越频繁。岱山岛虽是岱山县的中心,但对于一个远离本土的海岛来说,本身的资源极其匮乏,不便的交通也给当地发展带来了巨大的挑战,再加上气候、海洋等自然灾害的影响,海岛城市的经济发展极具脆弱性。岱山岛是舟山市甚至整个浙江省的产盐基地,但是随着人口的不断外流,盐业也逐渐削弱;临港产业是岱山岛目前最主要的产业,但是因为技术、人才、资金的缺乏,发展速度依然比较缓慢;其余旅游业与轻工业发展只作为辅助。

受经济基础和市场条件的影响,不同类型的城市将会呈现不同的发展状态和趋势。高亭镇属于以工业经济为主导的增长型城镇,优良的港口资源、社会经济环境以及政府政策支持为本区域经济的增长提供了保证,使得城市在经济上呈现增长的状态和趋势,属于本身经济实力比较雄厚的城市的正常发展情况。东沙镇属于以旅游经济为主导的增长型城镇,近年来凭借东沙古镇大力发展旅游相关的新兴产业,产业发展呈现多样化,城镇发展呈现增长状态与趋势。岱西镇是以盐业经济为主的城镇,凭借优良的地理位置和丰富的海岸线资源大力发展工业,船舶业已成为岱西镇的主导产业。岱西镇镇政府从实际出发提出"突出工业、拓展旅游、巩固养殖、稳定捕捞和盐农业"的经济发展思路①,目前岱西镇各行各业呈现良好的发展态势。岱东镇属于普通经济发展增长缓慢型城市,偶尔受到环境的影响导致经济回落,造成城镇发展局部收缩。

① 岱西镇政府统计站.岱西统计信息——岱西镇概况[R].岱西镇:岱西镇政府,2018:1-2.

(3)基于人口变化的城市收缩原因分析

人口相关指标数据的变化及趋势是衡量城市增长或收缩现象与程度的重要表征指标。根据城市人口综合指数计算结果,将人口指标以及表征人口变化的城市人口综合发展指数作为因变量,其他指标做自变量建立回归方程(表4-3-16),检验岱山岛人口变化与经济增长、空间扩张和财政机制的影响关系及程度。运行SPSS的过程中,发现劳动力相关指标的变化与经济增长、城市扩张以及地方财政等要素明显不相关,且拟合度过低,这里不作赘述。

结果发现,经济增长因素对人口变化的影响最为显著,经济增长是吸引人才回流的首要条件。人均地区生产总值变化率对年末总人口变化率的正向影响最大,系数高达34.071(P=0.00);工农业生产总值变化率对该指标的负向影响明显,系数为-33.686(P=0.00);工业生产总值变化率和地方财政收入变化率对该指标呈负向弱影响。以上数据说明,岱山岛2006—2016年间年末总人口变化与经济发展状况显著相关,人均生产总值越高,年末总人口越多;工农业生产总值与人均地区生产总值产生的影响明显相背,且工业生产总值的负影响又很弱,得出对农业产值的高低产生了极大的影响:农业产值越高,人口流出越明显,年末总人口就越少,反之亦然。户籍人口变化与年末总人口变化影响相比,不同的是建设用地通过了显著性检验,说明建设用地对岱山岛户籍人口的变化产生了一定的影响,但是不明显。城市人口综合发展指数影响上,人均地区生产总值变化率、工农业生产总值变化率影响显著且方向相反,建设用地变化率通过检验,负影响较弱。总体上,地方财政收入变化率对岱山岛人口变化的影响不显著。

表4-3-16　岱山岛城市人口变化影响因素回归模型结果

	年末总人口变化率	*Sig.*	户籍人口变化率	*Sig.*	城市人口综合发展指数	*Sig.*
人均地区生产总值变化率	34.071	0	20.511	0	16.835	0
工农业生产总值变化率	-33.686	0	-20.372	0	-16.601	0
工业生产总值变化率	-0.14	0.024	0.052	0.901	-0.055	0.869
建设用地变化率	-0.011	0.606	-0.296	0.049	0.26	0.031
地方财政收入变化率	-0.059	0.018	0.023	0.89	0.046	0.73
残差	0.207	0	0.503	0.001	-0.016	0.89
R^2	0.986	0.352	0.403			

注:置信度为95%

(4)城市收缩的综合影响因素分析

城市人口发展状态受多种因素的共同作用，就哪些因素起多大作用需要进行进一步确认。基于此目的，选择多元主成分回归模型进行分析，获得自变量系数。与回归模型相比，多元主成分回归模型能够更好地克服共线性带来的影响[①②]。城市在发展的过程中，即便人口以持续流出为主要特征，但如果经济、建设用地面积、财政收入等均以持续增长为主要特征，作为指标数据在进行回归模型分析中难免会形成共线性问题。选择主成分回归模型恰好能够在解决这一问题的同时实现对其影响方向及响应程度的判断。

首先利用 SPSS 23.0 进行主成分分析获得主成分系数矩阵，此时的 $KMO=0.637>0.6$，$Sig.=0<0.05$，模型有效；其次利用 SPSS 23.0 自带的计算变量功能算得综合得分、第一主成分得分和第二主成分得分；然后将城市收缩度作为因变量，三主成分得分作为自变量进行主成分输入回归分析，获得多元回归系数，此时模型对应 $R^2=0.825$（调整后），且两主成分均通过 T 值检验（$Sig.\leqslant 0.05$）；为用标准化的自变量来表示回归方程，由前两个主成分的系数向量组成的矩阵和主成分回归系数估计量计算获得标准化自变量系数（表 4-3-17）。

表 4-3-17 主成分系数、多元主成分回归系数与自变量系数

指标（变化率）	主成分 1 系数	主成分 2 系数	自变量系数
人均地区生产总值	−0.835	0.342	−2.348892
工农业生产总值	0.772	0.510	1.943640
工业生产总值	−0.864	0.450	−2.457000
城镇用地面积	−0.686	−0.943	−1.591932
地方财政收入	−0.253	−0.573	−0.524952
多元主成分回归系数	0.380 （$T=2.7$，$Sig.=0.015$）	−0.276 （$T=7.2$，$Sig.=0.027$）	

由表 4-3-17 可知，该系列指标除地方财政收入外，均对城市收缩度影响明显，且以负向影响为主，其中经济指标影响相对较大。人均地区生产总值变化率、工业生产总值变化率、城镇用地变化率和地方财政收入变化率与城市收缩度呈反比关系，其中工业生产总值变化率的负向影响最大；仅工农业生产总值变化率对城市收

① 罗文海，万巧云，高永．主成分回归分析与多元线性回归的对比研究[J]．数理医药学杂志，2003(2)：140−143.

② 郭呈全，陈希镇．主成分回归的 SPSS 实现[J]．统计与决策，2011(5)：157−159.

缩度呈正向影响，且影响显著。这里的正比关系说明要素变化率越大，城市收缩度越大；要素变化率越小，城市收缩度越小。工业生产总值是表征地方经济发展水平的重要指标，对城市收缩度产生显著的负影响，说明工业产值变化率越大，城市收缩度越小，而岱山岛历年来的经济均呈现增长趋势，换而言之，工业生产总值越高，城市收缩度越小；人均地区生产总值对城市收缩度的影响的理解同理。城镇建设面积在这里呈现显著的负影响，城镇建设面积变化率越大，城市收缩度越小，说明岱山岛在城市扩张合理；工农业生产总值对城市收缩度产生明显的正向影响。除去工业生产总值变化率的负向影响，农业产值的正向影响极为显著，农业产值变化率越大，城市收缩度越高。2006—2016 年，岱山岛农业产值增加，城市收缩度也在提高。海岛的自然环境是造成人口流失的主要原因，而经济发展则是吸引人口流入的主要原因，加大经济发展投入，大力发展二三产业，留住人才是海岛持续生存的主要道路。另外，城市建设用地面积增加，城市扩张是现今中国城市发展的路径之一。有人认为城市建设面积的增加即为城市发展，殊不知更重要的是人口的保留，不然只会是“鬼城”“空城”。

4.3.5.5　海岛“城市收缩机制”分析

(1)人口流失与产业增长并存

2006—2016 年，岱山岛人口持续流失但产业持续发展，呈现人口的隐性收缩和经济的显性增长共存，这与西方所谓的“城市收缩”概念①不同。西方“城市收缩”现象的结果是城市经济停滞甚至萧条，但岱山岛的产业、空间与政府收支均呈现增长的趋势。学界认为“去工业化”是引起城市收缩的根本原因之一②。“去工业化”进程与“工业化”进程方向相反，工业化引起城市化，人口由周边乡村流入城镇，而去工业化就是工业停滞，人口被迫迁出城市导致城市收缩。换句话说，“去工业化”与人口流失同时发生的情况下才符合西方对“城市收缩”的定义。

2006—2016 年，岱山岛高亭镇、东沙镇、岱西镇和岱东镇的三大产业呈现较为良好的增长态势（表 4-3-18）。东沙镇的产业总量大，起步高，增长匀速，2016 年的产值是四镇中最高的，然后依次是岱西镇、高亭镇和岱东镇。工业产值的变化与工农业产值的变化几乎一致，由此可以看出，工业对总产值的影响是最大的。在产业维持增长的背景下，岱山岛四镇人均 GDP 也保持着持续增加的趋势。2016 年，高亭镇人均 GDP 为 2.24 万元，东沙镇为 32.16 万元，岱西镇为27.48万元，岱东镇为 10.10 万元。这意味着岱山岛户籍人口的流出并未减弱城市增长的动力，经济增长

① 龙瀛，李郇．收缩城市——国际经验和中国现实[J]．现代城市研究，2015(9)：36－40．

② 乔晓楠，杨成林．去工业化的发生机制与经济绩效：一个分类比较研究[J]．中国工业经济，2013(6)：5－17．

基本维持良好的发展态势,人均经济水平也有显著提升。

"城市扩张"也常与人口增加同时出现,人口增加造成的城市空间扩张是"城市扩张"的主要表现①,那么人口的流出必然也会抑制城市空间的扩张。但是在岱山岛人口持续外流的过程中,城市空间扩张并未停止。"这种城市人口收缩与空间扩张并存的过程即为城市收缩悖论的表现。"②岱山岛在人口持续外流的过程中,城市建成区面积持续扩张从 2006 年 12.12km² 增长到 2016 年的 107.10km² 岛屿总体;人口密度呈逐年下降趋势,除高亭镇人口密度相对稳定外(表 4-3-19)。虽然岱山岛人口密度在不断下降,但并非陡降至萧条状态,而是保持在满足城市基本发展需要的合理人口密度范围。可以看出,岱山岛人口的持续流出和城市空间的不断扩张,为岱山岛城市经济发展提供了物质和空间保障。

表 4-3-18　2006—2016 年岱山岛四镇产业发展情况(万元)

年份	2006	2007	2008	2009	2010	2011	2012	2013	2014	2015	2016
高亭镇	21.72	22.59	22.94	23.63	25.29	28.46	32.76	34.52	53.06	63.03	75.10
东沙镇	18.40	22.34	22.46	22.55	25.56	29.51	33.00	37.01	42.05	48.10	52.10
岱西镇	5.39	10.19	18.10	21.03	30.19	35.86	33.70	37.07	37.10	39.02	44.60
岱东镇	3.50	4.22	2.65	2.80	3.16	3.46	4.57	5.51	6.77	7.16	7.84

表 4-3-19　2006—2016 年岱山岛四镇建成区面积与人口密度

年份	城镇建设面积(km²)				人口密度(人/km²)			
	高亭镇	东沙镇	岱东镇	岱西镇	高亭镇	东沙镇	岱东镇	岱西镇
2006	1529.580	821.652	937.060	744.944	1262.21	801.86	500.00	626.87
2007	2160.400	1137.743	1158.521	1079.846	1249.97	789.90	497.89	625.46
2008	2682.575	1413.098	1438.740	1449.138	1232.97	780.65	493.44	622.64
2009	3375.939	1844.560	2085.521	1746.989	1231.07	774.78	491.33	320.94
2010	4098.724	2319.930	2662.886	20184.450	1231.94	768.61	488.55	548.95
2011	5275.656	2755.707	3294.586	1652.443	1231.20	763.71	484.65	547.82

① 杨东峰,熊国平.我国大城市空间增长机制的实证研究及政策建议[J].城市规划学刊,2008(1):51—56.

② 刘锦,邓春凤.快速城镇化背景下城市人口"隐性收缩"的特征与机制[J].小城镇建设,2018(3):43—48.

续表

年份	城镇建设面积				人口密度			
	高亭镇	东沙镇	岱东镇	岱西镇	高亭镇	东沙镇	岱东镇	岱西镇
2012	6458.604	3212.071	3949.752	3085.946	1232.30	756.99	482.60	547.98
2013	7993.671	3896.456	4604.530	3682.080	1229.93	746.30	484.81	547.66
2014	10187.890	4708.793	5745.148	4374.456	1223.16	746.56	481.61	554.21
2015	12372.080	5481.451	6229.910	5115.132	1219.04	739.33	479.50	550.90
2016	14121.290	6264.775	7916.910	5925.782	1213.57	730.46	548.91	

(2)人口流失与政府收入增长并存

理论上,人口的大规模流失必然会对地方政府的财政收支产生较为显著的负影响①。从岱山岛四个镇的财政收入变化来看(表 4-3-20),人口流出对政府财政收入具有一定的抑制作用,但不明显。2006—2016 年,四镇财政收入均呈现增长的趋势,高亭镇增长幅度最大,其余增长较为平缓。

表 4-3-20　2006—2016 年岱山岛四镇财政收入情况(万元)

年份	2006	2007	2008	2009	2010	2011	2012	2013	2014	2015	2016
高亭镇	2933.7	3560.7	4936.8	7133	7931	8781	6194.83	6755.28	7406	7528	11472.1
东沙镇	2243	2513.26	2874.7	3406.47	4842.02	5154	5124	5309	5764	5970	7332
岱西镇	486.97	1207	1705	2556.32	3079.94	3399.38	3315.56	3462.15	3568.14	3658.11	1831.97
岱东镇	625.6	279.16	706.5	1066.8	1255	1685	1994.91	1720.21	2130.61	1761	1743.68

(3)产业发展与居民期望脱钩

根据前述可知,岱山岛总人口逐年减少,城市收缩,与当地工农业发展情况密切相关。工业发展越好,人口流失量越少;农业发展越好,人口流失量反而增加。二、三产业是增加居民收入、提高居民生活水平的主要途径,工业发展好对居民个人来说或者居民家庭来说,意味着收入的增加,生活品质的提升,那么想要留岛的人自然会增加。农业对增加居民收入以及提高居民生活质量的作用非常微弱,依靠农业发家致富几乎不可能。另外,随着现代农业技术的引入,大量的劳动力从土地上释放,流向城市;岱山岛本身耕地资源匮乏,难免会有剩余劳动力流失。从海

① 杜志威,李郇.基于人口变化的东莞城镇增长与收缩特征和机制研究[J].地理科学,2018,38(11):1837—1846.

岛特性分析,海岛远离大陆,交通不便、资源匮乏是导致产业引入、发展困难和人口流失的主要因素(图 4-3-1)。产业要发展,资源和交通是其必不可少的要素,海岛仅有的港口和淡水资源是无法满足产业发展需要的,所以高端企业大多不会选择落脚在海岛城市。这一产业发展背景下的海岛居民,特别是新一代接受过良好高等教育、具备一定专业知识和技能的人才,大多选择在周边城市就业与生活,以满足物质和精神上的需要。岱山岛居民大多鼓励孩子走出岛屿,去往更广阔的城市生活,"人往高处走,水往低处流"是人之常情。

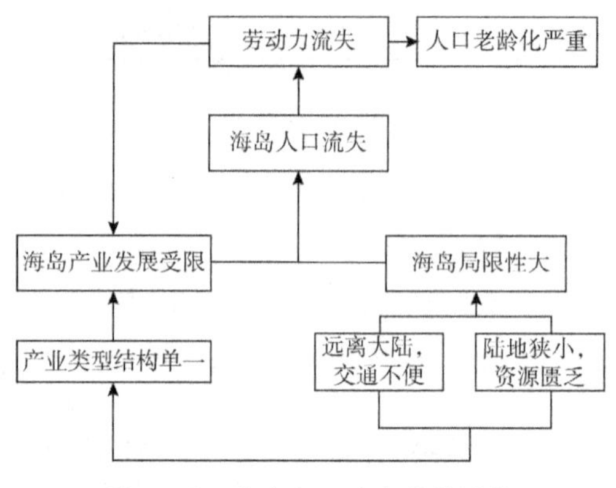

图 4-3-1　海岛人口流失简单逻辑

4.3.5.6　结论与讨论

基于人口和经济两个角度分析了岱山岛四镇及整个岱山岛的城市收缩与增长情况,结果发现:①人口变化:岱山岛四镇呈现人口总量减少,人口外流、老龄化等现象,城市呈现隐性收缩现象。②经济变化:四个镇的产业产值呈现增长的态势,城市空间也在持续扩张,城市呈现增长现象。③在影响因素上,经济增长要素对人口变化的影响显著,城市建设用地、地方财政收入等产生的影响较弱。④工农业生产总值变化率对城市收缩度产生显著正向影响;人均地区生产总值变化率、工业生产总值变化率、城镇用地面积变化率和地方财政收入变化率与城市收缩度呈反比关系,其中工业生产总值变化率的负向影响最大。⑤在城市收缩机制上,岱山岛人口缩减与产业增长并存,人口流失与政府收支增长并存,产业层次与本地劳动力知识能力层次错位,政治、经济、社会环境与居民期望存在差距,城市收缩机制与西方"城市收缩"现象具有较大差异。以上的这些研究结果能够为政府做空间规划、人口政策、产业政策提供一定的决策参考。

像岱山岛这样的城市收缩现象在国内并不少见,这可能与国内具体的国情以及历史背景有关,与西方的"城市收缩"有着本质的区别,所以在缓解收缩程度的措施选择上也具有一定的特殊性。岱山岛人口流失、老龄化严重，但产业却持续增长，说明产业结构与本地劳动力的技术、能力等存在不相匹配的问题。政府机构要加强基层调研，制定合理的产业政策与人口政策；在城市规划的过程中，根据发展实际需要进行空间扩张，避免盲目“业绩论”而导致跟风扩张造成资源的浪费，以及政府公信力的受损；引进符合自然环境可持续发展要求的产业，在保障资源的可持续性利用的同时，增加就业岗位，实现劳动力的最大就业率，吸引当地人口留岛与岛外户籍人口流入。另外，岱山岛作为舟山市的一个县岛，连接本岛与大陆的交通问题，岛上淡水资源、电力资源和土地资源的匮乏问题，是导致当地人口流出、发展受限的主要因素之一。加快岛路连接工程建设、海水淡化、淡水和电力输送、风力发电厂建设、土地开发与保护成为政府工作的重中之重。

转变“唯经济增长论”的规划范式，城市收缩也不一定弊大于利。海岛人口的缩减可以给收缩城市带来其他城市不具备的机会，比如：更为低廉的创意空间，绿地耕地资源恢复，更多的淡水、电力、交通等资源流向工业部门，新兴产业发展土壤肥沃。城市非大就好，前有“精明增长”，现有“精明收缩”，小而精才是未来海岛城市的终极目标。

4.4　舟山市六横岛、朱家尖岛、岱山岛作为案例的典型性

舟山市域产业结构总体趋向工业主导、服务业次之、农渔业呈下降态势，工业主要以船舶修造、临港化工、生物医药为主，服务业高度依赖于海洋交通运输业和旅游业。相应地，舟山市域人居环境总体趋好，其中定海区、普陀区的人居环境硬件设施总体好于岱山县、嵊泗县。

舟山市六横岛的产业结构正经历农业主导转向工业主导的过程，城市化水平快速提升，城市化公共基础设施也日益密集地布局于城市化社区，海岛本地居民感知公共服务设施满意程度与公共设施齐全性、交通便利性、环境舒适性、环境健康性等方面密切相关，其中对于环境健康性区域分异尤为关注。

舟山市朱家尖岛的产业结构正在经历从农业主导转向旅游业主导的过程，朱家尖岛旅游业水平快速提升，旅游类公共基础设施也日益密集地布局于景区周边与街道办驻地，海岛本地居民感知公共服务设施满意程度与公共设施齐全性、交通便利性、环境舒适性、环境健康性等方面密切相关，且普遍高于六横岛居民的感知

状态。

舟山市岱山岛的产业发展存在区域不平衡、结构单一与就业结构不匹配等问题,结构演替呈现二、三产业快速增长态势;非农产业由城区向外围乡村扩散的多中心布局结构,分布密度由高亭镇城市中心向外围呈圈层式递减。其中,工业园区趋向港口岸线集聚,交通指向显著;服务业趋向社区与中心村分布。

综上,舟山市六横岛、朱家尖岛、岱山岛的产业演替过程及其人居环境影响较为典型,是理想研究案例地。

5 海岛产业结构农转工的人居环境影响：舟山六横岛案例

5.1 六横岛产业结构变迁

5.1.1 六横岛主要产业部门的变化

(1)海上货运行业。兴起于宋元时期，新中国成立后组建了个体经营的木帆船运输企业，20世纪60—70年代部分乡村涌现运输船只，运输户组成运输联营组，客货运混合经营。1978年后乡村个体、联户运输业发展，海上运输船数量剧增。至2013年，六横境内有海运公司9家，货运船124艘，个体私营运输船42艘。2019年港口货物吞吐量8112.7万吨。

(2)客运业。于1992年设六横汽车站，2009年建六横客运中心，2013年成立六横环岛汽车客运有限公司。1992年，六横境内有海上客运企业9家，形式分别为镇乡、村办及个体私营。至2012年，六横海上客运业由六横运输总公司独家经营。2019年全年接待300.4万人次游客，旅游总收入17.4亿元。

(3)建筑与房地产业。在20世纪50年代初由少数个体工匠组织合作社(组)，后逐渐发展成建筑施工企业。1978年后建筑业迅速发展，至1992年有建筑施工企业9家，后通过升级、改组、人才引进等形式进行调整，至2013年全镇有建筑施工企业7家，资质由三、四级资质企业提升为以一、二级资质为主。2000年，宁波某房地产开发公司进驻六横镇，标志着六横镇开始结束本土建筑公司建公房时代。至2013年，全境房地产开发总面积70.3万m^2。六横镇现有峧头、台门、龙山三个城区，建成区面积达到8km^2，建成区常住人口8万人，城市化率达到75%。

(4)种植业。六横镇1950年10月开始土地改革，1951年开展农业互助组，

1953年有土地、农具入股农业合作社4个,至1954年9月增长至97个。1955年5月建六横农技站,推广、培训、考核农业技术人员。1958年始建六横人民公社,1975年始设公社农机管理站、林业病虫测报点,1983年7月建六横种子业务站;至1984年春,取消人民公社体制恢复行政村建制,1985年起完善以家庭联产承包责任制为核心的双层经营体制,农业生产力解放,产业结构发生重大变化。1978—1992年,种植业收入在农村总收入中比重由59.28%降至9.28%,畜牧业由1.21%增至3.16%,渔业由3.37%增至8.75%,工业由33.17%增至78.66%。20世纪50年代旱地增加、水田减少,总土地因植树造林、农田水利建设、基建等因素而减少;60年代继续农田水利建设,部分还林使耕地续减;70年代起水田相对稳定,基本建设以旱地为主。80年代增加油菜、蔬菜、果瓜种植;1979—1980年停耕还林、改变耕地用途,经营水果、虾塘,集镇建设、农户建房增多;1992年经济作物播种面积占农作物播种总面积的31.3%。

(5)海洋养殖与捕捞业。地处舟山渔场南部,海洋捕捞及海水养殖业较发达。清初小型渔具独家或合伙经营,至光绪年间从合伙经营到部分渔民成为股东老板,清后期至民国主要形式为“长元”雇佣制。1953年7月开展渔区民主改革,1954年8月始办渔业生产合作社,1958年建六横人民公社,原渔业合作社改为渔业生产大队,主抓生产经营,劳力安排、收益分配、财务账目由公社管理。后逐渐改革,在1978年渔区推行联产承包责任制,至1984年政社分设、恢复乡人民政府,渔业大队改为渔业村,生产组织为渔业合作社。1985年后组建群众渔业公司,90年代初开始推行股份合作经济。1978年前,以近海渔业捕捞为主,主要类型是张网业、拖虾业、大小捕作业。六横镇海洋捕捞业主要由拖虾、流刺网、单拖、围网、张网组成共有大小渔船318艘,主要以60马力以下的渔船为主,这是浙江省实施的“一打三整治”所带来的结果,远洋捕捞业已转为商业公司为主。至2014年,六横有围塘养殖面积12000多亩,主要养殖梭子蟹,并推行立体养殖,如养殖南美白对虾、竹节虾的同时,兼养蛏子、扇贝、毛蚶、沙蛤等,以提高养殖效益。至2019年,六横镇佛渡村围塘养殖户在围塘里搞梭子蟹、中国对虾、竹节虾、蛏子、扇贝等立体混养模式,获得了较好的经济效益,该村数家养殖户养殖竹节虾的年收入达7万~10万元。

(6)主要工业。六横岛解放前手工业发达,无现代工业。解放初期手工业进行社会主义改造,20世纪50年代开始建立小型工业,1978年后发展水产加工为主体的海岛型工业。解放初期手工业工种较齐全且具一定规模,1953年起手工业开始社会主义改造,80年代解体为私营或个体经营。1977年有2家轻工业企业主营船舶修造、农副产品加工机械制造维修、渔农生产机具及生活用品生产。1978年后镇乡企业转型外向,以船舶、机械、水产及农副产品加工、针织服装为主体(表5-1-1)。

2000年以来，六横镇工业主要以船舶修造业、火力发电业、水产品加工业为主，规模以上工业企业代表是中远船务、鑫亚公司、东鹏船厂、浙能六横电厂等。

表5-1-1 1992年六横镇主要部门企业数量

企业门类	数量/个	企业门类	数量/个	企业门类	数量/个
渔业企业	4	日用品工业	44	化工医药业	13
水产品加工企业	32	建筑材料业	24	印刷纸品业	15
船舶修造业	9	能源供水业	9	金属铸造业	12
机械工业	50	机电仪器业	50	塑料工业	9
针织服装业	23	粮油食品饲料业	16	盐业企业	5

5.1.2 六横岛产业部门变化特征

纵观建国以来六横镇主要产业部门发展状态可知，六横镇产业结构发生巨大变化。

（1）海洋捕捞与围涂养殖一直为六横镇渔业主体，随着渔业资源减少、捕捞空间缩小及渔民转产，渔业已经转向远洋商业捕捞和部分渔业村滩涂立体养殖为主，渔业产值占地方生产总值比重逐年降低，呈现全面萎缩趋势。

（2）六横镇农作物播种面积和作物种类大幅调整，全镇粮食作物种植比例下降，经济作物种植受市场需求影响显著，开始转向城郊农业发展模式；重点建设了双塘西南部生态农业生产基地，当前以蔬菜、柑橘、茶叶、花卉等为优势种植业。

（3）六横镇第二产业结构趋向船舶修造、煤电主导，工业园区初步建成。2019年末，六横岛形成以船舶修造业、港口物流业、大宗物资加工、海水综合利用、海洋新能源等海洋产业为主体的产业格局，现有落户企业906家，包括中远集团、中石油、中电建、国电集团、武钢集团、吉化集团、中船重工、浙能集团、和润集团、中奥集团、鑫亚公司、龙山船厂、东鹏船舶等。工业园区不断完善，建成海洋生物园区、海岛产业化园区、船舶修造业工业园区等。产业空间分布形成东北部港口物流产业、北部龙山船舶修造产业、东南部台门海岛休闲旅游产业、西南部小郭巨临港石化产业及佛渡岛集装箱物流产业等功能区块。

（4）六横镇第三产业以港口物流业、海洋旅游业为主。六横岛初步形成以葡萄牙海洋商贸文化为主题的双屿古港文化休闲旅游区、峧头—龙山文化工业旅游区、海岛世界海洋休闲度假区、悬山岛生态休闲旅游区、以海滨农家和沙滩为资源特色的田岙—苍洞—杜庄滨海乡村休闲旅游区、以高科技特色农业为特色的双塘农业观光旅游区。

5.1.3 六横镇各社区与行政村产业部门

根据舟山市普陀志和六横镇第一、二、三、四次经济普查主要数据公报,结合作者实地走访调查,按《2017年国民经济行业分类(GB/T 4754—2017)》标准[①]从产业层面将六横镇域社区或行政村进行分类,形成居住社区、渔业村、种植业村、种植业与渔业并重村、工农业并重村、工业村、市场商贸集镇等类型(表5-1-2)。

表5-1-2 六横镇村域经济结构特征

社区/村名	产业发展	产业部门	类型	经济职能
苍洞中心社区村	渔业(海水养殖);居民服务、修理和其他服务业	一产渔业为主,三产服务业为辅	1+3	渔业村
岑夏社区村	渔业(渔业专业及辅助性活动);采矿业(采盐);制造业(水产品加工)	一产渔业、二产采矿业为主,二产制造业为辅	1+2	工农业并重
大脉坑社区村	制造业(船舶及相关装置制造);制造业(金属表面处理及热处理加工——电镀)	二产制造业为主	2	工业村
东靖社区居委	居民服务、修理和其他服务业;批发和零售业;租赁和商务服务业	三产服务业为主	3	集镇
杜庄中心社区村	制造业(非金属矿物制造业——砖厂);水利、环境和公共设施管理业(生态保护和环境治理——油污处理);农业(谷物种植、水果种植);渔业(海水养殖、海水捕捞)	二产制造业、三产服务业为主,一产农渔业为辅	2+3	工农业并重
高峰社区村	农业(谷物种植、水果种植);渔业(海水养殖);制造业(木、石、金属加工)	一产农渔业为主,二产制造业为辅	1+2	工农业并重
滚龙岙社区村	农业(谷物种植、柑橘种植);渔业(海水养殖)	一产农渔业为主	1	种植+渔业村
和润社区村	农业(谷物种植、蔬菜种植、柑橘种植、杨梅种植);渔业(海水养殖)	一产农渔业为主	1	种植+渔业村
积峙社区村	农业(谷物种植、果蔬种植);渔业(海水捕捞、海水养殖)	一产农渔业为主	1	种植+渔业村

① 国家统计局.2017年国民经济行业分类(GB/T 4754—2017)[S].[2017-09-29]http://www.stats.gov.cn/tjsj/tjbz/index_1.html

续表

社区/村名	产业发展	产业部门	类型	经济职能
蛟头社区村	批发和零售业；租赁和商务服务业；居民服务、修理和其他服务业；制造业（船舶及相关装置制造）	三产服务业为主，二产制造业为辅	3+2	集镇
龙山中心社区村	制造业（船舶及相关装置制造）；制造业（金属制造、水产品加工）；批发和零售业；居民服务、修理和其他服务业	二产制造业为主，三产服务业为辅	2+3	工业村
梅峙社区村	农业（谷物种植、蔬菜种植、柑橘种植）；制造业（木、石、金属加工）	一产农业为主，二产制造业为辅	1+2	工农业并重
平峧中心社区村	农业（谷物种植、蔬菜种植）；制造业（木、石、金属加工；农副产品初级加工）	一产农业为主，二产制造业为辅	1+2	工农业并重
青联社区村	农业（谷物种植、蔬菜种植、柑橘种植）	一产农业为主	1	种植业村
青山社区村	农业（谷物种植、蔬菜种植、柑橘种植）；渔业（海水养殖）；林业（林木育种和育苗）；制造业（金属制造）	一产农林渔业为主，二产制造业为辅	1+2	工农业并重
山西社区村	农业（蔬菜种植、柑橘种植）；渔业（海水养殖）	一产农业为主	1	种植业村
石柱头社区村	制造业（金属制造）；居民服务、修理和其他服务业	二产制造业、三产服务业较均衡	2+3	工业村
双塘社区村	制造业（金属制造）；批发和零售业；农业（蔬菜种植）	二产制造业、三产服务业为主，一产农业为辅	2+3+1	工业+集镇
双屿港社区村	制造业（船舶及相关装置制造）；制造业（金属制造）；渔业（海水养殖）	二产制造业为主，一产渔业为辅	2+1	工业村
嵩山社区村	渔业（海水养殖）；林业（林木育种和育苗）	一产渔林业为主	1	渔业+林果村
台门社区村	居民服务、修理和其他服务业；渔业（海水养殖）	三产服务业为主，一产渔业为辅	3+1	集镇
田岙社区村	农业（谷物种植、蔬菜种植）；制造业（手工加工）；住宿和餐饮服务业	一产农业、二产制造业、三产服务业较均衡	1+2+3	种植+旅游村
五星社区村	渔业（海水养殖）；农业（茶叶种植）	一产农渔业为主	1	种植+渔业村

续表

社区/村名	产业发展	产业部门	类型	经济职能
小郭巨社区村	渔业(海水养殖);居民服务、修理和其他服务业	一产渔业为主,三产服务业为辅	1+3	渔业村
小湖社区村	渔业(海水养殖、海水捕捞);交通运输、仓储和邮政业	一产渔农业并重	1	渔业村
新民社区村	渔业(海水捕捞);居民服务、修理和其他服务业	一产渔业,三产服务业均衡	1+3	渔业村
蟑螂山社区居委	居民社区,有少量居民服务、修理和其他服务业	少量三产服务业	3	居住社区
棕榈湾社区居委	批发和零售业;居民服务、修理和其他服务业	三产服务业为主	3	居住社区

5.2 六横岛人居环境状态特征

5.2.1 六横岛城市化、社区与主要基础设施特征

六横岛现有峧头、台门、龙山三个城区,建成区面积达到7.4km²,建成区常住人口8万人,城镇化率达到72%。建有高中1所、初中2所、小学及幼儿园8所,各等级医疗机构43所,公共客运站4座;基层文体服务中心、避暑纳凉点、通信邮政服务站119所、紧急避灾安置点13个、福利救助机构9个、气象服务及环境保护机构4所。六横"一环、两连、四纵"交通网络基本成形,一、二级公路54km,与宁波及舟山本岛开通车客渡,年水运客流量约180万人次。六横岛建有浙能六横发电厂2×100万千瓦超临界火力发电机组和舟山本岛、宁波市大陆220kV输变电工程,海水淡化工程可供淡水3万吨/日。

1992—2018年,六横岛大兴集镇建设,公共设施、道路、镇容村貌、社区居住环境明显好转,城镇功能日益完善。2003年前后,峧头、台门两地建成集镇区,龙山集镇随着船舶工业崛起集聚了大批外来务工人员和投资经营者,形成船舶修造产业和服务业集镇区。六横岛峧头建成区构建以政务中心广场为核心,新造初心湖、双屿湖、佛渡湖等三个城市中心湖,打造海事公园、港航公园、双屿公园、儿童公园等10个口袋公园。此外,六横岛探索蓝色海湾修复工程,串联田岙、苍洞、小湖、台门、对面山、悬山的景观带,推进"一村一景"与A级景区村庄全覆盖。

5.2.2　六横岛居住环境基本特征

居住环境主要指家庭居住房屋质量及其配套设施情况，本节重点关注六横岛居民家庭房屋情况和行政村、社区的公共设施及服务保障情况。六横岛根据舟山市普陀区相关政策文件于2003年开始实施“千万工程”，重点整治渔农村脏乱差和提升居住环境；2006年起，新渔农村建设重点推进社区或行政村住宅优化、路面硬化与供水保障。2011年，开展中心镇、中心村、农村住房改造等工作，至2013年完成92个社区村整治，累计投资6912.8万元，修建村级道路90条。

六横岛全境住房在20世纪50—60年代多泥木石或砖木结构平房，70年代建砖木结构楼房，80年代建2～3层砖混结构楼房，1992年后渔农村新建二层楼房，2005年后建别墅式渔农村住房。总体看，六横岛全域渔农村或者商业地产公司开发社区住房结构中，以二层或多层楼房为主，建筑外立面趋向使用马赛克、瓷砖等新式装饰材料，采用空调降温等设施，厕所以水冲马桶为主。2010年后，渔农村住房建设与集镇同步，向多层现代化户型结构发展。根据《民用建筑设计统一标准(GB 50352—2019)》与房屋建筑学①中关于建筑分类分级标准，结合作者实地调研六横镇各行政村房屋结构、制式、风貌等资料，将六横各行政村与社区家庭住宅分成：低层砖混结构住宅、低层钢筋混凝土框架结构住宅、多层砖混结构住宅和多层钢筋混凝土框架结构住宅(表5-2-1)。总体看，六横岛39个行政村与社区以低层砖混结构住宅为主，约占全部社区/行政村的62%。

5.2.3　六横岛居民点规模与区位特征

按宋金平等编著的《聚落地理专题》中乡村聚落人口数分类方案：小于100人为小村、100～1000人为中村、大于1000人为大村，以及聚落形态，如团状、带状、环状等②划分方法，结合六横岛自然地理本底特征，将六横岛各行政村与社区分类统计如表5-2-2和表5-2-3，可知六横岛行政村与社区规模分布以千人以上大村为主，符合岛屿城市化进程特征；同时，鉴于台风频发和海岛自然地理环境特征，各行政村与社区多布局于低山平原间并呈团状发展。

① 董海荣，赵永东.房屋建筑学[M].北京：中国建筑工业出版社，2017.

② 宋金平.聚落地理专题[M].北京：北京师范大学出版社，2001.

表 5-2-1 六横岛居民住宅类型及数量

六横居民住宅分类	行政村或社区	数量(个)
低层砖混结构	苍洞中心社区村、岑夏社区村、大脉坑社区村、东靖社区居委、杜庄中心社区村、高峰社区村、滚龙岙社区村、和润社区村、积峙社区村、蛟头社区村、龙山中心社区村、梅峙社区村、平峧中心社区村、青联社区村、青山社区村、山西社区村、双塘社区村、双屿港社区村、嵩山社区村、台门社区村、田岙社区村、五星社区村、小郭巨社区村、小湖社区村	24
低层钢筋混凝土框架结构	石柱头社区村、嵩山社区村、台门社区村、五星社区村、蟑螂山社区居委、棕榈湾社区居委	6
多层砖混结构	东靖社区居委、龙山中心社区村、双塘社区村、台门社区村、新民社区村	5
多层钢筋混凝土框架结构	东靖社区居委、蛟头社区村、龙山中心社区村、双塘社区村	4

表 5-2-2 六横岛居民点规模类型及数量

行政村与社区规模	行政村与社区	数量(个)
中村(100～1000 人)	岑夏社区村、滚龙岙社区村、和润社区村、梅峙社区村、蟑螂山社区居委、棕榈湾社区居委	6
大村(大于 1000 人)	苍洞中心社区村、大脉坑社区村、东靖社区居委、杜庄中心社区村、高峰社区村、积峙社区村、蛟头社区村、龙山中心社区村、平峧中心社区村、青联社区村、青山社区村、山西社区村、石柱头社区村、双塘社区村、双屿港社区村、嵩山社区村、台门社区村、田岙社区村、五星社区村、小郭巨社区村、小湖社区村、新民社区村	22

表 5-2-3 六横岛居民点集聚形态及数量

聚落形态	行政村名称	数量(个)
滨海带状	大脉坑社区村、杜庄中心社区村、小湖社区村	3
山间平原团状	苍洞中心社区村、岑夏社区村、高峰社区村、田岙社区村、滚龙岙社区村、和润社区村、积峙社区村、龙山中心社区村、平峧中心社区村、梅峙社区村、青联社区村、青山社区村、山西社区村、石柱头社区村、双屿港社区村、嵩山社区村、台门社区村、五星社区村、小郭巨社区村、新民社区村、蟑螂山社区居委、棕榈湾社区居委	22
平原团状	东靖社区居委、双塘社区村、蛟头社区村	3

5.3　六横岛产业结构变化对人居环境要素的影响

5.3.1　六横岛产业结构变化对本地居民收入和就业的影响

对于任何一户家庭而言，家庭经济收益是影响生活质量的首要因素，也是决定家庭居住区位与居住环境的首要因素。一般来说，在其他条件一致情况下，地方经济发展水平越高，失业率越低，劳动力需求越大，本地居民的收入也越高。有学者[①]指出“可支配收入可作为解释生活质量主观评价的一个多维的经济学指标”，即在居民可支配收入高水平的地区，居民对该地区社会公共服务设施条件的满意度也相应较高。这是因为微观层面家庭经济收入水平很大程度上决定了家庭获取各种公共服务资源的能力。

舟山市普陀区第一、二、三、四次经济普查数据显示，2010 年以来，舟山六横岛镇产业结构升级过程中，当地各产业法人单位数、地方生产总值额、居民家庭收入之间呈现显著的正向促进效应，即产业法人单位数趋向二三产业占比升高时，地方生产总值额和居民家庭平均收入显著提升。但是，本地居民就业人数增加份额在第二、三产业中未必有显著的提升。

5.3.2　六横岛产业结构变化对公共服务设施水平的影响

宏观层面城镇经济发达程度决定了地方公共服务设施的供给水平，这是经济发展对人居环境硬件建设的另一个重要影响。有学者[①]曾根据《中国城市统计年鉴》《中国城市建设统计年鉴》数据模拟人均 GDP 与医疗、教育、交通、供水、网络等公共服务和基础设施水平相关性分析（表 5-3-1），人均 GDP 与以上各类人居环境硬件指标均呈显著的正相关关系，相关系数在 0.21～0.40。

对于六横岛而言，地方生产总值与地方主要公共设施（中小学数量、道路里程、建成区面积）在 2000—2018 年的相关性如表 5-3-1 所示，中小学数量相关性没有显著增加，道路里程和建成区面积的相关性均在 0.05 水平上显著相关，相关系数为 0.2113、0.1892。这表明产业结构变化诱发的六横岛城镇化加速，促进了人居环境硬件设施的快速建设。

---

① 张文忠. 和谐宜居城市建设的理论与实践[M]. 北京：科学出版社，2016.

表 5-3-1　中国城市人均 GDP 与城市人居环境硬件设施指标相关性分析

服务设施指标	人均 GDP
万人医疗机构床位数	0.3800*
师生比	0.2728*
万人公共汽车标台数	0.3671*
生活垃圾无害化处理率	0.3357*
互联网宽带接入用户数	0.3004*
建成区供水管道密度	0.2255*

资料来源:根据《中国城市统计年鉴 2013》《中国城市建设统计年鉴 2013》计算得出。* 表示在 0.05 水平上显著相关。

5.3.3　六横岛产业结构变化对城市化公共服务设施密度的影响

六横岛城市化公共服务设施密集分布于高度城市化的三片城区,即龙山、峧头、台门社区。①龙山社区成立于 2005 年 7 月,西侧为国家一级深水良港——双屿港,北濒佛渡水道。全社区陆域面积 14.37km^2,耕地面积 3215 亩,工商企业 300 余家。常年有外来务工人员 23000 余人,常年往来外商、外籍船员数百人。龙山社区的渔业、电镀业、修造船业、海洋客货运业都是六横岛产业发展最好的,因此该片区工业化水平和外来人口集聚加速了公共服务设施的密集化和高水平发展。②峧头社区是六横镇政府所在地,成立于 2005 年 7 月,区域面积 9.8km^2,常住人口 10 万多人,外来人口 4000 左右;有耕地面积 1500 亩;有私营企业、家庭工业近 300 家,大中型企业有东鹏船厂、浙能集团六横煤炭中转基地、逢源沥青加工项目、中奥能源 P 一期项目、五星级锦乐大酒店、保丰塘畈船配工业园、翁家咀城区步行街、金旺角大酒店、中高档娱乐场所等 10 多个。该片区各类城市化公共服务设施密度位居六横岛之首,是典型的政治、经济触发型人居环境硬件设施密集区。③台门社区成立于 2005 年 7 月,东临国家一级渔港——台门港,陆域面积 17.83km^2;产业以渔农为基础,工业、旅游业、服务业协调发展。近 10 年规模以上工业企业、家庭工业户、水产企业、交通企业、商贸企业均有大幅度增加。该片区城市化公共服务设施也因产业结构升级的需求诱发日益密集。

5.3.4　六横岛产业结构变化对海岛居民住房结构与质量的影响

六横各行政村与社区家庭住宅多层钢筋混凝土结构主要分布在东靖社区居委、蛟头社区村、龙山中心社区村、双塘社区村,这些社区恰好是六横岛产业结构高级化的典型区域，以工业与旅游、商贸服务业社区为主，如峧头城区为舟山南部岛屿生产服务中心、六横岛综合产业集聚区，临港产业是基础产业，船舶工业、煤电一体化发展迅速；龙山中心村社区为龙山产业区生活和公共服务设施配套区。需要注意的是，产业结构高级化对六横岛房价有较高的带动作用，出现房价高涨、生活成本上升等城市问题，这将会增加海岛本地居民的生活成本，其中中低收入人群受到的冲击最大。

5.3.5　海岛居民的人居环境要素满意度感知

如表5-3-2，六横岛产业结构变化过程中海岛居民的人居环境要素满意度感知特征呈现为：本地居民对社区住房及其抵御自然灾害安全性、公共服务设施齐全性、环境舒适性的评分刚过50%，对环境健康性、住房满意度低于50%。可见本地居民对产业结构趋向工业化过程的环境影响和住房购买或住房质量的满意度较低。

表5-3-2　六横岛产业结构变化过程中海岛居民的人居环境要素满意度得分

指标	内容	比例	指标	内容	比例
7 安全性	非常满意	25.9%	15 住房方式	建房	64.1%
	满意	51.0%		购房	27.9%
	一般	21.1%		租房	6.0%
	不满意	1.2%		借住	0.8%
	非常不满意	0.8%		单位分配	1.2%
8 设施齐全性	非常满意	17.1%	16 住房建成年份	1970—1980年	6.4%
	满意	51.8%		1980—1990年	13.5%
	一般	28.3%		1990—2000年	15.5%
	不满意	2.8%		2000—2010年	33.9%
	非常不满意	0.0%		2010—2020年	30.7%

续表

指标	内容	比例
9 交通便利性	非常满意	20.3%
	满意	53.0%
	一般	25.5%
	不满意	0.8%
	非常不满意	0.4%
10 环境舒适性	非常满意	22.7%
	满意	54.2%
	一般	21.5%
	不满意	1.2%
	非常不满意	0.4%
11 环境健康性	非常满意	25.9%
	满意	40.2%
	一般	28.3%
	不满意	5.2%
	非常不满意	0.4%
12 整体打分	40～55 分	1.6%
	55～70 分	12.7%
	70～85 分	42.6%
	85～100 分	43.0%
13 重要因素	安全性	79.7%
	生活设施配备齐全性	81.7%
	交通便利性	85.7%
	自然、人文环境舒适性	80.1%
	环境健康性	82.5%
14 住房来源	自建房	72.9%
	商品房	54.6%
	拆迁安置房	47.8%
	廉租房	24.3%
	单位房	20.3%

指标	内容	比例
17 选住原因	房价或房租便宜	8.0%
	交通出行便利	39.0%
	生活(购物、娱乐)设施齐全且便利	28.3%
	就医便利	16.3%
	子女上学便利	20.7%
	个人或家人工作便利	26.3%
	居住区环境好(景观、配套、管理、氛围、治安)	20.3%
	单位分配	11.2%
	邻近亲朋好友	2.4%
	祖宅	22.3%
	其他(集体拆迁安置)	11.6%
18 住房满意度	非常满意	13.1%
	满意	57.4%
	一般	25.5%
	不满意	3.6%
	非常不满意	0.4%
19 收入满意度	非常满意	6.0%
	满意	25.9%
	一般	51.4%
	不满意	14.7%
	非常不满意	2.0%
20 生活总体满意度	非常满意	5.6%
	满意	43.0%
	一般	49.0%
	不满意	2.0%
	非常不满意	0.4%

5.4　本章小结

六横岛产业结构正在经历由农业主导转向工业主导过程，相应地六横岛城市化水平快速提升，城市化公共基础设施也日益密集地布局于城市化社区，如龙山社区、峧头社区、台门社区。海岛本地居民感知公共服务设施满意程度与公共设施齐全性、交通便利性、环境舒适性、环境健康性等方面密切相关，其中对于环境健康性区域分异尤为关注，这主要是产业结构趋向工业方向升级，造成一定的工业三废排放以及提升岛内交通通勤压力，影响居民安全感。这表明产业结构变化将直接影响城镇村人居环境的硬件建设速度与质量，同时也在一定程度上影响工业密集区周边居民的人居环境主观满意度评价，尤其是在环境健康性与社区居住安全性方面。

海岛产业结构农转旅的人居环境影响：舟山朱家尖岛案例

6.1 朱家尖产业结构变迁

6.1.1 朱家尖岛主要产业部门变化

6.1.1.1 渔业经营管理变革与渔业产业发展

(1)渔业经营管理机构变化

1954 年普陀县渔业互助合作部对渔业经营进行管理。1975 年 1 月始，渔业划归普陀县水产局管理。1985 年沈家门率先创办渔业管理服务站，1995 年底朱家尖等乡镇均设渔业管理服务站，1987 年普陀区渔委设渔业经营管理站，至 1989 年 4 月全区 67 家乡镇水产企业均由其管理。

(2)渔船管理机构变化

清光绪二十三年(1897 年)，渔船编组连结，进出口岸作稽查；民国时期渔船登记、发照、纳费管理。20 世纪 50—70 年代中期，水产行政部门将渔船委托交通部门管理，1975 年普陀县水产局设渔船管理组；1979—1986 年底县渔政站进行渔船管理；1989 年 4 月朱家尖镇设船舶签证检查站，负责渔船检验和监管。1990 年以来，渔政管理更多地担负起渔业安全生产和渔业资源休渔与开捕管理，如强制渔船配置收音机、定位仪、测向仪、电台、对讲机、救生衣、救生筏等设施，防治海上作业风暴、触礁、海雾等灾害。

不同时期渔业生产活动虽然在生产规模和鱼类品种等方面有差异，但总体呈现在 1995 年之前以本土养殖、近岸海域捕捞为主，1995 年后开始探索商业远洋捕捞、围涂养殖、引进国外海洋渔业养殖资源新品种等。①海洋捕捞始于唐代滩涂采捕，唐中期至18世纪初由滩涂沟浦截捕向沿岸海域捕捞。清乾隆年间，稍大渔船行至距岸较远近海海域开展捕捞活动。1963年，舟山渔船开始在领海范围内外海进行捕捞活动，1980年代外海捕捞成为重点产业部门。1991年8月远洋捕捞活动出现。②海水养殖业始于清乾隆时期，岛民在居住点周围开展海涂养殖、采捕活动；至1932年，养殖活动扩展至朱家尖、六横岛。20世纪70年代，港湾浅海、海涂岩礁属国家或集体所有，全部集体经营，乡村或渔业生产合作社建养殖队（组）。80年代初，以户养为主，国家与集体重点建立一定规模养殖场，个人承包经营，并开始围塘养殖（虾塘）。90年代初出现股份合作经营，滩涂养殖、浅海养殖方式开始发展，养殖品种日益多样，其中朱家尖岛为滩涂贝藻类养殖区。③普陀区朱家尖渔业生产关系受不同时期国家政策影响呈现差异化、阶段化的演进。如唐中期渔业以户或数户合伙经营为主，至清康熙年间出现较大型渔船渔具后形成雇佣制及少量自由渔民；清至民国时期渔船均为私人所有，民国至解放初期生产作业船网、资金、劳动力关系主要为雇佣制、合伙制和混合制。1951—1979年开始朱家尖走渔业生产互助合作道路，经历互助组、渔业生产合作社、人民公社等多种合作形态。1979—1982年推行多种形式的联产承包责任制，1983—1986年联产承包责任制发生变革，1985年开始创建群众性海洋渔业公司，至1986年普陀县内渔业企业有15家，其中国营企业1家、中外合资企业1家、乡/区/镇和村办集体企业10家，朱家尖渔工商企业属乡镇办集体企业。1987—1995年，渔业经济结构由单一转向多元，20世纪90年代初渔村产业向渔工贸、产供销规模一体化经营发展。

6.1.1.2 朱家尖种养殖业与农场发展特征

①朱家尖农业生产技术与设施变化。自1952年起推广高效改良农具，在耕耙、收获、排灌、植保、农副产品加工、运输机具方面均进行革新尝试。农机具管理机构也由最初农业部门兼管到成立专门的农机管理站。1959年7月，朱家尖农技站设立。1981年5月至1986年，朱家尖公社改建或新增农机服务站，开展农业服务。1987—1995年，农业机械总量继续增加，使用结构发生变化，运输机械增幅较大、农副产品加工机械数量相对稳定。1992年，朱家尖等镇开始设立乡镇级农村合作基金会，用于补贴商品粮、商品猪、机耕，扶持开发农业、专业户、农田水利建设。1995年，朱家尖等乡镇农机管理站负责本乡镇农机管理、安全生产及协助区站监理、培训。②朱家尖林业发展。1954年朱家尖乡东沙村农民自发成立农林互助组，主植果木；1956—1983年朱家尖建立林业队，主要负责育苗、护林、培育果木，后由专业组、专业户替代。③朱家尖饲养业由广泛的活禽、渔业、生猪等养殖逐渐缩减到渔业养殖为主。1954年开始开展禽畜检疫工作，1958年朱家尖等地开始

实行生猪互助保险,1983年朱家尖设立检疫检查网点,1958—1959年朱家尖设立兽医院。④发展农业专业化经营,兴办曙光等农场。1958年,围垦朱家尖、顺母、泗苏三岛间海涂,于1960年建立顺母农场,为地方国营农垦企业,直属浙江省农业厅,至1966年12月更名曙光农场。1992年,在农场中部建民航机场。其间,1980年起办厂5家,后仅保存棉花加工、饲料加工两厂,1983年建综合服务楼经营第三产业,1986年开办家庭农场,1987—1992年有家庭农场45个,受规模限制难以实现产供销一体化经营;1993年8月向专业化、企业化发展,成立曙光实业总公司,下设农业开发、畜牧发展、农机服务、蔬菜食品、度假村、皮鞋生产、盐业分厂等企业,开始发挥规模效益。

朱家尖种植业以粮食种植为主,山坡旱地种植番薯,平原及近海水田主种水稻,但当地土地贫瘠、易旱易涝,农业产量低。经济作物种植以棉花为主,1935年朱家尖建立合作棉地并于次年划为棉业改良实施区域。1985年起,部分棉区转植瓜果、蔬菜、玉米,养殖对虾。1987—1995年,普陀地区耕地面积持续减少,农作物播种面积先升后降,人地矛盾加剧。1987年起开始通过科学育种、植保、用肥、栽培等技术提高粮食产量。1990年代初第二、三产业快速发展,城镇建设、果树种植、渔业养殖等占用大量耕地,至1994年稍有控制。

1973—1980年朱家尖等公社连片营造杉木基地及青皮竹林基地,1981—1986年集体造林与农户营林相结合,造薪炭林、用材林、果木林。1988—1995年农田防护林营造工程第三期、第四期在朱家尖曙光农场等地区实施,分别对果园、大田农作物起到一定的防护作用。1991年朱家尖乡试种桑园,并于1993年设蚕茧收购站,后受农药污染影响,桑园面积下降。

改革以前生猪由集体猪场饲养,1982年出现专业养猪户,1986年开始向专业化、商品化方向发展;家禽类饲养以鸡为主养品种,鸭、鹅饲养历来较少,1986年鸡饲养已规模稳定生产且蛋品自给有余。1988年朱家尖曙光农场扩大生猪养殖规模,1991年10月开始向香港出口,至1995年成为舟山最大生猪生产基地。

曙光农场主营农业,主产棉花、春粮、瓜果。1964年12月建盐滩570亩,养淡水鱼300亩,1984年起增养对虾200亩。1987—1995年经营以种植业为基础,林果业为重点,畜牧业为中心,旅游业为窗口,逐步形成“以林护农、以农养牧、以牧促果、以果补农、农旅结合”的现代生态型产业结构体系。1986—1993年农场招待所改为度假村后床位增至210张,1996年配套休闲区建成集住宿、娱乐、垂钓、自炊等功能为一体,并设有观光果园、水上运动场的结合旅游服务区。

6.1.1.3 朱家尖电力设施与供电服务业发展

民国十三年(1924年)沈家门镇商人创办电气股份有限公司,1949年1月停办。1950年10月在原有基础上建立沈家门电厂,1956年起实行24小时供电。1980年舟山岛电力自给有余,开始向外围岛屿供电,其间各岛利用小型柴油发电机组发电自用。20世纪80年代初,朱家尖等岛屿以架空线或海底电缆,连接舟山和大陆电网,改变自发电、供电历史。1984年至今,朱家尖等地电力供应由舟山电力网统一经营。

6.1.1.4 朱家尖工业发展特征

至解放前,仅船舶修理、水产品、粮食加工、发电等小型工厂10余家。20世纪50年代末60年代初,手工业合作社/组合并建设为一批全民、集体工业企业。70年代,机电、船舶修造企业出现。1979年后,全民、集体、个体、乡村工业全面发展,服装、鞋革、小五金、豆制品加工、土木建筑等行业有所发展,传统制盐业发展较快。至1986年,朱家尖初步形成以水产品加工为主体,涵盖船舶修造、制盐、饮料酿造、粮油加工、糕点糖果、建材、针织服装等门类的海岛型工业体系。朱家尖民政系统工业和个体私营工业取得一定进展,至1995年服务于普陀山寺庙的朱家尖食品饮料厂成为民政工业重点企业,主产糕点、汽水等。1994年后,朱家尖镇顺母村虾米加工初具特色。

水产品加工在唐宋至民国时期以原始腌制或者风干为主,明清时出现专营加工鱼厂、鱼栈及兼营水产品加工作坊。20世纪80年代初开始,兴建冷库,现代冷冻、冷藏、罐头、烘干等加工方式开始替代传统方式。1986年朱家尖岛有水产冷库3处,水产食品(罐头)厂1处;1995年,朱家尖海洋渔业公司(集体)主营业务为水产品冷冻加工、鱼粉加工,朱家尖水产食品厂(集体)主营鱼片加工,樟州渔业公司冷冻厂(合股)、京鱼水产冷冻厂(个私)经营水产品冷冻加工,顺母鱼粉加工厂(个私)加工鱼粉。其中,个体、私营企业多为小型企业,机制灵活、转产换代快、市场适应性较强。

至1986年,普陀县船舶修造厂共29家,其中朱家尖岛有乡办船舶修造厂3家。1958年起,朱家尖等地开办综合性机械修配厂,生产机床、消声器、插秧机、人力起网机、饲料粉碎机、滚珠轴承、金属渔农具配件等。1981年企业主要产品变为船用齿轮箱、制冰机、钻床、农副产品加工机械、绞钢起网机、自行车、复轧钢材、钢窗、日用生活品和农渔机配件。朱家尖岛发展盐业的条件较好,1986年作为集体和地方国营盐场主要分布地之一的朱家尖岛的朱家尖乡第一盐场(集体)为首批省定标准示范盐场之一,1987年以后开展多种经营,革新盐业加工设备技术,1990年朱家尖曙光农场将部分低产棉田地改为盐田。

6.1.1.5 朱家尖商业发展特征

解放后,朱家尖供销合作商业较为典型。1951年3月朱家尖供销合作社成立,1953 年 10 月成立县供销合作总社,1979 年起创办朱家尖等各区乡渔工商联合企业。这些商业机构的经营范围包括农副产品、水产品购销、日用工业品、副食品、农业生产资料、渔需物资供应等,是渔农村的商业主体。1987—1995 年,朱家尖等基层供销社实现商业综合发展,集商业、农副产品收购加工、房地产开发、旅游服务业为一体。新建商业设施包括 1990 年 1 月建成的朱家尖供销社金三角商场、1995 年 10 月建成的大规模蔬菜加工场等。1987—1995 年,朱家尖集贸市场得到发展,至 1995 年拥有 3 个集贸市场,其中专业性集贸市场为朱家尖顺母虾米市场。至 1995 年,朱家尖已建成中高档旅馆 9 家,个体旅店 200 家。1988 年起朱家尖外贸收购站成为中国国际贸易促进委员会吸收为会员企业,1991 年开始向香港供应活猪。

6.1.2 朱家尖岛产业结构变化

2000 年以来,朱家尖产业发展以旅游为导向,渔农工、交通商贸多业并举①,2010 年街道实现渔农业总产值 7.18 亿元;渔业总产量 4.7 万吨,其中捕捞产量 44091 吨,养殖产量 3138 吨,养殖面积 6600 亩。街道拥有机动渔船 481 艘,其中生产渔船 416 艘、辅助渔船 65 艘,渔船总功率 90528 千瓦、总吨位 50131 吨。2010 年实现工业产值 13.07 亿元,建筑业产值 7542 万元,全岛实现旅游收入 13.6 亿元,服务业税收地方所得部分 8224 万元。2010 年,朱家尖渔农家乐休闲旅游业发展迅速,旅游接待人数达 309.5 万人次,全岛 150 多家渔农家乐共接待游客 18 万人次,实现经营收入 6000 余万元,户均纯收入约 9 万元。

2019 年旅游经济收入 821557.81 万元,旅游接待人数 9796118 人次;街道建成了以朱家尖佛瓜、牛角湾橘子、朱家尖西红花为代表的经济作物类农业和观光旅游农业。基地渔业生产能力位居舟山市普陀区第二。其中,漳州和月岙是最具代表性的渔业村,渔业生产总值占街道整体的 50%以上。朱家尖街道逐步建立富有海洋特色的滨海旅游产业、渔业和种植养殖业集群,形成集吃、住、行、购、游一体的旅游体系,以旅游为主的第三产业优势凸显。

6.1.3 朱家尖岛各社区与行政村的产业部门

参照《2017 年国民经济行业分类(GB/T 4754—2017)》标准②从产业层面将朱家尖各社区(村)的产业结构分类(表 6-1-1),可知朱家尖街道各社区(村)的主要产

① http://zhujiajian.gov.cn/Tmp/indexContent.aspx? ChannelID=172a641a-33ce-4138-936d-a586536f589c 经济建设

② 国家统计局.2017 年国民经济行业分类(GB/T 4754—2017)[S].[2017-09-29]http://www.stats.gov.cn/tjsj/tjbz/index_1.html

业部门趋向于旅游业、融合于旅游业的特色农业与工业。其中，中欣社区、三和社区主要发展农业，顺母社区发展水产品加工、高新技术、礼佛用品加工；南沙社区发展旅游业。

表 6-1-1　舟山朱家尖岛社区(村)的产业类型

行政区	产业发展	产业部门	类型	职能
福兴社区	住宿和餐饮业；居民服务、修理和其他服务业；交通运输、仓储和邮政业(道路运输)	三产服务业为主	3	旅游及疗养
莲花社区	渔业(海水养殖)；农业(谷物种植)；住宿和餐饮业(餐馆民宿)；娱乐业(游艇租赁)	一产渔农业，三产服务业均衡为主	1+3	旅游及疗养、种植业+渔业
莲兴社区	住宿和餐饮业(餐馆民宿)；交通运输、仓储和邮政业(旅游客运)	三产服务业为主	3	旅游及疗养
南沙社区	住宿和餐饮业(餐馆民宿)；交通运输、仓储和邮政业(旅游客运)	三产服务业为主	3	旅游及疗养
三和社区	制造业(金属加工、水产品加工、石料加工)；农业(果蔬种植)；住宿和餐饮业(餐馆民宿)；交通运输、仓储和邮政业(船舶运输)	二产制造业主导，三产服务业、一产农业并重	2+3+1	工业+农业+旅游及疗养
顺母社区	制造业(水产加工)；渔业(海水养殖、海水捕捞)；农业(谷物种植)；交通运输、仓储和邮政业(船舶运输、道路运输)	二产制造业为主，一产农渔并举，三产服务业较发达	2+3+1	工农业并重
西岙社区	制造业(水产加工)；渔业(海水养殖、海水捕捞)；农业(柑橘、西瓜种植)；交通运输、仓储和邮政业(道路运输)	一产渔农业、二产制造业、三产服务业并重	1+2+3	工农业并重
中欣社区	农业(果蔬种植、茶叶种植)；渔业(海水养殖)；林业(林木育种和育苗)；制造业(沙雕加工、泥蛋加工)；住宿和餐饮业(餐馆民宿)；居民服务、修理和其他服务业	一产渔农林业为主，二产制造业、三产服务业为辅	1+2+3	种植业+渔业+工业

6.2　朱家尖人居环境构成要素的发展特征

6.2.1　朱家尖岛基础设施发展特征

(1)公共建筑在朱家尖建镇后发展较快，办公、教学、商住楼、宾馆、文娱设施、农贸市场、小商品市场均有建成,至 1995 年朱家尖镇有各类公共建筑面积 4.27 万平方米;其中,宾馆、旅社 101 家,床位 2500。以海鲜为主的餐馆 57 家,文娱场所 15 处。围绕旅游强镇目标,朱家尖先后建成了大平岗生态体育公园、大青山海岛生态公园、蓝堡阿尔法游艇俱乐部、印象普陀、中国佛教学院,大青山国家公园、南沙国际沙雕艺术广场、乌石塘渔俗风情园、白山观音文化苑、阿德哥休闲渔庄、情人岛等景区景点;形成了绵延 5km 的青沙、里沙、千沙、南沙、东沙等 9 个沙滩群。

(2)朱家尖岛内外交通网络业已形成。1987 年 11 月—1988 年 5 月在朱家尖岛北蜈蚣峙新建码头,至 1995 年朱家尖港共有码头 9 座。1988 年建朱家尖凉帽潭至沈家门半升洞的渡埠,为汽车轮渡提供便利。1987 年以来朱家尖主线公路达到等级标准,朱家尖主线公路凉南线改建为沥青水泥路面,路面拓宽、绿化加强。1993 年普陀汽车运输公司开辟朱家尖至宁波班车。至 1995 年朱家尖共新(改)建道路 12 条,其中水泥路面 10 条。1997 年始建朱家尖海峡大桥,横跨普沈水道;1988 年 3 月始新建朱家尖民航机场,1997 年 7 月通航。1998 年底,朱家尖海陆空立体交通网具备,有朱家尖民航机场、蜈蚣峙码头、小岙旅游港口、朱家尖跨海大桥、大沙里码头等 5 个交通出入口,为旅游和进出港提供便利。

(3)水电、燃气与环境卫生设施供给。朱家尖于 1990 年开始扩建水厂,推广自来水使用。1993 年 7 月起各景区及宾馆饭店、部分居民开始使用自来水。1994 年 5 月建成南沙度假区污水处理站,对水域和沙滩进行保护。至 1995 年全镇使用自来水人口占总人口 64.74%。除东极岛外,普陀区电力全部并入大电网供电,朱家尖岛由舟山电网供电,岛域发电厂停止使用。1995 年,全镇 60.1%住户开始使用液化石油气,同年建设度假区集中供热站,避免烟尘污染。1991 年设环境清洁组,公厕 2 座,清洁工 5 人、环卫专用汽车 1 辆、人力手拉车 6 辆,对道路及公厕实行跟踪清扫。

(4)敬老院与社区医疗设施建设。朱家尖现有敬老院 1 家、东沙日间照料中心 1 家,医疗卫生机构 12 个(其中社区卫生服务中心 1 家,社区卫生服务站 7 家,村级卫生室 4 家),药品零售单位 7 家,初步形成了街道、社区二级医疗体系,15 分钟医疗通勤圈已经形成。

(5)朱家尖居民住房发展情况。清初沿海渔农民定居居所大多草房,清末民国初始建砖木结构平房、楼房极少,20 世纪 50—60 年代建平房,70 年代开始建砖木结构楼房,80 年代建 2~3 层砖混结构新式楼房。1980~1986 年,渔民人均新建房屋 15.1m^2,以 2 层钢筋混砖结构房屋为主,少数 3 层。1986 年底,渔区人均住房 24.6m^2,约 67%以上渔户入住 2~3 层楼房。但是朱家尖 20 世纪 80 年代所建楼房布局零乱。2000 年以来,朱家尖岛围绕旅游兴建新式民宿住房,开始整饬社区面貌与村居环境，初现海岛渔村特色建筑村落。

6.2.2　朱家尖岛各社区居住环境特征

结合《民用建筑设计统一标准（GB 50352—2019）》①及房屋建筑学②中关于建筑分类分级标准，整理调研获取的朱家尖全域各行政单元房屋结构、制式、风貌资料，将朱家尖各社区居民住宅大致分为低层砖混结构、低层钢筋混凝土结构、多层砖混结构、多层钢筋混凝土结构（表 6-2-1），呈现以低层钢筋混凝土结构住宅为主的居民点居住环境本底特征。

表 6-2-1　朱家尖岛各社区（村）居民住宅结构特征

房屋建筑分类	社区名	数量（个）
低层民用建筑、砖混结构	福兴社区、莲花社区、南沙社区、三和社区、顺母社区、西岙社区、中欣社区	7
低层民用建筑、钢筋混凝土框架结构	福兴社区、莲花社区、莲兴社区、南沙社区、三和社区、西岙社区、中欣社区	7
多层民用建筑、砖混结构	福兴社区	1
多层民用建筑、钢筋混凝土框架结构	福兴社区、南沙社区	2

6.2.3　朱家尖岛居民规模与区位特征

按宋金平等③乡村聚落人口数分类方案：小于 100 人为小村、100～1000 人为中村、大于 1000 人为大村，以及聚落形态，如团状、带状、环状③划分方法，结合朱家尖岛自然地理本底特征，将六横岛各行政村与社区分类统计如表 6-2-2 和表 6-2-3，可知朱家尖岛行政村与社区规模分布以千人以上大村为主，符合旅游海岛的城市化进程特征；同时，鉴于台风频发的海岛自然地理环境特征，各社区多布局于低山平原间并呈团状发展。

---

① 中华人民共和国住房和城乡建设部.民用建筑设计统一标准（GB 50352—2019）[S].[2019-03-13] www.mohurd.gov.cn.

② 宋金平.聚落地理专题[M].北京：北京师范大学出版社，2001.

③ 董海荣，赵永东.房屋建筑学[M].北京：中国建筑工业出版社，2017.

表 6-2-2 朱家尖岛居民点规模类型与分布

社区规模	社区名	数量(个)
大	福兴社区、莲花社区、莲兴社区、南沙社区、三和社区、顺母社区、西岙社区、中欣社区	8

表 6-2-3 朱家尖岛居民点集聚形态与区位分布

聚落形态	社区名	数量(个)
滨海带状	莲花社区	1
山间平原团状	福兴社区、莲兴社区、南沙社区、顺母社区、西岙社区、中欣社区	6
平原团状	三和社区	1

6.3 朱家尖产业结构变化对人居环境要素的影响

6.3.1 朱家尖岛产业结构变化对本地居民收入和就业的影响

利用舟山市普陀区朱家尖街道第一、二、三、四次经济普查数据,计算 2010 年以来舟山六朱家尖街道产业结构升级过程中当地各产业法人单位数、地方生产总值额、居民家庭收入之间相关系数均在 0.05 水平上,分别为 0.1241、0.2657,这表明产业法人单位数趋向二、三产业占比升高时,本地居民家庭收入显著增加;地方生产总值增加时,本地居民家庭收入也显著增加。同理,计算 2010 年以来舟山六朱家尖街道产业结构升级过程中当地各产业法人单位数、地方生产总值额、本地居民一二三产从业者总人数相关系数均在 0.05 水平上,分别为 0.2342、0.3566,这表明朱家尖岛由农渔业趋向旅游业的产业结构变化在一定程度上促进了本地居民就业效应。

6.3.2 朱家尖岛产业结构变化对公共服务设施水平的影响

计算朱家尖街道 2000—2018 年地方生产总值与地方主要公共设施(宾馆数量、道路里程、景区面积)相关性系数,均在 0.05 水平上显著相关,相关系数为 0.3113、0.1822、0.0791。这表明朱家尖街道产业结构趋向旅游业主导过程加速了朱家尖城镇化公共服务设施的密集化,相较农业主导转向工业主导的六横岛而言,产业结构趋向旅游化诱发人居环境硬件的公共设施密度更高,约是六横岛的 2 倍;但是朱家尖公共服务设施更倾向于生活性服务业设施,尤其是交通、住宿、体育休闲等生活性服务业设施高于六横岛 2～22 倍(表 6-3-1)。

表 6-3-1 朱家尖岛与六横岛各类公共设施 POI 数据密度

POI 类型	POI 密度（个/km²）	
	朱家尖	六横
总计	21.89	11.67
公司企业	0.52	0.54
交通服务	1.13	0.18
住宿服务	8.49	0.37
体育休闲服务	1.58	0.73
医疗保健服务	0.20	0.35
购物服务	0.96	0.97
科教文化服务	0.32	0.14
金融保险服务	0.24	0.25
餐饮服务	2.05	0.44
公共设施	0.26	0.17
政府机构及社会团体	0.47	0.63
住宅	1.86	3.77
村庄	1.66	2.16
岛屿	0.31	0.29
山	0.45	0.37
海湾	0.02	0.02
湖泊	0.11	0.04
风景名胜	1.23	0.24

6.3.3 朱家尖岛产业结构变化对旅游文化公共服务设施密度的影响

朱家尖岛旅游文化公共服务设施 POI 密集分布于朱家尖三大景区边缘——白山景区、乌石塘景区、十里金沙景区，但是均以住宿服务业设施为主。各类公共设施 POI 组合度较高地点位于朱家尖街道办驻地。当然，原曙光农场场部区域公共服务设施类型组合及其密度也较高。

6.3.4 六横岛产业结构变化对海岛居民住房结构与质量的影响

如表 6-2-1 所示,朱家尖各行政村与社区家庭住宅采用低层钢筋混凝土结构,这些社区恰恰位于普陀山机场和朱家尖各大景区周边。显然,在狭小海岛陆域发展旅游业,需要综合平衡立体交通模式用地和居民住宅结构分布、抗台,以及与景区景点邻近性。

6.3.5 海岛居民的人居环境要素满意度感知

如表 6-3-2,朱家尖岛产业结构变化过程中,海岛居民的居住环境要素满意度感知特征呈现:①安全性、设施齐全性、交通便利性、环境舒适性、环境健康性、住房的满意度得分都高于 65%,这普遍高于六横岛居民的满意度感知;②住房的市场化程度高,且住房选择更倾向于公共设施组合程度。

表 6-3-2 朱家尖岛产业结构变化过程海岛居民的居住环境要素满意度得分

指标	内容	比例	指标	内容	比例
7 安全性	非常满意	25.5%	15 住房方式	建房	51.1%
	满意	63.8%		购房	34.0%
	一般	9.6%		租房	11.7%
	不满意	1.1%		借住	2.1%
	非常不满意	0		单位分配	1.1%
8 设施齐全性	非常满意	20.2%	16 住房建成年份	1970—1980 年	3.2%
	满意	64.9%		1980—1990 年	6.4%
	一般	13.8%		1990—2000 年	25.5%
	不满意	1.1%		2000—2010 年	31.9%
	非常不满意	0		2010—2020 年	33.0%

续表

指标	内容	比例	指标	内容	比例
9 交通便利性	非常满意	17.0%	17 选住原因	房价或房租便宜	14.9%
	满意	61.7%		交通出行便利	30.9%
	一般	21.3%		生活设施齐全且便利	19.1%
	不满意	0		就医便利	4.3%
	非常不满意	0		子女上学便利	10.6%
10 环境舒适性	非常满意	23.4%		个人或家人工作便利	23.4%
	满意	58.5%		居住区环境	16.0%
	一般	17.0%		单位分配	1.1%
	不满意	1.1%		邻近亲朋好友	6.4%
	非常不满意	0		祖宅	27.7%
11 环境健康性	非常满意	26.6%		其他(拆迁安置)	4.3%
	满意	51.1%	18 住房满意度	非常满意	18.1%
	一般	18.1%		满意	58.5%
	不满意	4.3%		一般	22.3%
	非常不满意	0		不满意	1.1%
12 整体打分	40～55 分	0		非常不满意	0
	55～70 分	12.8%	19 收入满意度	非常满意	6.4%
	70～85 分	57.4%		满意	37.2%
	85～100 分	40.4%		一般	47.9%
13 重要因素	安全性	76.6%		不满意	6.4%
	生活设施配备齐全性	74.5%		非常不满意	2.1%
	交通便利性	62.8%	20 生活总体满意度	非常满意	7.4%
	自然、人文环境舒适性	29.8%		满意	58.5%
	环境健康性	47.9%		一般	31.9%
14 住房来源	自建房	51.1%		不满意	2.1%
	商品房	34.0%		非常不满意	0
	拆迁安置房	3.2%			
	廉租房	9.6%			
	单位房	2.1%			

6.4 本章小结

朱家尖岛产业结构由农业主导转向旅游业主导的过程中,朱家尖岛旅游化水平快速提升,旅游类公共基础设施也日益密集地布局于景区周边与街道办驻地,海岛本地居民感知公共服务设施满意程度方面集中体现在公共设施齐全性、交通便利性、环境舒适性、环境健康性等方面,且普遍高于六横岛居民感知状态。这表明海岛产业结构趋向旅游业方向升级,虽然会造成一定的经济收入季节性波动,但是生产生活"三废"排放及岛内交通通勤压力低于趋向工业转型。这表明产业结构趋向旅游业主导服务业结构时将直接影响城镇村人居环境的硬件建设速度与质量,同时也表明景区周边居民的人居环境主观满意度评价普遍较高,尤其是环境舒适性、环境健康性高于趋向工业主导产业结构转型的地区。

海岛产业结构综合转型的人居环境影响：舟山岱山岛案例

7.1 岱山岛产业规模结构演替

7.1.1 研究方法与数据源

7.1.1.1 数据源与处理

以岱山岛产业结构为研究对象，以舟山市经济发展为参考标准，以乡镇尺度为分析单元，以 2005、2010、2015 和 2019 年为分析时限(岱山县旅游业发展始于 1995 年，正式起步于 2003 年)，涉及分行业产值数据和就业人数等数据。所有数据均来自《岱山县统计年鉴》《岱山县县志》《舟山市统计年鉴》等相关统计资料和岱山县、舟山市官方政府网站。

7.1.1.2 产业结构演进评价分析法

产业结构演进评价主要借助产业结构相似指数、产业结构熵、就业—产业结构偏离度与偏差系数、产业结构转换速度与方向系数以及比较劳动生产率系数与差异指数实现(表 7-1-1)。

表 7-1-1　产业结构演进评价分析法

评价指标	公式	相关公式参数及涵义
产业结构相似指数	$S_{ij}=\sum_{k=1}^{n}(X_{ik}\times X_{jk})/\left(\sqrt{\sum_{k=1}^{n}X_{ik}^2}\times\sqrt{\sum_{k=1}^{n}X_{jk}^2}\right)$ (7-1-1)	k 表示产业部门,X_{ik} 和 X_{jk} 分别表示区域 i 和区域 j 各产业产值所占比重
产业结构熵	$H=-\sum_{i=1}^{n}P_i\times \ln P_i$ (7-1-2)	P_i 为第 i 种产业的权重,n 表示有 n 种产业
就业—产业结构偏离度和偏差系数	$\vartheta_1=GDP_i/Y_i-1$ (7-1-3) $\vartheta_2=\left\|\sum_{i=1}^{n}GDP_i\,Y_i\right\|$ (7-1-4)	GDP_i/GDP 为第 i 种产业 GDP 产值与总产值的比重,Y_i/Y 为第 i 种产业就业人数占总就业人数的比重
产业结构转换速度和方向系数	$V=\sqrt{\sum\frac{(A_i-A_j)^2K_i}{A_j}}$ (7-1-5) $\theta_i=(1+A_i)/(1+A_j)$ (7-1-6)	A_i 和 A_j 分别表示 i 产业和 GDP 的年均增速,K_i 为 i 产业占 GDP 的比重,θ_i 为 i 产业的结构变动系数
比较劳动生产率系数和差异指数	$B_i=g_i/L_i$ (7-1-7) $S=\sqrt{\sum_{i=1}^{3}(B_i-1)^2/3}$ (7-1-8)	g_i/g 为研究区域第 i 产业的产值比重,L_i/L 为第 i 产业的劳动力比重。当 $B_i>1$,说明该产业具有比较优势,值越大,优势越强。S 值越大,各产业发展越不平衡,产业结构效益越低
Perloff 产业结构测度模型(结构效应、竞争效应)	$MIX=\sum_{i=1}^{n}\frac{E_{iA}^{t-1}}{E_A^{t-1}}\cdot\left(\frac{E_{iC}^{t}}{E_{iC}^{t-1}}-\frac{E_C^{t}}{E_C^{t-1}}\right)$ (7-1-9) $DIF=\sum_{i=1}^{n}\frac{I_{iA}^{t-1}}{I_A^{t-1}}\cdot\left(\frac{I_{iA}^{t}}{I_{iA}^{t-1}}-\frac{I_{iC}^{t}}{I_{iC}^{t-1}}\right)$ (7-1-10)	MIX、DIF 分别表示产业结构构成效应与产业结构竞争效应;E、I 分别表示为产业就业人数与产业产值;i 为产业类型,t 为时期;A、C 分别表示研究区与参照区,这里指岱山岛各镇与舟山市

7.1.1.3　产业结构演进分析法:改进版偏离—份额分析法(Shift-Share Method,SMM)

(1)基本原理

偏离—份额分析法多用于产业结构变化和区域经济发展差距分析。其基本原理为:将被研究区域的增长与标准区域的增长进行比较,认为研究区域与标准区域产业结构的不同是导致区域间经济增长差异的主要因素。在研究的时间范围和背景区域内,以更大区域经济发展作为参照系,将区域经济总量在某一时期的变动分解为全地区增长效应、产业结构效应和地区竞争效应三部分。

但原始形式的偏离份额分析法忽视了当地市场强度和本地产业结构的影响。因此借鉴 Arcelus 扩展形式①，赋予空间视角，将地区偏移效率分解为地区增长效应和地区产业结构效应，并借鉴 Viladecans-Marsal② 的位似就业理念进一步拓展，将产值代替就业，形成位似产值概念，以满足研究和计算的需要。

(2)计算过程

根据 SMM 基本原理，其基本公式为：

$$\Delta O_{ij} = N_{ij} + S_{ij} + R_{ij}$$

式中，i 为产业部门，j 为区域；ΔO_{ij} 为 j 地区 i 产业部门的产值变化。

进一步拓展为：

$$\Delta O_{ij} = N_{ij} + S_{ij} + RN_{ij} + RS_{ij}$$

式中，RN_{ij} 为地区增长效益，RS_{ij} 为地区产业结构效应。

引入位似产值概念，当 j 地区产业结构与参照区产业结构相同时，j 地区 i 产业部门的产值为：

$$RN_{ij} = O_{ij}^{H}(P_{nj} - P_{nN}) + (O_{ij} - O_{ij}^{H})(P_{nj} - P_{nN})$$

式中，O_{ij}^{H} 为 j 地区 i 产业部门的位似产值（$O_{ij}^{H} = O_{Nj}(O_{iN}/O_{nN})$），$P_{nj}$ 为 j 区域所有产业部门产值变化，P_{nN} 为参考区所有产业部门产值变化，O_{ij} 为 j 地区 i 产业产值。

同理：

$$RS_{ij} = O_{ij}^{H}[(P_{ij} - P_{nj}) - (P_{iN} - P_{nN})] + (O_{ij} - O_{ij}^{H})[(P_{ij} - P_{nj})(P_{iN} - P_{nN})] \tag{7-1-11}$$

式中，P_{ij} 为 j 地区 i 产业产值变化，P_{iN} 为参照区 i 产业产值变化。

经过拓展计算发现，可以通过次区域产业部门产值变化鉴别整个研究区内各区域各产业的专业化程度和增长速度差异，实现对区域产业结构演进状态的刻画（表 7-1-2）。

$(O_{ij} - O_{ij}^{H})$ 表示 j 地区 i 产业产值与 j 地区 i 产业位似产值之差。当其大于 0，表明与参考区域相比 i 产业在 j 地区所占份额更大；小于 0 时，表明 i 产业在 j 地区所占份额较小。$(P_{ij} - P_{nj})$ 为 j 地区 i 产业增长速度与 j 地区总产业增长速度之差，$(P_{iN} - P_{nN})$ 为参考区 i 产业增长速度与参考区总产业增长速度之差。当 $(P_{ij} - P_{nj}) - (P_{iN} - P_{nN}) > 0$ 时，表明 j 地区 i 产业增长速度快于参考区 i 产业的增长速度；当 $(P_{ij} - P_{nj}) - (P_{iN} - P_{nN}) < 0$，表明 j 地区 i 产业增速慢于参考区 i 产业的增长速度。

① Arcelus F J. An Extension of Shift-Share Analysis[J]. Growth and Change, 1984, 15(1): 3－8.

② Viladecans-Marsal E. Agglomeration economies and industrial location: City-level evidence[J]. Journal of Economic Geography, 2004, 4(5): 565－582.

表 7-1-2　产业结构演替特征标准①

	$(P_{ij}-P_{nj})-(P_{iN}-P_{nN})>0$	$(P_{ij}-P_{nj})-(P_{iN}-P_{nN})<0$
$(O_{ij}-O_{ij}^{H})>0$	高依赖/先导产业:高度依赖 j 地区 i 产业增长,且 j 地区 i 产业增长速度快于全域平均速度	高依赖/滞后产业:高度依赖 j 地区 i 产业增长,且 j 地区 i 产业增长速度低于全域平均速度
$(O_{ij}-O_{ij}^{H})<0$	低依赖/先导产业:j 地区经济增长对 i 产业增长依赖度不高,但 j 地区 i 产业增长速度快于全域平均速度	低依赖/滞后产业:j 地区经济增长对 i 产业增长依赖度不高,且 j 地区 i 产业增长速度低于全域平均速度

7.1.2　产业结构演进分析

7.1.2.1　产业结构演进总体特征

区域产业结构演进受区域资源、政府政策等各种因素的影响。岱山岛作为岛屿城市,有限的资源是影响当地产业结构转型升级的主要因素。有资料显示,岱山县旅游服务业萌芽于 1995 年前后,2003 年后岱山县产业结构开始逐渐完善。因此,以 2005 年为时间节点,分析 2005—2019 年岱山县主城区的产业结构演进状况,为后续相关章节的研究奠定基础。

由表 7-1-3 可知,2005—2019 年,岱山岛三次产业产值比重始终保持第二产业>第一产业>第三产业,且二、三产业呈现继续上升趋势,第一产业产值比重呈快速降低趋势。由此表明,岱山岛的产业结构状态处于区域产业结构升级的低级阶段,第二产业产值比重超过第一产业成为区域主导产业;第三产业在总产值中的比重始终保持较低状态,虽呈现上升趋势,但发展速度较慢,还有很长的一段路要走。高亭镇作为岱山县主城区所在镇,2005—2019 年,第一产业产值比重始终保持最高,说明高亭镇依然以农业为主导产业;二、三产业产值比重较低,2015 年之前,高亭镇第三产业产值比重高于第二产业产值比重,2015 年后第二产业快速发展,至 2019 年其产值比重跃居第二,这与岱山县经济开发区的建设和发展分不开;第三产业产值比重总体上呈下降趋势,高亭镇属于岱山岛后起之秀,缺乏深厚的文化底蕴和古迹,旅游资源相对其余各镇较为匮乏,随着总产值的不断增加,第三产业产值比重持续下降是大势所趋。东沙镇主导旅游产业,但在 2005—2019 年,第二产业产值比重>第一产业产值比重>第三产业产值比重,与岱山岛整体情况一致,可见东沙镇经济增长依然依赖于第二产业的快速发展;第三产业产值比重在这

① 焦新颖,李伟,陶卓霖,等.北京城市扩展背景下产业时空演化研究[J].地理科学进展,2014,33(10):1332-1341.

一时间段内比例低于10%，可见东沙镇旅游服务业实力还比较弱，有待进一步开发。岱东镇第一产业产值比重显著高于第二产业和第三产业，三次产业比重关系与高亭镇类似，可见岱东镇产业经济主要依赖于农业，产业结构层次还比较低端；在2017年左右第一产业产值比重持续走低，直至低于第二产业，可见岱东镇第二产业发展速度之快。2005—2019年，岱西镇第二产业产值比重明显高于第一产业和第二产业，说明岱西镇与岱东镇产业结构类似，产业经济增长主要依赖于第二产业的发展；一、三产业以2010年为时间节点，2010年前，第一产业产值比重高于第三产业产值比重，而2010年后，第一产业产值比重快速降低，第三产业成为区域第二大产业经济。

表7-1-3　2005、2010、2015和2019年岱山岛三次产业结构演进情况

	2005年	2010年	2015年	2019年
岱山岛一产比重	30.66%	14.46%	38.06%	15.04%
岱山岛二产比重	62.43%	77.60%	56.16%	74.78%
岱山岛三产比重	6.91%	7.94%	5.78%	10.18%
高亭镇一产比重	69.48%	43.49%	60.16%	26.79%
高亭镇二产比重	15.60%	20.37%	19.05%	53.62%
高亭镇三产比重	14.92%	36.14%	20.79%	19.59%
东沙镇一产比重	4.93%	8.73%	4.85%	0.81%
东沙镇二产比重	93.24%	89.22%	93.02%	97.60%
东沙镇三产比重	1.83%	2.06%	2.13%	1.59%
岱东镇一产比重	75.51%	42.77%	84.17%	35.25%
岱东镇二产比重	16.18%	48.10%	14.00%	56.70%
岱东镇三产比重	8.31%	9.12%	1.83%	8.06%
岱西镇一产比重	10.14%	2.35%	2.86%	2.74%
岱西镇二产比重	85.20%	95.71%	94.04%	94.65%
岱西镇三产比重	4.66%	1.94%	3.10%	2.61%

表7-1-4显示了2005、2010、2015和2019年岱山岛四镇三次产业产值与区域三次产业总产值的关系以及四镇之间同一产业与不同产业间的关系。2005年高亭镇一、三产业产值比重最高，东沙镇第二产业产值比重最高，可见这一年岱山岛的一、三产业产值主要来自高亭镇，第二产业产值主要依靠东沙镇。2010年高亭

镇一、三产业产值比重依然最高,但第二产业产值比重发生较大变化,从东沙镇转向岱西镇,且两镇间差距较小,说明岱西镇第二产业在这一时期获得快速发展,成为岱山岛第二产业产值的主要来源镇,这与岱山岛经济开发区的开发与建设密切相关。2015 年,岱东镇第一产值比重最高,东沙镇重回第二产业龙头位置,第三产业与 2005 和 2010 年一致,依然由高亭镇拔得头筹;2019 年高亭镇一、三产业产值比重获研究期间最高,第二产业产值比重增加显著,岱东镇第一产业产值快速降低。综上,可见在研究期内,高亭镇在一、三产业层面占绝对优势,其余三镇第二产业发展实力较强,且以东沙镇为最。

表 7-1-4　2005、2010、2015 和 2019 年岱山岛四镇三次产业占区域总产值比重

年份	产业类型	高亭镇	东沙镇	岱东镇	岱西镇
2005 年	第一产业产值比重	74.86%	7.53%	12.64%	4.96%
	第二产业产值比重	8.25%	69.93%	1.33%	20.48%
	第三产业产值比重	71.34%	12.38%	6.17%	10.11%
2010 年	第一产业产值比重	47.16%	21.83%	24.54%	6.46%
	第二产业产值比重	4.12%	41.60%	5.14%	49.14%
	第三产业产值比重	71.37%	9.36%	9.54%	9.73%
2015 年	第一产业产值比重	29.81%	3.75%	64.75%	1.68%
	第二产业产值比重	6.40%	48.81%	7.30%	37.50%
	第三产业产值比重	67.86%	10.85%	9.29%	12.00%
2019 年	第一产业产值比重	78.29%	1.44%	16.21%	4.06%
	第二产业产值比重	31.52%	35.00%	5.24%	28.24%
	第三产业产值比重	84.63%	4.18%	5.48%	5.71%

7.1.2.2　产业内部结构动态演进

(1)产业结构相似指数分析

根据式(7-1-1)计算 2005、2010、2015 和 2019 年岱山岛及其四镇相对于舟山市产业结构相似度指数变化(表 7-1-5)和岱山岛四镇相对于岱山岛产业结构相似度指数变化(表 7-1-6)。

由表 7-1-5 可知,岱山岛及其四镇相似指数均低于 0.8,可见岱山岛与舟山市的产业结构相似度一般。从演进过程来看,以 2015 年为节点,岱山岛在 2015 年之前其产业结构与舟山市产业结构相似指数在 0.7～0.8,相似度相对较高;2015 年

后，岱山岛产业结构相似指数减小至0.6～0.7，高亭镇在2015年后产业结构相似指数快速提升，至2019年达到0.7～0.8；其余三镇产业结构与舟山市产业结构相似指数均低于0.7，其中岱东镇相似指数最低，但在2015年后相似指数快速增加，相似度显著提升；岱西镇与东沙镇相似指数持续降低，与舟山市产业结构相似程度持续减弱，这可能与第二产业的快速发展相关，与前述2015和2019年第二产业产值比重提升前后照应。当然相似指数的降低也有可能与当地特色产业的发展有关，有待进一步研究。

表7-1-5 2005、2010、2015和2019年岱山岛及其四镇与舟山市产业结构相似指数

	2005年	2010年	2015年	2019年
岱山岛	0.74	0.78	0.68	0.62
高亭镇	0.50	0.76	0.56	0.75
东沙镇	0.66	0.73	0.66	0.51
岱东镇	0.43	0.71	0.28	0.60
岱西镇	0.70	0.72	0.67	0.52

由表7-1-6可知，岱山岛四镇与岱山岛产业结构相似指数在0.5～1.0，相似度相对较高，其中东沙镇和岱西镇相似度最高。东沙镇和岱西镇与岱山岛产业结构相似指数始终保持在0.8～1.0，相似度极高，与前述岱山岛、东沙镇以及岱西镇产业产值比重分析一致，都为第二产业在经济发展中占主导作用。高亭镇和岱东镇与岱山岛产业结构相似指数相对较低，总体呈现相似度提高的趋势，说明高亭镇与岱东镇第二产业发展加快，比重提高。

表7-1-6 2005、2010、2015和2019年岱山岛四镇与岱山岛产业结构相似指数

	2005年	2010年	2015年	2019年
高亭镇	0.63	0.52	0.77	0.95
东沙镇	0.92	0.99	0.85	0.98
岱东镇	0.62	0.86	0.69	0.94
岱西镇	0.94	0.98	0.84	0.98

(2)产业结构熵分析

根据式(7-1-2)计算2005、2010、2015和2019年岱山岛及其四镇产业结构熵(表7-1-7)。分析发现，与其产业结构演进变化相同，产业结构熵也呈现起伏波动，熵值在3.8～4.2,总体呈现无序状态。岱山岛产业结构熵维持于3.8～4.0,较为稳定,但上下起伏波动明显,与三次产业的波动增长明显相关。高亭镇产业结构熵最小,有序程度最高,可能与二、三产业的发展有关,二、三产业比重明显提高,成为区域经济发展的主导产业。岱东镇产业结构熵值变化幅度最大,与第一产业的波动变化明显相关。东沙镇与岱西镇产业结构熵居高不下,更有继续升高之趋势,可见东沙镇与岱西镇产业结构无序化程度最深,与前述一、二产业产值比重变化幅度大直接相关。

表 7-1-7　2005、2010、2015 和 2019 年岱山岛及其四镇产业结构熵变化

	2005 年	2010 年	2015 年	2019 年
岱山岛	3.76	3.93	3.75	3.87
高亭镇	3.78	3.55	3.66	3.60
东沙镇	4.32	4.21	4.31	4.48
岱东镇	3.89	3.67	4.11	3.71
岱西镇	4.09	4.40	4.34	4.36

(3)就业—产业结构偏离度和偏差系数分析

根据式(7-1-3)～(7-1-4)计算岱山岛及其四镇就业产业结构偏离度(表7-1-8)及偏差系数(表7-1-9)。从表7-1-8可知,岱山岛、东沙镇、岱东镇和岱西镇第三产业就业产业结果偏离度始终为负,说明其产值比重小于就业比重。演进过程为:岱山岛、高亭镇和东沙镇第三产业就业产业结构偏离度绝对值持续减小,说明其产值之比重与就业比重的不对称性正在缩小;岱东镇和岱西镇就业—产业结构偏离度呈现先增大后减小的趋势,说明其产值比重与就业比重的不对称性呈现先增大后缩小的趋势。总体上,岱山岛及四镇不对称性呈现减弱态势,可能与岱山县人才引进、经济开发区发展吸纳较多劳动力等事件相关。

就业产业结构偏离度为正,说明产值比重大于就业比重。岱山岛一、二产业偏离度在研究期间均为正,说明产值比重大于就业比重;2005年以来,一、二产业偏离度绝对值持续增大,说明2005年以来一、二产业就业产业结构演进方向不合理,产业产值与就业结构不均衡度显著。高亭镇在2005—2019年一产偏离度为正,产值比重始终大于就业比重,但绝对值持续扩大,说明产业产值与就业结构不均衡度加强;二产偏离度在2015年出现负值,可见2010—2015年,高亭镇产业结构变化速度之快,另外偏离度绝对值总体上增大,说明产业结构与就业结构不均衡度加强。东沙镇和岱东镇与高亭镇类似,一、二产业偏离度绝对值总体上增大,均衡度

加强；岱西镇第一产业偏离度为负，其绝对值总体减小，说明其产值比重小于就业比重，但其均衡度提高。总体上，岱山岛一、二产业结构与就业结构均衡度低于第三产业结构与就业结构均衡度；岱西镇和岱东镇三次产业结构与就业结构均衡度高于高亭镇和岱山岛。

表 7-1-8　2005、2010、2015 和 2019 年岱山岛及其四镇产业结构偏离度

	年份	一产偏离度	二产偏离度	三产偏离度
岱山岛	2005	0.06	3.71	-0.77
	2010	0.58	2.21	-0.65
	2015	4.18	1.54	-0.63
	2019	1.75	8.68	-0.29
高亭镇	2005	3.02	1.18	-0.63
	2010	4.51	0.08	0.46
	2015	7.93	-0.09	0.28
	2019	7.05	7.94	0.30
东沙镇	2005	-0.70	1.84	-0.93
	2010	0.65	1.01	-0.88
	2015	0.22	1.66	-0.84
	2019	-0.97	7.82	-0.85
岱东镇	2005	0.26	0.13	-0.38
	2010	1.64	0.88	-0.54
	2015	5.59	-0.36	-0.88
	2019	2.64	2.02	-0.32
岱西镇	2005	-0.80	4.42	-0.74
	2010	-0.83	2.05	-0.90
	2015	-0.71	5.24	-0.82
	2019	-0.77	5.39	-0.79

表 7-1-9　2005、2010、2015 和 2019 年岱山岛及其四镇产业结构偏差系数

	2005 年	2010 年	2015 年	2019 年
岱山岛偏差系数	74.67	73.31	74.79	80.86
高亭镇偏差系数	85.70	48.54	59.88	75.63
东沙镇偏差系数	96.90	63.09	70.48	118.84
岱东镇偏差系数	22.41	59.60	92.00	67.30
岱西镇偏差系数	123.03	92.23	99.74	98.49

(4)产业结构转换速度系数和方向系数分析

根据式(7-1-5)～(7-1-6)计算 2005、2010、2015 和 2019 年岱山岛及其四镇产业结构演进转换速度系数和产业结构转换方向系数(表 7-1-10)。由表可知:①岱山岛在 2010—2019 年间转换速度先加快后减慢,在 2015 年转换速度系数达 6.56,在 2010—2015 年期间,产业结构转换速度加快是由于产业发展主要依靠二、三产业的快速发展;2015—2019 年减慢,是因为岱山岛第二产业发展相对缓慢,且多为轻工业和加工业产业。第一产业转换方向系数总体减小,二、三产业转换方向系数总体增大,说明岱山岛产业发展正处于从较低水平向较高水平演进的工业化过程中,产业结构转换方向趋向合理。②高亭镇转换速度系数持续增大,且增加幅度加大,与高亭镇第三产业的快速发展相关。第一、三产业转换方向系数总体上减小,第二产业转换方向系数增大,说明高亭镇产业结构正逐步走向第二产业>第三产业>第一产业的高水平产业结构状态。③东沙镇转换速度先快后慢,快与早期的第二产业快速发展相关,慢是因为传统工业发展滞后所导致。第一、三产业转换方向系数持续减小,第二产业转换方向系数总体增大,变化幅度较小,可见东沙镇仅存在产业结构趋向高级化转化的可能。④岱东镇与高亭镇类似,变化速度稍有差异,岱东镇产业结构转换速度变化较慢,产业结构趋向第三产业为主导的现代化产业结构体系。⑤岱西镇转换速度系数持续减小,与第二产业的发展滞后相关,第二产业多为生产性初端产业,技术落后、产值低。一、三产业转换方向系数增大,第二产业转换方向系数减小,该区域产业结构由二产主导逐步转向一产主导,有倒退之势。

表 7-1-10 2005、2010、2015 和 2019 年岱山岛及其四镇产业结构转换速度系数和方向系数

区域	岱山岛			高亭镇			东沙镇			岱东镇			岱西镇		
年份	2010	2015	2019	2010	2015	2019	2010	2015	2019	2010	2015	2019	2010	2015	2019
V	4.63	6.56	4.46	4.63	5.38	7.17	3.23	3.71	2.19	8.00	9.41	9.78	6.55	2.35	2.00
θ_1	0.86	1.21	0.85	0.91	1.07	0.79	1.12	0.89	0.80	0.89	1.14	1.07	0.75	1.04	0.96
θ_2	1.04	0.94	1.05	1.05	0.99	1.16	0.99	1.01	1.00	1.24	0.78	1.40	1.02	1.00	0.99
θ_3	1.03	0.94	1.11	1.19	0.90	0.94	1.02	1.01	0.94	1.02	0.73	1.43	0.84	1.10	0.95

(5)比较劳动生产率系数和差异指数分析

根据式(7-1-7)～(7-1-8)计算 2005、2010、2015 和 2019 年岱山岛及其四镇三次产业比较劳动生产率系数和差异指数(表 7-1-11)。由表可知：①2005—2019 年，岱山岛一、二产业比较劳动生产率系数均大于 1，说明其劳动生产率高于总产业劳动生产率的平均值，具有比较优势；另外，除 2015 年外，二产比较劳动生产率系数明显高于一产，说明第二产业在岱山岛占有绝对优势。进一步分析差异指数发现，岱山岛差异指数总体上增大，且增加幅度加大，说明岱山岛三次产业间发展不平衡加剧，产业结构效益持续减少。②2005—2019 年，高亭镇的一、二产业比较劳动生产率系数总体增大，说明其优势度加强；第三产业比较劳动生产率系数总体减小，但持续大于 1，其比较优势相对弱于一、二产业。差异指数持续增大，说明高亭镇在研究期间生产率离散程度、发展不均衡度持续强化，产业结构效益持续走低。③东沙镇第一产业比较劳动生产率系数先增大后减小，且逐渐小于 1，说明其劳动生产率历经低于总产业劳动生产率平均值—高于总产业劳动生产率平均值—低于总产业劳动生产率平均值的过程，优势度先提高后减弱。第二产业比较劳动生产率系数始终保持在 2～8，并持续增大，说明其劳动生产率高于总产业劳动生产率平均值，且优势度逐渐强化。第三产业比较劳动生产率系数始终小于零，可见其优势度之弱。生产率差异指数总体增大，说明东沙镇产业比较劳动生产率离散程度、各产业发展不平衡度加深。④岱东镇第一产业比较劳动力生产效率指数均大于 1，并持续增加，说明岱东镇第一产业优势度明显，且呈强化趋势。第二产业与第一产业演进变化类似，但优势度要低于第一产业；第三产业比较劳动生产率系数始终小于 1，可见第三产业在岱东镇优势度并不明显。差异指数显示，岱东镇各产业比较劳动生产率离散程度、各产业发展不均衡度先加强后减弱。⑤岱西镇仅第二产业比较劳动生产率系数大于 1，一、三产业比较劳动生产率系数均小于 1，可见第二产业在岱西镇占绝对优势。比较劳动生产率系数持续增大，说明岱西镇在 2005—2019 年各产业发展不均衡度加强。综上，2005—2019 年，岱山岛、东沙镇和岱西镇

以第二产业为主导产业,高亭镇和岱东镇以第一产业为主导;各产业发展均呈现无序度、离散程度和不均衡程度强化态势。

表 7-1-11 岱山岛及其四镇 2005、2010、2015 和 2019 年产业演进状态

	岱山岛				高亭镇				东沙镇			
年份	2005	2010	2015	2019	2005	2010	2015	2019	2005	2010	2015	2019
一产 B_1	1.06	1.58	5.18	2.75	4.02	5.51	8.93	8.05	0.30	1.65	1.22	0.03
二产 B_2	4.71	3.21	2.54	9.68	2.18	1.08	0.91	8.94	2.84	2.01	2.66	8.82
三产 B_3	0.23	0.35	0.37	0.71	0.37	1.46	1.28	1.30	0.07	0.12	0.16	0.15
S	2.19	1.37	2.60	5.12	1.91	2.62	4.58	6.14	1.26	0.86	1.08	4.58
年份	2005	2010	2015	2019	2005	2010	2015	2019				
一产 B_1	1.26	2.64	6.59	3.64	0.20	0.17	0.29	0.23				
二产 B_2	1.13	1.88	0.64	3.02	5.42	3.05	6.24	6.39				
三产 B_3	0.62	0.46	0.12	0.68	0.26	0.10	0.18	0.21				
S	0.28	1.12	3.27	1.93	2.63	1.38	3.09	3.18				

(6)结构效应与竞争效应

以岱山岛三次产业就业人口数及舟山市三次产业就业人口数为基础,运用式(7-1-9)～(7-1-10),测算岱山岛 2010、2015 和 2019 年产业结构构成效应(MIX);以岱山岛三次产业产值及舟山市三次产业产值为基础,测算 2010、2015 和 2019 年岱山岛产业结构竞争效应(DIF),所得结果如表 7-1-12。

由表 7-1-12 可知,高亭镇在 2010、2015 和 2019 年产业结构构成效应指数分别为−0.7544、1.2622 和 4.2766,平均值为 5.287,表明高亭镇在 2010—2019 年产业结构构成效应呈增长态势,但随着时间推移,三次产业间比例关系逐渐偏离舟山市平均水平,比例失衡现象越来越突出;产业结构竞争效应指数呈现 U 形变化曲线,均值为 0.463,表明高亭镇产业专业化生产能力先减弱后增强,在舟山市层面的竞争优势呈不同态势变化。东沙镇在 2010、2015 和 2019 年产业结构构成效应呈现直线上升趋势,均值为−0.1608,表明东沙镇在 2010—2019 年间三次产业比例关系趋向平衡,与舟山市平均水平差异逐渐缩小;产业结构竞争效应指数呈 U 形变化曲线,均值为 0.5014,表明东沙镇产业专业化生产能力呈现先减弱后增强的趋势,且更强化。岱东镇在 2010、2015 和 2019 年产业结构构成效应与产业结构竞争效应指数变化均呈现同东沙镇一样的 U 形变化趋势,均值分别为 1.1828 和−0.02112,表明岱山岛三次产业间平衡水平与舟山市平均水平差异缩小,产业专

业化生产能力先减弱后增强。岱西镇在2010、2015和2019年产业结构构成效应指数均值为0.9527,呈U形变化曲线,三次产业间比例关系与舟山市平均水平差异逐渐增大;产业结构竞争效应指数均值为0.3529,且呈现与产业结构构成效应一致的变化状态,表明岱西镇产业专业化生产能力先减弱后增强,与舟山市平均水平差异缩小。总体而言,2010、2015和2019年岱山岛四镇三次产业间比例关系趋向协调化,产业专业化生产能力增强。

表7-1-12 2010、2015和2019年岱山岛四镇产业结构构成效应和竞争效应

年份	乡镇	DIF	MIX
2010	高亭镇	0.8509	−0.7544
	东沙镇	0.0112	−1.0087
	岱东镇	0.1485	3.2605
	岱西镇	1.2129	2.8554
2015	高亭镇	0.0808	1.2622
	东沙镇	−0.0967	0.2812
	岱东镇	−0.1428	0.0773
	岱西镇	−0.2179	−0.2995
2019	高亭镇	0.4610	4.2766
	东沙镇	1.5851	0.2452
	岱东镇	−0.0693	0.2082
	岱西镇	−0.0178	0.3023

7.1.3 产业演进过程分析

根据式(7-1-9)测算岱山岛及其四镇产业区域类型(表7-1-13),分析可知:①2005—2019年,岱山岛一、二产业均为高依赖产业,说明岱山岛产业经济增长高度依赖一、二产业的发展,对第三产业的依赖度不高。第一产业由先导产业转变为滞后产业,第二产业由先导转为滞后再转为先导,说明在这一段时间内岱山岛第一产业增长速度减慢,第二产业增长速度先减慢后加快。第三产业增速虽一直较慢,但其贡献度呈强化趋势。总体而言,第三产业对岱山岛产业经济的发展贡献率较大,其发展实力较弱,发展速度较慢。②高亭镇产业经济增长高度依赖第一产业,虽其发展速度有所减缓,因为其发展速度总体加快,但对第二产业的依赖程度有所加深;第三产业发展速度慢,对区域产业经济增长贡献极低。③东沙镇产业经济增长高度依赖第二产业,且第二产业增长速度明显快于全域产业;对一、三产业的依赖度极低,与其增长发展速度慢有关。④岱东镇对第一产业的依赖以及第一产业增长速度变化与高亭镇一致,高度依赖快速增长的第一产业;第二产业发展速度明显减缓,但保持高依赖度;对第三产业始终保持低依赖程度,但第三产业发展速度逐渐快于全岛产业增长速度,重要性在提升。⑤岱西镇产业经济增长高度依赖第二产业的增长,一、二产业增长速度明显慢于全岛产业增长速度。综上,岱山岛及其四镇产业经济增长高度依赖一、二产业,第二、三产业增长速度明显加快,第一产业增长速度明显减慢。

表 7-1-13　2005、2010、2015 和 2019 年岱山岛及其四镇产业区域类型

区域	年份	一产	二产	三产
岱山岛	2010	高依赖/先导产业	高依赖/先导产业	低依赖/滞后
	2015	高依赖/先导产业	高依赖/滞后	低依赖/滞后
	2019	高依赖/滞后	高依赖/先导产业	低依赖/先导产业
高亭镇	2010	高依赖/先导产业	低依赖/先导产业	低依赖/滞后
	2015	高依赖/先导产业	低依赖/滞后	低依赖/滞后
	2019	高依赖/滞后	高依赖/先导产业	低依赖/滞后
东沙镇	2010	低依赖/先导产业	高依赖/滞后	低依赖/滞后
	2015	低依赖/滞后	高依赖/滞后	低依赖/先导产业
	2019	低依赖/滞后	高依赖/先导产业	低依赖/滞后
岱东镇	2010	高依赖/先导产业	高依赖/先导产业	低依赖/滞后
	2015	高依赖/先导产业	低依赖/滞后	低依赖/滞后
	2019	高依赖/滞后	高依赖/滞后	低依赖/先导产业
岱西镇	2010	低依赖/滞后	高依赖/先导产业	低依赖/滞后
	2015	低依赖/先导产业	高依赖/滞后	低依赖/先导产业
	2019	低依赖/滞后	高依赖/先导产业	低依赖/滞后

7.1.4　产业结构演进机理

根据岱山岛丰富的海洋资源、悠久的渔业生产传统、有限的水土资源等情况,结合前文分析岱山岛产业结构演进的主要驱动力。

(1)海岛资源结构和区域差异。海岛资源结构与大陆资源结构迥异,往往以水土资源短缺,风能、潮汐能、滩涂资源、渔业资源等丰富著称。岱山岛下辖高亭镇、

东沙镇、岱东镇和岱西镇，各镇间因区位差异导致资源结构区别，形成各具特色的产业结构格局。高亭镇和岱西镇有着优良的港湾资源、海岸线资源、滩涂资源，以及便利的水陆交通条件和基础设施环境，前者以船舶修造企业、水产加工、电机、玩具、化纤等行业为主，并趋向集约化发展，成为岱山县最大规模海洋工业特色园区；后者成为以船舶修造和船配工业为主的船舶修造基地，工业特色突出。东沙镇作为中国古镇，有着良好的渔农业基础，丰富的自然旅游资源和相对廉价的劳动力，未来市场开发潜力大，所以该镇主要发展传统汽配、电机、医药化工等轻工业，并鼓励支持和引导家庭作坊、小型私营企业发展，以构建传统特色工业区和旅游发展区。岱东镇靠近高亭镇主城区，主要作为主城区未来空间拓展储备，承接主城区的相关行业转移，如船舶修造、船配、玩具和汽配行业等。

(2)独特历史和社会经济条件制约下的需求结构。首先，岱山岛因交通不便、资源有限等问题，其消费结构长期处于“生理性需求占主要地位的阶段”，保证基本生活需要的产品生产处于较高水平。同时，为实现跨越式发展，紧跟长三角核心城市的发展步伐，岱山县长期保持较高的投资率，大部分资金用于基础设施建设，第二产业依赖于投资但不具造血能力。为保证岱山岛的稳定和繁荣，政府以消费拉动第三产业，高速、低效、低质的粗放经营特征明显，难以对岱山岛一、二产业和整个岱山县产业经济形成带动作用，并因此带来产业结构性矛盾。

(3)传统农业生产的路径依赖。岱山县作为浙江省乃至整个中国的“盐都”和“渔城”，渔业、盐业发展基础深厚，历史悠久。近现代以来，虽然大部分盐田被征收、渔业资源被合并，但仍为岱山岛乃至整个县的高度依赖产业，对区域产业经济的增长贡献极大。另外，农业生产以传统生产方式为主，生产效率低下，位于产业链底端，生产效益不高，增长速度减慢。渔业资源被合并后，大量渔村劳动力被迫转产，劳动力由第一产业流向二、三产业，促成产业结构的转型与升级。政府大力发展新渔农村经济，建设一批现代渔农业产业园区(基地)，促进渔农业与二、三产业融合，积极发展关联劳务经济，解决渔农村产业结构单一的问题。

(4)国际修造船中心向东亚转移，长三角一体化迎来发展机遇。岱山县政府在“十一五”期间紧抓国际修造船中心转移东亚的机遇，在上海国际航运中心快速推动与浙江建设先进制造业基地战略发展机遇期，依托独一无二的区位和港口岸线资源优势，成为浙江省重要的船舶修造业基地，船舶工业在省、市产业独立龙头地位。截至2018年底，岱山县船舶行业产值占全县工业总产值50.1%，对岱山县产业经济增长具有显著的拉动作用。2009年，岱山经济开发区经省人民政府批准开放，强力招商引资，形成船舶工业基地、港口物流基地、临港石化基地和能源基地四个功能区。为此，岱山县政府积极出台产业引进相关优惠政策，完善投资环境；加大基础设施投资，改善交通条件，特别是岛陆连接工程的实现，极大地方便了岛内外及市际间的联系,有效提升岱山岛承接省内沿海地区产业转移的能力。2013年以来,石化产业多迁入岱山各岛。

(5)引进人才,谋求与创新机构合作,联合创新开发和应用。"知识和科学技术是经济增长的主要因素"。"科学技术是第一生产力",知识与科学技术的诞生与发展均依赖于创新的发生。现代农业生产意识和技术缺失是制约岱山岛(县)第一产业现代化的重要因素。无奈,经济发展的滞后、社会资源的不足导致各地劳动力人口流失,田地多荒废、搁置,想在这一背景下实现第一产业的现代化发展更是难上加难。为此,政府引一批中小企业进驻渔农村,发展水产品加工贸易、休闲观光渔业、特色农业等关联劳务经济,创新渔农村产业经营模式,促进第一、三产业结构化升级与产值增长。另外,设立专门研发机构与高新技术创新服务中心,提供技术咨询、评估、专利申报等服务;加强与科研院所的合作,积极引入科研机构与科研项目;加大科技投入,加强新材料、新技术等高新技术的研发和应用,促成海洋、石化、信息等新兴产业的培育和传统产业的转型升级。岱山经济开发区集聚了大量高科技含量的公司和企业,是岱山岛乃至整个岱山县创新活动源地,对岱山岛产业结构演进具有重要的影响。

7.1.5 小　结

通过对2005、2010、2015和2019年岱山岛及其四镇产业结构演进特征与机理的分析,得出结论如下。

(1)岱山岛产业结构与舟山市产业结构相似度与其下辖四镇相比相对较高。产业结构相似系数维持在0.6～0.8,2015年后相似度指数略有下降。原因在于市场机制的完善促使生产活动根据其自身特性和市场需求实现社会劳动分工和专业化生产,这些都必然弱化其"同构化"现象。东沙镇和岱西镇产业结构与岱山岛产业结构"同构化"显著,产业结构相似系数维持在0.8～1.0,并有上升趋势。说明东沙镇和岱西镇产业结构对岱山岛产业结构演进具有举足轻重的作用。

(2)岱山岛及其四镇产业结构非均衡化明显,内部产业结构单一,趋于多样化。2005—2019年,岱山岛及其四镇产业结构熵处于波动变化之中,产业结构演进无序性显著,有序程度呈现高亭镇＞岱东镇＞东沙镇＞岱西镇,二、三产业增加值对产业结构演进有序化作用大,第一产业增加值与有序度呈反比。

(3)岱山岛及其四镇产业结构与就业结构发展不对称,与"二一三"或"一二三"产业结构呈现的特点相比,就业结构先后呈现"三一二"或"三二一"的结构特点。除高亭镇外,第三产业就业比重大于产值比重;岱山岛和高亭镇二、三产业就业比重低于产值比重;东沙镇在2019年出现第一产业就业比重大于产值比重的情况,岱东镇在2015年出现第二产业就业比重高于产值比重的情况。总体来看,岱山岛及其四镇二、三产业偏离度绝对值呈现增大趋势，第三产业偏离度呈现减少趋势，在未来发展过程中第三产业就业结构与产值结构协调度提升，一、二产业协调度降低，束缚了大量的劳动力，特别是第二产业。

(4)岱山岛及其四镇产业结构演进呈现高级化转换趋势，除东沙镇和岱西镇外转换速度持续加快。2010—2019 年岱山岛产业结构由“二三一”转向“三二一”，高亭镇产业结构由“三二一”转向“二三一”，东沙镇由“一三二”转向“二三一”，岱东镇由“二三一”转向“三二一”，岱西镇由“二三一”转向“二一三”。高亭镇和岱西镇出现轻微的产业结构波动现象，但升级趋势依然存在。转换速度的加快与二三产业的快速发展有关。

(5)岱山岛及四镇在 2000、2005、2010、2015 和 2019 年间区域主导产业具有时空差异性。岱山岛、东沙镇和岱西镇第二产业优势度明显，高亭镇和岱东镇第一产业优势度明显；各区域三次产业均呈现无序度、离散程度和不均衡程度强化态势。

(6)岱山岛及其四镇产业经济增长高度依赖一、二产业，第二、三产业增长速度明显加快，第一产业增长速度明显减慢。2010—2019 年，岱山岛产业经济始终高度依赖一、二产业，对第三产业的依赖度极低；高亭镇主要依赖第一产业，对第二产业的依赖呈加剧趋势；东沙镇主要依赖第二产业，对二、三产业的依赖度极低；岱东镇主要依赖第一产业，第二产业的依赖度不稳定；岱西镇与东沙镇类似，高度依赖第二产业。但第一产业增速明显减缓，第三产业发展速度明显加快，具有较大的发展潜力；第二产业还处于发展上升期，发展不稳定。

(7)在岱山岛及其四镇产业结构演进机理分析中，区域资源禀赋和结构差异是基础，政府政策是调控手段，产业转移、传统农业生产惯性和区域需求、消费结构是外部生产环境，知识与创新技术是内因和根本。

7.2 岱山岛非农产业时空格局演替

7.2.1 研究方法与数据来源

7.2.1.1 数据源

研究底图数据是将全国地理信息资源目录服务系统(www.webmap.cn)下载的岱山县 2018 年公开版矢量地图与浙江省统计局公布的《2017 年度浙江省城乡划分地图(舟山篇)》岱山县乡镇村分布图，应用 ArcGIS 10.5 矢量化后配准得到。主要道路、水系等数据来源于全国地理信息资源数据库。点状数据通过高德地图 API 获取，包括企业名称、类别、地址和坐标等属性信息和空间信息，并以《GB/

T4754—2017》行业分类标准为指导,对数据进行筛选和归类。去除一些明显不属于二、三产业且政治性较强的数据,如:农村经济合作社、党政机关与社会组织以及硬件基础设施等,得到较为准确的产业分类数据,继而利用 ArcGIS 10.5 将企业坐标转化为企业矢量数据,探究其分布及演化特征。

7.2.1.2 研究方法

(1)Kernel 网格密度分析

核密度估计是空间分析中最常用的非参数估计法,利用核函数计算同类企业在其邻域边缘的密度,以得到连续、平滑的空间分布形态,直观反映企业点数据的空间集聚程度值①。在核密度估算过程中,点的权重与点距离格网搜寻中心的距离成反比,距离越小权重越大,距离越大权重越小;核密度值愈大说明点分布集聚度愈高②。

$$f_n(x)=\sum_{i=1}^{n}\frac{1}{h^2}k\left(\frac{x-x_i}{h}\right) \tag{7-2-1}$$

式中,$f_n(x)$为核密度值;x 为其余点坐标数据;$(x-x_i)$为点 x 与点 x_i 的距离;h 为距离衰减阈值(宽带),根据多次调试综合考虑光滑程度和保持空间详细程度选择总企业搜索半径为 500m,分行业选择 1500m;n 为宽带内最优企业数量。考虑到模型计算与简化需要,选取 500m×500m 的格网作为输出单元。

(2)标准差椭圆(SDE,Standard deviation ellipse)

标准差椭圆是一种基于研究对象集的空间区位、空间结构和地理范围等要素,从中心度、密集度、展布范围、形状和方向等五个维度揭露研究对象空间分布整体特征及其时空演化过程的空间统计分析法。其中,SDE 中心反映研究对象整体分布在二维空间的相对位置(中心);依据椭圆面积、长轴、短轴的标准距离以及旋转角度等信息观察研究对象的中心趋势、集聚程度和方向趋势。面积越小,长轴和短轴的标准距离越小,研究对象的集聚程度越高,反之,越低。

$$SDE_{(x)}=\sqrt{\sum_{i=1}^{n}(x_i-\bar{X})/n} \tag{7-2-2}$$

$$SDE_{(y)}=\sqrt{\sum_{i=1}^{n}(y_i-\bar{Y})/n} \tag{7-2-3}$$

式中,$SDE_{(x)}$、$SDE_{(y)}$ 分别表示标准椭圆的 X 轴和 Y 轴;(x_i,y_i)表示企业 i 的

① 关伟,焦静,许淑婷.制造业企业的时空格局演化分析——以大连市为例[J].贵州师范大学学报(自然科学版),2020,38(3):13—20.

② 吴丹丹,马仁锋,张悦,等.杭州文化创意产业集聚特征与时空格局演变[J].经济地理,2018,38(10):127—135.

横、纵坐标；$(\bar{X},\bar{Y})$表示研究某类企业所有横纵坐标的平均值构成的企业平均中心点；n 表示该类研究企业的总数量。

(3)平均最近邻分析

平均最近邻用以表征要素全局空间集聚特征。当测量的每个要素与邻近要素的平均距离小于随机分布中平均距离即为集聚状态，反之为分散状态，等于随机分布下的平均距离即为随机分布状态。这里主要用于刻画某一类企业的空间集聚特征。

$$ANN=S_0/S_1 \tag{7-2-4}$$

$$S_0=\frac{1}{n}\sum_i d_i \tag{7-2-5}$$

$$S_1=\frac{1}{2}\sqrt{\frac{A}{n}} \tag{7-2-6}$$

式中，ANN 为平均最近邻指数；S_0 为某一类型企业最邻近实际平均距离；S_1 为随机分布模式下企业间的期望最临近距离；d_i 为最近邻实际距离；A 为研究区域面积；n 为某类型企业数量。当指数大于 1 时，呈离散分布特征；当指数等于 1 时，呈随机分布特征；当指数小于 1 时，呈集聚分布特征。

7.2.2 岱山岛全域非农产业整体发展现状

7.2.2.1 形成由中心城区向外围区域扩散的多中心圈层结构

岱山岛全域呈多核心聚集式分布，分布密度由高亭镇城市中心向外围呈圈层式递减。岱山岛中心城区的非农产业集聚程度最高，形成以高亭镇人民政府为核心的外围扩散式圈层结构，内部圈层包括高亭镇政府、岱山县文化广场附近区域，往外沿着长剑大道、衢山大道、沿港路、蓬莱路、兰秀大道等主要交通干线向周边扩展。另外，岱山经济开发区、山外农贸市场、副食品交易市场等是岱山岛非农产业较为集中的地点。

7.2.2.2 岱山岛非农产业沿交通干线分布且呈连片蔓延态势

岱山岛中心城区非农企业沿着交通干线密集分布，密度核心以沿港东路、沿港中路和蓬莱路为据点向外围逐渐扩散，并沿人民路至岱山县人民政府附近弄潮路段分布。外围圈层沿港东路向东西两侧延伸至闸口社区和大小蒲门村附近区域，沿人民路、长河路和星河路向东延伸，整体呈现连片蔓延的形态。

7.2.2.3 中心城区及外围的非农企业集聚依据行政中心分布呈离散形态

高亭镇城区中心以镇政府为密度核心呈同心圆离散状态最显著，集聚规模大；岱山岛中心城区外围的非农企业集聚规模小，离散分布于各镇政府周边，呈现明显的距离衰减性,即距离岱山岛中心城区越近的行政中心,其非农企业集聚规模越大,而距离中心城区越远的行政中心,其非农企业集聚规模越小。如,岱东镇行政中心周边区域非农企业集聚度高于东沙镇,而东沙镇又高于岱西镇。

7.2.3 岱山岛非农产业集聚特征分析

岱山岛制造、居民服务修理、信息技术、交通运输、建筑、房地产、批发零售、住宿餐饮、金融、租赁、教育、医疗、能源供应与生产类企业数分别为200、845、31、94、369、188、1363、165、10、83、134、15个。对不同行业的非农企业进行核密度估计,发现批发零售业、住宿餐饮业和居民服务、修理及其他服务业的数量和集聚程度较高,自高至低依次为:批发零售业,住宿餐饮业,居民服务、修理及其他服务业,文化、体育与娱乐休闲业,建筑业,房地产业,金融服务业,信息传输、软件和信息技术服务业,制造业,教育业,电力、热力、燃气及水生产和供应业,商务租赁服务业。商务租赁服务企业和电力、热力、燃气及水生产和供应企业数量相对较少,空间分布相对比较分散。

7.2.3.1 制造业高密度区分布区位存在明显的海岸带、交通干线和行政指向性

岱山岛资源匮乏、交通不便,极大程度上限制了制造业的发展。岱山县当局为适应经济发展需要和环境保护政策,规划建设岱山经济开发区,全岛的大部分制造业被集中到这一区域进行集中规模化生产和管理。制造业集中程度较高,呈现明显的核心—外部圈层结构。制造业高密度区有二:最大集聚中心位于浪激渚社区附近,另外一个位于高亭镇镇政府周边。以浪激渚社区为核心,由沿港西路、高东线和何桥线和浪塘线围合区域,是岱山岛经济开发区,船舶修造、机电生产等均集中分布于此。该区域作为岱山经济开发区,制造业分布数量多,规模大,集聚效益明显;政府支持,基础配套设施完善;靠近主城区,劳动力充足,距离市场近,是良好的制造企业分布选址处。

另外三个核心分布于高亭镇、东沙镇、岱东镇以及岱西镇行政中心附近,具有明显的行政指向性。行政中心及其周边区域发展时间早,发展速度快,相关配套设施完善,相对一般区域具有一定的分布优势。

7.2.3.2 居民服务、修理及其他服务业、房地产业、住宿餐饮业和批发零售业以及租赁商务服务业集中分布于岱山高亭主城区,区位指向消费密集区

从总体分布形态看,均位于靠近岱山岛中心城区的位置,密度较高,呈面状集聚。近郊区域沿交通干道呈带状分布;远郊区域呈点状分散分布,聚集性弱,离散性较强,密度较低。密度核心区均位于人民路西南段、路峰景湾隧道(在建)以及沿

港中路封闭区,其核心点沿蓬莱路分布于道路两侧,尤以交通要道交叉口位置聚集最多,可见该四大行业具有较高的交通可达性要求,方便居民、客户来往寻求服务、消费以及转运。分布具有较强的市场指向性,偏向分布于社区居民住宅区(市场)。在沿港路、长河路、蓬莱路附近住宅区遍布,该四大行业集聚度明显高于其他区域;其他区域未出现集聚中心,说明该行业的集聚要以住宅区(人口)的集聚度为前提,只有当住宅区(人口)的集聚度达到一定标准后才有可能出现该行业的集聚。可推,该处应是岱山岛人口高密度集聚区;房地产业本身只限存在于市区,以商品房的开发和销售为主营业务,核心城区是商品和客户的集聚区,自然也是房地产业的集聚区;住宿餐饮业和批发零售业是直接为居民提供生活服务和消费品的行业,其分布区位市场指向性是最突出的;租赁商务服务业以服务商业为主要目的,与住宿餐饮业、批发零售业、房地产业分布相近。

7.2.3.3 信息传输、软件和信息技术服务业分布出现双密度核心,技术人才指向性显著

该行业双核心分布于蓬莱社区附近和东海村的东侧,密度不高;企业主要沿蓬莱路、山外路和鱼山大道呈带状分布;在清泰路、路峰景湾隧道和沿港中路围合区域零散分布,集聚度较低;在衢山大道、弄潮路和拾贝路围合区域分布集聚度较高,高于蓬莱社区附近的最高密度值,可见东海村东海岸才是该行业在岱山岛的主要集聚区。东海村东海岸是岱山县新开发区,以高级住宅、学校、商会大厦、文化博物馆、体育馆等高级配套设施为主,环境优良,能够满足相关技术产业的开发和生产需求。另外,城市住宅区的等级分层与人口素质的等级分层存在一定的相关关系,是人口在城市区域分层的客观因素和表现,住宅小区层次与人口素质成正比。

7.2.3.4 交通运输、仓储和邮政业具有极强的市场指向性和行政指向性,均分布于行政中心附近

交通运输、仓储和邮政业属于为生产和生活服务的基础配套设施,生产和生活活动集聚区往往是其有限选址点。高亭镇是岱山岛的主城区,生产、生活活动密集,人口、货物流量大,对交通运输、仓储和邮政服务的需求量大。该区域不仅是高亭镇镇政府所在地,更是岱山县县政府旧址,其他基础设施配套完善,产业规模较大,人口集聚度高。中国历来存在通过搬迁行政中心而实现经济中心和文化中心转移的现象,2010 年岱山县县政府由日达广场东南角迁至高亭镇鱼山大道 681 号。该行业存在明显的内部转移现象,新开发区密度升高。东沙镇镇政府附近出现次级中心,密度小,范围大,主要围绕桥头社区分布,交通线路交叉口密度值最高。该区域属东沙镇核心城区,人口密集,对交通运输等服务的需求较大;位于交岔路口一方面方便人流、货流的转运,另一方面是方便人流、货流的聚集。

7.2.3.5 建筑业集聚程度高、分布范围大,主要沿交通干线和海岸带分布,存在明显的交通、市场指向性

该行业主核心区分布于沿港东路、蓬莱路、人民路和长剑大道围合区域,核密度高达23.83～55.82个/km^2。企业主要沿人民路和沿港路及东南沿海带呈带状分布于道路两侧和海岸带里侧。海岸带附近海运便利,对外联系方便,可能与建筑材料的运输有关。岱山岛很多的材料依赖大陆输入,特别是部分建筑材料,如板材、乳胶漆、钢筋等材料,所以该行业分布的交通指向性明显。市场指向性主要是因为建筑材料的体积庞大,距离市场过远会大大增加运输成本,从而增加生产者和消费者的压力。该行业主要集中分布在高亭镇、东沙镇和岱东镇。

7.2.3.6 金融服务业与文化、体育和娱乐业分布范围广,主次集聚中心集聚度差异大,交通指向性显著

从分布形态看,这几个行业均呈现面状分布集聚状态,近郊区密度值高,远郊区密度值偏低,主次中心集聚度差异大,总体上分布范围较广,其中文化、体育和娱乐业分布更广。金融服务业与文化、体育和娱乐业以提供居民或企业金融服务和休闲娱乐服务为主要目的,城市中心、镇中心人口企业聚集处分布集聚度较高;作为基础服务设施,政府在规划批建的过程中,将零散分布于村落中的居民对金融服务、休闲娱乐等服务的需求考虑其中。而岱山岛作为岛屿城市,自然村零散分布特征明显,与两类行业分布范围广、主次中心集聚度差异大,且存在明显相关关系。主核心区的企业主要分布于交通要道的两侧,次核心区的企业分布于道路交叉口,对交通的通达性存在一定的要求。相比较而言,文化、体育和娱乐业的交通指向性稍弱一些,离散程度较高。金融服务类企业核心区主要分布在人民路、沿港路和路峰景湾围合区,相关企业分布于鱼丰一弄、海山弄、校园弄、友谊路等乡镇街道两侧,带状分布明显;文化、休闲和娱乐业多分布于交岔路口,但无明显沿道路呈带状分布状态,分布范围、离散度较金融业高一些。

7.2.3.7 教育业与卫生和社会工作服务业分布范围广,市场指向性显著

教育业与卫生和社会工作服务业属全民服务业,其分布大多根据居民住宅区的分布而设置,并存在一定的门槛限制,即最低服务人口。岱山岛属海岛城市,地形起伏坡度大,多丘陵坡地地形,这样的地形地势决定了海岛村落分布分散、规模小等特点,从而影响了教育业和医疗卫生社会工作服务业的选址。政府根据区域人口分布批设学校或医院,城区人口集聚度高,所以学校、医疗等卫生机构的密度相对较高。岱山北部大部分区域村落分散、人口集聚度低,政府通过合并的方式建设学校或医疗机构,其集聚度明显低于主城区。另外,卫生和社会工作本以救死扶

伤为天职，指向市场是必须的。

7.2.3.8 电力、热力、燃气及水生产和供应业分布范围小，集聚程度低，分布区域受限

岱山岛作为海岛城市，资源、能源匮乏，很多的资源和能源依赖于大陆输入，电力和水源不足较为显著。岱山电力来源有二：一是舟山本岛（或宁波）输入，二是本岛风力发电、水力发电。水源主要来自岛外输入、海水淡化和水库蓄存。2019年，岱山岛总人口约12万，高亭镇主城区人口占67%左右，超过半数，所以高亭镇不仅仅是岱山岛的主城区，更是岱山岛乃至岱山县的人口集聚中心、经济中心、文化中心和政治中心，能源、资源供应以服务该区域为主，相关企业选址多集聚于此。无论是电力还是水源，输送成本很高，但电力生产又存在一定污染，所以选址必须科学。通过深入分析发现，电力生产和供应公司位于稍远离主城区的东部新开发区，交通便利，与市场的距离合适；燃气供应公司分布稍偏北一些，距离主城区稍远一些，利于保证主城区的安全。水源的生产和供应相对复杂一些，如果是岛外输入，减少管道输送成本是主要的；如果是海水淡化，那靠近海洋选址、一定的技术设备支持是必需的，经济开发区东端是地址首选地；如果是水库储蓄供水，对地形的要求比较高，岱山县自来水公司即分布于小高亭水库下。

7.2.4 岱山岛非农产业时空演化分析

7.2.4.1 岱山岛非农产业时空演化特征

岱山岛非农产业在2010年后进入快速发展阶段，人地关系日益紧张，故截取2010、2013、2016和2019年岱山岛非农企业数据，利用包含距离中约80%要素的方法进行标准差椭圆识别集聚区时空演变特征。①2010—2019年岱山岛非农产业企业数量显著增加，各类企业均呈现增长态势，其中制造业增长幅度最大。②2010—2019年非农产业呈现集聚态势。2010年非农产业标准差椭圆面积为51.75km²，2019年标准差椭圆面积为40.55km²。椭圆面积显著减小，反映出非农产业呈显著的集聚趋势。③椭圆中心坐标变化不大，表明非农产业集聚中心依然位于岱山岛高亭镇主城区。椭圆旋转率由2010年的132.83°变为2019年的133.39°，说明2010年以来岱山岛非农产业集聚方向有较小变动，西南方向的企业数增加较多。

7.2.4.2 岱山岛各类非农产业分布时空演化特征

岱山岛非农产业的典型行业均呈现不同程度的集聚态势，新增企业集聚与分散的演变趋势不尽相同（表7-2-1）。

表 7-2-1　2010、2013、2016 和 2019 年岱山岛非农企业空间集聚类型

年份		全部产业	制造业	居民服务、修理及其他服务	信息传输、软件和信息技术服务	交通运输、仓储和邮政	建筑业	房地产业	批发零售	住宿餐饮	金融	租赁和商务服务	教育	文化、体育和娱乐	卫生和社会	电力、热力及水生产和供应
2010	Z	−33.19	−11.31	−6.18	−5.92	−3.66		−6.48	−15.02	−17.84	−12.95	5.36	−7.45	−12.15	−12.59	7.12
	R	0.27	0.33	0.48	0.39	0.63		0.56	0.16	0.25	0.28	2.14	0.36	0.11	0.27	2.66
	P	0	0	0	0	0		0	0	0	0	0	0	0	0	0
	d(m)	85.24	491.6	984.08	971.51	1472.31		994.77	254.25	364.66	428.68	377.01	830.75	199.93	457.96	3143.97
	集聚特征	强烈集聚	比较集聚	比较集聚	比较集聚	一般集聚		一般集聚	强烈集聚	比较集聚	比较集聚	离散	比较集聚	强烈集聚	比较集聚	离散
2013	Z	−43.95	−14.82	−23.63	−9.25	−6.23	−5.44	−9.59	−38.36	−30.27	−17.26	22.3	−11.86	−18.59	−15.87	1.73
	R	0.23	0.27	0.24	0.28	0.38	0.39	0.36	0.14	0.2	0.21	4.69	0.25	0.28	0.25	1.4
	P	0	0	0	0	0	0	0	0	0	0	0	0	0	0	0.08
	d(m)	56.32	374.59	230.69	556.64	890.56	846.4	380.82	87.78	220.73	271.03	2939.51	419.56	378.98	344.78	1657.51
	集聚特征	强烈集聚	比较集聚	强烈集聚	比较集聚	比较集聚	比较集聚	比较集聚	强烈集聚	比较集聚	比较集聚	离散	比较集聚	比较集聚	比较集聚	一般集聚

续表

年份		全部产业	制造业	居民服务、修理及其他服务	信息传输、软件和信息技术服务	交通运输、仓储和邮政	建筑业	房地产业	批发零售	住宿餐饮	金融	租赁和商务服务	教育	文化、体育和娱乐	卫生和社会	电力、热力及水生产和供应
2016	Z	−48.13	−20.69	−37.28	−11.14	−8.14	−5.21	−23.74	−23.3	−38.3	−17.57	−6.29	−13.27	−17.94	−17.47	5.55
	R	0.26	0.27	0.17	0.28	0.33	0.41	0.21	0.16	0.18	0.21	0.3	0.22	0.32	0.23	2.3
	P	0	0	0	0	0	0	0	0	0	0	0	0	0	0	0
	d(m)	60.58	286.16	111.15	486.28	635.29	892.12	185.22	166.09	130.31	259.08	263.67	347.57	357.2	295.87	6322.41
	集聚特征	强烈集聚	比较集聚	强烈集聚	比较集聚	比较集聚	一般集聚	强烈离散	强烈集聚	强烈集聚	比较集聚	比较集聚	比较集聚	比较集聚	比较集聚	离散
2019	Z	−148.98	−19.73	−50.27	−5.62	−14.58	−32.94	−19.85	−67.63	−55.66	−20.07	22.3	−14.05	−31.29	−13.04	−2.98
	R	0.21	0.27	0.1	0.46	0.21	0.1	0.24	0.11	0.12	0.18	4.69	0.19	0.26	0.35	0.58
	P	0	0	0	0	0	0	0	0	0	0	0	0	0	0	0
	d(m)	21.61	388.32	63.1	386.26	283.69	90.71	316.65	37.46	49.22	239.93	2939.51	287.35	236.44	327.54	2459.98
	集聚特征	强烈集聚	比较集聚	强烈集聚	比较集聚	比较集聚	强烈集聚	比较集聚	强烈集聚	强烈集聚	强烈集聚	离散	强烈集聚	比较集聚	比较集聚	一般集聚

(1)制造业在2010年集聚分布于沿港中路、长河路和康嘉路封闭区,高亭镇、岱山县行政中心附近,以及岱东镇、东沙镇和岱西镇行政中心连线一带,密度偏低;2013年,岱东镇、东沙镇和岱西镇行政中心连线一带集聚趋势明显,向岱东镇及东沙镇行政中心附近集聚,总体密度升高;2016年,岱东镇、东沙镇和岱西镇行政中心连线一带集聚趋势再次加强,出现三级中心,核密度再次提高;2019年,岱东镇、东沙镇和岱西镇行政中心连线一带向沿港中路和东路一带集聚,沿港路一带密度值显著增加。

(2)居民服务、修理及其他服务业与制造业变化趋势总体上一致,2010—2019年分布范围缩小,向人民路、沿港路以及衢山大道围合区集聚,该区域密度值由2010年的4～6个/km^{2}升高至2019年的108～124个/km^2。

(3)信息传输、软件和信息技术服务总体趋势与前两类产业类似,各年间演变存在细微差异。前后两期分布范围均比较小,集聚程度高;2013年和2016年扩散较为明显,密度值<1,分布范围扩大至岱山岛整个东南角,以环城北路为界;岱山岛北部由围绕行政中心同心圆状分布扩大至条带分布。产生以上现象的原因可能与部分区域人口流失、经济发展滞后相关。

(4)交通运输、仓储和邮政业集聚中心在2010—2019年间发生明显变动,企业数量明显增加,集聚程度总体上提高。密度值由2010年的2～4个/km^{2}增加至2019年的6～8个/km^2,企业数量和集聚程度明显增加;2013年集聚中心与2010、2016以及2019年均不同,密度核心偏向高亭镇东海岸一侧,可能与高亭新城客运中心、金湾码头的建设有关。

(5)岱山岛建筑业的发展兴起并蓬勃发展于2010年之后,在2010—2019年间企业数量加速度增长,集聚趋势显著加强,至2019年左右达到相对稳定状态。2013年建筑业分布集中于东部新开发区,适应岱山岛新开发区发展建设的需要;2016年开始集聚,形成两个分别以高亭镇行政中心和东沙镇行政中心为中心的高密度区;2019年集聚趋势进一步强化,出现第三个以东沙镇行政中心为核心的高密度区,东南部以高亭镇行政中心为核心的高密度区范围沿港路和衢山大道扩散,密度由2010年<1个/km^{2}提高至2019年的33～61个/km^2,这与岱山岛的新城开发、旧城改建规划密切相关。

(6)房地产业包括房地产开发、房地产销售等行业,该产业仅存在于城镇,乡村地区少有,其集聚分布特征由其本身属性所决定,但其分布特征演变与人口流动、土地利用规划等因素有关。岱山岛房地产业分布范围明显缩小,2010年遍布岱山岛各区域,2019年集聚至岱山岛东南角区域,可能与岱山岛中北部发展滞后和人口流失有关。

(7)商品批发零售业务在2010—2019年分布范围出现波动性变化，总体集聚趋势不变，集聚中心始终分布在高亭镇行政中心附近，近年来稍有变动，2013和2016年稍向东北侧偏转，可能与岱山县行政中心的转移有关；2019年密度核心归位，集聚程度显著提高，密度值由2010年的2.1～2.4/km^{2}增加至2019年的248～350个/km^2，从侧面反映出岱山岛区域发展的不平衡，高亭镇东南角发展实力明显强于其他城镇。

(8)住宿餐饮业与商品批发零售业演变基本保持一致，集聚中心在2013和2016年稍向岱山县行政中心偏转，2019年归位，密度值明显提高；与其余三镇相比发展实力明显较强。金融业在2010—2019年间分布范围变化较小，一直保持较大的分布范围；密度值呈现增加的趋势，说明数量增加。金融服务属居民基础服务，虽除高亭镇外其余三镇人口均呈现减少趋势，但基础服务依然要保证供给；高亭镇作为本县人口和产业集聚地，增加金融服务企业以满足经济发展需求。

(9)商务租赁服务业因其业务的特殊性，分布范围有限，均集聚分布于高亭镇主城区，市场指向型明显，所以在2010—2019年间分布范围虽有扩大的趋势，但变化较小，集聚中心依然保持在高亭镇东南角；核心密度值变化差异小，可见该行业在该区域的发展并不好，可能与区域产业结构相关。

(10)教育业分布范围广，由多中心转变为三中心，集聚趋势明显。2010年，岱山岛教育培训学校呈多中心离散分布，主城区为最大密度核心，其集聚程度高；其他区域密度核心相对较低，且均分布于行政中心附近。2013年，岱西镇附近集聚中心消失，在东沙镇和岱东镇分布范围扩大；2016—2019年分布范围急剧缩小，但人民路、沿港东路和衢山大道围合区域分布范围显著扩大，集聚程度由2010年2.7～3.3个/km^{2}增至2019年4～5.7/km^2。

(11)文化、体育和娱乐业在2010—2019年间历经发展—蓬勃发展—收缩三个阶段，在未来的发展过程中有可能收缩至一定程度而保持稳定状态。2010年，该行业企业分布除高亭镇主城区外，其余的次级中心均分布于本岛北部沿海区域，靠近东沙古镇、中国海岬公园和鹿栏晴沙风景区，可见该行业的发展与旅游业密切相关；2013年和2016年，该行业分布范围显著扩大，主要集中于本岛中东部区域，西部区域分布极少；2019年，分布范围缩小，形成“四行政中心、三集聚核心”的分布格局，高亭镇附近的集聚度显著提高，分布范围有些许增加。这说明该行业的发展主要集中于主城区，次级城区发展缓慢，集聚趋势明显。

(12)卫生和社会工作服务业分布状态与演变趋势和教育业与文化、体育和娱乐业基本一致，从早期的零散广域分布演变到后期的集中局域分布，集聚趋势明显，精简化针对性发展。

(13)电力、热力、燃气及水生产和供应业总体布局变化较小，主要体现在两个方面:①密度核心值增加,集聚度提高;②2016 年后县行政中心出现次级中心,新开发区获得发展。以上两个变化主要源于主城区经济和人口的集聚以及行政中心的牵引。另外,受区域交通和地形地势的影响,该行业分布受限显著。

7.2.4.3 岱山岛各类非农产业集聚度存在明显变化

各类非农产业企业平均最近邻距离测算结果显示:①2010—2019 年,岱山岛非农产业除商务租赁服务业外,均呈现集聚特征,且集聚度提高。2010 年,全部产业平均最近距离为 85.24m,平均最近邻指数为 0.27;2019 年,全部产业平均最近距离为 21.61m,平均最近邻指数为 0.21。2010 年,各行业平均最近距离为 199.93~3143.97m,平均最近邻指数为 0.11~2.66;2019 年,各行业平均最近距离在 37.46~2939.51m,平均最近邻指数为 0.10~4.69。②各行业各年间集聚存在差异,集聚度变化亦不同。各类非农产业集聚特征按照 R 值和 d 值划分为强烈、比较、一般集聚和离散四类,其中 2010 年文化、体育和娱乐业集聚程度最高,为强烈集聚;商务租赁与电力、热力、燃气及水生产与供应业 9 年间集聚程度最低。制造业、信息传输、软件和信息技术服务业、批发零售业、卫生和社会工作集聚程度基本稳定,居民服务、修理及其他服务、交通运输、仓储和邮政、建筑业、房地产业、住宿餐饮、金融、教育集聚程度显著提高。

7.2.4.4 岱山岛非农产业集聚成因分析

(1)海岛地区本地特征决定

岱山岛属大陆基岩岛,是浙东北丘陵山地的一部分,地质坚硬,整体性好;山麓沟谷区地基土承载力均大于 100MPa,平地区除滨海地带 40m 以上,大部分区域桩尖极限阻力超过 1800kPa,工程地质条件好,为基础设施、工业选址提供了良好的条件。海岛区域土地资源局限性大,生活用地、产业用地与生态用地间存在竞争,良好的地质为产业发展准备了充足的空间,同时提高了土地资源的利用率与效益率。

地貌以海岛丘陵为主,地势东高西低,平地西多东少。东部区域多丘陵,丘陵面积约占海岛面积 38%,以东南部磨心山为最高(257.1m);沿海多滨海平地,东西部沿海区域多盐业区,中部为种植区,现多被征用。岛上河流众多,但短小,流量少,呈放射状从中部流向四周。这样的地形地貌决定了产业布局多选址于海岛四周的平地,便于建设,且位于河流的入海口,水资源相对丰富;平地区交通等基础设施更为完善,方便原料、产品生产与销售;靠近港口,海运便利。岱山岛北、东、西海岸线较为曲折,多发展为壮观的海岬景观;南边岸线较为平顺,是岱山岛重要的海港分布区。通过产业分布特征分析发现,南边沿海一带是重要的制造业分布区域,与其便利的海运条件、完善的基础设施分不开;北、东、西岸多发展海景观光休闲旅游业。

(2)城市发展及历史遗留

岱山岛下属的高亭镇、东沙镇、岱西镇和岱东镇发展差距明显，产业选址存在明显经济趋向性。东沙镇是岱山县历史上的行政中心、经济中心乃至文化中心，具有悠久的发展史。康熙年间，因其靠近大黄鱼产地岱瞿洋并具有优良的港湾条件，成为舟山渔场著名的“东沙渔港”。每逢鱼汛，江苏、浙江、福建、上海诸省市沿海渔船聚集东沙，船以千计，人达数万，足以显示当时东沙渔港的兴旺发达。渐渐地，东沙也就成了远近闻名的商业贸易区，形成了历史上著名的一景“横街渔市”。直至20世纪60年代后，岱瞿洋渔业资源衰退。该港从兴旺逐渐走向衰落，很多产业随着行政中心的搬迁而转移至本岛南部的高亭镇。目前，东沙镇作为岱山县旅游景点，吸引了大量的休闲旅游业、住宿餐饮业的集聚。

新中国成立后，高亭镇凭借其优良的港外资源、土地资源、联系本岛的重要交通等区位条件成为全县政治、经济、文化、交通和旅游中心。完善的基础设施、便利的岛内外交通，吸引了大批量的产业和人口的集聚，成为岱山岛产业和人口集散中心。岱西镇和岱东镇在发展的过程中逐渐滞后，人口、产业流失明显，未出现明显的产业集聚现象。

(3)政策扶持

政策扶持是推动岱山岛非农产业集聚形成和发展的重要动因之一。政府主导规划岱山经济开发区，更容易获得融资、税收、用地、人才引进等方面的支持，有助于中小型企业的发展，便于集群形成规模效应。岱山经济开发区于1994年经省人民政府批准为省经济开发区，面积为12.3km^2；2009年12月为有效整合发展资源，扩大面积至82.64km^2，岸线100km，开发区域全景对外开放。岱山经济开发区目前已经形成船舶修造、船配制造、汽配制造、水产加工及传统产业等产业区块，集聚效应显著。2011年，舟山群岛新区发展规划被列入国家“十二五”发展规划中，《浙江海洋经济发展示范区规划》将舟山作为产业带的核心区域定位，岱山县成为省人民政府钦定的船舶修造基地。岱山经济开发区作为舟山北翼重要的战略拓展空间，紧紧抓住发展机遇，推进了开发区海洋经济的集聚、转型与提升。

7.2.5 小　结

利用2010、2013、2016和2019年岱山岛非农企业数据，运用标准差椭圆、核密度分析和平均最近邻指数等空间统计工具，分析了岱山岛非农产业及各行业的集聚特征和时空演变态势。

(1)岱山岛全域非农产业形成由中心城区向外围区域扩散的多中心圈层结构。全域呈多核心聚集式分布，分布密度由高亭镇城市中心向外围呈圈层式递减；非农企业沿交通干线分布且呈连片蔓延态势,密度核心以沿港东路、沿港中路和蓬莱路为据点向外围逐渐扩散,外围圈层沿人民路、长河路和星河路向东延伸;中心城区及外围的非农企业集聚依据行政中心分布呈离散形态。较中心城区,外围区域非农企业集聚规模较小,在镇级行政中心附近形成小密集区。

(2)岱山岛四镇各非农企业空间分布存在一定差异性。制造业高密度区分布区位存在明显的海岸带、交通干线和行政中心指向性;居民服务、修理及其他服务业、房地产业、住宿餐饮业和批发零售业以及租赁商务服务业集中分布于岱山高亭主城区,区位指向消费密集区;信息传输、软件和信息技术服务业分布出现双密度核心,技术人才指向性显著;交通运输、仓储和邮政业具有极强的市场指向性和行政指向性,均分布于行政中心附近;建筑业集聚程度高、分布范围大,主要沿交通干线和海岸带分布,存在明显的交通、市场指向性;金融服务业与文化、体育和娱乐业分布范围广,主次集聚中心集聚度差异大,交通指向性显著;教育业、卫生业和社会工作服务业分布范围广,市场指向性显著;电力、热力、燃气及水生产和供应业分布范围小,集聚程度低,分布区域受限。

(3)岱山岛非农企业集聚程度有明显变化。2010—2019年,岱山岛非农企业数量显著增加,各类企业均呈现增长态势与集聚态势,不同行业间存在差异,制造业数量增幅最大;制造业、信息传输、软件和信息技术服务业、批发零售业、卫生业和社会工作集聚程度基本稳定,居民服务、修理及其他服务、交通运输、仓储和邮政、建筑业、房地产业、住宿餐饮、金融、教育集聚程度显著提高。

7.3 岱山岛产业演替对土地利用与淡水资源的影响

土地资源和淡水资源是海岛地区的紧缺型资源,与人类生产、生活活动相互影响、相互制约。土地资源是人类生存的基本物质,承担着提供生产用地、生活用地、食物生产的主要功能。近些年来,海岛地区随着城市化进程和工业化进程的不断推进,海岛土地资源的食物生产功能日益下降,植被破坏、生物多样性受损等问题日益突出,对海岛生态系统服务产生了较大的影响;生产用地无限扩大,生活用地受压缩明显。淡水资源是维系海岛人口和产业生存的决定性因素,协调海岛产业、人口及生态间的用水结构具有重要的意义。本章节内容以岱山岛土地资源、淡水资源为研究对象,首先探讨了两种资源利用结构的时空特征,再分析了岱山岛产业结构演替与两种资源利用结构变化的协调性,以厘清岱山岛产业结构演替对当地土地资源和淡水资源的影响。

7.3.1 产业演替对土地利用的影响

7.3.1.1 数据源与研究方法

(1)土地利用结构数据源

土地利用数据、乡镇矢量边界数据分别来自中国科学院资源环境数据中心网站和岱山县国土局土地利用变更调查数据库，乡镇矢量边界采用2017年更新版。借助ArcGIS 10.5将矢量边界与土地利用数据进行叠加，对研究区域的土地利用进行分乡镇合并，每个乡镇各地类的面积比作为研究的基础数据(表7-3-1)。

(2)土地集约利用数据源

产业类指标基础数据来源于2005、2010、2015和2019年《岱山县统计年鉴》《岱山县县志》和《舟山市统计年鉴》，其中生产总值(GDP)、二、三产业产值、总人口、固定资产投资额和社会消费品零售总额等原数据来源于《岱山县统计年鉴》和《舟山市统计年鉴》；第二产业从业人数、第三产业从业人数以及非农人口原数据来源于《舟山市统计年鉴》分乡镇基本情况部分；最新的产业产值及人口、从业人数等数据源自eps数据平台的数据资源(http://olap.epsnet.com.cn/data-resource.html)与岱山统计官方微信公众号的统计信息月卡。道路铺装面积由原岱山县交通运输局提供；建成区面积根据土地利用矢量图，借助ArcGis10.5提取计算获得。

(3)研究方法

1)土地利用结构特征分析法

土地利用数量、空间结构特征和空间结构生态效益是土地利用结构特征的三大表现形式。其中，土地利用数量结构特征主要从土地利用多样性、集中性和组合特征三个方面来描述；土地利用空间结构特征从土地类型离散程度(区位熵)、空间集散程度(洛伦兹曲线与空间基尼系数)来描述；土地利用空间生态效益借助土地利用生态效益以及因结构变化而发生变化的土地利用结构效益表达。

详细分析方法及相关公式与含义见表7-3-2。

表 7-3-1　2000、2005、2010、2015 和 2018 年岱山岛四镇土地利用数量结构(%)

	2000 年					2005 年							2010 年			
土地利用类型	高亭镇	东沙镇	岱东镇	岱西镇	岱山岛	高亭镇	东沙镇	岱东镇	岱西镇	岱山岛	高亭镇	东沙镇	岱东镇	岱西镇	岱山岛	高亭镇
草地	0.31	0	0	0	0.10	0.31	0	0	0	0.10	0.32	0	0	0	0.11	0.31
耕地	36.83	55.81	61.19	53.31	48.97	36.64	47.00	51.24	45.51	44.45	37.71	61.92	54.50	51.02	49.82	37.73
建设用地	32.04	2.44	6.03	31.87	21.92	25.68	30.68	6.84	35.87	24.41	28.64	13.38	6.64	33.04	20.74	28.68
林地	27.85	39.58	32.14	10.86	26.49	33.60	21.03	40.71	13.41	28.26	29.92	23.26	37.72	11.20	26.65	29.87
水域	2.97	2.17	0.64	0.62	1.75	3.63	0.90	1.17	1.43	1.93	3.30	1.02	1.09	1.30	1.86	3.29
未利用地	0	0	0	3.34	0.742	0.13	0.39	0.05	3.78	0.86	0.12	0.41	0.05	3.44	0.82	0.12

	2015 年				2019 年											
土地利用类型	东沙镇	岱东镇	岱西镇	岱山岛	高亭镇	东沙镇	岱东镇	岱西镇	岱山岛							
草地	0	0	0	0.11	0.07	0	0	0	0.03							
耕地	61.91	54.51	51.04	49.83	19.69	39.16	21.00	54.74	31.88							
建设用地	13.41	6.65	33.03	20.76	34.70	6.08	6.24	25.04	19.58							
林地	23.26	37.75	11.15	26.63	45.31	51.80	72.12	17.34	46.96							
水域	1.00	1.08	1.32	1.85	0.22	2.95	0.64	2.87	1.55							
未利用地	0.42	0	3.46	0.81	0	0	0	0	0							

资料来源:根据土地利用遥感解释矢量数据提取计算而得

表 7-3-2　土地利用结构特征分析法及公式与相关参数涵义

土地利用分析项目	土地利用分析指标	公式	公式参数及相关涵义	备注
土地利用数量结构特征	土地利用多样性	$G=\sum_{t=1}^{n}x_t^2/(\sum_{t=1}^{n}x_t)^2$　(7-3-1)	G 为多样化指数，理论最大值为$(n-1)/n=5/6=0.8333\cdots\cdots$。$n$ 为研究区域土地利用总类型数，x_t 为第 t 类土地面积百分比。G 的取值范围 [0,1]，与土地利用多样性程度成正比，值越大，越多样化。当 $G=0$ 时，表明研究区域仅存在一种土地利用类型；当 $G=1$ 时，表明研究区域土地利用类型多样化程度极高，超过理论最大值，这种情况一般不存在	
	土地利用集中性	$I=\frac{A-R}{M-R}$　(7-3-2)	I 为集中化指数，A 为各土地利用类型面积累计百分比；M 为假设土地集中分布时的面积累计百分比之和。假设研究区域有 n 种土地利用类型，则 M 的值为 $n\times100$	岱山岛共有 6 种土地利用类型，所以 M 为 600。R 为高一层次研究区域各土地利用类型面积累计百分比之和，岱山岛 $R=1/6\times100+2/6\times100+3/6\times100+4/6\times100+5/6\times100+6/6\times100=116$
	土地利用组合特征	威弗—托马斯组合系数法	土地利用组合分析包括组合系数和组合类型两大块，组合系数用以表征研究区域土地利用结构的类型特征，组合类型用以表征研究区域主要的土地利用类型，能够很好地刻画区域土地利用类型特征。目前多采用威弗—托马斯组合系数法，该系数法的核心是比较实际分布与各假设分布之差，通过计算获得一个接近实际分布的假设分布	具体步骤：①排序：按照各地类面积相对比例由大到小排列。②分布假设：假设该区域只分布第一种地类，则该地类比例为100；假设该区域分布第一、二种地类，则这两种地类的比例均为 100/2=50；假设该区域分布第一、二、三种地类，则这三种地类的比例均为 100/3=33.33……。以此类推，直至六种地类均有分布。③计算比较差：将每一种假设分布比例状况与实际分布状况进行比较，获得分布差，并计算分布差的平方和，即为组合系数。④选择组合系数与组合类型：一种假设分布对应一个组合系数，组合系数值最小的即为该区域组合系数，该组合系数对应的分布假设即为组合类型

续表

土地利用分析项目	土地利用分析指标	公式	公式参数及相关涵义	备注
土地利用空间结构特征	区位熵	$Q=\frac{l_i/\sum_{j=1}^{n}l_i}{L_i/\sum_{j=1}^{n}L_i}$ (7-3-3)	Q 为区位熵，l_i 为某区域第 i 类土地利用面积，$\sum_{j=1}^{n}l_i$ 为高一层次第 i 类土地的总面积；L_i 为某区域土地利用总面积，$\sum_{j=1}^{n}L_i$ 为高一层次土地利用总面积，n 为第一层次研究区数，j 为某一区域，这里的 $n=4$。一般地，区位熵越大，表示区位优势越强，某地类越重要，相对于高一层次研究区域土地类型越集聚	区位熵在土地利用研究领域主要用以表征各地类区位优势和重要性以及相对于高一层次研究区域的土地类型集散程度，能够为区域产业结构调整提供参考
	空间洛伦兹曲线		洛伦兹曲线主要用来判断资源要素等的分配状况，曲线越弯曲意味着距离绝对均匀线越远，分布越不均衡，离散程度越低，越集中；反之亦然。它是学界研究集中与离散的重要方法	这里主要用作土地资源各地类配置均衡性判断法，判断岱山岛 2000—2018 年土地资源类型分布情况
	空间基尼系数	$G_i=\frac{A}{A+B}=\frac{\sum_{i=1}^{n}\frac{1}{2}\times(X_i-X_{i-1})\times(Y_i+Y_{i-1})-5000}{50000}$ (7-3-4)	G_i 为空间基尼系数，$\sum_{i=1}^{n}\frac{1}{2}\times(X_i-X_{i-1})\times(Y_i+Y_{i-1})$ 表示实际分布曲线右下方的面积，包括实际分布曲线与绝对均匀线构成的面积和绝对均匀线与横坐标构成的面积两部分；绝对均匀线与横坐标构成的面积一般为 5000=(100×100)/2。基尼系数取值一般在[0,1]，越靠近 0，表明分布越均衡；越靠近 1，表明分布越不均衡	

续表

土地利用分析项目	土地利用分析指标	公式	公式参数及相关涵义	备注
土地利用空间结构生态效益	土地利用生态效益	$V_i = \sum_{j=1}^{6} p_j s_{ij}$ (7-3-5)	V_i 为区域生态服务价值总量，p_j 为 j 类土地单位面积生态服务价值，s_{ij} 为 i 区域 j 类土地面积	
	土地利用结构效益	$P_{ij} = \sum_{j=1}^{6}(V_{ij} - V_{oj})$ (7-3-6)	P_{ij} 为结构偏离分量（土地利用结构效应），指区域土地利用结构与参照系土地利用结构差异引起的 i 区域 j 地类生态服务价值的差异，值越大，土地利用结构对生态效益总量的贡献越大。V_{ij} 即为 i 区域 j 地类的生态效益，V_{oj} 为参照系 j 地类的生态效益。其中参照系面积为各个镇的平均面积，即岱山岛总面积/4。参照系结构依据岱山岛土地利用结构，各年存在差异	土地利用结构效益指因为土地利用结构差异而引起的土地利用生态差异的程度。借鉴区域经济产业结构分析法偏离—份额分析法（SMM），构建土地利用生态效益分析模型

续表

土地利用分析项目	土地利用分析指标	公式	公式参数及相关涵义	备注
土地集约利用水平	熵值综合评价法	数据归一化： $X_{ij}=\frac{x_{ij}-x_{ij\min}}{x_{ij\max}-x_{ij\min}}$ (7-3-7)		X_{ij} 表示 i 地区 j 指标标准化值，x_{ij} 表示 i 地区 j 指标观测值，$x_{ij\min}$、$x_{ij\max}$ 分别表示 i 区域 j 项指标的最小观测值和最大观测值
		i 区域 j 指标占总区域 j 指标的比重： $P_{ij}=X_{ij}/\sum_{i=1}^{n}X_{ij}$ (7-3-8)		P_{ij} 表示标准化后 i 区域 j 项指标值占 n 个区域标准化后 j 项指标值综合的比重
		j 项指标熵值：$e_j=-\frac{1}{\ln n}\cdot\sum_{i=1}^{n}P_{ij}\ln P_{ij}$ (7-3-9)		
		j 项指标差异系数：$g_j=1-e_j$ (7-3-10)		
		j 项指标权重： $W_j=g_j/\sum_{j=1}^{m}g_j$ (7-3-11)		W_j 表示 j 项指标的权重，m 为指标项数
		土地集约利用度： $F_i=\sum_{j=1}^{m}w_{ij}X_{ij}$ (7-3-12)		

2)产业演替对土地利用结构的影响分析

①双变量空间自相关

传统的数量统计分析只关注数值间的关系，忽略了空间统计研究与地理位置数据间的空间关系。本书在空间分析的基础上，对数值进行空间相关性分析，借助ArcGIS 10.5、GeoDa 1.4.6中的自相关模型与工具，进一步探究产业集聚与土地利用类型的空间格局相关性[①]。首先计算格网建设用地面积和企业数量，运用空间链接工具形成同时具备各要素的多重空间属性和统计特征数据层，再导入GeoDa 1.4.6进行双变量空间自相关验证海岛城市非农产业集聚度与城市建设用地的空间相关性及异质性[②]。

$$I_{ab}=\frac{n\sum_{i=1}^{n}\sum_{j=1}^{n}W_{ij}(X_i^a-\bar{X}_a)(X_j^b-\bar{X}_b)}{(\sum_{i=1}^{n}\sum_{j=1}^{n}W_{ij})\sum_{i=1}^{n}(X_i^a-\bar{X}_a)(X_j^b-\bar{X}_b)} \tag{7-3-13}$$

式中，n为网格数量，W_{ij}为空间权重；X_i^a、X_j^b分别表示地理单元a属性的i值和b属性的j值；$\bar{X}_a$、$\bar{X}_b$分别表示a属性所有i的平均值和b属性j的平均值。I_{ab}取值范围为[−1,1]。当$I_{ab}>0$且接近于1时，表示产业集聚度与建设用地分布呈强正相关性；反之则相反。当$I_{ab}=0$时，表示不相关。

因单一的全局自相关计算值无法反映空间异质性，故采用局部空间自相关分析法深入分析产业集聚与建设用地分布的空间分异特征。

$$I_{hk}=(X_i^h-\bar{X}_h)/\sigma_h\cdot\sum_{j=1}^{n}W_{ij}[(X_j^k-\bar{X}_k)/\sigma_k] \tag{7-3-14}$$

式中，X_i^h、X_j^k分别表示地理单元h属性的i值和地理单元k属性的j值，$\bar{X}_h$、$\bar{X}_k$分别表示属性h、k的均值，σ_h、σ_k分别表示属性h、k的方差。

②产业—土地结构偏离度指数与标准差

产业结构演进方向与速度对土地利用结构演变影响显著，故采用产业—土地结构偏离度指数模型计算两者匹配度，以实现2000—2019年岱山岛产业结构演进对土地利用结构变化影响的初步判断。

$$K=ISLS=\frac{\sum_{i=1}^{n}|I_{it}-I_{i0}|}{\sum_{j=1}^{n}|L_{jt}-L_{j0}|} \tag{7-3-15}$$

式中，K、IS、LS分别为产业—土地结构偏离度指数、产业结构变化率、土地利用结

① 高爽，魏也华，陈雯，等.发达地区制造业集聚和水污染的空间关联——以无锡市区为例[J].地理研究，2011，30(5)：902−912.

② 袁海红，吴丹丹，马仁锋，等.杭州文化创意产业集聚与城市建成环境场耦合性[J].经济地理，2018，38(11)：123−132.

构变化率，I_{i0}、I_{it} 分别表示初期与末期 i 类产业占总产值的比重，L_{j0}、L_{jt} 分别表示初期与末期 j 类产业用地面积占区域总面积的比重。当 $K=1$ 时，表示产业结构演进与土地利用结构变化相匹配。当 $K>1$ 时，产业结构变化速度比土地利用结构变化速度快；当 $K<1$ 时，则相反。

故采用标准差对匹配度进行明确，公式如下：

$$SD=|K-1| \tag{7-3-16}$$

综上可知，当 SD 越接近于 0 时，区域产业结构与土地利用结构匹配度越高；反之则匹配度越差。

3)产业对土地利用影响分析模型

主成分回归分析模型不仅能够测定影响程度，还能同时识别影响因素与路径，是学界应用较为广泛的因素分析模型。主成分回归与一般多元回归不同，主要在于它能够有效避免因指标数据过多时产生的多重共线性问题，应用范围更加广泛。借助 SPSS23.0 首先对观测数据进行标准化处理，其次进行主成分提取与计算，最后将主成分做变量进行多元回归，根据回归系数与主成分系数换算因子系数，即可判断因子与因变量间的相关关系。

$$FAC_i=\alpha_1 \cdot X_1+\alpha_2 \cdot X_2+\alpha_3 \cdot X_3+\alpha_4 \cdot H+\alpha_5 \cdot S_{ij}+\alpha_6 \cdot \varphi_1+\alpha_7 \cdot \varphi_2+\alpha_8 \cdot V+ \alpha_9 \cdot \vartheta_i+\alpha_{10} \cdot B+\alpha_{11} \cdot S+\alpha_{12} \cdot \ln MIX+\alpha_{13} \cdot \ln DIF \tag{7-3-17}$$

式中，FAC_i 表示第 i 个主成分；$\alpha_1,\cdots,\alpha_{13}$ 为主成分分析中各因子系数，根据主成分特征值与因子载荷求得；因产业结构构成效应与竞争效应对土地生态效益、结构效益和集约利用水平分别存在 U 型或倒 U 型影响，故取其对数进行判断。

完成主成分提取与得分计算后，将主成分作为自变量进行多元线性回归：

$$F_i(E_iS_i)=A_0+\lambda_1 \cdot FAC_1+\lambda_2 \cdot FAC_2+\lambda_3 \cdot FAC_3+\cdots+\lambda_i \cdot FAC_i+\varepsilon \tag{7-3-18}$$

式中，F_i、E_i、S_i 分别表示土地集约利用水平、土地生态效益、土地结构效益三个因变量；$\lambda_1,\cdots,\lambda_i$ 为各主成分回归系数；A_0、ε 分别表示常数与残差。

7.3.1.2 数据处理

(1)土地利用生态效益数据预处理

借鉴谢高地等[①]关于区域生态价值矫正系数和单位面积土地利用服务价值的研究成果，确定岱山岛生态服务价值矫正系数(表 7-3-2)和各地类单位面积服务价值(表 7-3-3)。

① 谢高地，张彩霞，张雷鸣.基于单位面积价值当量因子的生态系统服务价值化方法改进[J].自然资源学报，2015，30(8)：1243-1254.

表 7-3-2　岱山岛各地类生态服务价值矫正系数

一级类型	二级类型	林地=森林	草地=草地	耕地=农田	水域(河流湖泊+湿地)/2	建设用地(0.5×森林+0.4×草地+0.1×河流)×0.297	裸地(荒漠)
供给服务	食物生产	0.33	0.43	1	0.45	0.12	0.02
	原材料生产	2.98	0.36	0.39	0.30	0.50	0.04
调节服务	气体调节	4.32	1.5	0.72	1.46	0.83	0.06
	气候调节	4.07	1.56	0.97	7.81	0.85	0.13
	水文调节	4.09	1.52	0.77	16.11	1.35	0.07
支持服务	废物处理	1.72	1.32	1.39	14.63	0.85	0.26
	保持土壤	4.02	2.24	1.47	1.20	0.88	0.17
	维持生物多样性	4.51	1.87	1.02	3.56	0.99	0.4
文化服务	提供美学景观	2.08	0.87	0.17	4.57	0.54	0.24
合计		28.12	11.67	7.9	50.06	6.91	1.39

表 7-3-3　岱山岛各地类土地单位面积生态服务价值(元/hm^2)

一级类型	二级类型	林地=森林	草地=草地	耕地=农田	水域(河流湖泊+湿地)/2	建设用地(0.5×森林+0.4×草地+0.1×河流)×0.297	裸地(荒漠)
供给服务	食物生产	48.91	83.04	449.10	88.93	20.29	0.18
	原材料生产	3988.19	58.20	68.31	39.08	371.55	0.72
调节服务	气体调节	8381.28	1010.48	232.81	957.30	1053.95	1.62
	气候调节	7439.31	1092.94	422.56	27358.32	1094.84	7.59
	水文调节	7512.59	1037.60	266.27	116483.52	2737.13	2.20
支持服务	废物处理	1328.61	782.51	867.71	96058.32	1100.96	30.36
	保持土壤	7257.63	2253.40	970.46	646.70	1158.40	12.98
	维持生物多样性	9134.73	1570.46	467.24	5691.71	1493.32	71.86
文化服务	提供美学景观	1942.99	339.93	12.98	9358.89	447.66	25.87
合计		355118.76	61162.47	28028.33	1125446.42	72182.34	867.71

(2)土地集约利用水平数据预处理

对城镇土地集约利用水平进行评价时,因研究尺度为乡镇尺度,而部分评价指标数据为岱山县全域数据,需对其进行拆分处理。固定资产投资额与社会消费品零售总额均为岱山县全域数据,其数额变化与区域地方财政收入及人均 GDP 直接相关,遂根据区域地方财政收入比估算各镇固定资产投资额,根据人均 GDP 比估算各镇社会消费品零售总额。

非农人口与建成区弹性系数、GDP 与建成区弹性系数、植被覆盖区(林地、草地)与建成区弹性系数指标数据以变化速度为基础,前后两者间变化速度比即为该两者间的弹性系数。另外,在 ArcGIS 10.5 中提取计算各类用地面积时,无法直接提取植被覆盖区面积,故将林地与草地面积合并为植被覆盖区,用以衡量区域土地利用持续性。

7.3.1.3 土地利用数量结构特征及其规律

(1)土地利用多样性

根据式(7-3-1)计算出 2000、2005、2010、2015 和 2018 年岱山岛四镇的多样化指数(表 7-3-4)。由表 7-3-4 可知,岱山岛四镇在各年内的多样化指数变化范围为 0.3～0.6,可见自 2000 年以来,岱山岛土地利用类型多样化程度并不高。2000、2010、2015 和 2018 年岱山岛土地利用多样化指数均为 0.36,2005 年为 0.34,远低于理论最大值 0.8333。高亭镇土地利用多样化指数在 2000 年为 0.32,2005、2010 和 2015 年为 0.31,2018 年增为 0.36。高亭镇土地利用多样化程度总体上偏低,但呈现增长的趋势,表明高亭镇土地利用多样化程度正在加深,趋势向好。东沙镇土地利用类型多样化程度相对较高,2000 年为 0.47,2005 年为 0.36,2010 和 2015 年为 0.46,2018 年为 0.43。岱东镇是四个镇中土地利用多样化程度最高的镇,各年多样化指数均高于其他三镇,2000 年为 0.48,2005 年为 0.43,2010 和 2015 年为 0.44,2018 年达到最高 0.57,也是整个时空研究范围最高。岱西镇土地利用多样化程度与高亭镇类似,在 0.4 左右徘徊,总体上呈现波动减弱的趋势。岱西镇 2000 年的多样化指数为 0.4,2005 年为 0.36,较 2000 年略下降;2010 和 2015 年为 0.38,较 2000 年略下降,较 2005 年略上升;2018 年为 0.39,较 2000 年略下降,较 2005 年略上升,总体变化不大。综上,岱山岛四镇中岱东镇土地利用多样化程度相对较高,高亭镇土地利用多样化程度相对较低,但均呈现升高趋势;东沙镇和岱西镇呈现减弱趋势。土地利用多样化程度与城镇化水平之间呈倒 U 形关系,原始村落土地利用多样化程度和城市化水平低,处于倒 U 左侧;随着城镇化水平的不断提高,土地利用多样化程度先提高后降低,当城镇化水平跨过某一临界点时,多样化程度减弱，临界点取到最大值。由此可知，岱山岛整个区域城镇化水平较低，还处于倒U形曲线左侧；高亭镇城镇化水平最高，即将达到临界点；东沙镇可能已经跨过临界点，岱西镇正处于倒U形曲线左侧。

(2)土地利用集中性

根据式(7-3-2)计算出岱山岛四镇2000、2005、2010、2015和2018年的集中化指数(表7-3-4)。由表可知，岱山岛四镇在各年内的集中化指数变化范围在0.2～0.9，表明集中化程度较高。岱山岛全域各年的集中化指数集中在0.82和0.84，集中化程度总体上较高，且各年来变化不大。高亭镇前四个年份的集中化指数均为0.8，2018年增为0.84，这说明高亭镇集中化程度高，另外表明高亭镇土地利用趋向更加集中的趋势。东沙镇的集中化指数变化最大，由200年的0.21增长到2015年的0.89，而后保持在0.88左右，说明东沙镇土地利用集中程度由低向高，集中程度变化大。这可能与东沙镇的旅游产业发展有关，土地被集中用于发展旅游及相关产业。土地利用多样化与集中化呈反比关系，越多样化就越不集中，越集中就越单一。岱东镇集中化指数始终保持在0.9左右，集中利用程度非常高，说明土地利用比较单一。岱西镇集中化指数保持在0.85左右，变化不大，说明岱西镇土地利用集中化程度虽高但多年来变化不大。综上，高亭镇土地利用趋向更集中化，岱东镇和岱西镇集中化程度高且基本稳定，东沙镇集中化程度变化大且快，趋向更集中化。

(3)土地利用组合特征

根据组合法系数计算获得岱山岛四镇2000、2005、2010、2015和2019年的组合系数和组合类型(表7-3-4)。由表7-3-4的组合类型可知，岱山岛的组合类型主要由耕地、林地、建设用地以及水域四种地类构成，土地利用类型较单一。另外，岱西镇各年组合类型不变，说明该区域发展变化小；岱东镇的变化较小，一直以耕地和林地为主，在2018年，林地超过耕地，可能原因是人口流出，耕地废弃；高亭镇的组成类型不变，其变化主要体现在组成部分的比例上，2000年为耕地＞建设用地＞林地，2005年林地超过耕地位居第二，2010年保持不变，2019年回到2000年的状态，说明耕地依然是高亭镇最主要的土地利用类型，其变化的原因可能与绿色环保以及产业发展有关。东沙镇的组合类型由2005年的“耕地＋建设用地＋林地”转变为“耕地＋林地”或“林地＋耕地”，表明林地面积比例在扩大，建设用地比例在缩小，其原因可能与岱东镇类似。综上，岱山岛及四镇总体上，林地面积在增加，已超过建设用地和耕地；水域也是岱山岛重要的土地利用组合类型。

根据上述分析可知，岱山岛及四镇多样化指数普遍偏低，说明土地利用多样化程度低，高亭镇最明显；集中化指数普遍偏高，有趋向更集中化趋势，说明土地利用集中程度高，土地利用类型比较单一；各镇土地利用组合类型存在差异，个别镇间差异较大,且各年变化较大,总体上以林地面积比例增加超过建设用地面积和耕地面积比例为主要规律,水域作为海岛水资源的重要来源,具有重要的存在意义。

表 7-3-4　2000、2005、2010、2015 和 2019 年岱山岛四镇土地利用多样化、集中化指数与组合系数

年份	镇名	多样化指数	集中化指数	组合系数	组合类型
2000 年	高亭镇	0.32	0.80	52.91	耕地+建设用地+林地
	东沙镇	0.47	0.21	153.01	耕地+林地
	岱东镇	0.48	0.90	481.07	耕地+林地
	岱西镇	0.40	0.86	468.97	耕地+建设用地
	岱山岛	0.36	0.84	425.16	耕地+林地+建设用地
2005 年	高亭镇	0.31	0.80	82.88	耕地+林地+建设用地
	东沙镇	0.36	0.63	345.92	耕地+建设用地+林地
	岱东镇	0.43	0.88	136.05	耕地+林地
	岱西镇	0.36	0.84	415.91	耕地+建设用地
	岱山岛	0.34	0.82	922.33	耕地+林地+建设用地+水域
2010 年	高亭镇	0.31	0.80	63.87	耕地+林地+建设用地
	东沙镇	0.46	0.89	1037.28	耕地+林地
	岱东镇	0.44	0.89	216.18	耕地+林地
	岱西镇	0.38	0.85	427.57	耕地+建设用地
	岱山岛	0.36	0.84	478.95	耕地+林地+建设用地
2015 年	高亭镇	0.31	0.80	63.88	耕地+林地+建设用地
	东沙镇	0.46	0.89	1037.72	耕地+林地
	岱东镇	0.44	0.89	215.72	耕地+林地
	岱西镇	0.38	0.85	427.21	耕地+建设用地
	岱山岛	0.36	0.84	479.23	耕地+林地+建设用地
2019 年	高亭镇	0.36	0.84	331.60	林地+建设用地+耕地
	东沙镇	0.43	0.88	166.43	林地+耕地
	岱东镇	0.57	0.93	1257.90	林地+耕地
	岱西镇	0.39	0.86	791.04	耕地+建设用地+林地
	岱山岛	0.36	0.84	379.47	林地+耕地+建设用地

7.3.1.4 土地利用空间结构特征及其规律

(1)区位熵分析

根据式(7-3-3)计算岱山岛及岱山岛四镇在2000、2005、2010、2015和2019年的区位熵(表7-3-5)。在各研究年份中，岱西镇未利用地的区位熵最大，并且一直保持在4左右，说明未利用地在岱西镇区位优势最明显，相对于岱山岛全域而言，未利用地也主要集聚在岱西镇，集聚特征明显。高亭镇草地区位熵较高，保持在2.9上下，其余三镇草地区位为0，说明岱山岛草地主要集聚在高亭镇，在高亭镇具有明显的区位优势和重要性；高亭镇草地区位熵总体上呈现先增大后减小的情况，表明草地在高亭镇的重要性呈现先深化后弱化的波动特征。耕地区位有意义的主要是东沙镇、岱东镇和岱西镇。在2000年和2005年，岱东镇耕地区位熵＞东沙镇耕地区位熵＞岱西镇耕地区位熵，说明耕地的集聚度呈现岱东镇＞东沙镇＞岱西镇的特点；到2010和2015年，东沙镇越过岱东镇成为岱山岛耕地最集聚区域；2019年变化较大，岱东镇区位熵由2015年的1.09降为0.45，有意义的仅存东沙和岱西两镇，可能的解释是耕地用作他用。建设用地区位有意义的是2000年的高亭镇和岱西镇，2005年增加一个东沙镇，2010年东沙重新掉落，2015年不变，2019年仅剩高亭镇；数值上，高亭镇和岱西镇较大，且呈增长趋势，但2019年岱西镇陡降；东沙镇的区位熵值变化最大，由2002年的0.11增长到2005年的1.26，2010年到2019年降回至0.31。以上现象表明，岱山岛建设用地集聚于高亭镇和岱西镇，高亭镇建设用地区位优势和重要性日益明显，岱西镇在2015年以后建设用地区位优势明显减弱。2000年林地区位有意义的是高亭镇、东沙镇和岱东镇，并且东沙镇＞岱东镇＞高亭镇；2005、2010和2015年高亭镇和岱东镇有林地区位意义，且岱东镇＞高亭镇，呈增长趋势；2019年有意义的是东沙和岱东镇，东沙镇＞岱东镇。以上现象表明，岱东镇林地区位优势较为稳定，2019年前均集聚分布于岱东镇，2018年开始集聚分布于东沙镇；高亭镇林地区位优势先提高后减弱，2018年直接降为无意义，说明林地在高亭镇的重要性逐渐减弱；东沙镇区位熵先减小再增大，说明林地在东沙镇的区位优势先减弱再增强。2000年水域区位有意义的为高亭镇和东沙镇，且高亭镇＞东沙镇；2005、2010和2015年仅高亭镇有意义；2019年水域区位有意义的为高亭镇和岱西镇，且高亭镇＞东沙镇；高亭镇水域区位熵值除2019年外总体上呈增长趋势，由2000年的1.7增为2015年的1.78，其中2005年为1.89，为最大值；东沙镇水域区位熵值呈先减小后增加的趋势，到2018年增为1.9，为整个时空研究的最大值；岱西镇总体上呈增长状态，2019年达到1.26。以上现象表明，2000—2015年，水域主要集聚分布于高亭镇，水域这一土地利用类型在高亭镇具有重要的地位；2015—2019年，水域集聚分布转向东沙镇和岱西镇，说明岱山岛水域这一土地利用集聚分布转移,且在东沙镇和岱西镇具有明显的区位优势和重要性。

表 7-3-5 2000、2005、2010、2015 和 2019 年岱山岛四镇土地利用区位熵

土地利类型	2000 年				2005 年				2010 年			
	高亭镇	东沙镇	岱东镇	岱西镇	高亭镇	东沙镇	岱东镇	岱西镇	高亭镇	东沙镇	岱东镇	岱西镇
草地	2.47	0.00	0.00	0.00	3.16	0.00	0.00	0.00	2.97	0.00	0.00	0.00
耕地	0.75	1.14	1.25	1.09	0.82	1.06	1.15	1.02	0.76	1.24	1.09	1.02
建设用地	1.46	0.11	0.28	1.45	1.05	1.26	0.28	1.47	1.38	0.65	0.32	1.59
林地	1.05	1.49	1.21	0.41	1.19	0.74	1.44	0.47	1.12	0.87	1.42	0.42
水域	1.70	1.24	0.37	0.35	1.89	0.47	0.60	0.74	1.77	0.55	0.59	0.70
未利用地	0.00	0.00	0.00	4.51	0.15	0.45	0.05	4.39	0.15	0.50	0.06	4.19

土地利类型	2015 年				2019 年							
	高亭镇	东沙镇	岱东镇	岱西镇	高亭镇	东沙镇	岱东镇	岱西镇				
草地	2.97	0.00	0.00	0.00	2.89	0.00	0.00	0.00				
耕地	0.76	1.24	1.09	1.02	0.62	1.23	0.45	1.17				
建设用地	1.38	0.65	0.32	1.59	1.77	0.31	0.22	0.87				
林地	1.12	0.87	1.42	0.42	0.96	1.10	1.06	0.25				
水域	1.78	0.54	0.58	0.71	0.14	1.90	0.29	1.26				
未利用地	0.15	0.51	0.00	4.26								

(2)空间洛伦兹曲线分析

由岱山岛 2000、2005、2010、2015 和 2019 年土地资源洛伦兹曲线图可知,岱山岛在各年份内,各地类实际分布曲线远离绝对均匀线,分布不均衡,离散程度低,集中特征明显。2000 年,草地、耕地和林地比较接近绝对均匀线,说明这三类土地在岱山岛四镇分布相对均衡,离散程度较高,集聚度较低。然后是水域和建设用地,其中建设用地距离绝对均匀线最远,说明水域和建设用地在岱山岛四镇分布不均衡。水域包括坑塘和水库,这一地类的分布受自然影响大,建设用地分布不均衡可能有发展差距所导致。2005 年,耕地与绝对均匀线的距离最近,说明 2005 年耕地在岱山岛各镇的分布依然保持均衡状态;然后是建设用地和林地,相较于 2000 年,林地与绝对均匀线的距离拉大,建设用地与绝对均匀线的距离缩小,表明林地分布

不均衡性强化，建设用地均衡性强化，城镇化和工业化是可能原因；水域距离绝对均匀线的距离最远，说明水域这一地类在岱山岛四镇的分布相对最不均衡，较于2000年不均衡性强化。2010年，耕地依然是岱山岛各镇分布最均衡的地类，与绝对均匀线的距离最近；然后是建设用地和林地，这两种地类分布均衡性与2005年相差不大；其次是水域，在岱山岛分布依然处于不均衡状态；未利用地超过水域成为岱山岛分布最不均衡的地类，集聚分布于岱西镇，可能的原因是人口流失，产业落后，土地闲置或废弃。2015年，各地类分布均衡性与2010年基本保持一致。2019年较2015年变化较大，耕地、建设用地与绝对均匀线的距离拉大，林地与绝对均匀线的距离缩小，耕地超过林地，说明耕地与建设用地分布不均衡性强化，林地分布均衡性强化，耕地的不均衡性强于林地；建设用地与绝对均匀线的距离超越水域与绝对均匀线的距离，且距离最大，说明建设用地继2000年后又一次成为岱山岛各镇分布最不均衡的地类，可能的原因是各镇发展差距拉大。

(3)空间基尼系数分析

根据式(7-3-4)计算得到岱山岛2000、2005、2010、2015和2019年各地类空间基尼系数，并借鉴联合国收入贫富差距基尼系数标准，分为绝对平均、比较平均和相对合理(表7-3-6～表7-3-7)。2000年草地、耕地和林地分布绝对平均，林地略微均衡一些；水域分布差距较大，建设用地分布悬殊，与2000年洛伦兹曲线判断基本吻合。2005年，耕地和建设用地分布绝对平均，耕地分布优于建设用地，林地分布较均匀，水域分布较合理；2010年耕地分布绝对平均，建设用地和林地比较平均，水域相对合理，未利用地悬殊；2015年各地类分布状况与2010年保持一致；2019年耕地分布状态不变与林地一样分布绝对平均，建设用地和水域分布差距较大。所以，洛伦兹曲线判断与基尼系数判断一致。岱山岛耕地各镇分布差距最小，建设用地、水域和未利用地分布差距较大，不同时期的空间分布状态各异，在进行区域产业规划时要合理考虑各镇各地类的分布，尽量实现合理分布。

表7-3-6　联合国基尼系数分级标准

基尼系数等级划分标准	收入水平基尼系数划分
低于0.2	收入绝对平均
0.2～0.3	收入比较平均
0.3～0.4	收入相对合理
0.4～0.5	收入差距较大
0.5以上	收入悬殊

表 7-3-7 2000、2005、2010、2015 和 2019 年岱山岛各地类空间基尼系数

年份	草地		耕地		建设用地		林地		水域		未利用地	
	空间基尼系数	分布状态	空间基尼系数	分布状态	空间基尼系数	分布状态	空间基尼系数	分布状态	空间基尼系数	分布状态	空间基尼系数	分布状态
2000	0.10	绝对平均	0.01	绝对平均	0.50	悬殊	0.03	绝对平均	0.47	差距较大	—	—
2005	—	—	0.03	绝对平均	0.15	绝对平均	0.24	比较平均	0.36	相对合理	—	—
2010	—	—	0.03	绝对平均	0.26	比较平均	0.24	比较平均	0.35	相对合理	0.62	悬殊
2015	—	—	0.03	绝对平均	0.26	比较平均	0.24	比较平均	0.36	相对合理	0.64	悬殊
2019	—	—	0.19	绝对平均	0.45	差距较大	0.17	绝对平均	0.42	差距较大	—	—

7.3.1.5 土地利用空间结构效益时空演变

(1)土地利用生态效益

根据式(7-3-5)计算岱山岛及四镇各年的土地利用生态效益(表 7-3-8)。据分析可知,2000 和 2005 年,高亭镇土地利用生态效益＞岱西镇＞岱东镇＞东沙镇;2010 和 2015 年岱东镇跃居第二,达到 8 亿多元,2019 年东沙镇跃居第二,其次为岱西镇。总体上,岱山岛及四镇的土地利用生态效益多年来呈现增长趋势,东沙镇和岱西镇变化幅度较大,高亭镇变化幅度最小,岱东镇保持稳定。这说明岱山岛及四镇近年来各地类带来的生态效益以增长为主要特征,其中高亭镇的地类收益始终保持在本岛第一位;东沙镇地类生态收益增长最快,与当地的地类结构调整存在紧密联系。

根据前半部分土地利用结构分析可知,近年来岱山岛及其四镇林地面积均呈现扩张趋势,与土地利用生态效益变化保持一致;整体数量上,高亭镇林地面积、水域面积、耕地面积和草地面积占绝对优势,所以高亭镇土地利用生态效益明显高于其他三镇,但由于建设用地面积增加过快,林地面积增加减缓、耕地面积缩减导致生态效益增长速度较缓;东沙镇耕地面积在 2010 年前先减少后增加至最大值,林地面积在 2010 年前持续减少至最低值后持续增加,至 2019 年达最大值,与东沙镇土地利用生态效益值变化趋势保持一致;岱东镇和岱西镇总面积偏少,所以生态效益也会比较低;岱东镇土地利用生态效益变化主要因林地面积变化引起,而岱西镇则与耕地面积变化分不开。

表 7-3-8　岱山岛及四镇土地利用生态效益(亿元)

年份	高亭镇	东沙镇	岱东镇	岱西镇	岱山岛
2000	12.9458	3.8546	7.2153	7.6100	31.6257
2005	12.2137	6.3265	8.5702	8.4142	35.5247
2010	12.4222	5.7120	8.5299	7.6248	34.2888
2015	12.3914	5.6970	8.5245	7.5834	34.1963
2019	14.1591	13.5199	10.9696	11.2450	49.8936

(2)土地利用结构效益

根据式(7-3-6)计算得出岱山岛及四镇各年的土地利用结构效益(表 7-3-9)。可以发现,各年内高亭镇土地利用结构效益值最大,对生态效益总量的贡献最大;其余三镇各年土地利用结构对生态效益的贡献存在显著的波动情况,其中东沙镇的变化幅度最大。纵向上,高亭镇土地利用结构效益值呈缩减趋势,说明高亭镇土地利用结构的变化对生态效益总量贡献度减弱,一定程度上反映出高亭镇土地利用结构的合理变化;东沙镇土地利用结构效益值总体上增加,说明东沙镇土地利用结构对生态效益的贡献增加,有利于生态平衡的保持;岱东镇土地利用结构效益值先增加后减少,说明随着工业化和城市化的不断推进;岱东镇土地利用结构特征对生态效益的贡献度呈现先增大后减弱的趋势,说明岱东镇在发展的过程中一定程度上破坏了生态平衡;岱西镇土地利用结构效益值先减少后增加,说明其土地利用结构对土地生态效益总量的影响呈现先减弱后增强的趋势。综上,岱山岛除东沙镇外,其余三镇在土地利用结构演变的过程中,一定程度上减弱了区域土地利用结构对生态效益的贡献度,这与城市化产业发展密切相关;东沙镇原县政府中心,耕地、林地、水域面积覆盖率低,随着行政中心和经济中心的转移,生态旅游的兴起,大大提高了东沙镇土地利用结构对生态效益总量的贡献度。

借助等级相关分析法进一步验证土地利用结构对土地利用生态效益的影响,计算获得相关系数为 0.878(T 检验),表明土地利用结构差异对土地利用生态效益影响显著。

表 7-3-9 岱山岛四镇土地利用结构效益

年份	高亭镇	东沙镇	岱东镇	岱西镇	岱山岛
2000	6.0516	−3.0397	0.3210	0.7157	4.0486
2005	4.4589	−1.4283	0.8154	0.6594	4.5054
2010	4.7969	−1.9133	0.9046	−0.0005	3.7876
2015	4.7796	−1.9149	0.9126	−0.0285	3.7487
2019	3.2407	2.6015	0.0513	0.3267	6.2201

7.3.1.6 土地集约利用水平评价

(1)土地集约利用水平评价指标体系构建

基于土地集约利用内涵,借鉴前人相关研究并结合岱山岛的实际发展状况,构建岱山岛土地集约利用评价指标体系。具体指标、指标单位及权重见表 7-3-10。

表 7-3-10 海岛城镇土地集约利用水平评价指标体系

	指标	指标单位	指标权重
土地投入强度	地均城镇固定资产投资	万元/km²	0.0859
	地均二三产业从业人员	人/km²	0.0223
土地利用产出	地均 GDP	万元/km²	0.0830
	地均二三产业产值	万元/km²	0.0398
	地均财政收入	万元/km²	0.6222
	地均社会消费品零售额	万元/km²	0.0317
土地利用强度	人口密度	人/km²	0.0266
	人均道路铺装面积	m²/人	0.0265
	人均城市建成区面积	m²/人	0.0148
土地利用可持续性	非农人口与建成区弹性系数	%	0.0078
	GDP 与建成区弹性系数	%	0.0316
	(林地、草地)与建成区弹性系数	%	0.0079

(2)土地集约利用评价结果及其分析

根据式(7-3-7)~(7-3-13)对岱山岛四镇 2005、2010、2015 和 2019 年土地集约利用评价原始数据进行标准化处理、赋权重和计算综合值,结果如表 7-3-11 所示。

由表可知,在研究期间城镇土地集约利用水平最高的是东沙镇,集约程度相对较高，其次是岱东镇和岱西镇，最后为高亭镇；2005—2010年岱山岛四镇土地集约利用度波动较小，其中岱西镇波动幅度最大，其次为岱东镇和高亭镇，东沙镇波动幅度最小。按照土地利用水平波动情况可将各镇土地利用变化趋势划分为：波动平稳型、波动上升型和波动下降型三类，其中东沙镇属波动平稳型，高亭镇属波动上升型，岱东镇和岱西镇属波动下降型。东沙镇作为岱山岛古镇，浙江省古村落遗址地，旅游业发展过程中以保护为主，开发为辅，各类指标虽有增加，但变化幅度不大。高亭镇人口流量变化大，总体上人口以流出为主，人口流出量越大，人均指标数据越大；人口流出量越小，人均指标数据越小。另外，高亭镇经济发展迅速，城镇向岱东镇拓展，各类地均指标呈现相应变化。岱东镇和岱西镇呈波动下降趋势，一个方面的原因是产业的转移和人口的流失，地均、人均指标均降低。

表7-3-11　2005、2010、2015和2019年岱山岛四镇土地集约利用水平评价结果

年份	乡镇	F_i
2005	高亭镇	0.0681
	东沙镇	0.4028
	岱东镇	0.4362
	岱西镇	0.5573
2010	高亭镇	0.0876
	东沙镇	0.4642
	岱东镇	0.2897
	岱西镇	0.1585
2015	高亭镇	0.0461
	东沙镇	0.4807
	岱东镇	0.3528
	岱西镇	0.1204
2019	高亭镇	0.0803
	东沙镇	0.4500
	岱东镇	0.2243
	岱西镇	0.2454

7.3.1.7 岱山岛产业演替对土地利用的影响与机制分析

(1)岱山岛产业演替对土地利用结构的影响

1)对数量结构的影响

根据《城市用地分类和规划建设用地标准(GBJI 37—90)》以及岱山岛土地利用实况,将草地、耕地和林地归为第一产业用地(LS1),建设用地为第二产业用地(LS2),水域与裸地为后备产业用地(LS3),以这三类产业占用地比重来表征土地利用类型(表 7-3-12)。产业结构上选取一(IS1)、二(IS2)、三(IS3)次产业产值比重为表征指标。

表 7-3-12 岱山岛产业用地类型及分类合并处理结构

<table>
<tr><th>一级产业用地</th><th>二级产业用地</th><th>三级产业用地</th></tr>
<tr><td rowspan="8">第一产业用地</td><td>草地</td><td>高覆盖草地</td></tr>
<tr><td rowspan="2">耕地</td><td>旱地</td></tr>
<tr><td>水田</td></tr>
<tr><td rowspan="4">林地</td><td>灌木地</td></tr>
<tr><td>疏林地</td></tr>
<tr><td>有林地</td></tr>
<tr><td>其他林地</td></tr>
<tr><td rowspan="3">第二产业用地</td><td rowspan="3">建设用地</td><td>城镇用地</td></tr>
<tr><td>农村居民点</td></tr>
<tr><td>其他建设用地</td></tr>
<tr><td rowspan="3">后备产业用地</td><td rowspan="2">水域</td><td>水库坑塘</td></tr>
<tr><td>滩涂</td></tr>
<tr><td>裸地</td><td>未利用土地</td></tr>
</table>

根据式(7-3-18)~(7-3-19)计算得表 7-3-13。据产业—土地结构偏离度指数分析,高亭镇与岱东镇的各年土地利用结构变化速度快于产业结构变化速度;东沙镇与岱西镇产业结构变化速度与土地利用结构变化波动较大,东沙镇在 2005、2010 和 2019 年,产业结构变化速度明显快于土地利用结构,且呈现速度差距缩小的趋势;岱西镇在 2005 和 2019 年呈现产业结构变化速度快于土地利用结构变化的现象,其中以 2005 年速度差距最大。据匹配度分析,均未出现完全匹配的情况,但随着时间推移,总体来看,高亭镇、东沙镇和岱东镇匹配度越来越接近于 0,说明

三镇在2005—2019年产业结构变化与土地利用结构变化匹配度逐渐提高,呈现协调发展趋势;岱西镇匹配度值总体上来看有所下降,但与2010和2015年相比,值仍较大,匹配度较低,可能与岱山经济开发区的发展有关。

表7-3-13 2005、2010、2015和2019年岱山岛四镇产业—土地结构偏离度指数与匹配度

	K_1	K_2	K_3	K_4	SD_1	SD_2	SD_3	SD_4
2005	0.2802	19.8713	0.0979	20.0352	0.7198	18.8713	0.9021	19.0352
2010	0.0349	4.3016	0.0083	0.3129	0.9651	3.3016	0.9917	0.6871
2015	0.0041	0.0063	0.0014	0.0237	0.9959	0.9937	0.9986	0.9763
2019	0.4542	1.4236	0.0160	16.1664	0.5458	0.4236	0.9840	15.1664

注:第一行中1,2,3,4分别代表高亭镇、东沙镇、岱东镇、岱西镇。

2010和2015年高亭镇与岱东镇城市土地利用结构变化速度较大,城市产业结构变化速度滞后于土地利用结构变化;2005和2019年东沙镇与岱西镇产业结构变化速度较大,城市土地利用结构滞后于城市产业结构变化;2005—2019年岱山岛四镇产业结构变化速度与土地利用结构变化速度匹配度有所增强(表7-3-14～表7-3-15)。海岛城市与大陆城市不同,非农产业用地受城镇用地布局严格控制,非农产业用地集聚显著,形成了以"临港工业+居民点"结构为主体的土地利用结构,居住、工业和仓储用地比重相对较高。2006年,岱山经济开发区作为岱山县产业集聚区对外开放,成为岱山岛产业高密集区。另外,《岱山县县域总体规划2007—2020》更是对岱山县县域空间布局做了详细的规划,县南北两侧是重要的临港工业区,高亭镇与岱西镇为产业发展重点区。东沙镇自21世纪初开始发展旅游业,以东沙古镇为主要旅游资源,产业用地基本上可以保持不变,但产值变化相对较大。但随着旅游人数的增加,旅游产业用地必定增加,导致产业用地速度逐渐赶超产业结构变化速度。总体而言,土地资源是产业立足的先导条件和根本条件。

另外,严格的城市用地规划能够优化海岛城市用地结构,从而促进产业结构的优化与升级,即海岛城市依靠内部用地重组对城市各产业产生效益影响。在市场配置与政府宏观调控的共同作用下,岱山岛产业结构和土地利用结构不断优化,两者间互动关系逐渐由非同步变化趋向同步变化。

表 7-3-14　2005、2010、2015 和 2019 年岱山岛四镇产业结构变化率

	2005 年			2010 年		
IS	IS1	IS2	IS3	IS1	IS2	IS3
高亭镇	0.17935	0.0086489	0.0015726	0.259880115	0.04768946	0.212190655
东沙镇	0.025379	0.002687	0.00035614	0.037932846	0.040212313	0.002279467
岱东镇	0.25731	0.015792	0.0076587	0.327322835	0.319176227	0.008146608
岱西镇	0.001762	0.003256	0.00021654	0.077944677	0.105111867	0.02716719
	2015 年			**2019 年**		
IS	IS1	IS2	IS3	IS1	IS2	IS3
高亭镇	0.166655944	0.013178376	0.153477567	0.333690355	0.345712364	0.012022009
东沙镇	0.038770829	0.038039562	0.000731267	0.040413911	0.045819589	0.005405678
岱东镇	0.413975947	0.341052157	0.07292379	0.322899182	0.694518755	0.100244094
岱西镇	0.005110822	0.016696942	0.011586121	0.001189448	0.006106066	0.004916617

表 7-3-15　2005、2010、2015 和 2019 年岱山岛四镇土地利用结构变化率

	2005 年			2010 年		
LS	LS1	LS2	LS3	LS1	LS2	LS3
高亭镇	0.020535543	0.026554628	0.006019086	0.00908184	0.007500834	0.001581006
东沙镇	0.273608726	0.282392293	0.008783567	0.171512617	0.17297764	0.001465023
岱东镇	0.013750097	0.008067373	0.005682724	0.002717231	0.001986518	0.000730713
岱西镇	0.05243743	0.039990991	0.01244644	0.032889609	0.028301343	0.004588266
	2015 年			2019 年		
LS	LS1	LS2	LS3	LS1	LS2	LS3
高亭镇	0.001152088	0.000101283	0.000126603	0.042454062	0.053315091	0.010861029
东沙镇	2.48E−05	0.000245921	0.000221147	0.050304191	0.065226841	0.014922651
岱东镇	0.000454325	0.000114467	0.000568791	0.008953278	0.003990793	0.004962485
岱西镇	0.000247345	0.000147799	0.000395144	0.098713098	0.079977981	0.018735117

2)对空间结构的影响

选取非农企业分析其集聚度与城市土地利用类型的空间关系,在ArcGIS 10.5中获得非农企业数量与城市建设用地面积叠加栅格图层,在 GeoDa 1.4.6 软件中以非农企业数量与建设用地面积为变量获得 P 值与 Z 值(表 7-3-16),全局非农企业数量与城市建设用地的空间自相关系数(Moran's I)以及局部空间自相关 LISA 图。岱山岛 2010、2015 和 2019 年空间自相关 $P=0.001$,均小于 0.05,说明通过检验;$|Z|$ 分别为 7.8、8.2 和 13.98,均大于 1.65,说明岱山岛非农企业与城市建设用地分布呈现空间集聚状态,即两者之间呈空间正相关关系,且相关关系呈现增强趋势。此外,2010、2015 和 2019 年 Moran's I 分别为 0.246、0.257 和 0.539,从 Moran's I 可获得进一步验证。

表 7-3-16　2010、2015 和 2019 年岱山岛非农企业与建设用地空间自相关参数

	2010 年	2015 年	2019 年
Moran's I	0.246	0.257	0.539
Z	7.8	8.2	13.98
P	0.001	0.001	0.001

借助 GeoDa 1.4.6 软件的 Multivariate LISA 工具得到 LISA 聚类图,进一步分析非农企业与城市建设用地空间分布的异质性。岱山岛四镇 2010 和 2015 年非农企业集聚度与城市建设用地耦合度存在四类聚集区,随着时间推移,至 2019 年集聚类型减少,分布范围减小,正相关性明显增强。其中,"高—高"与"低—低"是两类主要空间关联模式,"高—低"、"低—高"仅于 2010 和 2015 年有所分布。"高—高"分布模式均集中于沿港西路段,分布于岱山县经济开发区,企业集聚特征显著;"低—低"分布模式主要分布于双合村、沙洋村、枫树村和司基村附近,即双变量局部空间自相关结果具有非农企业高集聚度指向性与乡村低集聚度指向性特征,区域异质性显著。"低—高"分布模式主要分布于"高—高"集聚区外围区域,指企业数量较少但建设面积较大的区域,2010—2019 年间"低—高"分布范围增大,企业向"高—高"中心集聚。"高—低"指企业集聚但建设用地面积较小的区域,该类相关类型在岱山岛全域几乎无分布,只有零星的几个格网点缀于"低—低"集聚区外围区域。"不显著区域"指非农企业分布于城市建设用地的空间耦合性不显著,该区域夹杂分布于"高—高"与"低—低"之间。总体而言,在 2010、2015 和 2019 年岱山岛非农企业与建设用地呈显著正相关关系,虽然正相关格局核心位置基本保持不变,但相关度逐渐增加。

3)对土地利用生态效益、空间结构效益的影响

以本章第一节产业结构演替研究结果为产业因子，以土地生态效益与空间效应为因变量，依据主成分回归模型，探究产业结构演替对土地生态效益和土地空间效应的影响，识别产业结构演替影响土地生态效应和空间效应的路径，结果为表7-3-16。

由表可知，各年土地利用生态效益产业影响因子不同，第二产业产值比重、二次产业结构偏离度、二次比较劳动生产率、产业结构构成效应、竞争效应和差异系数为影响土地利用生态效益的主要产业因子，且产业因子影响度逐渐增大。2010年第一产业产值比重、第三产业产值比重、产业结构熵、三产结构偏离度、偏差系数、一次比较劳动生产率和三次比较劳动生产率为主要影响因子，自变量系数 $\lambda>0.7$，其中偏差系数与一次比较劳动生产率对土地利用生态效益的影响最大。2015年产业结构熵、一次产业结构偏离度和差异指数为主要影响产业因子，自变量系数 $\lambda>0.9$，其中产业结构熵的影响最大。2019 年产业结构构成效应、一产方向系数、二产结构偏离度、二次产业比较劳动生产率和三产方向系数为主要产业因子，自变量系数 $\lambda>1.4$，其中产业结构构成效应影响最大。从影响演变来看，除第一产业产值比重、偏差系数、一次产业比较劳动生产率外，其余产业因子对土地利用生态效益的影响均不断强化，自变量系数明显增大。其中自变量系数变化幅度最大的为二次产业结构偏离度、一产方向系数、三产方向系数、二次比较劳动生产率、产业竞争效应和产业结构构成效应，变化幅度达 1.4 左右。产业结构偏离度主要用以衡量劳动力产业间转移的协调度，绝对值越小，越协调。2010—2019 年，岱山岛二次产业结构偏离度先减小后增大，产业间劳动力转移协调度呈现相同趋势变化。但主成分回归系数由 2010 年的－0.0324 增大至 2019 年的 1.438，说明岱山岛二次产业结构对生态效益的影响由负向影响转为正向影响，且影响程度不断强化；另外，二次产业劳动力间的不平衡度与土地利用生态效益成正比，即产值比重与就业比重差距越大，土地利用生态效益越高。一产方向系数值越大，一产主导地位越强。2010—2019 年，岱山岛一产方向系数先增大后减小，在三次产业中的地位由第三位上升为第一位又下降为第三位，对第一产业的依赖性明显降低。但一产方向系数值先增大后缩小，由 2010 年的 0.0499 缩减至 2019 年的－1.4410，说明一产方向系数对土地生态效益的影响由正向影响转为负向影响，可见岱山岛一次产业地位与土地利用生态效益成反比关系，一次产业地位越高，土地利用生态效益反而越低，与粗放型的产业发展模式相关。2010—2019 年岱山岛三次产业方向系数先减小后增大，自变量系数持续减小，对土地利用生态效益的负向影响强化。可见，三次产业地位越高，土地利用生态效益越低，岱山岛在发展第三产业的过程需

注意水土等自然资源的保护。二次产业比较劳动生产率在2010—2019年先减小后增大,且劳动生产率均高于总产业劳动生产率,生产优势明显强化。该因子系数由2010年的-0.0324减小至2015年的-0.5605后增至2019年的1.4376,说明二次产业劳动生产率与土地利用生态效益呈正比关系,可见提高二次产业劳动生产率能够有效实现土地利用生态效益的保障。产业竞争效益与土地利用生态效益呈负相关关系,且相关关系逐渐强化。由前文可知,岱山岛产业竞争效应呈强化趋势,可见产业专业化生产能力越强,土地利用生态效益反而越低。岱山岛非农产业以玩具制造、器械制造、船舶修造为主,专业化程度高,产值比重大,对产业经济影响大。但这类制造业占地面积大,污染力强,规模越大,土地利用生态效益越低。产业结构构成效益对土地利用生态效益的影响由负向影响转为强正向影响,在2010—2019年间岱山岛产业结构构成效益逐渐提升,三次产业比例关系逐渐协调,可见产业间比例关系协调度越高,土地利用生态效益越强。处理好三次产业间的协调度、产业类型组合合理性、提高二、三次产业劳动生产率对提高土地利用生态效益具有重要作用。

土地结构效益产业因子影响存在同样的时间差异,二次产业比较劳动生产率、三产方向系数、一产方向系数、二产结构偏离度为主要影响因子,系数绝对值增大,对土地结构效益的影响增强。2010年产业竞争效应、一产方向系数、三产方向系数、第一产业产值比重,二次产业比较劳动生产率、偏差系数、二次产业结构偏离度为主要产业影响因子,$|\lambda|>1.15$,其中产业竞争效应对土地结构效益的影响最大。2015年产业因子系数普遍减小,产业竞争效应、一次产业比较劳动生产率、二产结构偏离度为主要产业因子,但$|\lambda|$仅>0.8,其中产业竞争效应仍起主要作用。2019年产业因子影响系数绝对值回升,一产方向系数、产业构成效应、二次产业比较劳动生产率、二产结构偏离度、产业竞争效应为主要影响因子,$|\lambda|>1.47$,其中产业结构构成效应影响最大。从影响演变来看,除第一产业产值比重、第三产业产值比重、产业结构熵、偏差系数、一次产业比较劳动生产率外,其余因子自变量系数$|\lambda|$均增大,其中一次产业比较劳动生产率、一产结构偏离度和第二产业产值比重变化幅度相对较大,超过0.6。2010—2019年岱山岛一次产业比较劳动生产率系数均大于1,且总体呈现增长趋势,一次产业劳动生产率明显高于总产业生产率平均值,第一产业在总产业中占比较生产优势。但其对产业结构效益的影响减弱,自变量系数由2010年的1.15直降至2019年的0.3,表明一次产业比较劳动生产率与产业结构效益呈正相关关系,但一次比较劳动生产率系数越高,产业结构效益反而越低。一产结构偏离度指第一产业产值比重与就业比重的偏差,2010—2019年间岱山岛一产结构偏离度为正且呈增大趋势,产值比重大于就业比重,且差距越来

表 7-3-16 2010、2015 和 2019 年岱山岛产业因子对土地利用生态效益和土地利用结构效应的影响回归结果

	土地生态效益									
	2010 年			2015 年				2019 年		
	α_1	α_2	λ	α_1	α_2	α_3	λ	α_1	α_2	λ
第一产业产值比重	0.8540	0.5190	−0.7693	0.9290	0.3380	−0.1540	0.6164	0.8540	0.5190	0.6195
第二产业产值比重	0.3030	−0.9530	0.3854	−0.9730	−0.1540	−0.1720	−0.8577	0.3030	−0.9530	1.1284
第三产业产值比重	0.9260	0.3780	−0.7272	0.6310	−0.7490	0.2040	0.8222	0.9260	0.3780	0.8194
产业结构熵	−0.9190	−0.3940	0.7327	−0.8910	0.4420	−0.1060	−0.9129	−0.9190	−0.3940	−0.7981
一产结构偏离度	0.9800	0.1980	−0.6527	0.9270	0.1370	0.3480	0.9081	0.9800	0.1980	1.0286
二产结构偏离度	0.7530	−0.6580	−0.0324	−0.9730	0.1700	0.1550	−0.7853	0.7530	−0.6580	1.4376
三产结构偏离度	−0.9340	−0.3570	0.7195	−0.6770	0.7130	−0.1840	−0.8417	−0.9340	−0.3570	−0.8458
偏差系数	−0.7520	−0.6590	0.7944	−0.4800	0.7450	0.4640	−0.3740	−0.7520	−0.6590	−0.3841
产业结构转换速度系数	0.9740	0.2280	−0.6667	0.8060	0.5010	−0.3150	0.3935	0.9740	0.2280	0.9973
一产方向系数	−0.7670	0.6410	0.0499	0.6430	0.4640	0.6100	0.7105	−0.7670	0.6410	−1.4410
二产方向系数	0.9720	0.2350	−0.6697	−0.4670	−0.8830	0.0430	−0.1402	0.9720	0.2350	0.9893
三产方向系数	−0.7290	0.6840	0.0042	−0.7680	−0.6050	0.2090	−0.3854	−0.7290	0.6840	−1.4293
一次产业比较劳动生产率	0.7890	0.6140	−0.7887	0.9550	0.0520	−0.2920	0.6466	0.7890	0.6140	0.4649
二次产业比较劳动生产率	0.7530	−0.6580	−0.0324	−0.9190	−0.2680	0.2910	−0.5605	0.7530	−0.6580	1.4376
三次产业比较劳动生产率	0.9050	0.4250	−0.7429	0.5940	−0.7780	0.2040	0.7988	0.9050	0.4250	0.7564
差异指数	0.9570	−0.2890	−0.3581	0.6560	0.0090	0.7550	0.9098	0.9570	−0.2890	1.3898

续表

	土地生态效益									
	2010 年			2015 年				2019 年		
	α_1	α_2	λ	α_1	α_2	α_3	λ	α_1	α_2	λ
产业构成效应	0.8450	−0.5350	−0.1541	0.1870	0.9730	−0.1360	−0.1625	0.8450	−0.5350	1.4508
产业竞争效应	−0.7150	0.7000	−0.0128	0.5410	−0.5900	−0.5990	0.3198	−0.7150	0.7000	−1.4252
标准化系数	−0.5490	−0.5790		0.8380	−0.2610	0.4800		1.2110	−0.7990	
T	7.8400	5.5300		1.5760	0.4220	2.9980		2.2250	8.8300	
$Sig.$	0.0065	0.3980		0.0430	0.0157	0.0223		0.0470	0.0018	
R	0.7840			0.8750				0.8860		
R^2	0.5460			0.6800				0.6570		
调整后 R^2	0.4790			0.5700				0.5750		
残差	8.9300			0.0000				5.2300		

续表

	土地生态效益									
	2010 年			2015 年				2019 年		
	α_1	α_2	λ	α_1	α_2	α_3	λ	α_1	α_2	λ
第一产业产值比重	−0.9650	−0.2610	1.1711	0.9290	0.3380	−0.1540	0.6368	0.8540	0.5190	0.5552
第二产业产值比重	0.8040	−0.5950	−0.5955	−0.9730	−0.1540	−0.1720	−0.4989	0.3030	−0.9530	1.2090
第三产业产值比重	0.6720	0.7400	−1.0768	0.6310	−0.7490	0.2040	0.5054	0.9260	0.3780	0.7664
产业结构熵	0.8920	−0.4530	−0.7576	−0.8910	0.4420	−0.1060	−0.6596	−0.9190	−0.3940	−0.7439
一产结构偏离度	−0.5720	0.8200	0.2380	0.9270	0.1370	0.3480	0.3535	0.9800	0.1980	0.9910
二产结构偏离度	0.9810	0.1920	−1.1562	−0.9730	0.1700	0.1550	−0.8136	0.7530	−0.6580	1.4824
三产结构偏离度	0.7830	−0.6220	−0.5600	−0.6770	0.7130	−0.1840	−0.5398	−0.9340	−0.3570	−0.7947
偏差系数	0.9750	0.2210	−1.1633	−0.4800	0.7450	0.4640	−0.8541	−0.7520	−0.6590	−0.3091
产业结构转换速度系数	−0.0730	0.9970	−0.3872	0.8060	0.5010	−0.3150	0.6154	0.9740	0.2280	0.9571
一产方向系数	−0.9420	−0.3370	1.1817	0.6430	0.4640	0.6100	−0.1106	−0.7670	0.6410	−1.4840
二产方向系数	−0.7340	0.6790	0.4801	−0.4670	−0.8830	0.0430	−0.0914	0.9720	0.2350	0.9485
三产方向系数	−0.9560	−0.2940	1.1768	−0.7680	−0.6050	0.2090	−0.4880	−0.7290	0.6840	−1.4770
一次产业比较劳动生产率	−0.9830	−0.1810	1.1532	0.9550	0.0520	−0.2920	0.8302	0.7890	0.6140	0.3932
二次产业比较劳动生产率	0.9770	0.2140	−1.1622	−0.9190	−0.2680	0.2910	−0.7429	0.7530	−0.6580	1.4824
三次产业比较劳动生产率	−0.8290	0.5600	0.6390	0.5940	−0.7780	0.2040	0.4887	0.9050	0.4250	0.6996
差异指数	0.5940	0.8040	−1.0220	0.6560	0.0090	0.7550	−0.0690	0.9570	−0.2890	1.3970

续表

	土地生态效益									
	2010 年			2015 年				2019 年		
	α_1	α_2	λ	α_1	α_2	α_3	λ	α_1	α_2	λ
产业构成效应	−0.0710	0.9980	−0.3899	0.1870	0.9730	−0.1360	−0.0614	0.8450	−0.5350	1.4825
产业竞争效应	0.9370	0.3490	−1.1819	0.5410	−0.5900	−0.5990	0.9422	−0.7150	0.7000	−1.4746
标准化系数	−1.0870	−0.4680		0.6780	−0.2880	−0.6770		1.1910	−0.8900	
T	−276.9520	−119.1250		5.9700	3.6500	8.2200		0.4700	2.5700	
$Sig.$	0.0020	0.0050		0.0271	0.0450	0.0016		0.0220	0.0340	
R	1.0000			0.9760				0.8430		
R^2	1.0000			0.8500				0.6500		
调整后 R^2	1.0000			0.7900				0.4580		
残差	0.0000			1.5750				5.5800		

越大。但通过回归发现，一产结构偏离度对产业结构效益的影响逐渐增强，自变量系数由2010年的0.24直增至2019年的0.99，说明一产结构偏离度越大，产值比重与就业比重的差距越大，产业结构效益反而增大。第二产业产值比重对土地利用结构效益的影响变化较大，2010和2015年第二产业产值比重与土地利用结构效益呈负相关作用，且负作用减弱；2019年负作用转变为正作用，总体来看，第二产业产值比重对土地利用结构效益的影响存在临界点，超过某一临界点时，第二产业产值比重越大，土地利用结构效益越大。

(2)对土地集约利用度的影响及因素与路径分析

根据研究需要再次将产业结构演替研究结果及产业结构构成效应与竞争效应做产业因子，土地集约利用水平做因变量，借助SPSS23.0进行主成分回归，测度产业结构演替对土地集约利用水平的影响，识别产业因子影响路径，回归结果见表7-3-17。

由表可知，产业因子影响度以及主要产业因子存在时间差异，第三产业产值比重、三产结构偏离度、偏差系数和产业结构构成效应为主要影响因素，各产业因子影响度变化方向与幅度均不同。2010年产业结构构成效应、产业结构转换速度系数、差异指数、第三产业产值比重对土地集约利用水平的影响相对较大，$|\lambda|>0.6$，其中产业结构构成效应自变量系数绝对值最大，为0.7317。2015年三产结构偏离度、产业结构构成效应、产业结构熵对土地集约利用水平的影响较大，$|\lambda|>1.5$，其中三产结构偏离度自变量系数绝对值最大，为1.743。2019年偏差系数、一次产业比较劳动生产率、第一产业产值比重影响较大，$|\lambda|>0.76$，其中偏差系数因子系数绝对值最大，为0.794。产业因子影响因素包括：第一产业产值比重、产业结构熵、二产结构偏离度、三产结构偏离度、偏差系数、产业结构转换速度系数、一次产业比较劳动生产率和产业结构构成效应变化幅度最大，变化方向最明显。2010－2019年第一产业产值比重系数由2010年的0.3上升至2015年0.66，2019年急剧变化为－0.769；总体来看，岱山岛在研究期间第一产业产值比重持续降低，可见第一产业产值比重与土地集约利用水平存在U型或倒U型关系，表明第一产业产值比重会使得土地集约利用水平最高。研究期间产业结构熵系数出现明显的上下波动，但影响方向始终为正，2010年系数为0.238，2015年增至1.512，2019年又下降至0.733，说明产业结构熵对土地集约利用水平始终呈正向作用；2010－2019年岱山岛产业结构熵值较大，产业结构无序度明显，可见存在一次产业结构熵及三次产业产值比例关系值，使得土地集约利用水平最高。二产结构偏离度系数由2010年的－0.25增至2015年的1.10，2019年直降至－0.03，可见其变化对土地集约利用水平影响之大；2010—2019年岱山岛二产结构偏离度先减小后增大，产值比重与就业

表 7-3-17　岱山岛 2010、2015 和 2019 年产业因子对土地集约利用水平的影响回归结果

主成分	2010 年			2015 年				2019 年		
	1	2	λ	1	2	3	λ	1	2	λ
第一产业产值比重	−0.965	−0.261	0.299551	0.929	0.338	−0.154	0.662649	0.854	0.519	−0.769347
第二产业产值比重	0.804	−0.595	0.352455	−0.973	−0.154	−0.172	0.994647	0.303	−0.953	0.38544
第三产业产值比重	0.672	0.74	−0.62226	0.631	−0.749	0.204	−0.532669	0.926	0.378	−0.727236
产业结构熵	0.892	−0.453	0.237553	−0.891	0.442	−0.106	1.512205	−0.919	−0.394	0.732657
一产结构偏离度	−0.572	0.82	−0.5447	0.927	0.137	0.348	0.132187	0.98	0.198	−0.652662
二产结构偏离度	0.981	0.192	−0.250182	−0.973	0.17	0.155	1.103481	0.753	−0.658	−0.032415
三产结构偏离度	0.783	−0.622	0.374772	−0.677	0.713	−0.184	1.743151	−0.934	−0.357	0.719469
偏差系数	0.975	0.221	−0.271011	−0.48	0.745	0.464	1.264648	−0.752	−0.659	0.794409
产业结构转换速度系数	−0.073	0.997	−0.730747	0.806	0.501	−0.315	0.984108	0.974	0.228	−0.666738
一产方向系数	−0.942	−0.337	0.353337	0.643	0.464	0.61	0.408059	−0.767	0.641	0.049944
二产方向系数	−0.734	0.679	−0.422399	−0.467	−0.883	0.043	−0.091885	0.972	0.235	−0.669693
三产方向系数	−0.956	−0.294	0.323014	−0.768	−0.605	0.209	0.205414	−0.729	0.684	0.004185
一次产业比较劳动生产率	−0.983	−0.181	0.242251	0.955	0.052	−0.292	0.456351	0.789	0.614	−0.788667
二次产业比较劳动生产率	0.977	0.214	−0.266044	−0.919	−0.268	0.291	0.552935	0.753	−0.658	−0.032415
三次产业比较劳动生产率	−0.829	0.56	−0.32377	0.594	−0.778	0.204	−0.54587	0.905	0.425	−0.74292
差异指数	0.594	0.804	−0.661104	0.656	0.009	0.755	−0.147902	0.957	−0.289	−0.358062
产业结构构成效应	−0.071	0.998	−0.731708	0.187	0.973	−0.136	1.602639	0.845	−0.535	−0.15414

续表

主成分	2010年			2015年				2019年		
	1	2	λ	1	2	3	λ	1	2	λ
产业竞争效应	0.937	0.349	−0.361679	0.541	−0.59	−0.599	0.193135	−0.715	0.7	−0.012765
多元主成分回归系数	−0.11	−0.741		−0.427	0.62	−0.658		−0.549	−0.579	
T	−0.142	−0.961		0.168	2.55	3.59		7.84	5.53	
Sig.	0.019	0.0135		0.0375	0.0026	0.00112		0.0065	0.398	
R	0.705			0.985				0.784		
R^2	0.498			0.8765				0.546		
调整后 R^2	−0.507			0.67				0.479		
残差	1.507			5.576				8.93		

比重呈现相应变化;总体来看,产业结构偏离度与土地集约利用水平呈反比例关系,产业结构偏离度越小,即产值比重与就业比重差距越小,土地集约利用水平越高。三产结构偏离度系数始终为正,由2010年的0.37增大至2015年的1.74,后又下降至2019年的0.72,说明三产结构偏离度与土地集约利用水平呈正相关关系;岱山岛三产结构偏离度在2010—2019年期间始终小于0,绝对值持续减小,说明岱山岛第三次产业结构偏离度扩大,即第三产业产值比重小于就业比重,且差距不断拉大,可见其第三产业发展之缓慢;总体来看,存在一、三产结构偏离度指数,即当第三次产业产值比重与就业比重差距保持在某一范围内时,对土地集约利用水平的边际贡献率最大。偏差系数与土地集约利用水平关系不仅发生了量上的变化,还存在着方向上质的转变。2010年岱山岛产业结构偏差系数自变量系数为-0.27,2015年转换为1.26,影响方向与影响程度均发生较大变化;2019年仅影响程度发生变化,自变量系数下降至0.794。偏差系数能够直接反映产业结构与就业结构差异,2010—2019年间岱山岛产业结构偏离系数持续增大,可见一定的产值比重与就业比重差异能够提升土地集约利用水平。产业结构转换速度、一次产业比较劳动生产率和产业结构构成效应与土地集约利用水平的关系与前述几个产业因子基本类似,均存在某一值使得自身对土地集约利用水平的边际贡献率最大。所以,产业规划发展中注意将产业发展速度、产业发展质量保持在某一范围内,使得其对土地集约利用水平的边际贡献率最大,实现海岛土地利用效益的最大化。

7.3.2 产业演替对淡水资源的影响

7.3.2.1 数据源与研究方法

(1)数据源

①用水结构数据:岱山县用水结构数据主要来源于由岱山县水利局提供的《舟山市水资源公报》和《岱山县自来水厂供水报表》。

②用水效率数据:岱山县用水效率数据来自《舟山市水资源公报》。

③岱山县水污染因子数据:岱山县污染源数据中的一、二、三次产业产值比重、人口密度、人均GDP、单位面积化肥量等指标数据来源于《岱山县统计年鉴(2015—2019)》;单位面积工业废水排放、单位面积工业固废排放、单位面积工业需氧量排放、单位面积工业总氮排放、单位面积工业石油类排放量和单位面积工业废水总铬排放量指标数据来源于舟山市生态环境局岱山分局提供的《岱山县各地区工业污染排放及处理利用情况(2015—2019)》与《岱山县污染源普查数据(2010—2020)》。

(2)研究方法

1)岱山岛淡水资源利用分析法(表 7-3-18)

表 7-3-18　岱山岛淡水资源利用分析法

研究方法	公式	相关参数及涵义	备注
数据标准化处理	$X_{ij}=\frac{x_{ij}-x_{ij\min}}{x_{ij\max}-x_{ij\min}}$　(7-3-19)	X_{ij}表示 i 地区 j 指标标准化值，x_{ij}表示 i 地区 j 指标观测值，$x_{ij\min}$、$x_{ij\max}$分别表示 i 区域 j 项指标的最小观测值和最大观测值	
用水结构时空变化分析—用水结构信息熵	$H_W=-\sum_{j}^{n}P_{ij}\ln P_{ij}$　(7-3-20)	n 为用水类型数；P_{ij} 为 i 城市 j 类型用水量占该城市总用水量的比例	熵值越高，系统各部分占比越均衡，系统越稳定，这里用于判断岱山县用水结构的比例均衡度以及时空变化
用水结构信息熵均衡度 J	$J_i=H_{wi}/H_{wi\max}$　(7-3-21)		$H_{w\max}=\ln n$ 时，表示各类用水比例占比一致，此时用水系统结构不具有优势类别，而且系统结信息熵最大，系统达到最均衡稳定的状态
水资源—社会经济复合系统协调度(U_i)与水环境效应(T_i)评价	$P_{ij}=X_{ij}/\sum_{i=1}^{n}X_{ij}$　(7-3-22)	P_{ij}表示标准化后 i 区域 j 项指标值占研究期间标准化后 j 项指标值综合的比重	
	j 项指标熵值 $e_j=-\frac{1}{\ln n}\cdot\sum_{i=1}^{n}P_{ij}\ln P_{ij}(e_j\geqslant 0)$ (7-3-23)		
	j 项指标差异系数： $g_j=1-e_j$　(7-3-24)		

续表

研究方法	公式	相关参数及涵义	备注
水资源—社会经济复合系统协调度(U_i)与水环境效应(T_i)评价	j项指标权重: $W_j = g_j / \sum_{j=1}^{m} g_j$ (7-3-25)	W_j表示j项指标的权重,m为指标项数	
	综合计算模型: $U_i / T_i = \sum_{j=1}^{n} W_j X_{ij}$ (7-3-26)		

2)岱山产业结构对水资源的影响分析法

主成分回归分析模型不仅能够测定影响程度,还能同时识别影响因素与路径,是学界应用较为广泛的因素分析模型。该模型能够有效避免因指标数据过多时产生的多重共线性问题,相对一般回归应用范围更加广泛。其核心思想为根据回归系数与主成分系数换算因子系数,判断因子与因变量间的相关关系。

$$FAC_i = \alpha_1 \cdot X_1 + \alpha_2 \cdot X_2 + \alpha_3 \cdot X_3 + \alpha_4 \cdot H + \alpha_5 \cdot S_{ij} + \alpha_6 \cdot \varphi_1 + \alpha_7 \cdot \varphi_2 + \alpha_8 \cdot V + \alpha_9 \cdot \vartheta_i + \alpha_{10} \cdot B + \alpha_{11} \cdot S + \alpha_{12} \cdot \ln MIX + \alpha_{13} \cdot \ln DIF \quad (7\text{-}3\text{-}27)$$

完成主成分提取与得分计算后,将主成分作自变量进行多元线性回归:

$$H_w(U_i T_i) = A_0 + \lambda_1 \cdot FAC_1 + \lambda_2 \cdot FAC_2 + \lambda_3 \cdot FAC_3 + \cdots + \lambda_i \cdot FAC_i + \varepsilon \quad (7\text{-}3\text{-}28)$$

式中,H_w、U_i、T_i分别表示用水结构信息熵、水资源—社会经济复合系统协调度、水环境效应水平三个因变量;$\lambda_1,\cdots,\lambda_i$为各主成分回归系数;$A_0$、$\varepsilon$分别表示常数与残差。

7.3.2.2 岱山岛用水结构演替及其特征分析

(1)用水结构及其变化

1)自来水用水结构及其变化

岱山县自来水总供水量以2014年为节点,2014年之前呈波动下降,2014年后急剧上升。工业用水是各类用水中最多的,其变化趋势与总供水量呈现同趋势的变化,可见工业用水是影响总用水的主导因素。其次是生活用水,生活用水的变化相对比较稳定,呈缓慢上升趋势;行政事业用水与特种用水量极少,各年用水量均保持在100万吨以下。生产用水指专门用于产品生产的水,自来水生产用水不多,且变化较小。

根据舟山市水资源公报,岱山县全县用水分为农业用水、工业用水、城镇公共用水、居民生活用水、生态与环境用水。2010—2018年,各类型用水和总用水均呈现上升趋势,2018年后略有下降。六大类用水中,工业用水量最大,年均1400万吨左右,约占年均总用水量的47%;其次是居民生活用水,年均800万吨左右,约占年均总用水量的27%,其中城镇居民用水明显高于农村居民用水。随着时间推移,农业用水量明显减少,年用水量降至400万吨以下;其中,农田灌溉用水明显高于林牧渔蓄用水,农田灌溉用水中农田用水量最多。城镇公共用水量排第五,2014—2019年间该用水量缓慢上升,年均用水量达250万吨左右;岱山县将建筑业用水与服务业用水统称为城镇公共用水,其中服务业用水量显著高于建筑业用水量,可见服务业是一个耗水的行业。最后是生态与环境用水,年均用水量低于100万吨;该类用水主要包括城镇环境用水与农村生态用水,对生态环境的保护具有重要的意义,但岱山县该类用水主要用于城镇环境用水,农村生态用水被忽略了。

2)用水结构信息熵时间变化

由表7-3-19可以分析出,10年以来岱山县自来水结构信息熵总体呈现先平稳轻微增长后趋于下降的趋势变化,信息熵平均为0.989,年均变化幅度0.1%~0.2%。从整个变化趋势来看,在2010—2016年均衡度呈轻微上升趋势,自来水利用结构向有利于经济发展的方向变化;2016—2019年自来水信息结构熵逐渐降低,说明自来水用水系统有序度降低,2014年后工业用水急剧上升。2010—2019年自来水用水结构均衡度呈现同样的趋势变化,2010—2016年均衡度稳中有升,2016—2019年明显下降,工业用水与生活用水量变化幅度明显增大。全用水结构信息熵与均衡度在2014—2018年保持基本稳定,各类型全用水量变化幅度较小。

表7-3-19 2010—2019年岱山县用水结构信息熵与均衡度

年份	2010	2011	2012	2013	2014	2015	2016	2017	2018	2019
自来水结构信息熵	0.99	1.01	1.01	1.02	1.04	1.05	1.04	0.97	0.89	0.87
全用水结构信息熵			1.14	1.24	1.24	1.28	1.24			
自来水用水均衡度	0.94	0.96	0.96	0.97	0.99	1.00	0.99	0.92	0.85	0.83
全用水结构均衡度			0.89	0.97	0.97	1.00	0.97			

(2)水资源—社会经济复合系统协调度测度

1)构建水资源—社会经济复合系统协调度评价指标及权重确定

本节内容研究岱山县水资源—社会经济复合系统的目的是探究区域水资源的协调利用度,要求各指标包含较多的信息量。水资源的协调利用主要关注的是水资源在社会和经济系统的协调分配问题,因此水资源相关指标的选取应满足社会和经济发展的要求。另外,水资源开发力度、水资源利用效率、水资源资源管理能力等均可用于水资源与社会发展的协调性研究中。这里主要从水资源系统评价水资源利用协调度,依据客观性、科学性、可获取性原则构建评价指标体系,并根据熵值法客观确定指标权重(表 7-3-20)。

表 7-3-20 岱山县水资源—社会经济复合系统评价指标及权重

指标	权重
人均年综合用水量(m^3)	0.0972
万元 GDP 用水量(m^3)	0.1049
万元工业增加值用水量(m^3)	0.0452
城镇居民生活日用水量(L)	0.0875
城镇公共日用水量(L)	0.0809
农村居民日用水量(L)	0.1008
水田亩均用水量(m^3)	0.1083
旱地亩均用水量(m^3)	0.0907
菜田亩均用水量(m^3)	0.0774
林果灌溉亩均用水量(m^3)	0.0491
鱼塘补水亩均用水量(m^3)	0.0968
水资源利用率(%)	0.0613

2)水资源—社会经济复合系统协调度评价结果及分析

根据综合评价法从水资源系统角度评价岱山县水资源—社会经济复合系统,评价结果见表 7-3-21。由表可知,2014—2018 年水资源系统综合评价值总体呈现先上升后稍有下降趋势,评价均值为 0.5396,年均增长幅度约为 11.93%,说明水资源利用效率、水资源系统利用与经济社会发展协调度总体呈现上升趋势,水资源利用效率、水资源利用结构朝着有利于社会经济发展的方向发展。

表 7-3-21 岱山县水资源—社会经济复合系统评价结果

年份	U_i
2014	0.2799
2015	0.5737
2016	0.5807
2017	0.6935
2018	0.5704

(3)产业结构水环境污染效应评价与分析

1)构建产业结构水环境效应评价指标及权重确定

水环境污染效应评价要借助水环境污染因子这一综合评价指标实现，该复合型指标体系不仅体现在水体的自然属性上，更体现在社会经济发展的各个方面，其中受社会经济要素影响显著的因子有土地利用方式、农业面源污染、工业废水、工业固废和生活污水排放等①。为此，选取与产业结构有关的指标构建复合型水环境污染指标体系，并根据熵权法确定各指标权重(表 7-3-22)。

表 7-3-22　岱山县水环境污染效应评价指标及权重

指标	权重
第一产业比重	0.1112
第二产业比重	0.1266
第三产业比重	0.0000
人口密度(人/km^2)	0.1012
人均 GDP	0.1196
单位面积化肥量(t/km^2)	0.0710
单位面积工业废水(t/km^2)	0.0893
单位面积工业固废排放(t/km^2)	0.0576
单位面积工业需氧量排放(kg/km^2)	0.0467
单位面积工业氨氮(kg/km^2)	0.0448
单位面积工业总氮(kg/km^2)	0.0768
单位面积工业石油类排放量(kg/km^2)	0.0770
单位面积工业废水总铬排放量(kg/km^2)	0.0781

2)产业结构水环境污染效应评价结果及分析

根据综合评价法评价水环境污染效应，评价结果见表 7-3-23。由表可知，2015—2019 年岱山县水环境污染效应评价指数呈现先下降后上升的趋势，说明岱山县水环境污染呈现显著波动，2015—2016 年水环境污染明显减弱，但在 2016 年后水环境污染再次加深。从评价指标分析，该变化主要是因为工业废水、工业需氧量、工业石油类排放量等出现了先减少后增加的变化趋势，可见产业结构变化对水环境污染的影响之显著。

① 王磊，张磊，段学军，等.江苏省太湖流域产业结构的水环境污染效应[J].生态学报，2011，22(31)：6832－6844.

表 7-3-23　岱山县水环境污染效应评价结果

年份	T_i
2015	0.6564
2016	0.3882
2017	0.4038
2018	0.4175
2019	0.4248

7.3.2.3　岱山岛产业演替对淡水资源的影响与机制分析

(1)岱山岛产业结构对用水结构的影响分析

1)产业结构与用水量的关系

为进一步探析岱山县产业发展与各类用水量间的关系,借助 SPSS23.0 进行相关分析,得表 7-3-24。一次产业比重与农业用水、城镇公共用水、居民生活用水、生态环境用水呈正比例关系,与生态环境用水关系最强;与工业用水量成反比。二次产业比重仅与工业用水呈正比,与其余 5 类用水均成反比例关系,二次产业产值比重越大,农业用水、城镇公共用水、居民生活用水、生态与环境用水甚至是总用水量都会降低,可见二次产业发展能够极大提高水资源利用效率。三次产业产值比重仅与工业用水成反比,与其他 5 类型用水量均呈正比例关系,可见三次产业耗水量较大,发展节水技术至关重要。

表 7-3-24　岱山县三次产业比例与各类用水间的相关关系

	农业用水	工业用水	城镇公共用水	居民生活用水	生态与环境用水	总用水量
一产比重	0.794	−0.573	0.117	0.635	0.79	0.689
二产比重	−0.52	0.295	−0.087	−0.56	−0.68	−0.545
三产比重	0.367	−0.163	0.088	0.507	0.604	0.465

2)工业产值比重与工业自来用水比重

进一步分析工业产值与工业自来用水的关系,由表 7-3-25 可知,2010—2014 年岱山县工业产值比重与工业自来用水比重呈现同样的下降趋势,2014—2019 年工业产值比重与工业自来用水比重变化趋势相反,工业产值比重略有下降,而工业自来用水量显著增加,表明工业耗水量显著增加,可能与岱山县工业产业规模扩大,石油化工等高耗水工业引入等相关。

表 7-3-25 2010—2019 年岱山县工业产值比重与工业自来水用水比重

年份	2010	2011	2012	2013	2014	2015	2016	2017	2018	2019
工业产值比重	37.68	33.28	32.73	30.50	29.40	28.19	26.73	27.83	26.93	29.80
工业用水比重	55.15	54.44	53.92	48.10	45.94	49.59	52.85	59.31	62.59	64.74

3)产业结构演替对水资源结构的影响

①对自来水用水结构的影响

借助 SPSS 23.0,以 2010—2019 年岱山县产业结构演替特征结果数据与自来用水结构信息熵为数据基础,首先进行产业因子主成分回归,在计算各主成分得分的基础上,进行多元回归分析,最后通过转换计算,获得各产业因子系数,结果如表7-3-26。

由表可知,岱山县产业结构因子存在三个主成分,在第一主成分中就业—产业结构偏差系数的载荷值最大,其次是第二次产业比较劳动生产率,然后是第二产业就业一产业结构偏离度,可见第一主成分主要反映的是产业结构效益对水资源利用的影响;第二组成分中第一产业产值比重、产业结构熵、第一产业就业—产业结构偏离度的载荷值相对较大,表明第二主成分主要反映的是第一产业结构比例与结构效益对水资源利用的影响;第三主成分中,第三次产业比较劳动生产率系数、产业结构转换速度的载荷值相对较大,表明第三主成分主要反映第三次产业结构效益与产业结构稳定性对水资源利用的影响。

由转换系数可进一步分析,第一产业就业—产业结构偏离度、第一产业比较劳动生产率系数、第一产业产值比重与产业结构熵对自来水用水结构影响显著,其中产业结构熵与第一产业比较劳动生产率系数对自来水用水结构熵呈负相关关系。第一产业就业—产业结构偏离度对水资源利用结构的正向影响最大,转换系数为0.297。2010—2019 年岱山县第一产业就业一产业结构偏离度始终为负值,可见其就业比重大于产值比重,说明其生产效率低;另外,绝对值总体呈现缩小趋势,说明第一产业产值比重与就业比重趋向平衡,劳动生产率有效提升。而自来用水结构熵基本保持在 0.989,用水结构相对稳定,呈一定下降趋势,可见第一产业就业比重与产值比重差异越小,自来水用水结构越稳定。第一产业比较劳动生产率系数对自来水用水结构的负向影响最大,转换系数为−0.297。2010—2019 年岱山县第一产业比较劳动生产率系数基本保持在 1 以上,且明显大于二、三产业比较劳动生产率系数,与二、三产业的差距呈现缩小之势,可见岱山县第一产业劳动生产率具有明显的优势,但优势度随着时间有所减弱。即第一产业比较劳动生产率与自来水用水结构间存在“倒 U 型”的影响关系,当第一产业劳动生产率系数降至一临界值时,自来水用水结构熵达到最大值,即存在某一、三次产业结构比,使得自来水用水结构最稳定。第一产业产值比重对自来水用水结构作用与第一产业比较劳动生产率对其影响类似。产业结构熵对自来水用水结构熵成反比作用,2010—2019 年产业结构熵总体呈现减小的趋势,表明三次产业比例越均衡,自来用水结构越不稳定,各类产业间用水越不均衡。

表 7-3-26 岱山县产业结构与自来水用水结构主成分回归结果

	a	a	a	λ
x_1	0.0125	0.4104	0.2196	0.2255
x_2	0.2664	−0.1546	−0.2575	0.1694
x_3	−0.2992	−0.1263	0.1193	−0.0230
H	−0.0223	0.3885	0.2552	−0.2215
ϑ_1	0.2024	−0.3447	0.0765	0.2967
ϑ_2	0.3084	0.0141	−0.1911	0.0882
ϑ_3	0.3041	0.0109	0.1531	0.1240
Φ	0.3153	−0.1140	−0.0314	0.1862
V	0.2306	0.1591	0.3056	0.0206
θ_1	0.1631	0.3401	−0.2243	−0.1710
θ_2	−0.2326	−0.1646	−0.2647	−0.0138
θ_3	0.1696	0.0160	0.4783	0.1035
B_1	−0.2024	0.3447	−0.0765	−0.2967
B_2	0.3094	0.0096	−0.1934	0.0911
B_3	−0.1959	−0.2645	0.3074	0.1205
S	0.3041	−0.1614	0.0012	0.2145
MIX	0.1312	0.3529	−0.2611	−0.1947
DIF	−0.2526	0.0401	−0.3003	−0.1511
T	0.3780	−0.6160	0.1030	0.5329
R	0.4160			
R^2	0.1730			
调整后 R^2	0.4470			
$Sig.$	0.0350	0.0175	0.2390	
e	0.0170			

②对全用水结构的影响

以 2014—2018 年岱山产业结构演替特征结果数据与全用水结构熵进行主成分回归分析，结果如表 7-3-27 所示。

由表可知，岱山县产业结构因子存在 4 种主成分，在第一主成分中第一产业就业—产业结构偏离度、就业—产业结构偏离度、第一产业比较劳动生产率、产业比较劳动生产率偏差系数的载荷值相对较大，表明第一主成分主要反映的是第一产业结构效益与产业发展均衡度对全用水结构的影响；第二主成分中第二产业转换方向系数、第三产业转换方向系数的载荷值较大，表明第二主成分主要反映二、三产业优势度对全用水结构的影响；第三主成分中，产业结构竞争效应与产业结构熵的载荷值较大（>0.5），可见第三主成分主要反映产业结构均衡度及其专业化生产能力对全用水结构的影响；第四主成分中影响最大的因子与第二主成分一致，二、三产业转换方向系数载荷值最大，另外，产业结构构成效益的载荷值也较大，表明第四主成分反映的是产业结构合理化与高级化对全用水结构的影响。

根据回归结果换算自变量系数，并分析：第二产业比较劳动生产率系数、第二产业就业—产业结构偏离度、第三产业产值比重、产业比较劳动生产率差异指数、就业—产业结构偏差系数、第一产业就业—产业结构偏离度对全用水结构的影响比较显著，其中第三产业产值比重与全用水产业结构熵呈负相关关系。2014—2019 年岱山县第二产业比较劳动生产率系数呈波动式下降的变化趋势，但其值均保持在 1 以上，可见该产业结构效益之高，但其优势度有所减弱。而全用水结构信息熵值较高，各产业用水比例基本稳定，可见第二产业结构效益的减弱反而能够巩固全用水系统的稳定性。2014—2018 年第二产业就业—产业结构偏离度均大于 0，且总体上呈现减少的趋势，可见该产业结构与就业结构趋向平衡，劳动力产业间转移协调度增强。这说明第二产业结构与就业结构发展越平衡、劳动力在产业之间转移越协调，全用水结构越均衡，供水系统越稳定。2014—2018 年岱山县第三产业产值比重出现明显的波动，先上升后下降；其对全用水结构信息熵的呈负作用，说明其产值比重越高，用水结构信息熵越小，全用水结构比例越不均衡，全用水结构越不稳定。2014—2018 年岱山县产业比价劳动生产率差异指数逐年降低，可见岱山县各产业发展均衡化，产业结构效益增大；说明产业结构效益与全用水结构稳定性、均衡性成反比，产业结构效益越大，全用水结构反而不均衡。就业—产业结构偏差系数和第一产业就业—产业结构偏离度均与产业结构熵呈正相关关系，反映产业结构与就业结构发展均衡度、产业间劳动力转移协调度对全用水结构呈强正影响。

表 7-3-27　岱山县产业结构与全用水结构主成分回归结果

	a	a	a	a	λ
x_1	−0.2244	0.2897	0.2253	0.0036	−0.2647
x_2	0.2355	−0.2814	0.1190	−0.1423	0.7755
x_3	−0.2296	0.2545	−0.2524	0.1885	−0.9482
H	−0.1910	0.2110	0.4713	−0.2205	0.2066
ϑ_1	0.2941	0.1407	0.0048	−0.0124	0.8410
ϑ_2	0.2864	0.1125	0.2269	0.0107	1.0686
ϑ_3	0.2667	0.1796	0.0200	0.2845	0.6546
Φ	0.2907	0.1462	0.0527	0.0854	0.8445
V	−0.2395	0.2758	−0.0831	0.1592	−0.7525
θ_1	−0.2451	0.2152	0.1662	0.2952	−0.5478
θ_2	0.0160	−0.3887	0.1070	0.4650	−0.1449
θ_3	−0.0145	0.3823	0.0016	−0.4988	0.2937
B_1	−0.2941	−0.1407	−0.0048	0.0124	−0.8410
B_2	0.2793	−0.0764	0.2317	−0.2356	1.1243
B_3	0.2512	0.2346	−0.1710	0.1654	0.4538
S	0.2932	0.1430	0.0328	0.0293	0.8529
MIX	−0.1608	−0.2953	−0.3012	−0.3761	−0.6919
DIF	−0.1543	−0.1837	0.6119	0.0640	0.2415
T	2.7000	0.2500	1.2000	−0.4720	9.0153
R	0.7900				
R^2	0.4500				
调整后 R^2	0.5200				
$Sig.$	0.0174	0.0025	0.0089	0.1570	
e	2.8823				

(2)岱山岛产业结构对水资源一社会经济复合系统协调度的影响

首先借助 SPPSS22.0 进行产业结构因子主成分分析,在此基础上再进行回归分析,然后通过转换计算获得自变量系数,主成分回归结果见表 7-3-28。

由表可知,岱山县产业结构因子存在四种主成分,在第一主成分中,产业一就业结构偏差系数、第二产业比较劳动生产率系数、第二产业就业—产业结构偏离度、第三产业就业—产业结构偏离度的载荷值明显较大，可见第一主成分主要反映二、三产业结构与就业结构发展均衡度及产业结构效益对水资源利用协调度的影响；第二主成分中，第一产业产值比重、产业结构熵与产业结构构成效应、第一产业比较劳动生产率、第一产业就业—产业结构偏离度载荷值相对较大，该主成分主要反映产业结构与第一产业结构效益、发展均衡度对水资源利用协调度的影响；第三主成分中，第三产业转换方向系数、第三产业比较劳动生产率和产业结构转换速度的载荷值明显较大，所以可推荐该主成分主要反映第三产业发展优势度、产业结构效益对水资源利用协调度的影响。

根据转换计算后的自变量系数进一步分析可知，第三产业比较劳动生产率与第三产业产值比重的自变量系数均＜－1，可见该两项指标与水资源—社会经济复合系统协调性呈强负相关关系；第一产业转换方向系数、第二产业就业—产业结构偏离度和第二产业比较劳动生产率的自变量系数均＞1，可见该三项指标与水资源—社会经济复合系统协调性呈强正相关关系。第三产业比较劳动生产率系数与水资源—社会经济复合系统协调性的回归系数为－2.1828，意味着第三产业每增加1个单位的产业结构效益，水资源－社会经济复合系统协调性就会下降2.1828个单位，说明第三产业是造成水资源在社会和经济系统分配不合理的主要影响因素，因为第三行业中的餐饮业和洗车服务业均属于高耗水产业。第三产业产值比重与水资源—社会经济复合系统协调性的回归系数为－1.4412，与第三产业比较劳动生产率系数相比，单位边际贡献率有所减弱，但仍然反映出第三产业是造成水资源利用协调度下降的主要因素。第一产业结构转换方向系数与水资源－社会经济复合系统协调性的回归系数为2.1549，意味着当第一产业结构主导地位上升1个单位，水资源－社会经济复合系统协调性上升2.1549个单位，也就是说当第一产业在区域产业结构中地位越突出时，水资源－社会经济复合系统协调性越高，与大陆反映截然不同。第二产业就业—产业结构偏离度与水资源－社会经济复合系统协调性的回归系数为1.2575，说明第二产业劳动力转移协调性、就业结构与产业结构间发展均衡性对水资源－社会经济复合系统呈正向影响。第二产业比较劳动生产率系数与水资源－社会经济复合系统协调性的回归系数为1.25，可见第二产业结构效益对其呈正向影响，综合第二产业就业—产业结构偏离度分析，第二产业结构效益随就业结构与产业结构均衡度的提高而增加，水资源在社会和经济系统分配越合理，利用效率越高。

表 7-3-28　岱山县产业结构与水资源—社会经济复合系统主成分回归结果

	a	a	a	λ
x_1	0.0125	0.4104	0.2211	0.8908
x_2	0.2664	−0.1546	−0.2594	0.7443
x_3	−0.2992	−0.1263	0.1201	−1.4412
H	−0.0223	0.3885	0.2570	0.6410
ϑ_1	0.2024	−0.3447	0.0771	−0.9460
ϑ_2	0.3084	0.0141	−0.1924	1.2575
ϑ_3	0.3041	0.0109	0.1542	0.3329
Φ	0.3153	−0.1140	−0.0317	0.4049
V	0.2306	0.1591	0.3078	0.2837
θ_1	0.1631	0.3401	−0.2259	2.1549
θ_2	−0.2326	−0.1646	−0.2665	−0.4149
θ_3	0.1696	0.0160	0.4817	−0.8113
B_1	−0.2024	0.3447	−0.0771	0.9460
B_2	0.3094	0.0096	−0.1948	1.2500
B_3	−0.1959	−0.2645	0.3096	−2.1828
S	0.3041	−0.1614	0.0012	0.1275
MIX	0.1312	0.3529	−0.2630	2.2234
DIF	−0.2526	0.0401	−0.3024	0.3505
T	2.2900	3.5060	−2.6070	
R	0.9840			
R^2	0.9690			
调整后 R^2	0.8760			
$Sig.$	0.0262	0.0177	0.0233	
e	2.7300			

(3)岱山岛产业结构演替对水环境污染的影响

首先借助 SPPSS22.0 进行产业结构因子主成分分析,在此基础上再进行回归分析,然后通过转换计算获得自变量系数,主成分回归结果见表 7-3-29。

表 7-3-29　岱山县产业结构演替与水环境污染效应回归结果

	a	a	a	a	λ
x_1	−0.2244	0.2897	0.2253	0.0036	−0.5765
x_2	0.2355	−0.2814	0.1190	−0.1422	1.3027
x_3	−0.2296	0.2545	−0.2524	0.1884	−1.5165
H	−0.1910	0.2110	0.4713	−0.2204	0.3109
ϑ_1	0.2941	0.1407	0.0048	−0.0124	0.4490
ϑ_2	0.2864	0.1125	0.2269	0.0107	0.7620
ϑ_3	0.2667	0.1796	0.0200	0.2844	−0.0990
Φ	0.2907	0.1462	0.0527	0.0853	0.3537
V	−0.2395	0.2758	−0.0831	0.1591	−1.2766
θ_1	−0.2451	0.2152	0.1662	0.2951	−1.0455
θ_2	0.0160	−0.3887	0.1070	0.4648	0.0426
θ_3	−0.0145	0.3823	0.0008	−0.4986	0.1791
B_1	−0.2941	−0.1407	−0.0048	0.0124	−0.4490
B_2	0.2793	−0.0764	0.2317	−0.2355	1.4056
B_3	0.2512	0.2346	−0.1710	0.1662	−0.3091
S	0.2932	0.1430	0.0328	0.0293	0.4204
MIX	−0.1608	−0.2953	−0.3012	−0.3759	0.2233
DIF	−0.1543	−0.1837	0.6119	0.0631	0.7332
T	2.1330	−1.4530	1.4580	−1.5330	
R	1.0000				
R^2	0.8860				
调整后 R^2	0.6523				
$Sig.$	0.0123	0.2420	0.0241	0.0223	
e	0.1112				

由表可知，产业结构演替因子在这部分主成分分析中出现了四个，在第一个主成分中，第一产业比较劳动生产率系数、第一产业就业一产业结构偏离度、产业比较劳动生产率差异指数和就业一产业结构偏离度的载荷值较大，可见该主成分主要反映第一产业结构效益以及产业发展综合均衡度与产业结构综合效益对水环境污染效应的影响；第二主成分中，二、三产业转换方向系数载荷值最大，因此该主成

分主要反映二、三产业结构地位对水环境污染效应的影响;第三主成分中,仅产业结构熵的载荷值大一些,所以该主成分主要反映综合产业结构对水环境污染效应的影响;在第四主成分中,二、三产业结构转换方向及产业结构构成效应的载荷值较大,可见该主成分主要反映二、三产业结构地位与产业合理化、高级化对水环境污染效应的影响。

根据转换系数做进一步分析发现,第三产业产值比重、产业结构转换速度和第一产业结构转换方向系数与水环境污染效应呈负相关关系,自变量系数均<－1;第二产业比较劳动生产率系数和第二产业产值比重与水环境污染效应呈正相关关系,自变量系数均>1。第三产业产值比重与水环境污染效应的回归系数为－1.5165,当第三产业产值比重增加1个单位,水环境污染效应降低1.5个单位,说明第三产业的发展能够有效降低水环境的污染,第三产业为低污染行业。产业结构转换速度与产业结构比例有关,差异越大,转换速度越快;其与水环境污染效应的回归系数为－1.2766,表明产业结构转换速度越快,水环境污染效应越低;即区域产业结构差异越大,水环境污染效应越小。第一产业结构转换方向系数与水环境污染效应的回归系数为－1.0455,即第一产业结构转换速度越快,水环境污染效应越低,可见岱山县第一产业在过去几十年的发展中对水环境造成了较大的影响。第二产业比较劳动生产率与水环境效应的回归系数为1.4056,可见第二产业结构效益与水环境污染之间存在显著正相关关系,即第二产业结构效益越大,水环境污染效应越弱。第二产业产值比重与水环境污染之间的回归系数为1.3027,反映区域第二产业产值比重与水环境污染间存在正相关关系,工业产值比重越大,水环境污染效应越高,综合考虑第二产业比较劳动生产率影响可知,提高第二产业结构效应是缓解工业发展与水环境污染的重要途径。

7.3.3 小 结

7.3.3.1 土地利用结构特征及产业结构演替对土地利用的影响研究呈现

土地利用结构是产业结构最直接的空间表现形式,并随着产业结构的演替而不断变化,主要表现为土地利用数量结构和空间结构的变化(直接影响),并由此引发土地利用生态效益、土地利用结构效益和土地集约利用水平的变化(间接影响)。产业空间结构演替主要影响土地利用空间结构,规模结构演替主要影响土地利用数量结构,即产业结构演替将导致区域功能分区显著,区域产业集聚效应增强,进一步提升土地集约利用水平(图7-3-6)。土地利用生态效益和土地利用结构效应以生态系统服务价值及其变化为分析基础,由生态用地规模直接决定,受生产用地面积和生活用地面积影响显著。

2000—2019 年岱山岛耕地占比减少、建设用地和林地占比增加，四镇土地利用类型变化呈现波动平稳型（东沙镇）、波动上升型（高亭镇）和波动下降型（岱东镇与岱西镇）。土地利用的生态效益快速增长，土地利用结构对土地生态效益总量的影响呈现先减弱后增强的趋势。

2000—2019 年岱山岛产业结构演替影响土地利用结构与空间布局的变化呈现：产业结构与土地利用结构匹配度低，产业结构变化速度明显快于土地利用结构变化速度；非农企业与建设用地空间分布高度耦合，且呈现强化趋势；产业结构及其演替对经济发展的贡献率对土地利用生态效益与结构效益影响最大，且呈强正向影响；第三产业产值比重与就业比重差距在一定范围内时，第三产业结构偏离度对土地集约利用水平的边际贡献率最大。

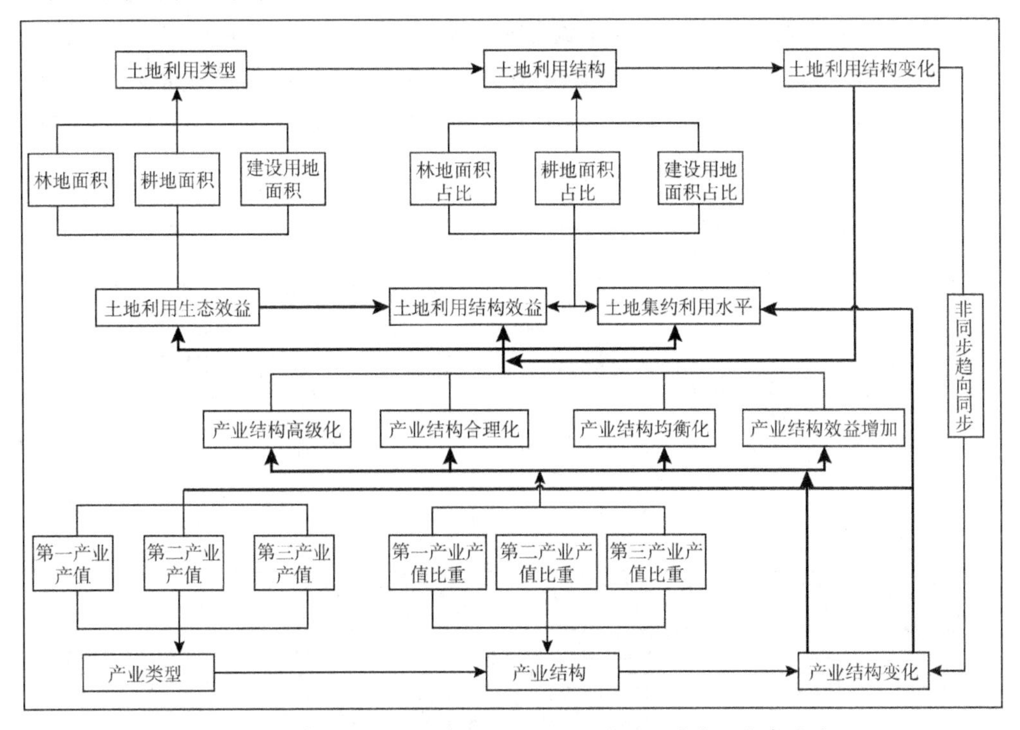

图 7-3-6　海岛产业结构演替影响土地利用类型及其空间分布的路径

7.3.3.2　淡水资源利用特征及产业结构演替对淡水资源的影响研究呈现

产业结构演替影响淡水资源的表现形式为用水总量、用水结构、用水协调度、水污染程度的变化。不同产业类型的耗水量不同，区域用水总量和用水结构变化与产业结构演替保持同步性，当区域产业结构以耗水量较大的产业为主体时，区域总耗水量就会上升,各类产业用水比例更会随着产业比例变化。用水协调度与水污染程度主要由产业生产技术和资源利用效率决定,而产业生产技术与资源利用效率与产业结构演替密切相关(图 7-3-7)。

综上发现,岱山县自来水用水和全用水结构呈现一致的特征和演变规律,以工业用水为主要用水类型,其次为生活用水和农业用水,服务业用水量最大,用水量均呈现持续增加的趋势。据用水结构信息熵和均衡度分析,2010—2019 年岱山县自来水结构均衡度呈现先增长后下降的趋势。但是水资源利用效率、水资源利用与经济社会发展协调度在 2014—2018 年呈现提高之势,而水环境污染效应在 2015—2019 年显著加深。

上述现象的产生与产业结构演替关系密切。产业结构均衡度、效益与自来水用水结构均衡度,产业结构高级化程度与全用水结构均衡度均呈反比例关系;第三产业均衡度和产业结构高级化与水资源利用协调度呈反比例关系;第二产业均衡度、产业结构效益与水资源利用协调度呈正比例关系;产业结构演替速度、产业结构高级化程度与水环境污染效应呈反比例关系;第二产业结构效益、产业结构合理化程度与水环境污染效应呈正比例关系。

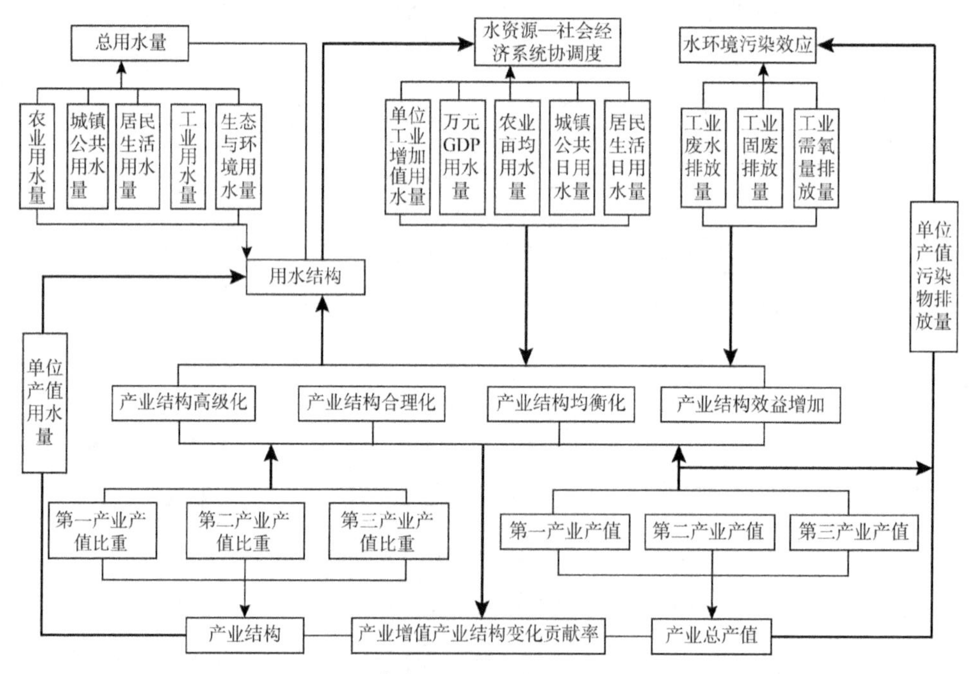

图 7-3-7 海岛产业结构演替影响淡水资源逻辑

7.4　岱山岛产业演替对人居环境关键人工化要素的影响

岱山岛产业的空间结构与规模结构在2000—2019年发生了较大的变化，产业空间集聚，规模扩大，城乡发展差距拉大，产业结构正由“二一三”转向“二三一”，相关配套公共服务设施在一定程度上逐渐偏向产业分布，在一定程度上损害了民众平等享受公共设施的空间公平性；但产业经济的快速增长是政府投资公共服务设施建设、管理与维护的基础，能够满足人民日益增长的对公共服务设施的需求。本章内容借鉴前人研究成果，借助ArcGIS10.5、SPSS23.0，采用核密度、空间聚类分析、双变量空间自相关法、通径分析法等，从计量地理视角探究海岛城市公共服务设施空间异质性，海岛公共服务设施的空间配置效率，海岛产业转型升级与空间格局演变对公共服务设施的影响，识别产业影响因子及影响路径。

7.4.1　岱山岛人居环境关键人工化要素识别及分析方法

7.4.1.1　人居环境关键人工化要素识别

本节人居环境人工化要素即为城市公共服务设施（urban public facilities），是城市公共服务的物质载体[①]，一般由政府直接或间接提供，具有非排他性、公共性和物品属性。国内主要存在三个界定公共服务设施的标准（表7-4-1），随着工业化进程和城市化进程的不断推进，城市居民对公共服务设施的需求逐渐提高，地方政府为满足区域城市居民对公共服务设施的需求而制定了地方性的标准。2016年，杭州市规划局颁布《杭州市公共服务设施配套标准及规划导则》，将城市公共服务设施分为教育、医疗卫生、文化、体育、商业金融、社会福利和行政办公七类；居住区公共服务设施可分为教育、医疗卫生、文化娱乐、体育、商业金融服务、社会福利与保障、行政管理与社区服务和市政公用八类。

国外也有不少分类的标准和方法。Lineberry[②]将公共服务设施分为城市生活必需设施和城市居民生活水平设施，前者一般包括交通、给排水和安保设施，后者包括垃圾收集与处理、医疗、教育、图书馆、公园等。Ennis则根据性质差异将其

① 韦江绿.正义视角下的城乡基本公共服务设施均等化[J].城市规划，2011，35(1)：92－96.

② Lineberry R L. Equality and urban policy[M]. Springer：University Microfilms International，1997.

表 7-4-1　国内公共服务设施分类及其标准

标准	分类
《城市用地分类与规划建设标准(GB 50137—2011)》	行政办公用地、文化设施用地、教育科研用地、体育用地、医疗卫生用地、社会福利设施用地、文物古迹用地、外事用地、宗教设施用地
《城市居住区规划设计规范》	居住区公共服务设施：医疗卫生、文体、商业、社区服务、教育、行政管理、金融邮电、市政和其他
《城镇规划建设标准(GB 50188—2007)》	行政管理、集贸市场、教育机构、商业金融、医疗保健和文体科技

分为“硬设施”和“软设施”两类，交通设施、资源能源供应设施、通信设施等为硬设施，医院、学校、社区中心等以提供服务为主的软设施。Ko 等①从居民接受度角度将其分为邻避设施和非邻避设施，前者为居民接受度较低的设施类型。

综合前述观点，本节将城市公共服务设施系统分为民生设施、发展设施和污染型邻避设施(图 7-4-1)。民生设施指以服务居民生活为主的公共服务设施，包括医疗养老、教育文化、卫生健康休闲等；发展设施指以服务生产活动为主的公共服务设施，包括交通、通信资源等；污染型邻避设施指因释放污染物被居民厌恶、嫌弃、忌讳的公共服务设施②，一般包括垃圾处理厂、垃圾中转站、污水处理厂、粪便堆肥厂、化工厂等③，本研究主要关注污染型邻避设施中的污水处理厂、垃圾中转站和垃圾处理厂这三类。民生设施仅关注教育科研、医疗养老、文体娱乐和公园绿地，并将教育科研和文体娱乐类中的文并称为教育文化设施，将公园绿地和文体娱乐中的体、娱乐并称为卫生健康休闲设施；发展设施仅关注道路交通、资源能源生产和供应设施以及通信设施，将其并称为交通设施和通信能源设施。

7.4.1.2　产业演替影响人居环境关键人工化要素分析法

(1)数据源

本节研究涉及底图面数据与公共服务设施、制造业点数据以及社会经济、交通等统计数据。底图面数据来自全国地理信息资源目录服务系统(www. webmap. cn)，

① Ko W T, Yu T H, Yao L C. An Accessibility-based integrated measure of relative spatial equity in urban public facilities[J]. Cities, 2005, 22(6): 424－435.

② 吴云清，翟国方，李莎莎. 邻避设施国内外研究进展[J]. 人文地理，2012，27(6)：7－12.

③ 宋俊星，任丽燕，马仁锋，等. 邻避设施对住宅价格的空间影响研究[J]. 特区经济，2020，372(1)：105－110.

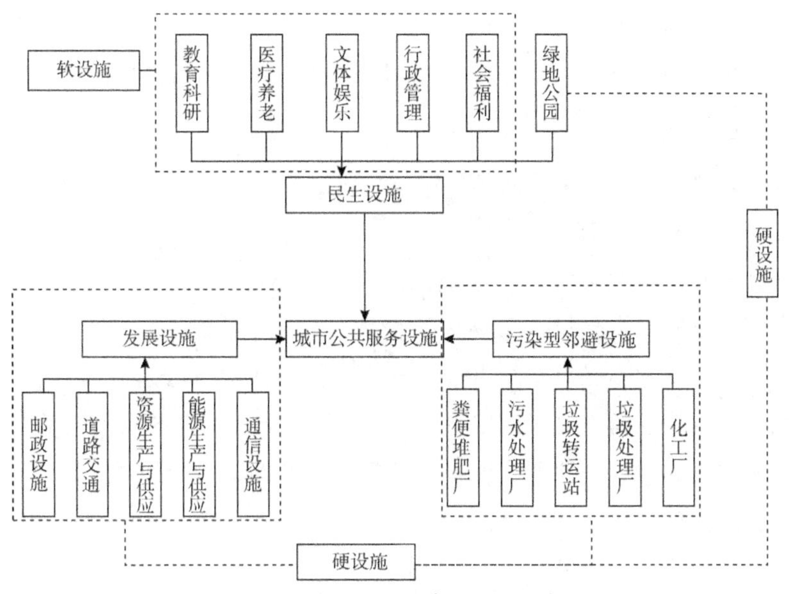

图 7-4-1　人居环境人工化要素—公共服务设施分类

以 2018 年公开版为标准。点状数据主要通过高德地图 API 获取，包括点的名称、类别、地址和坐标等属性信息和空间信息，并将其按照类别进行分类，区分基础设施与制造业。根据基础设施类别进一步分类与合并为：交通设施、文化教育设施、金融服务设施、通信能源设施、卫生健康休闲设施和医疗养老设施。其中，交通设施包括港口、码头、客运中心、停车场、票务服务中心、加油站、道路以及公交站点；文化教育设施包括文化馆、文化中心、博物馆、图书馆、各类学校、培训机构、画廊、驾校等；金融服务设施包括银行、ATM 自动取款机，通信能源设施包括物流公司、物流服务中心、公用电话、公用超市、三大互联网服务供应商和其服务中心、供电公司及其服务中心、自来水厂及其服务中心、海水淡化公司及其服务中心；卫生健康休闲设施包括公园、公厕、广场、体育馆、教堂等；医疗养老设施包括各级各类医院和卫生院及其相关部门、心理健康诊室、康复指导中心、养生馆、养老院和敬老院等。社会经济统计数据主要来自《舟山市统计年鉴》《岱山县统计年鉴》和《岱山县县志》等，交通类数据由岱山县交通局提供，如道路面积和水路货运量等数据，供水管道长度由自来水提供。交通线路矢量数据来源于全国地理信息数据库(http://www.webmap.cn)。

因部分年份部分数据缺失，为保证研究的完整性与连续性，无法保证 2000、2005、2010、2015 和 2019 五个年份节点数据的完整性，就选取其中具有完整数据的年份进行研究与对比分析。另外，针对部分特殊指标做特殊处理，如：自来水公司提供的供水管道长度是整个岱山岛,各镇供水管道主要通过各镇经济占比和用水总量进行估算与调整;对于中间缺一年份的数据,通过回归进行补充。

(2)研究方法

1)人居环境人工化要素空间集聚特征分析法

①Kernel 网格密度分析

具体公式及参数意义详见第 7.2.1 节。

②多距离空间聚类分析(Ripley's K 函数)

该分析法是一种不受尺度约束的点要素空间分布模式分析工具,通过确定半径的搜索圆来统计空间点要素的数量,是一定距离 d 范围内的点平均数与研究区内点密度的比值。但这一计算过程和结果并不稳定,也不方便解释,为此 Besag 引入 $L(d)$ 进行改进和转换。计算公式:

$$L(d)=\sqrt{\frac{K(d_{ij})}{\pi}}-d \tag{7-4-1}$$

$$K(d)=A\sum_{i}^{n}\sum_{j}^{n}nw_{ij}(d_{ij})/n^2 \tag{7-4-2}$$

式中,$L(d)$表示 d 距离范围内点要素空间分布集聚程度。$L(d)=0$,表示点要素随机分布;$L(d)>0$,表示集聚分布;$L(d)<0$,表示离散分布。A 表示研究区域面积;n 表示区域点要素数量;d 为搜索距离;$w_{ij}(d)$表示以 d 为半径的搜索圆内点 i 与 j 之间距离的权重。当$d_{ij}<d$ 时,$w_{ij}(d)=1$;当$d_{ij}>d$ 时,$w_{ij}(d)=0$。

③空间聚类与异常值分析(Anselin Local Moran's I)

该分析工具是空间分析的重要方法,聚类/异常值类型(COType)字段可区分具有统计显著性的高值(HH)聚类、低值(LL)聚类、高值主要由低值围绕的异常值(HL)以及低值主要由高值围绕的异常值(LH)。Local Moran's I 指数(I)是相对测量,只能在其计算出的 Z 得分或 P 值环境中进行说明①。计算公式:

$$I_i=(x_i-\bar{X})\sum_{j=1,j\neq i}^{n}W_{ij}(x_j-\bar{X})/S_i^2 \tag{7-4-3}$$

$$S_i^2=\sum_{j=1,j\neq i}^{n}(x_j-\bar{X})^2/(n-1) \tag{7-4-4}$$

式中,x_i表示要素 i 的某一属性值,$\bar{X}$ 表示要素 i 该属性值的平均数,W_{ij} 表示要素

---

① 任加国,王彬,师华定,等.沱江上源支流土壤重金属污染空间相关性及变异解析[J].农业环境科学学报,2020,39(3):530－541.

i 与 j 之间的空间权重；n 表示要素的总数量。

2)人居环境关键人工化要素空间配置效率评价法

主成分分析法(principal component analysis)能够在保留 85%以上原始信息的基础上简化数据，并保证分析结果的科学性和准确性。

①原理

假设用 $X_1, X_2, \cdots, X_n$ 来表示 n 个变量，用 $\boldsymbol{X}=(X_1, X_2, \cdots, X_n)^{\mathrm{T}}$ 表示 n 个变量构成的 p 维随机向量。μ 为随机向量 $\boldsymbol{X}$ 的均值，$\boldsymbol{\Sigma}$ 为协方差矩阵。对 $\boldsymbol{X}$ 进行线性变化，考虑原始变量的线性组合：

$$Z1=\mu_{11}X_1+\mu_{12}X_2+\cdots+\mu_{1n}X_n$$

$$Z2=\mu_{21}X_1+\mu_{22}X_2+\cdots+\mu_{2n}X_n$$

$$\cdots$$

$$Zn=\mu_{n1}X_1+\mu_{n2}X_2+\cdots+\mu_{nn}X_n$$

主成分为非相关的线性组合 $Z_1, Z_2, \cdots, Z_n$，且 Z_1 为 $X_1, X_2, \cdots, X_n$ 线性组合中方差最大者，Z_2 是与 Z_1 不相关的线性组合中方差最大者，$\cdots$，Z_n 是与 $Z_1, Z_2, \cdots, Z_{p-1}$ 都不相关的线性组合中方差最大者。

②实现步骤

步骤 1：数据标准化(系统自动生成)；

步骤 2：计算相关系数矩阵 $\boldsymbol{R}$；

步骤 3：求特征值、主成分贡献率和累计方差贡献率；

步骤 4：根据特征值>1，确定主成分个数；

步骤 5：建立初始因子载荷矩阵，根据实际意义解释主成分；

步骤 6：计算主成分得分和综合得分，并进行排序和比较。

3)产业演替对人居环境关键要素的影响分析法

①双变量空间自相关分析

双变量与单变量空间相关的唯一区别在于：是两个变量间的空间自相关水平还是一个变量本身的空间自相关水平。双变量空间自相关主要用以识别两个要素间高值和低值的空间集聚和异常值位置，包括“高—高”或“低—低”集聚以及“高—低”或“低—高”分散(异常值)两大类，第一类通常被称为热点，后一类为冷点。其范围为[−1,1]。当 $I=0$ 时，空间不相关；当 I 接近 1 时，空间聚集；当 I 接近 −1 时，空间离散。

这里主要利用局部双变量空间自相关来识别岱山岛公共服务设施与制造业空间位置属性的相关性。由于双变量空间自相关以面数据为基础应用数据，而公共服务设施与制造业空间位置数据为点数据,故需借助 ArcGIS 10.5 进行网格转换,将点数据转化为面数据。网格根据研究范围设定为 1000m×1000m。而后转入 GeoDa 1.4.6 进行局部双变量空间自相关分析,获得 LISA 图和显著性分布图。

$$I_{hk}=(X_h^i-\bar{X}_h)\cdot\sum_{j=1}^{n}(W_{ij}(X_k^j-\bar{X}_k)/\sigma_k)/\sigma_h \quad (7\text{-}4\text{-}5)$$

式中,I_{hk} 为局部双变量空间自相关指数;X_h^i、X_k^j 分别表示地理单元 h 和 k 属性的 i 和 j 值;$\bar{X}_h$、$\bar{X}_k$ 分别表示属性 h、k 的平均值;σ_h、σ_k 分别表示属性 h、k 的方差;W_{ij} 为空间权重,n 为参与分析的对象个数。

②缓冲区分析

因岱山岛污染型邻避设施数据量太少,无法满足核密度、多举例空间聚类分析以及空间自相关等分析法对数据量的要求,故采用缓冲区分析法探究污染型邻避设施与制造业空间分布关系。缓冲区分析是 ArcGIS 10.5 中重要的地理空间分析法之一,以某一要素为核心(点、线、面),一定距离所覆盖的部分即为缓冲区,包括单个目标缓冲区生成和多个缓冲区的重叠合并两个阶段。这里以岱山岛各污染型设施为核心,对 2019 年制造业进行缓冲区分析,识别污染型设施分布与制造业分布的空间相关关系。

③产业影响因子选择与通径分析法

A. 产业影响因子选择

本节内容主要考虑产业结构对公共服务设施配置效率的影响。前期在探究岱山岛产业结构演进的过程中,采用结构熵、相似指数、就业—产业结构偏离度和偏差系数、转换速度系数和方向系数、比较劳动生产率系数和差异指数以及偏离—份额分析法来刻画岱山岛产业结构特征及其演变。产业结构熵主要用以描述产业结构演变的无序程度,熵值越大,无序程度越强;相似指数主要对比研究区与参考区域产业结构的相似性,不适合将其作为影响因子;就业—产业结构偏离度和偏差系数主要用来衡量产业结构与就业结构发展的均衡度,绝对值越小,越均衡;转换速度系数和方向系数主要用来衡量产业结构转变的方向和速度,数值与速度和方向成正比;比较劳动生产率系数和差异指数用以衡量产业结构效益和产业发展平衡度,生产率系数值越大,产业结构效益越高,差异指数与产业发展平衡度以及产业结构效益成反比。

在构建区域公共服务设施空间评价水平的过程中了解到,社会经济发展水平对其具有重要的影响作用,而产业结构是社会经济的核心,所以从产业结构的角度切入确定产业影响因子比较合理。以前几章产业结构研究结论为基础,将三次产业产值比重以及刻画产业结构特征与状态的产业结构熵、就业—产业结构偏离度和偏差系数、转换速度系数和方向系数、比较劳动生产率系数和差异指数纳入产业因子中,探究产业结构对公共服务设施空间配置效率的影响程度及影响路径。

B. 通径分析法

通径分析法是在多元回归的基础上,将自变量与因变量间的相关系数分解为直接通径系数和间接通径系数的方法。自变量对因变量的直接作用为直接通径系数,自变量通过其他变量对因变量的间接作用为间接通径系数。通径图(图 7-4-2)将变量间以及变量与因变量的相互关系可视化,x_i($i=1,2,\cdots,n$)为自变量;Y 为因变量,$P_1Y,P_2Y,\cdots,P_nY$ 为直接通径系数(标准化偏回归系数),可表示这条通径的重要性;$r_{12},r_{13},\cdots,r_{ij}$ 为自变量间的相关系数(皮尔逊相关系数)。根据通径分析法理论可知,自变量 x_i 与因变量 y 之间的表面相关关系 $r_{iy}=$ 自变量 x_i 与因变量 y 直接通径系数(P_iY)+所有自变量 x_i 与因变量 y 的间接通径系数,而间接通径系数=相关系数(r_{ij})×通径系数(P_jY)。这一分析法的优点在于:①P_nY 直接反映 x_n 对应变量 Y 的本质作用大小及方向,杜绝其他因子的影响。②不仅考虑到变量 x_n 对因变量 Y 的直接作用 P_nY,还考虑到了 x_n 对因变量 Y 的间接作用。③能够在复杂的影响关系网络中,获得某个(些)自变量决定 Y 的最佳路径(决策系数(R_j)),代表了对 Y 的综合决定能力。

$$R_j=2P_jY\times r_jY-(P_jY)^2 \tag{7-4-6}$$

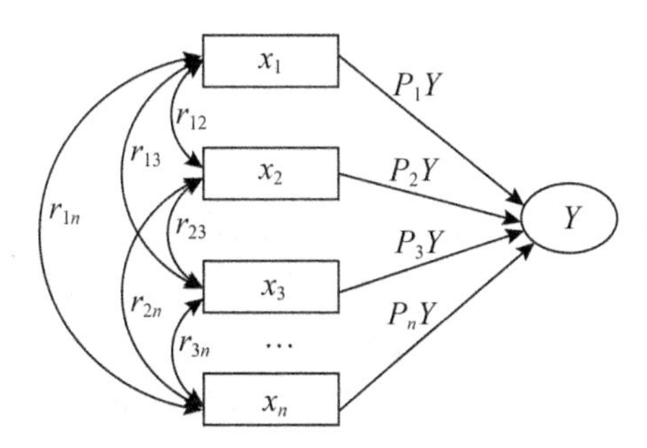

图 7-4-2 因变量与自变量的通径①

① Ji S,Ma R,Ren L,et al. How to find vacant green space in the process of urban park planning: Case study in Ningbo (China)[J]. International Journal of Environmental Research and Public Health,2020,17(21):8282.

7.4.2 岱山岛产业演替对人居环境关键人工化要素空间结构的影响

7.4.2.1 岱山岛产业演替对民生设施空间结构的影响

(1)岱山岛民生设施空间集聚特征

1)教育文化设施

①核密度(Kernel)分析

多核心分散分布模式,密度由中心城区向周边区域明显递减;交通、住区指向明显;全域密度提高但不显著。高亭镇中心城区文化教育设施集聚程度全岛最高,形成了以岱山县文化中心、岱山县文化馆和岱山中学为密度核心区向外围扩散的圈层结构,内部圈层包括高亭镇政府中心、县图书馆和县文化广场附近区域,向外沿着人民路向东部新开发区蔓延。总体来看,岱山岛文化教育设施分布呈现明显的交通、住区指向性,主要分布于交通要道的两侧或者交岔路口以及住宅小区附近。方便的交通能够为学生、工作人员和家长的来往提供便利。

从演化来看,2010—2019 年岱山岛文化教育设施的数量增加不显著,高亭镇主城区密度值仅提高 13 左右,可能与区域人口流失有关。但分布范围明显扩大,高亭镇主城区集聚中心由沿海东路附近沿人民路向东部新开发区蔓延;除主城区外的基本呈现多中心分散分布,在 2010—2019 年间集聚中心明显增多,分布范围明显扩大。以上现象产生的原因可能有:①区域人口向高亭镇主城区人口集聚,东沙镇作为高亭镇的卫星城,承接部分教育功能。②海岛型城市,除主城区外聚落分布较分散,相应的文化教育设施分布分散。③企业型的培训机构发展态势良好,除中心城区外区域均有所分布。

②多距离空间聚类分析(Ripley's K 函数)

公共服务设施空间集聚性极强,对空间尺度效应敏感,采用 Ripley's K 函数对不同距离空间尺度的岱山岛城市公共服务设施分布空间集聚特征进行进一步探究,利用蒙特卡罗法随机模拟 100 次,生成置信区间,以检验公共服务设施空间分布显著性。利用 ArcGIS 10.5 分析发现,公共服务设施 $L(d)$分布曲线在不同空间尺度上均位于置信区间上方,说明各类公共服务设施分布存在显著的空间集聚性,且多类型公共服务设施空间集聚强度 $L(d)$均呈现上升加强趋势,但上升速度存在明显的种类差异;另外,空间集聚强度值与空间特征尺度也存在着明显的种类差异。

岱山岛教育文化设施集聚度随着集聚范围的扩大而增强。2010 年教育文化设施在 3000m 处取到集聚强度 $L(d)$峰值 4000,2015 年在 3000m 处的集聚度峰值为 7000,2019 年在 10000m 处取到集聚度峰值为 13000 左右,可见教育文化设施在

2010—2019 年间集聚范围显著扩大，集聚度明显提高，与地方产业发展、居民对教育的重视分不开。

③空间聚类和异常值分析(Anselin Local Moran's I)

利用 ArcGIS 10.5 对岱山岛 2010、2015 和 2019 年的教育文化设施空间分布状况进行进一步的热点和异常值分析可知，2010—2019 年间教育文化设施集聚度降低，东沙镇城乡发展差距显著。岱山岛教育文化设施在研究期内仅出现“高—高”集聚和“高—低”异常值两种分布模式。“高—高”分布意味着自身与周边区域均保持着高集聚度，而“高—低”分布意味着自身服务设施处于高集聚状态，而周边区域属于低集聚状态，差异化显著。其中，“高—高”集聚分布范围较广，集聚范围随着时间先增大后减小，主要集中分布于西部海岸线、东北海岸带附近和磨心山周边区域；“高—低”异常值在 2010—2019 年间均集中分布于东沙镇城区，说明 2010—2019 年间该区域教育文化设施核密度均明显高于周边地区，城乡发展差距一直保持较大。

2)医疗养老设施

①核密度(Kernel)分析

分布范围广，多核心集聚特征明显，向主城区集聚趋势显著。医疗养老设施是居民生活的基本设施，具有明显的市场指向性。主城区高亭镇是岱山岛人口高密度集聚区，对医疗养老等设施的需求明显要高于其他区域，所以该区域集聚程度最高也就不难理解了。而且在 2010—2019 年间主城区核密度明显提高，分布范围沿长河路向东部拓展，分布范围明显拓展。其他区域医疗养老设施发展相对比较缓慢，核心密度值基本保持不变，与主城区核心密度值差距逐渐拉大，可见城乡发展差异之大。主要的原因与人口流出和产业转移相关。

②多距离空间聚类分析(Ripley's K 函数)

采用 Ripley's K 函数对不同空间尺度上的岱山岛医疗养老设施分布空间集聚特征进行进一步探究，利用蒙特卡罗法随机模拟 100 次，生成置信区间，以检验公共服务设施空间分布显著性。利用 ArcGIS 10.5 分析可知，2010—2019 年间岱山岛医疗养老设施集聚度随着集聚尺度扩大而显著增强。2010 年岱山岛医疗养老设施在 4000m 处取到集聚度峰 $L(d)$ 值 5500，2015 年在 4500m 处取到集聚度峰值 6300，2019 年同样在 4500m 处取到集聚度峰值 7800，可见岱山岛医疗养老设施在 2010—2019 年间集聚度随着空间尺度的扩大而显著增强，该医疗设施在城区的集聚度明显高于城郊区域，与区域城市化发展和工业化发展进程密切相关。

③空间聚类和异常值分析(Anselin Local Moran's I)

利用 ArcGIS 10.5 对岱山岛 2010、2015 和 2019 年的医疗设施空间分布状况进行进一步的热点和异常值分析可知,2010—2019 年间,岱山岛医疗养老设施仅存在"高—高"集聚和"高—低"异常值两类空间分布状态。其中,"高—高"集聚集中分布于四镇主城区,其分布范围明显缩小,集聚分布尺度明显扩大,总体上来看,分布态势趋向"大离散,小集聚";"高—低"异常值仅出现于东沙镇城区,且随着时间推移分布范围扩大,可见东沙镇主城区医疗养老设施发展显著高于乡村地区,城乡发展差距进一步扩大。

3)卫生健康休闲设施

①核密度(Kernel)分析

城乡差距显著,呈现由主城区向市郊递减的多核心圈层结构,其分布具有明显的市场、交通、环境指向性,分布范围扩大,集聚度提高。主城区高亭镇政府附近依然是全岛的核心集聚区,密度值由此向外围递减,密度带由此向外围蔓延。另外,2010—2019 年高亭镇主城区集聚范围明显扩大,沿着长河路向东部新区蔓延。其他区域核心密度明显减少,密度带间连接度提高,说明集聚度加深;但从密度值看,2019 年核心密度值稍有提高,相对主城区高亭镇而言增加幅度要低很多,可见卫生健康休闲设施城乡发展不均衡,主城区的发展速度明显较快。

②多距离空间聚类分析(Ripley's K 函数)

采用 Ripley's K 函数对不同空间尺度上的岱山岛卫生健康休闲设施分布空间集聚特征进行进一步探究,利用蒙特卡罗法随机模拟 100 次,生成置信区间,以检验公共服务设施空间分布显著性。利用 ArcGIS 10.5 分析可知,2010—2019 年间岱山岛卫生健康休闲设施空间集聚度与集聚尺度均呈现先减小后增大的趋势。2010 年岱山岛卫生健康休闲设施约在 4700m 处取到集聚度峰 $L(d)$ 值 5400,2015 年约在 3200m 处取到集聚度峰值 3600,2019 年在 4500m 处取到集聚度峰值 7500,可见岱山岛卫生健康休闲设施在 2010—2019 年间其集聚度呈现先减弱后增强的趋势,集聚空间尺度呈现同样趋势的变化,可能与城镇规划建设过程有关。

③空间聚类和异常值分析(Anselin Local Moran's I)

利用 ArcGIS 10.5 对岱山岛 2010、2015 和 2019 年的卫生健康休闲设施空间分布状况进行进一步的热点和异常值分析可知,2010—2019 年间岱山岛卫生健康休闲设施分布范围呈现先增大后缩小的趋势,东沙镇城乡发展差距进一步拉大。2010—2019 年间岱山岛卫生健康休闲设施仅存在"高—高"集聚和"高—低"异常值两类空间分布状态。其中,"高—高"集聚集中分布于海岛海岸线附近,随着时间推移分布范围呈现先扩大后减少的趋势,可见岱山岛卫生健康休闲设施在 2010—2019 年间分布数量先增加后减少,2010—2015 年"高—高"集聚分布范围扩大可能是因为该类设施属于民生基础设施,全岛分布较为均衡,从侧面反映出岱山岛居民生活之安逸;2015—2019 年"高—高"集聚范围明显减小,仅留存于高亭、岱西和东沙镇主城区，可能与市容市貌建设、资源合并、人口流失有关。“高—低”异常值主要分布于东沙镇，其分布范围随着时间推移而扩大，可见东沙镇该类设施在城镇区域发展之快，城乡发展差距逐渐拉大。

(2)岱山岛民生设施与制造业空间布局相关性分析

1)2010年教育文化设施与制造业空间分布出现“高—高”“高—低”和“低—高”三种模式，其中“高—高”空间分布模式分布范围最广，除高亭镇主城区外，还包括岱西镇大部分区域，东沙镇和岱东镇部分区域，可以发现，岱山岛文化教育设施分布于制造业分布具有高相关性和匹配度，沿港中路和西路段经济开发区附近最显著。东沙镇东沙社区附近出现的“高—低”分布模式，说明该区域文化教育设施集聚度低于制造业，基础较差。

从演化上来看，2010—2019年教育文化设施与制造业分布空间相关显著，分布总体上缩小，高亭镇主城区、岱山岛经济开发区附近和桥头社区北区是高相关集聚区。说明文化教育设施空间分布受制造业影响总体减弱，但部分区域依然呈现强正相关关系。

2)卫生健康休闲设施与制造业空间分布相关性高，分布范围遍及各镇；“高—低”分布模式依然集聚于东沙社区，说明该区域该类公共服务设施基础相对较差。

从演化上来看，2010—2019年卫生健康休闲设施“高—高”分布模式分布范围虽呈现缩小趋势，但分布范围依然较大，至2019年主要集聚于高亭镇主城区、岱山经济开发区附近、泥峙村和沙洋村附近，说明这些区域卫生健康休闲设施空间分布与制造业空间分布显著相关，且均呈高密度集聚。

3)医疗养老设施分布范围相对较小，主要分布于高亭镇主城区和东沙镇东北区，说明这两个区域医疗养老设施和公共服务设施分布匹配度相对较高；岱西镇和东沙镇西部区域分布范围小，东沙镇出现“高—低”分布模式，可见这些区域该类设施分布较少，配置效率较低。

从演化上来看，2010—2019年医疗养老设施与制造业空间相关“高—高”分布范围呈现缩小趋势，高亭镇主城区、桥头社区北部区域和青黑村以及后岸村附近为主要集聚区，说明这些区域医疗养老设施空间分布与制造业空间分布显著相关，且集聚度高。

7.4.2.2　岱山岛产业演替对发展设施空间结构的影响

(1)岱山岛发展设施空间集聚特征

1)交通设施

①核密度(Kernel)分析

城乡聚集水平差异显著，总体呈现由中心城区—外围扩散的多中心圈层结构，且集聚度加强。岱山岛全域在研究期间交通设施核密度总体上呈现多核心聚集式分布,分布密度由高亭县城中心向外围圈层式递减,城乡聚集度差异显著。高亭镇中心城区的交通设施集聚程度最高,形成以高亭客运码头和岱山港客运中心为密度核心区向外围扩散的圈层结构,内部圈层包括高亭镇政府、县人民第一医院和县中医院附近区域,往外沿着衢山大道、环城北路等向周边扩展。另外,岱山县政府中心、东沙镇政府中心也是交通设施的集聚区。

在密度变化上,集聚区核密度明显提高,集聚区范围明显扩大。高亭镇主城区核密度最高值由 2010 年的 8～11 提高至 2019 年 230～291,主城区外的其他区域如东沙镇附近交通设施核密度值由 2～3 提高至 31～49;主城区集聚区范围沿着环城北路和长剑大道向县政府中心蔓延,集聚范围明显扩大,可见岱山岛交通设施的布局与发展呈现一定的行政指向性;非主城区交通设施除核密度值显著提高外,密度带连接度提高,集聚区和分布范围明显扩大,说明在 2010—2019 年间,岱山岛交通设施城乡均得到发展,但城乡差异显著。

②多距离空间聚类分析(Ripley's K 函数)

采用 Ripley's K 函数对不同空间尺度上的岱山岛交通设施分布空间集聚特征进行进一步探究,利用蒙特卡罗法随机模拟 100 次,生成置信区间,以检验公共服务设施空间分布显著性。利用 ArcGIS 10.5 分析可知,2010 年岱山岛交通设施在 4500m 处取到集聚度峰 $L(d)$ 值 7500,2015 年在 1100m 处取到集聚度峰值约 1450,2019 年在 5000m 处取到集聚度峰值约 6700。可见岱山岛交通设施在 2010—2019 年间,集聚度总体上较高,呈现一定的下降趋势;分布空间尺度稍有扩大,但变化较小,说明岱山岛交通设施集聚度随着分布范围逐渐扩大而降低,可能与城市精简式发展、人口流失有关。

③空间聚类和异常值分析(Anselin Local Moran's I)

利用 ArcGIS 10.5 对岱山岛 2010、2015 和 2019 年的交通设施空间分布状况进行进一步的热点和异常值分析可知,2010—2019 年岱山岛交通设施仅出现"高—高"集聚和"高—低"异常值两类空间集聚状态。其中,"高—高"集聚分布范围在 2010、2015 和 2019 年呈现较大的变化,2010—2015 年分布范围明显扩大,可能与 2010 年后非农产业的蓬勃发展有关;而 2015—2019 年分布范围明显缩小,可能与高耗能、高污染产业的迁出和年轻劳动力流出有关。"高—低"异常值依然出现于东沙镇城区,可见岱山岛交通设施城乡发展差距最大区域依然为东沙镇。

2)通信能源设施

①核密度(Kernel)分析

核密度明显降低,形成密度值由主城区向外围递减的多核心密度分布格局。

岱山岛通信能源设施密度分布格局以及演变与前几类基础设施无差异。高亭镇主城区是岱山岛通信能源设施高密度集聚区，形成了以岱山邮政快递局、三大通信公司为核心区向外围密度递减的圈层结构，核心区主要分布于蓬莱社区、山外社区、大岙二村三个行政区交接带，位于长河路、沿港中路（东路）和衢山大道围合区，靠近高亭镇政府中心。分布格局上，通信能源设施区位受自然和经济社会多方面的影响，在选址时受限程度较大，部分通信能源设施分布特征明显。如水库、自来水供应厂、海水淡化公司等区位选址时，既要考虑自然储水条件、地质条件，也要考虑输送成本。岱山岛自来水供应公司仅一家，依托于磨心山天然的储水条件，分布于距离高亭镇主城区相对较近的山麓地带，既保证了水资源的供应，也降低了水资源输送的成本。岱山岛作为海岛城市，海岛物流主要依托港口实现，所以很多的物流公司多聚集于港口附近，特征明显。

在演化上，全域核密度值提高，集聚程度加深，分布范围扩大。高亭镇核心密度值由2010年的6～7提高至2019年的25～30，分布范围沿长河路向东扩张和蔓延，直至县政府中心附近，存在行政烙印。主城区外围区域密度值增加，集聚中心明显减少，可见其集聚程度提高但不显著，说明该基础设施在2010—2019年间城乡发展并不均衡，主城区的发展速度明显快于其他区域，其中东沙镇该设施密度地位明显下降。可能的原因就是区域经济发展不平衡。

②多距离空间聚类分析（Ripley's K 函数）

采用Ripley's K函数对不同空间尺度上的岱山岛通信能源设施分布空间集聚特征进行进一步探究，利用蒙特卡罗法随机模拟100次，生成置信区间，以检验公共服务设施空间分布显著性。利用ArcGIS 10.5分析可知，2010—2019年间，岱山岛通信能源设施空间集聚度随着空间分布尺度的扩大而显著增强。2010年岱山岛通信能源设施约在2700m处取到集聚度峰值4000，2015年约在3700m处取到集聚度峰值5500，2019年约在4300m处取到集聚度峰值7500。可见，2010—2019年间通信能源设施集聚度随着空间分布尺度的扩大而快速增强，表明岱山岛通信能源设施在研究期间获得大范围的快速发展，通信能源设施逐渐普及和强化，可能与区域产业经济发展、居民生活水平提升有关。

③空间聚类和异常值分析（Anselin Local Moran's I）

利用ArcGIS 10.5对岱山岛2010、2015和2019年的通信能源设施空间分布状况进行进一步的热点和异常值分析可知，2010—2019年岱山岛通信能源设施空间集聚度提高，分布范围缩小，东沙镇通信能源设施城乡发展差距呈逐渐增大趋势。2010—2019年岱山岛通信能源设施仅存在“高—高”聚集值和“高—低”异常值两类空间分布状态。其中，“高—高”集聚值分布范围相对较广，集中分布于岱山岛海岸带附近的城区,2010—2019 年间分布范围呈现先增大后缩小的趋势,总体上表明岱山岛通信能源设施分布存在一定的空间集聚度,总体趋向公平化分布。“高—低”异常值集中分布于东沙镇城区,其分布范围未随着时间分布范围扩大,但与其周边区域相比,城乡发展差距明显增大。

(2)岱山岛发展设施与制造业空间布局相关性分析

1)交通设施与制造业:分布范围小,城乡差距明显。2010 年制造业与交通设施空间布局状态仅呈现“高—高”和“高—低”两种模式,其中“高—高”模式分布于高亭镇主城区、岱山岛沿港中路南侧以及岱西镇青黑村附近,“高—低”模式分布于东沙镇东沙社区附近,分布范围小,城乡差距明显。可见岱山岛高亭镇主城区交通设施与制造业空间分布匹配度较高,能够在较大范围内适应产业发展需要。东沙社区附近制造业分布集聚程度明显高于交通设施,该区域交通设施空间布局与制造业空间布局不匹配,适应度较低。

从演化上来看,2010—2019 年交通设施与制造业分布空间相关显著,分布范围先扩大,后缩小,高亭镇主城区是高相关性主要集聚区。说明高亭镇交通设施空间分布与制造业空间分布呈强正相关性。

2)通信能源设施与制造业空间相关“高—高”分布范围较广,“高—低”分布依然集聚于东沙社区附近,说明岱山岛通信能源设施和制造业空间分布高度相关,东沙社区通信能源设施基础较差,与当地制造业分布不相匹配。

从演化上来看,2010—2019 年通信能源设施与制造业空间相关“高—高”分布范围明显缩小,说明其空间分布相关性减弱,但高亭镇主城区、浪激渚社区附近、经济开发区附近、桥头社区和泥峙村附近仍为强正空间相关分布区,可见这些区域通信能源设施供给与制造业发展密切相关。

7.4.2.3 岱山岛产业演替对污染型邻避设施空间结构的影响

(1)岱山岛污染型邻避设施空间集聚特征

岱山岛污染型邻避设施分布基本呈现均匀分布,存在显著的交通指向性。总体来看,岱山岛污染型邻避设施沿海岸线分布,南部、东部和北部海岸线均有分布,其中南部海岸线和东部海岸线分布相对密集,北部海岸线空缺。这与岱山岛城市规划密切相关,岱山岛污水厂以镇为单位均匀分布,岱山新区垃圾中转站靠近交通干线和港口,因为目前岱山岛的生活垃圾采取委托外运处理的方式,对交通的依赖性较强。从镇来看,岱东镇分布数量相对较多,一个可能的原因是该区为新区,人口、产业密集度低,影响小;另一个是港口、码头、交通干线均有分布,交通便利,可降低运输成本。

(2)岱山岛污染型邻避设施与制造业空间布局相关性分析

采用缓冲区分析法，分别以200、400、…、1800、2000m为缓冲区分析半径，构建以邻避设施为核心的缓冲区；并采用叠加分析法，引入2019年岱山岛制造业空间分布图，以实现岱山岛污染型邻避设施与制造业空间分布相关关系的探究。分析可知，岱山岛污染型邻避设施与制造业在空间分布上存在较强的相关性。从岱山岛全域来看，2019年制造业围绕磨心山呈环状分布，其中东南沿海区域和西南角是主要集聚分布区；污染型邻避设施呈现不同形态的分布状态，东南沿海区域和西南角共分布4家大型污染型邻避设施，超过岱山本岛污染型邻避设施总量的一半(表7-4-2)。从镇域来看，岱东镇是制造业和污染型邻避设施主要集聚区，与其重要的战略地位、政治地位以及实际情况分不开；岱西镇的污水处理厂以服务岱山经济开发区为主，分布在岱山经济开发区东部区域。

表7-4-2 岱山岛污染型邻避设施基本信息

单位详细名称	详细地址_县(区、市、旗)	详细地址_乡(镇)	详细地址_(村)、门牌号
秀山乡污水处理站	岱山	秀山	兰秀路105号
岱山县高亭城区污水处理厂	岱山县	高亭镇	岱山经济开发区聚星路17号
岱山县衢山镇污水处理厂	岱山县	衢山镇	沼潭社区村委会观音路678号
岱山县东沙工业经济开发有限公司	岱山县	东沙	小岙
长涂镇污水处理厂	岱山	长涂	长西社区村委会长西一村村委西侧
岱西镇生活污水处理厂	岱山县	岱西	前岸村
岱东镇生活污水处理站	岱山县	岱东	北峰村
岱山县新区垃圾中转站	岱山县	岱东	南峰村

7.4.3 岱山岛产业演替对人居环境关键人工化要素空间配置效率的影响

7.4.3.1 岱山岛人居环境人工化要素空间配置效率评价

(1)人居环境关键人工化要素空间配置效率评价指标遴选

公共服务设施空间配置效率指区域公共服务设施配置满足当地居民生活、生产需求的程度，多以城镇区域内的公共服务设施为评价对象。所以在确定评价指标的过程中应遵循全面性、独立性、可操作性和时效性等原则。指标的选择不仅要能够代表研究区域公共服务设施配置的现状,还要能够体现当地居民的需求,符合公共服务设施配置效率的内涵及评价要求;独立性指标相互间不可太具相关性,保证指标评价的有效性;可操作性指标数据的获取和处理要能够实现,尽可能采用通用名称、概念和计算方法;时效性指标的选取要能够适应不同时期对服务设施空间配置效率的评价,并且要考虑指标数据前后的变化与可比性。根据以上原则及参考借鉴前人的研究成果,最终确定公共服务设施配置条件(规模和等级)、社会经济发展、空间地域要素三大类指标为公共服务设施空间配置效率指标。

鉴于指标的可获取性与可比性,教育设施主要考虑区域小学、初中、高中等教育机构,简化以学校数量和教师人数衡量;医疗设施主要考虑当地的综合医院和专科医院,简化以医生人数衡量;社会福利设施主要考虑区域福利院和敬老院两类福利机构,简化以床位数衡量。社会经济发展指标主要包括城镇规模(人口总量)和经济发展水平两大类,人口总量直接关系地方公共服务设施的供给规模和等级;经济发展水平直接影响居民对公共服务设施的需求以及地方政府对公共服务设施的财政投入,均是区域公共服务设施空间配置效率评价过程中必不可少的要素。考虑到指标选取的独立性和可获取性,以区域人口密度衡量城镇规模,以人均 GDP 和二、三产业产值衡量区域经济发展水平。空间地域条件指区域与周边城市的区位关系、自身的交通状况以及区域面积等。由于海岛城市空间的独立性,岱山岛城镇与周边区域的区位关系时效性不强,可比性较弱,故仅将交通状况及区域面积纳入指标体系中。交通状况指区域对外交通的便捷程度和通达性,不仅能够衡量区域的交通水平,也能够衡量区域对外联系的程度。便利的交通条件能够扩大公共服务设施的空间影响范围,增强区域公共服务设施利用率,促使部分公共服务设施和人口再次集聚,对区域公共服务设施配置效率具有显著的影响。本书的交通条件按照交通道路的种类数、长度、连接度等进行 10 分以内的赋分。

由于区域发展差异较大、人口总量各不相同,我们在选取指标时做了进一步处理,以千人或人均作为评价指标,保证计算结果的可比性。具体评价指标体系见表 7-4-3。

(2)岱山岛人居环境关键人工化要素空间配置效率评价结果及分析

1)提取主成分,建立主成分回归模型

利用 SPSS 23.0,运用主成分分析法提取主成分,计算主成分特征值、方差贡献率等(表 7-4-4),并根据特征值和指标变量系数构建主成分回归模型。

表 7-4-3　海岛城镇公共服务设施空间配置效率评价指标体系

评价目标	指标类别	评价指标
公共服务设施空间配置效率	教育设施	每千人学校数
		每千人教师数
	医疗设施	每千人医生数
	福利设施	每千人床位数
	市政设施	千人均道路面积(m^2/千人)
		水路货运量(吨)
		公共汽车千人均占有量(辆/千人)
	规模城镇	人口密度(人/km^2)
	经济发展	人均 GDP(万元/人)
	空间地域因素	二三产业产值比重
		区域面积(km^2)
		交通条件

2000 年出现特征值分别为 8 和 3 的两个主成分，累计方差贡献率高达 95%，能够解释原变量 95%以上的信息，它能够反映岱山岛四镇在 2000 年的公共服务设施配置效率。另外，在主成分 1 中，千人供水管道长度载荷值最大，说明其在主成分 1 中起主要作用；在主成分 2 中，每千人医生数载荷值最大，在主成分 2 中起主要作用。因此，千人供水管道长度与每千人医生数在 2000 年岱山岛四镇公共服务设施配置效率中起主要作用。

主成分回归模型能够完整地反映各质变变量与主成分之间的关系，根据特征值与载荷值即可构建(指标系数＝载荷值/对应主成分特征值的平方算数根)，综合得分＝y_1 * 方差贡献率 1＋y_2 * 方差贡献率 2＋…＋y_n * 方差贡献率 n。因此，2000 年主成分 1、2 以及综合得分 Y 的模型为：

y_1＝Z 每千人学校总数 * 0.167＋Z 每千人教师数 * (－0.341)＋Z 每千人医生数 * (－0.058)＋Z 每千人床位数 * 0.3389＋Z 水路货运量(t) * 0.2513＋Z 千人道路面积(m^2) * 0.3266＋Z 公共汽车千人占有量(辆) * 0.3347＋Z 千人供水管道长度(m) * 0.3501＋Z 人口密度(人/km^2) * 0.2942＋Z 人均 GDP(万元/人) * 0.34＋Z 二、三产业产值比重 * 0.14＋Z 交通条件 * 0.333

y_2＝Z 每千人学校总数 * 0.4497＋Z 每千人教师数 * 0.1322＋Z 每千人医生数 * 0.528＋Z 每千人床位数 * 0.126＋Z 水路货运量(t) * (－0.38)＋Z 千人道路

面积(m^2)*(−0.2)+Z 公共汽车千人占有量(辆)*0.16+Z 千人供水管道长度(m)*0.05+Z 人口密度(人/km^2)*(−0.29)+Z 人均 GDP(万元/人)*0.124+Z 二、三产业产值比重*0.40+Z 交通条件*0.096

$Y=y_1*67.288+y_2*28.394$

2005 年出现 3 个主成分,特征值分别为 7、4、1,累计方差贡献率达 99.99%,能够解释原始变量全部信息,反映 2005 年岱山岛四镇公共服务设施配置效率。千人供水管道长度依然在主成分 1 中起主要作用,每千人教师数在主成分 2 中起主要作用,每千人医生数在主成分 3 中起主要作用,可见这三项指标对 2005 年岱山岛四镇公共服务设施配置效率起主要作用。根据特征值、载荷值构建 2005 年主成分及综合得分模型为:

y_1=Z 每千人学校总数*0.24+Z 每千人教师数*0.11+Z 每千人医生数*0.14+Z 每千人床位数*0.36+Z 水路货运量(t)*0.35+Z 千人道路面积(m^2)*0.19+Z 公共汽车千人占有量(辆)*0.37+Z 千人供水管道长度(m)*0.37+Z 人口密度(人/km^2)*0.15+Z 人均 GDP(万元/人)*0.36+Z 二、三产业产值比重*0.26+Z 交通条件*0.36

y_2=−0.24*Z 每千人学校总数+0.48*Z 每千人教师数−0.36*Z 每千人医生数−0.15*Z 每千人床位数+0.19*Z 水路货运量(t)+0.43*Z 千人道路面积(m^2)+0.05*Z 公共汽车千人占有量(辆)+0.01*Z 千人供水管道长度(m)+0.46*Z 人口密度(人/km^2)−0.15*Z 人均 GDP(万元/人)−0.31*Z 二、三产业产值比重+0.01*Z 交通条件

y_3=−0.57*Z 每千人学校总数+0.07*Z 每千人教师数+0.57*Z 每千人医生数−0.09*Z 每千人床位数+0.08*Z 水路货运量(t)+0.17*Z 千人道路面积(m^2)−0.21*Z 公共汽车千人占有量(辆)−0.23*Z 千人供水管道长度(m)+0.1*Z 人口密度(人/km^2)−0.07*Z 人均 GDP(万元/人)+0.36*Z 二、三产业产值比重+0.26*Z 交通条件

$Y=y_1*58.22+y_2*32.23+y_3*9.548$

2010 年保持 3 个主成分,对应特征值分别为 6、4、2,累计方差贡献率为 96%,能够直接用于 2010 年岱山岛四镇公共服务设施配置效率的评价。每千人床位数在主成分 1 中起主要作用,每千人教师数在主成分 2 中起主要作用,交通条件在主成分 3 中起主要作用,即这三个指标对 2010 年岱山岛四镇公共服务设施配置效率的影响最大。根据特征值、载荷值构建 2010 年主成分及综合得分模型为:

y_1=0.37*Z 每千人学校总数+0.13*Z 每千人教师数+0.33*Z 每千人医

生数+0.38 * Z 每千人床位数+0.32 * Z 水路货运量(t)+0.22 * Z 千人道路面积(m^2)+0.37 * Z 公共汽车千人占有量(辆)+0.38 * Z 千人供水管道长度(m)+0.1 * Z 人口密度(人/km^2)-0.24 * Z 人均 GDP 万元人+0.29 * Z 二、三产业产值比重+0.06 * Z 交通条件

y_2=0.15 * Z 每千人学校总数+0.46 * Z 每千人教师数+0.0034 * Z 每千人医生数-0.16 * Z 每千人床位数-0.21 * Z 水路货运量(t)+0.41 * Z 千人道路面积(m^2)+0.07 * Z 公共汽车千人占有量(辆)-0.01 * Z 千人供水管道长度(m)+0.48 * Z 人口密度(人/km^2)-0.35 * Z 人均 GDP(万元/人)-0.29 * Z 二、三产业产值比重+0.30 * Z 交通条件

y_3=0.21 * Z 每千人学校总数+0.13 * Z 每千人教师数-0.42 * Z 每千人医生数-0.07 * Z 每千人床位数+0.34 * Z 水路货运量(t)-0.02 * Z 千人道路面积(m^2)-0.3 * Z 公共汽车千人占有量(辆)-0.28 * Z 千人供水管道长度(m)+0.01 * Z 人口密度(人/km^2)+0.28 * Z 人均 GDP(万元/人)+0.28 * Z 二、三产业产值比重+0.56 * Z 交通条件

$Y = y_1 * 49.704 + y_2 * 34.57 + y_3 * 15.727$

2015 年仍保持 3 个主成分,特征值分别为 5、4、2.5,累计方差贡献率为 99.9%,能够解释全部原始变量,即可直接反映 2015 年岱山岛四镇公共服务设施配置效率。其中,每千人教师数、每千人学校数和交通条件分别在主成分 1、2、3 中起主要作用,是 2015 年岱山岛四镇空间配置效率的主要影响指标。根据特征值、载荷值构建 2015 年主成分及综合得分模型为:

y_1=0.2 * Z 每千人学校总数+0.38 * Z 每千人教师数-0.32 * Z 每千人医生数-0.33 * Z 每千人床位数-0.23 * Z 水路货运量(t)+0.38 * Z 千人道路面积(m^2)+0.25 * Z 公共汽车千人占有量(辆)+0.18 * Z 千人供水管道长度(m)+0.35 * Z 人口密度(人/km^2)-0.33 * Z 人均 GDP(万元/人)+0.18 * Z 二、三产业产值比重+0.2 * Z 交通条件

y_2=0.44 * Z 每千人学校总数+0.12 * Z 每千人教师数-0.1 * Z 每千人医生数+0.31 * Z 每千人床位数+0.37 * Z 水路货运量(t)-0.12 * Z 千人道路面积(m^2)+0.34 * Z 公共汽车千人占有量(辆)+0.43 * Z 千人供水管道长度(m)-0.18 * Z 人口密度(人/km^2)+0.31 * Z 人均 GDP(万元/人)+0.32 * Z 二、三产业产值比重+0.05 * Z 交通条件

y_3=-0.04 * Z 每千人学校总数+0.23 * Z 每千人教师数+0.39 * Z 每千人医生数+0.01 * Z 每千人床位数+0.26 * Z 水路货运量(t)+0.25 * Z 千人道路面

积(m^2)+0.27*Z公共汽车千人占有量(辆)+0.18*Z千人供水管道长度(m)+0.29*Z人口密度(人/km^2)+0.01*Z人均GDP(万元/人)-0.4*Z二、三产业产值比重-0.56*Z交通条件

$Y=y_1*45.52+y_2*33.721+y_3*20.759$

2019年依然保持3个主成分,对应特征值分别为:6、4、2,累计方差贡献率为99.8%,能够解释全部原始变量信息,可直接用于反映2019年岱山岛公共服务设施配置效率评价。千人公共汽车占有量、每千人医生数和水路货运量分别在主成分1、2、3中起主要作用,对2019年公共服务设施空间配置效率影响最大。根据特征值、载荷值构建2019年主成分及综合得分模型为:

y_1=0.36*Z每千人学校总数+0.38*Z每千人教师数+0.09*Z每千人医生数+0.28*Z每千人床位数+0.15*Z水路货运量(t)+0.4*Z千人道路面积(m^2)+0.39*Z公共汽车千人占有量(辆)+0.39*Z千人供水管道长度(m)+0.12*Z人口密度(人/km^2)+0.31*Z人均GDP(万元/人)+0.2*Z二、三产业产值比重-0.05*Z交通条件

y_2=-0.15*Z每千人学校总数+0.04*Z每千人教师数+0.51*Z每千人医生数-0.31*Z每千人床位数+0.35*Z水路货运量(t)+0.11*Z千人道路面积(m^2)+0.12*Z公共汽车千人占有量(辆)+0.12*Z千人供水管道长度(m)+0.49*Z人口密度(人/km^2)-0.3*Z人均GDP(万元/人)-0.3*Z二、三产业产值比重+0.18*Z交通条件

y_3=-0.24*Z每千人学校总数-0.22*Z每千人教师数-0.11*Z每千人医生数+0.27*Z每千人床位数+0.43*Z水路货运量(t)-0.05*Z千人道路面积(m^2)-0.1*Z公共汽车千人占有量(辆)-0.11*Z千人供水管道长度(m)+0.16*Z人口密度(人/km^2)+0.22*Z人均GDP(万元/人)+0.4*Z二、三产业产值比重+0.6*Z交通条件

$Y=y_1*50.553+y_2*30.13+y_3*19.317$

综上,评价指标体系中千人供水管道长度、千人医生数、千人教师数、千人床位数、千人公共汽车占有量、交通条件以及水路货运量对岱山岛四镇公共服务设施空间配置效率的影响比较显著。

表 7-4-4　各主成分特征值、方差贡献率与载荷值、指标系数

年份	x_i	y_1	y_2	y_3	系数 1	系数 2	系数 3
2000	每千人学校总数	0.483	0.830	0.170	0.450		
	每千人教师数	−0.97	0.244	−0.341	0.132		
	每千人医生数	−0.164	0.975	−0.058	0.528		
	每千人床位数	0.963	0.232	0.339	0.126		
	水路货运量(t)	0.714	−0.700	0.251	−0.379		
	千人道路面积(m^2)	0.928	−0.367	0.327	−0.199		
	公共汽车千人占有量(辆)	0.951	0.304	0.335	0.165		
	千人供水管道长度(m)	0.995	0.091	0.350	0.049		
	人口密度(人/km^2)	0.836	−0.541	0.294	−0.293		
	人均 GDP(万元/人)	0.965	0.228	0.340	0.124		
	二、三产业产值比重	0.399	0.744	0.140	0.403		
	交通条件	0.945	0.177	0.333	0.096		
	特征值	8.075	3.407				
	方差贡献率	67.288	28.394				
2005	每千人学校总数	0.636	−0.477	−0.607	0.241	−0.243	−0.567
	每千人教师数	0.294	0.953	0.072	0.111	0.485	0.067
	每千人医生数	0.359	−0.708	0.608	0.136	−0.360	0.568
	每千人床位数	0.948	−0.303	−0.094	0.359	−0.154	−0.088
	水路货运量(t)	0.922	0.376	0.090	0.349	0.191	0.084
	千人道路面积(m^2)	0.51	0.841	0.180	0.193	0.428	0.168
	公共汽车千人占有量(辆)	0.97	0.097	−0.222	0.367	0.049	−0.207
	千人供水管道长度(m)	0.97	0.017	−0.242	0.367	0.009	−0.226
	人口密度(人/km^2)	0.406	0.908	0.107	0.154	0.462	0.100
	人均 GDP(万元/人)	0.952	−0.297	−0.070	0.360	−0.151	−0.065
	二、三产业产值比重	0.693	−0.607	0.390	0.262	−0.309	0.364
	交通条件	0.961	0.013	0.276	0.364	0.007	0.258
	特征值	6.987	3.868	1.146			
	方差贡献率	58.22	32.23	9.548			

续表

年份	x_i	y_1	y_2	y_3	系数 1	系数 2	系数 3
2010	每千人学校总数	0.906	0.308	0.291	0.371	0.151	0.212
	每千人教师数	0.328	0.929	0.172	0.134	0.456	0.125
	每千人医生数	0.813	0.007	−0.582	0.333	0.003	−0.424
	每千人床位数	0.94	−0.328	−0.098	0.385	−0.161	−0.071
	水路货运量(t)	0.773	−0.423	0.473	0.317	−0.208	0.344
	千人道路面积(m^2)	0.54	0.841	−0.031	0.221	0.413	−0.023
	公共汽车千人占有量(辆)	0.902	0.133	−0.410	0.369	0.065	−0.298
	千人供水管道长度(m)	0.926	−0.023	−0.378	0.379	−0.011	−0.275
	人口密度(人/m^2)	0.25	0.968	0.019	0.102	0.475	0.014
	人均 GDP(万元/人)	0.593	−0.705	0.388	0.243	−0.346	0.282
	二、三产业产值比重	0.705	−0.600	0.379	0.289	−0.295	0.276
	交通条件	0.148	0.620	0.771	0.061	0.304	0.561
	特征值	5.964	4.148	1.887			
	方差贡献率	49.704	34.570	15.727			
2015	每千人学校总数	0.476	0.877	−0.07	0.204	0.436	−0.044
	每千人教师数	0.896	0.248	0.369	0.383	0.123	0.234
	每千人医生数	−0.757	−0.211	0.618	−0.324	−0.105	0.392
	每千人床位数	−0.776	0.631	0.015	−0.332	0.314	0.010
	水路货运量(t)	−0.533	0.741	0.408	−0.228	0.368	0.259
	千人道路面积(m^2)	0.884	−0.249	0.395	0.378	−0.124	0.250
	公共汽车千人占有量(辆)	0.593	0.687	0.420	0.254	0.341	0.266
	千人供水管道长度(m)	0.425	0.858	0.287	0.182	0.427	0.182
	人口密度(人/km^2)	0.813	−0.365	0.453	0.348	−0.181	0.287
	人均 GDP(万元/人)	−0.777	0.629	0.015	−0.332	0.313	0.010
	二、三产业产值比重	0.427	0.645	−0.633	0.183	0.321	−0.401
	交通条件	0.460	0.095	−0.883	0.197	0.047	−0.559
	特征值	5.462	4.047	2.491			
	方差贡献率	45.52	33.721	20.759			

续表

年份	x_i	y_1	y_2	y_3	系数 1	系数 2	系数 3
2019	每千人学校总数	0.888	−0.284	−0.362	0.361	−0.149	−0.238
	每千人教师数	0.939	0.080	−0.334	0.381	0.042	−0.219
	每千人医生数	0.214	0.962	−0.171	0.087	0.506	−0.112
	每千人床位数	0.693	−0.596	0.404	0.281	−0.313	0.265
	水路货运量(t)	0.374	0.664	0.647	0.152	0.349	0.425
	千人道路面积(m^2)	0.973	0.217	−0.076	0.395	0.114	−0.050
	公共汽车千人占有量(辆)	0.965	0.220	−0.146	0.392	0.116	−0.096
	千人供水管道长度(m)	0.961	0.220	−0.165	0.390	0.116	−0.108
	人口密度(人/km^2)	0.298	0.923	0.244	0.121	0.485	0.160
	人均 GDP(万元/人)	0.758	−0.562	0.330	0.308	−0.296	0.217
	二、三产业产值比重	0.500	−0.615	0.610	0.203	−0.323	0.401
	交通条件	−0.114	0.343	0.933	−0.046	0.180	0.613
	特征值	6.066	3.616	2.318			
	方差贡献率	50.553	30.130	19.317			

2)计算各主成分得分及综合得分

根据前述各年主成分和综合得分模型,分别计算各年主成分得分和综合得分并排名(表 7-4-5)。

①2000、2005、2010、2015 和 2019 年岱山岛四镇公共服务设施空间配置效率均保持东沙镇>高亭镇>岱西镇>岱东镇。前述已将公共服务设施空间配置效率分为配置和利用两个层面,配置效率的高低主要用以衡量区域公共服务设施供给与需求的平衡关系。出现如此评价结果可能原因为:东沙镇是岱山岛的老城区,解放前该镇港口地位突出,集聚了大量人口和产业,公共服务配套设施相对岱西镇和岱东镇要完善很多;近现代以来,东沙镇凭借其优良的海岛资源和古镇文化大力发展旅游业,在政府的支持下,公共服务设施必定更加完善,以适应旅游业发展的需要;另外,旅游业的开发吸引了大量从业人口的流入,最大程度实现公共服务设施的作用,促使公共服务设施供给与利用相平衡。

②分乡镇来看,高亭镇公共服务空间配置效率呈现先上升后下降的趋势。改革开放后,高亭镇凭借其距离舟山市本岛近等优势,大力发展工业经济,岱山县政府中心由东沙镇迁至高亭镇,高亭镇逐渐成为岱山岛乃至整个岱山县的政治、经济中心,吸引全县岛民集聚,相关公共服务配套设施配置逐渐完善,利用效率不断提

高。但在2010—2015年间,公共服务设施空间配置效率急剧下降,可能的主要原因是人口的大量流动和经济大幅度波动所致。东沙镇作为岱山县政治文化和经济中心,农业基础优良,基础设施完善;20世纪后期旅游业兴起,居民收入、地方财政收入提高,居民增加,直接加大了公共服务设施设计建造的资金投入与对公共服务设施的需求。但通过前期产业发展的研究发现,东沙镇旅游业存在开发晚、发展慢、效益低等问题,产业经济增长还主要依靠于农业,而农业所能吸纳的劳动力是极低的,所以长远来看,东沙镇二、三产业经济发展逐渐滞缓、居民和地方财政收入有限,人口流失,对公共服务设施需求量减小,所以东沙镇公共服务设施空间配置效率总体上呈现下降趋势。

表7-4-5 2010、2015和2019年岱山岛四镇公共服务设施空间配置效率评价结果

年份	乡镇	Y_1	Y_2	Y_3	Y	排名
2000	高亭镇	1.82	−2.50	0.52	2	
	东沙镇	3.02	1.98	2.58	1	
	岱东镇	−2.54	0.12	−1.67	4	
	岱西镇	−2.31	0.45	−1.43	3	
2005	高亭镇	−0.42	2.77	0.52	0.70	2
	东沙镇	3.73	−0.43	−0.52	1.98	1
	岱东镇	−2.49	−0.51	−1.21	−1.73	4
	岱西镇	−0.82	−1.84	1.21	−0.95	3
2010	高亭镇	−0.18	2.88	0.58	1.00	2
	东沙镇	2.96	−0.14	−0.96	1.27	1
	岱东镇	−2.31	−0.93	−1.28	−1.67	4
	岱西镇	−0.47	−1.81	1.66	−0.60	3
2015	高亭镇	2.21	−2.21	0.59	0.38	2
	东沙镇	1.31	−0.45	1.06	1.64	1
	岱东镇	−3.07	−0.45	1.06	−1.33	4
	岱西镇	−0.45	0.01	−2.35	−0.69	3
2019	高亭镇	2.59	0.92	0.78	2	
	东沙镇	−0.38	−0.65	1.54	1	
	岱东镇	−0.25	−1.81	−1.54	4	
	岱西镇	−1.97	1.54	−0.77	3	

岱东镇公共服务设施空间配置效率总体上提高，与政府将其作为高亭镇主城区卫星城的规划设计相关。岱西镇公共服务设施空间配置效率总体上提高，可能与岱山县经济开发区的规划建设有关，部分经济开发区位于岱西镇境内。综上，岱山岛四镇除东沙镇外，其余三镇公共服务设施空间配置效率在 2010—2019 年间有所提升，居民生活水平和质量发生相应变化。

7.4.3.2 岱山岛产业演替对人居环境人工化要素配置效率的影响分析

(1)产业因子

借鉴已有公共服务设施影响因素分析成果，结合本书研究主旨及前期研究成果，选取三次产业产值比重、产业结构熵、三次产业结构偏离度、产业结构偏差系数、产业结构转化速度系数、三次产业转向系数、三次产业比较劳动生产率和差异指数 16 个因子做岱山岛公共服务设施空间配置效率通径分析。三次产业产值比重直接反映研究区产业结构的级别和水平。一般情况下，第一产业产值比重能够反映区域产业结构化水平，占比越低，产业结构化水平越高，政府对公共服务的支持力度大；第二产业产业总产值比重的高低能够直接表征区域经济发展的稳定性，比重越高，经济发展越稳定，政府对公共设施的支付能力就越强劲；第三产业产值比重能够衡量区域经济发展的可持续性和当地居民的收入水平，占比越高，区域经济可持续发展能力越强，政府对公共服务设施投入越长久，居民收入水平越高，对公共服务设施的需求越大，要求越高。产业结构熵用以衡量产业结构演进“有序”或“无序”程度，与第一产业产值比重的效用类似，但动态性较强，能够表征产业结构演进是否趋向高级化水平，值越小，产业结构演进越有序，产业结构越高级。产业结构偏离度主要用以衡量劳动力在产业间转移的协调度，以及产业结构与就业结构发展的均衡度，完美的劳动力转移方向应由第一产业逐渐转向二、三产业，第一产业产值逐渐减少，二、三产业产值逐渐增加。当其＞0 时，说明产值比重大于就业比重；＜0，反之。另外绝对值越小，产业结构与就业结构发展越平衡。偏差系数能够直接表征产业结构与就业的差距。当产值比重大于就业比重时，居民收入和政府财政收入均呈现增长趋势，直接影响公共服务设施的供给与需求。产业结构转换速度系数和方向系数能够表征区域产业结构转换速度和转换方向，方向正确情况下(二、三产业方向系数偏大)，转换速度越快，产业转型升级能力越强，政府和居民增收越快，对公共服务设施的投入和需求也会迅速增加。比较劳动生产率系数和差异指数主要用以衡量产业结构效益和产业比价劳动生产的离散程度，比较劳动生产率系数越大(>1,做一1处理;>0有优势;<0相反),说明产业优势越强,对区域经济影响越强;差异指数越大,产业发展越不均衡,产业结构效益越低,直接影响区域经济的增长,进而影响政府对公共服务设施的投入与居民对公共服务设施数量的需求与质量的要求。

(2)产业影响因子通径分析

借助SPSS 23.0对上述公共服务设施空间配置效率产业影响因子按年度进行通径分析,分析结果如表7-4-6~7-4-8。由表7-4-6可知,16个产业因子中产业结构转换度、产业结构熵、差异指数和二次产业产值比重对岱山岛公共服务设施空间配置效率的影响较为显著。从决策系数进一步分析,2010—2019年,产业结构转换速度决策系数为0.9996,其次为二次产业产值比重,决策系数为0.945,说明产业结构转换速度和二次产业产值比重是影响公共服务设施空间配置效率最重要的因素。根据前期研究,岱山岛产业结构转换速度先加快后减慢,总体速度相对稳定,而高亭镇、岱东镇均呈现快速转换,东沙镇与岱西镇呈现减速转换;转换方向上,岱山岛主要转向二、三产业,四镇类似。这说明岱山岛二三次产业保持稳定增长,其中高亭镇与东沙镇二三次产业增长速度明显快于岱东镇与岱西镇,保证政府地方财政收入稳步增长的同时,也增加了当地居民的生活收入,扩大了对公共服务设施的投入以及居民对其的需求。岱山岛二次产业产值比重呈现逐年增长趋势,比重越大说明经济越稳定,表明在2010—2019年间,岱山岛产业经济发展逐年稳定,政府对公共服务设施的投入进度逐渐强化。所以总体而言,2010—2019年岱山岛公共服务设施空间配置效率呈提高趋势。决策系数<0.5的有差异指数和产业结构熵,为次要影响要素。

再分析间接通径系数发现,2015年产业结构转换速度通过差异指数对因变量y的间接负作用较大,其间接通径系数$r_{12} \times P_{2y} = -0.154$。差异指数主要用于衡量产业结构效益的高低,那么产业结构转换速度通过差异指数间接作用于公共服务设施空间配置效率可以理解为,产业结构转换速度主要通过影响产业结构效益实现对公共服务设施空间配置效率的影响。2010年虽然产业结构转换速度通过产业结构熵对y产生一定的负间接作用($r_{12} \times P_{2y} = -0.02$),但由于$P_{1y}$的值比较大,所以2010年产业结构转换速度对$y$的影响较大,两者的简单相关系数$r_{1y}$达到$-1$。2019年二次产业产值通过差异指数对因变量$y$也产生了一定的正间接作用,其间接通径系数为$r_{12} \times P_{2y} = 0.108$。即,二次产业产值比重通过影响产业结构效益实现对公共服务设施空间配置效率的影响。

综上，产业结构转换速度、二次产业产值比重、二次产业结构熵和差异指数对公共服务设施空间配置效率均能产生较大的直接影响，差异指数是产业结构转换速度、二次产业产值比重对其发挥间接作用的中间因素。

表 7-4-6　2010 年岱山岛公共服务设施空间配置效率产业影响因子通径分析结果

自变量	与因变量 y 的皮尔逊相关	通径系数（因子与 y 的相关系数）	间接通径系数		决策系数 R_j
			x_1	x_2	
x_1（产业结构转换速度）	−1	−0.98	−0.02	0.9996	
x_2（产业结构熵）	0.596	0.035	0.562	0.0405	

注：$R^2=0.999$，调整后 $R^2=0.998$，逐步回归

表 7-4-7　2015 年岱山岛公共服务设施空间配置效率产业影响因子通径分析结果

自变量	与因变量 y 的皮尔逊相关	通径系数（因子与 y 的相关系数）	间接通径系数		决策系数 R_j
			x_1	x_2	
x_1（产业结构转换速度）	−0.504	−0.328	−0.154	0.223	
x_2（差异指数）	−0.525	−0.508	−0.099	0.275	

注：$R^2=0.872$，调整后 $R^2=0.753$，输入回归

表 7-4-8　2019 年岱山岛公共服务设施空间配置效率产业影响因子通径分析结果

自变量	与因变量 y 的皮尔逊相关	通径系数（因子与 y 的相关系数）	间接通径系数		决策系数 R_j
			x_1	x_2	
x_1（二次产业产值比重）	0.978	0.871	0.108	0.945	
x_2（差异指数）	0.633	0.235	0.399	0.242	

注：$R^2=0.966$，调整后 $R^2=0.924$，输入回归

7.4.4 小　结

产业结构演替对人居环境人工化要素的影响表现在人工化要素数量、质量、空间分布的变化上，从而导致人工化要素空间配置效率存在时空差异（图 7-4-3）。产业结构规模扩大将直接导致人工化数量的增加；通过提升居民收入水平影响人工化要素的供给质量，包括类型的多样化。人工化要素空间分布往往与区域产业分布耦合，以服务区域生产活动为目的，并呈现日益集聚的趋势。

7.4.4.1　公共服务设施空间集聚特征及其与产业空间结构的关系

教育文化设施呈现多核心分散分布模式，密度由中心城区向周边区域明显递

减,交通、市场指向明显,且集聚度显著提高。卫生健康休闲设施核密度城乡差距显著,市场、交通、环境指向明显。医疗养老设施分布多核心集聚特征明显,集聚度显著提高,市场指向明显。交通设施城乡集聚水平差异显著,总体呈现由中心城区—外围扩散的多中心圈层结构,集聚度、集聚范围明显扩大,主城区交通、行政指向显著。通信能源设施呈现由主城区向外围递减的多核心密度分布格局,集聚程度、分布范围扩大,城乡发展差异显著。染型邻避设施分布均匀,交通指向显著。

通过分析产业空间结构对公共服务设施空间分布的影响发现,制造业空间分布与各类公共服务设施空间分布耦合度高,但高耦合度范围逐渐缩小。其中,高亭镇主城区、岱山岛经济开发区、双合村、沿港中路和沿港西路附近以及泥峙村附近等区域为高耦合度区域,东沙镇东沙社区附近为低耦合度区域。

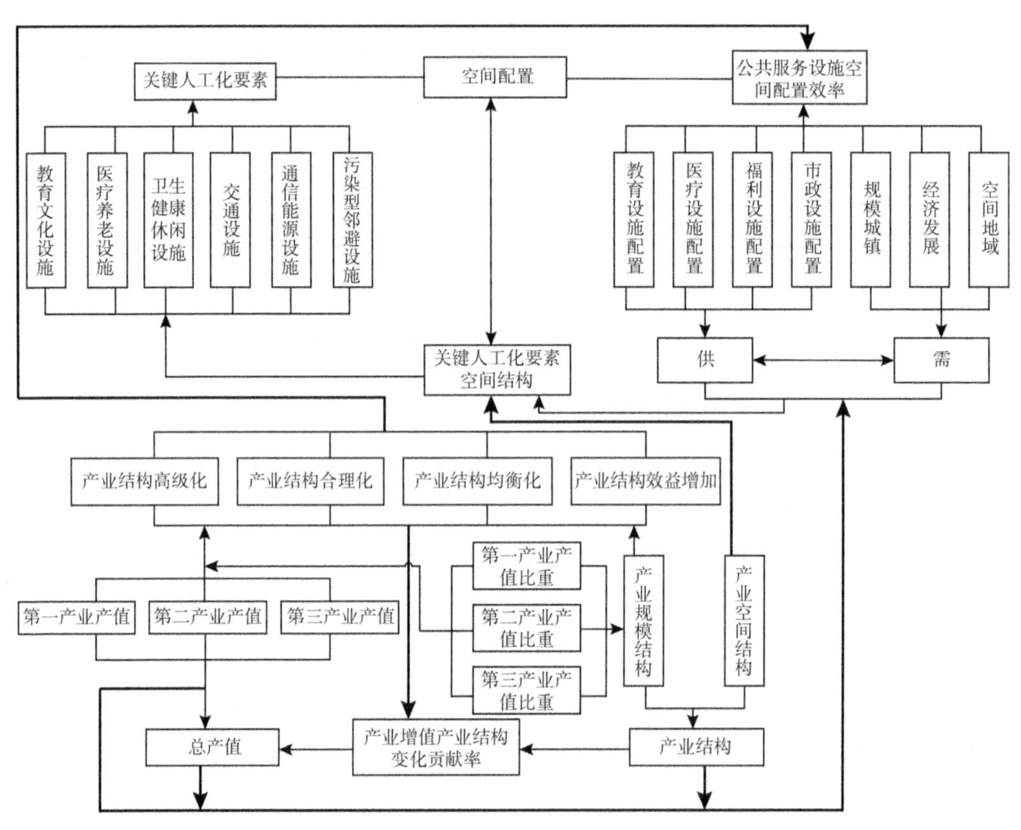

图 7-4-3 产业演替影响人居环境关键人工化要素逻辑

7.4.4.2 公共服务设施空间配置效率及产业结构演替

2000—2019 年岱山岛四镇公共服务设施空间配置效率保持东沙镇＞高亭镇＞岱西镇＞岱东镇。其中,高亭镇公共服务空间配置效率呈现先上升后下降的趋势，东沙镇空间配置效率总体呈下降趋势，岱东镇和岱西镇公共服务设施空间配置效率总体上提高。

产业结构转换速度和二次产业产值比重是影响公共服务设施空间配置效率最重要的因素。2000—2019 年，岱山岛产业结构向二三产业转向速度加快，第二产业产值比重显著提高，较大程度上提高了区域公共服务设施的空间配置效率。

7.5 岱山岛产业演替影响人居环境家庭经济要素的路径

随着“新常态”经济时代的到来，产业结构转型与升级、产业结构演替对人居环境土地、水资源等要素的影响成为地理学、经济学、社会学等学科研究的重要话题。近年来，随着工业化进程的不断推进，国内众多城市内部“人—地”关系日益复杂化，人—地矛盾更是日益突出。许多海岛型城市因其自身的局限性，逐渐出现资源枯竭、环境污染等严重影响人居环境质量的问题，长江中下游附近的海岛城市尤为明显。浙江省舟山市岱山县岱山岛位于长江入海口，该海岛城市距离大陆及舟山市城区较远，其产业结构存在等级低、转型升级驱动力弱、技术资金薄弱、人才短缺等多方问题，探究岱山岛产业结构演替对家庭生计资本、家庭收入及家庭消费的影响，为岱山县政府产业发展规划制定、人居环境质量提升提供借鉴。

7.5.1 数据源与研究方法

7.5.1.1 数据源

本节所用的数据包括社会经济统计数据与问卷调查数据两大类，其中社会经济统计数据主要包括岱山县城镇和渔农村常住居民人均收支数据，问卷调查数据包括家庭基本情况、家庭收入、家庭消费、社会资本、金融资本、社会保障等方面。社会经济统计数据来源于《岱山县统计年鉴(2010—2019)》，问卷数据于 2020 年 7 月实地调查收集而来，以岱山岛全域 49 个社区/村为研究区，采用随机调查法进行农户调查，历时 7 天，共走访调查了 42 个村落，发放问卷 205 份，回收有效问卷 194 份，经整理形成岱山岛农户家庭生计资本、收入水平和消费水平三大数据库，为本节研究提供坚实的数据支撑。

7.5.1.2 研究方法

(1)数据标准化处理

因各指标数据间量纲差较大,为减小因量纲差而导致计算结果的不科学性,本书采用极差标准化方法对数据列进行标准化处理,计算公式为:

$$\text{正向指标}:X_{ij}=\frac{x_{ij}-x_{ij\min}}{x_{ij\max}-x_{ij\min}}$$
$$\text{负向指标}:X_{ij}=\frac{x_{ij\max}-x_{ij}}{x_{ij\max}-x_{ij\min}} \tag{7-5-1}$$

式中,X_{ij}表示 i 地区 j 指标标准化值,x_{ij}表示 i 地区 j 指标观测值,$x_{ij\min}$和 $x_{ij\max}$分别表示 i 区域 j 项指标的最小观测值和最大观测值。

(2)生计资本分析法

1)熵值综合评价法

这里将家庭农户生计资本分为物质资本、人力资本、金融资本和社会资本四部分,各部分数据均通过问卷调查的形式获得,需进行计算与处理,具体评价指标及指标处理办法详见表 7-5-1。

表 7-5-1 岱山岛农户生计资本指标、指标性质、指标处理办法及权重

准则层	指标层	单位	指标涵义/赋值方法	正反属性	权重
物质资本(W)	人均住房面积(a_1)	m^2/人	住房面积/家庭总人数	+	0.04170811
	住房结构质量(a_2)		按结构类型及安全等级赋值:钢筋混凝土结构 1.0;砖瓦房 0.9;土砖房 0.8;土木房 0.7;草房/石房 0.6	+	0.042759775
	公共汽车(a_3)	辆/家庭	家庭拥有汽车量	+	0.040905455
	公共汽车价值(a_4)	万元	家用汽车总价值	+	0.040905455
	水源(a_5)		按水质情况赋值:自来水 1;井水 0.8;水窖水 0.6;河水 0.4;其他 0.2	+	0.04298249
	水质(a_6)		按水质等级赋值:很好 1;较好 0.8;一般 0.6;较差 0.4;很差 0.2	+	0.042640466
	水价(a_7)	元/t		—	0.042349048

续表

准则层	指标层	单位	指标涵义/赋值方法	正反属性	权重
人力资本(R)	实际劳动力比重(b_1)		16～60岁且实际参加劳动的人数/家庭总人数	+	0.041425845
	实际劳动力文化程度(b_2)		按学历赋值：本科及以上1；大专0.7；高中0.6；初中0.4；小学0.2；学龄前/文盲0	+	0.043201527
	抚养比(b_3)		家庭总人数/家庭总劳动力人数	−	0.042377705
	从业资本(b_4)		根据工资高低及稳定性赋值：个体经营1；工资性收入(企业职工、服务业人员、事业单位职工等)0.9；常年出岛打工0.8；常年周边打工0.7；以打工为主，农忙务农0.6；务农为主，农闲打工0.5；纯务农0.4	+	0.042469789
	养老保障(b_5)		按照有无养老保险进行赋值：有1；无0	+	0.041313775
金融资本(J)	家庭年收入(c_1)	万元	家庭年收入(未扣除生产成本)	+	0.042166627
	教育支出比重(c_2)		教育支出/家庭总支出	−	0.042036667
	医疗支出比重(c_3)		医疗支出/家庭总支出	−	0.042647332
	贷款能力(c_4)		按照有无贷款能力赋值：有1；无0	+	0.042455655
	家庭收入类别(c_5)	种	家庭收入来源种数	+	0.04277406
社会资本(SL)	政策了解程度(d_1)		按了解程度赋值：非常了解1；比较了解0.8；一般0.6；不太了解0.4；完全不了解0.2	+	0.041588874
	非农技术培训(d_2)		按是否参加过进行赋值：有1；无0	+	0.041501534
	经验分享交流(d_3)		按经验分享频次赋值：很多1；较多0.8；一般0.6；较少0.4；基本没有0.2	+	0.042057044
	参加组织活动(d_4)		按有无参加组织活动进行赋值：有1；无0	+	0.037532361
	亲戚公职工作(d_5)		直系亲属中从事公职工作的人数	+	0.037736839

续表

准则层	指标层	单位	指标涵义/赋值方法	正反属性	权重
社会资本（SL）	与亲戚朋友的联系程度（d_6）		按联系程度进行赋分：非常信任 1；比较信任 0.8；一般 0.6；不太信任 0.4；完全不信任 0.2	+	0.04160505
	获取信息的渠道（d_7）		按信息获取的便利性、多样性、及时性进行赋值：手机 1；网络 0.9；电视 0.8；广播 0.7；报纸 0.6；村干部 0.5；村民集体会议 0.4；村务公开栏 0.3；周围人群告知 0.2	+	0.040858733

为便于解释将农户家庭生计水平以 ZL 指代，四分资本计算模型如下：

$$ZL = w + R + J + SL \tag{7-5-2}$$

$$w = a_1 \cdot W_{a_1} + \cdots + a_7 \cdot W_{a_7} \tag{7-5-3}$$

$$R = b_1 \cdot W_{b_1} + \cdots + b_5 \cdot W_{b_5} \tag{7-5-4}$$

$$J = c_1 \cdot W_{c_1} + \cdots + c_5 \cdot W_{c_5} \tag{7-5-5}$$

$$SL = d_1 \cdot W_{d_1} + \cdots + d_7 \cdot W_{d_7} \tag{7-5-6}$$

式中，$W_{a_1}, \cdots, W_{a_7}$、$W_{b_1}, \cdots, W_{b_5}$、$W_{c_1}, \cdots, W_{c_5}$、$W_{d_1}, \cdots, W_{d_7}$ 分别表示对应指标的权重。

2)生计资本空间差异分析法

基于生计资本综合评价，进一步分析生计资本空间差异，先借助 SPSS 23.0 利用 K-means 聚类分类法，将资本评价值划分为较高、中等和较低 3 个等级层次，并通过 ArcGIS 10.5 分级显示，直观反映区域资本水平的等级差异。另外，借鉴李靖[①]的分类法，将农户生计资本的村域类型划分为资本搭配合理型、单一资本匮乏型、多种资本匮乏型和资本极度匮乏型 4 大类。当 4 种生计资本中无“较低”等为搭配合理型，“较低”等出现一种的为单一资本匮乏型，“较低”等出现两种及以上的为多种资本匮乏型，全部为“较低”等的为资本极度匮乏型。

在此基础上采用空间自相关分析法进行村域尺度农户生计资本水平等级空间关联探析，刻画岱山岛村域尺度农户生计资本空间关联特征。

(3)家庭收入分析法

家庭收入水平取决于收入量的高低以及收入类别的多少，前者是一个家庭收入水平的表面反映，收入来源的多少才能反映家庭收入的本质，因为各种收入来源

① 李靖.基于 SL 拓展框架的贫困农户生计空间差异与影响因素研究[D].重庆:西南大学,2018.

间不仅收入高低存在差别,收入的稳定性与持久性也存在着较大的差异。另外,收入差距是衡量区域总体发展水平的指标,能够反映区域内部的发展协同性。基于此,本书主要从人均收入、收入来源多样化、各收入来源对总收入的贡献率以及能够衡量组内及组间收入差距的泰尔系数对岱山岛农户收入水平进行评价和剖析。

1)收入评价

收入量的评价,主要选取人均收入进行表征;收入来源的评价,通过构建收入源多样化指数进行评价,计算公式:

$$H=O(O+P+Q+S) \tag{7-5-7}$$

式中,H 表示收入源多样化指数,O、P、Q 和 S 分别表示 1 种、2 种、3 种、4 种收入来源出现的次数与种类的乘积。

2)收入来源贡献率

不同种类的收入对总收入的贡献率是有差异的,以总收入为因变量,各类收入为自变量进行回归,回归系数即为贡献率。当因变量 Y 由自变量 $X_i(i=1,2,\cdots,n)$ 决定,剔除任何一个 X 都会产生一个对 Y 变化的边际效应,即任何 X 被剔除后产生的边际效应值为 X 对 Y 的贡献率①。

$$ZS=\beta_0+\beta_1\times YZ+\beta_2\times ZHONG+\beta_3\times ZB+\beta_4\times GZ+\beta_5\times QT+\xi \tag{7-5-8}$$

式中,ZS 为总收入,YZ 为养殖收入,$ZHONG$ 为种植收入,ZB 为政府补贴收入,GZ 为工资收入,QT 为其他收入,ξ 为随机误差项。

3)收入差距——泰尔系数(Theil)

泰尔系数是衡量收入差距的常用指标,可以同时衡量组内和组间差距。假设 n 个个体样本被分为 K 个群组,各组表示为 $g_k(k=1,2,\cdots,K)$,第 K 组 g_k 中的个体数目为 n_k,则 $\sum_{k=1}^{K} n_k=n$,y_i 与 y_k 分别表示某个体 i 的收入份额与某群组 k 的收入总份额,T_b 与 T_w 分别表示群组间差距和群组内差距,则:

$$T_b = \sum_{k=1}^{k} y_k \lg \frac{y_k}{n_k/n} \tag{7-5-9}$$

$$T_w = \sum_{k=1}^{k} y_k\left(\sum_{i\in g_k} \frac{y_i}{y_k} \lg \frac{y_i/y_k}{1/n_k}\right) \tag{7-5-10}$$

$$T = T_b + T_w \tag{7-5-11}$$

---

① 李军霞.涓源县农民家庭收入结构分析及其影响因素研究——以阳山村入户调查为例[J].农村经济与科技,2018,29(15):133-136.

(4)家庭消费分析法

1)拓展线性支出系统(ELES)

拓展线性支出系统是消费结构分析中常用的分析办法,其形式与内涵与恩格尔函数(Engel function)存在密切联系,同时考虑了收入与价格对居民消费结构的影响,仅根据截面数据即可估算各种商品的基本需求。本节以 2019 年岱山岛农户家庭消费支出数据为基础,运用 ELES 模型分析岱山岛居民消费结构特征。

该模型于 1954 年由英国经济学家 R. Stone 提出,1973 年由经济学家 C. Luich 修改完善形成,模型为①:

$$p_i q_i = p_i r_i + \beta_i \left(I - \sum_{i=1}^{n} p_i r_i \right) \tag{7-5-12}$$

在该模型中,I 为消费者个人总收入。当收入和价格一定时,消费者个人首先满足自己对某种商品或服务的基本需求 $p_i r_i$。在剩下的 $I - \sum_{i=1}^{n} p_i r_i$ 中,再按β_i($0<\beta_i<1$)比例在消费 i 种商品和储蓄之间进行分配,消费者的边际储蓄倾向为 $1-\sum_{i=1}^{n} \beta_i$($\sum_{i=1}^{n} \beta_i \leqslant 1$)。

据此变形,该模型可改写:

$$p_i q_i = \left(p_i r_i - \beta_i \sum_{i=1}^{n} p_i r_i \right) + \beta_i I \tag{7-5-13}$$

采用截面数据时,$p_i r_i - \beta_i \sum_{i=1}^{n} p_i r_i$ 为常数,可令$\alpha_i = p_i r_i - \beta_i \sum_{i=1}^{n} p_i r_i$;并令$c_i = p_i q_i$,则模式可改写为:

$$c_i = \alpha_i + \beta_i I + \mu_i \tag{7-5-14}$$

式中,α_i 与β_i 为待估参数,μ_i 为随机扰动项。

进一步借鉴参考陈利和雍雪②,对该模型进行最小二乘估计待估参数,并对$\alpha_i = p_i r_i - \beta_i \sum_{i=1}^{n} p_i r_i$ 等式两边做同时求和处理,得:

$$\sum_{i=1}^{n} \alpha_i = \left(1 - \sum_{i=1}^{n} \beta_i\right) \sum_{i=1}^{n} p_i r_i \tag{7-5-15}$$

再将式(7-5-15) 带入式(7-5-14),可得:

---

① 贾瑶,张杏梅. 基于 ELES 模型的晋南农村居民消费结构分析[J]. 中国林业经济,2019(1):52-55.

② 陈利,雍雪. 我国城镇居民消费结构研究[J]. 中国经济,2008(6):56-59.

$$p_i r_i = \alpha_i + \beta_i \frac{\sum_{i=1}^{n} \alpha_i}{(1 - \sum_{i=1}^{n} \beta_i)} \tag{7-5-16}$$

将α_i与β_i代入式(7-5-16)即可算出消费者对i种商品的基本需求$p_i r_i$。另外,还可求得需求收入弹性$\varepsilon_i = \beta_i \times (I/c_i)$,自价格弹性$(1-\beta_i) \times \frac{p_i r_i}{c_i} - 1$。

2)恩格尔系数

恩格尔系数是国际上通用的衡量居民生活水平的重要指标之一,即居民家庭食物支出与家庭消费总支出的比值,计算公式:

恩格尔系数=居民家庭食物支出/家庭消费总支出×100%

(5)影响因素与路径识别

1)结构方程模型(SEM)

①结构方程模型原理及操作过程(图7-5-1)

结构方程模型亦称为协方差结构模型和潜变量模型,是计量经济学、社会学和心理学等学科领域中统计技术的综合成果。该模型的实质为一般线性模型,观测变量与潜变量以及各潜变量间的路径借助线性方程系统来表征。该模型由测量模型(measurement model)、结构模型(structural model)组成,潜变量与指标间的关系为测量模型,潜变量间的关系为结构模型,亦是研究重点。与传统的回归分析、因子分析等相比,结构方程模型存在多变量处理、测量误差考量、集多种统计技术于一体、同时估计因子结构与因子关系等优势。

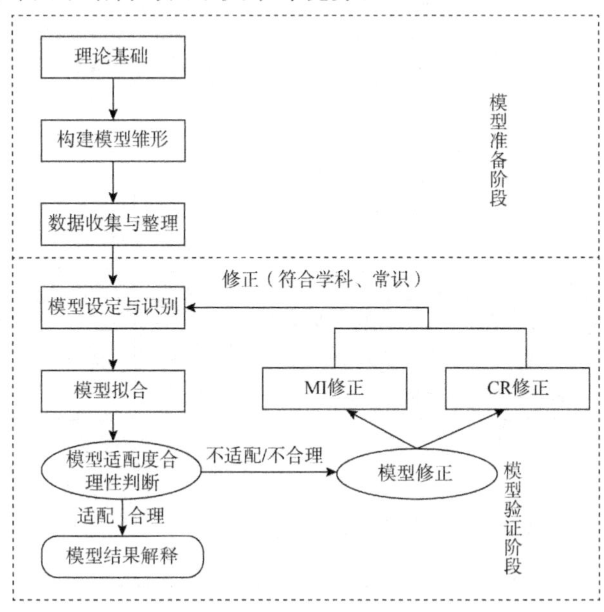

图7-5-1　结构方程模型操作过程

模型准备、模型验证是结构方程模型操作的两个主要阶段。模型准备:首先进行模型理论依据准备,然后在此基础上构建测量模型及结构模型,并设计问卷以获取所需数据。模型验证:以第一阶段的完成结果为基础,利用 Amos Graphics 24.0 对收集到的数据进行模拟、判断、修正,直到模型达到合理标准。

本节采用结构方程模型探究农户家庭生计资本、收入和消费水平的产业因子,不仅能够识别观测变量间的关系,还能识别潜变量间以及潜变量与观测变量间的关系。

②数据准备与处理

本节结构方程模型仅用于岱山岛农户家庭生计、收入与消费水平现状产业因子研究,相关数据以问卷调查数据和产业数据为主,但因结构方程模型存在一定的样本量要求,而且农户调查数据与产业数据存在分析单元的差异,故采用“产业分类比例法”扩充样本量,将镇域尺度的产业数据按一定比例分散至各村和社区。首先根据岱山岛产业 POI 点数据和风景名胜等旅游资源点数据分布情况,结合暑期实地调研所见所闻,将 42 个调查村/社区按三次产业结构进行分类,结果如表 7-5-2。其次,再根据村域产业结构类型以及实际情况确定产业各因子比例(表 7-5-3),计算获取村域尺度各产业因子数据。

这里所用的产业因子皆为前几章所用的产业因子数据,各因子具体含义及意义就不再赘述。

表 7-5-2 岱山岛村域产业类型

产业类别	高亭镇	东沙镇	岱东镇	岱西镇
“一二三”	南浦村			青黑村、后岸村
“一三二”	大岭村、大岭山村、大蒲门村、小蒲门村			火箭村、枫树村、双合村、茶前山村
“二一三”	石马岙村	司基村	涂口村、沙洋村	海丰村
“二三一”	东海村、黄官泥岙村、安澜社区、沙涂社区、闸口一村、兰亭社区、浪激渚社区、塘墩村、南峰村、闸口社区	泥峙村	北峰村	前岸村、摇星浦村
“三一二”	板井潭村、闸口二村、大岙二村、大岙一村	东沙社区	龙头村、虎斗村	
“三二一”	育才社区、蓬莱社区、嘉和社区、山外社区	桥头村		

表 7-5-3　不同产业结构类型下的产业因子比例

	"一二三"	"一三二"	"二一三"	"二三一"	"三一二"	"三二一"
x_1	0.50	0.50	0.20	0.15	0.30	0.25
x_2	0.30	0.20	0.65	0.65	0.25	0.30
x_3	0.20	0.30	0.15	0.20	0.45	0.45
H	0.35	0.45	0.55	0.65	0.75	0.85
ϑ_1	0.10	0.20	0.40	0.60	0.50	0.80
ϑ_2	0.40	0.60	0.20	0.10	0.80	0.50
ϑ_3	0.80	0.40	0.60	0.50	0.20	0.10
Φ	0.43	0.40	0.40	0.40	0.50	0.47
V	0.80	0.70	0.60	0.50	0.40	0.30
θ_1	0.90	0.80	0.70	0.40	0.50	0.30
θ_2	0.70	0.40	0.90	0.80	0.30	0.50
θ_3	0.30	0.70	0.40	0.50	0.80	0.90
B_1	0.80	0.70	0.60	0.30	0.50	0.40
B_2	0.50	0.30	0.70	0.80	0.40	0.60
B_3	0.30	0.50	0.40	0.60	0.70	0.80
S	0.53	0.50	0.57	0.57	0.53	0.60
MIX	0.30	0.40	0.50	0.60	0.70	0.80
DIF	0.30	0.40	0.70	0.80	0.60	0.50

2）主成分回归模型

主成分回归模型也是探究影响因素的重要分析方法，其理论依据与原理在前几节中已详细论述过，这里就不作详细解释，仅做模型构建与数据处理论述。

主成分回归模型不仅能够克服数据共线性的问题，对数据样本量和精确度的要求也相对低一些。在收集整理岱山岛历史上的农户收入与消费数据发现，现存数据库收录的数据以《岱山县统计年鉴》为参考，农户收入与消费收据截至县域尺度，而且指标综合，样本量有限，不适合用结构方程模型，故而采用主成分回归模型以实现产业结构演替对农户收入和消费水平影响的研究。

以《岱山县统计年鉴》为标准，农户收入数据包括城镇常住居民收入数据和渔农村常住居民收入数据，农户消费数据包括城镇常住居民消费和渔农村常住居民消费数据，分别探究岱山岛产业结构演替对城镇常住居民和渔农村常住居民的收

入与消费的影响,构建模型:

$$Y_i = \alpha_1 Idustry_1 + \alpha_2 Idustry_2 + \cdots + \alpha_i Idustry_i \ (i=1,2,\cdots,n)$$

式中,Y_i 表示第 i 种收入或消费,$\alpha_1,\cdots,\alpha_i$ 为各主成分的转换系数,$Idustry_1,\cdots,Idustry_i$为产业因子综合指标,即各主成分。

7.5.2 样本统计与分析

7.5.2.1 样本概况

本次调研采用入户调研的方式,原计划将岱山岛 49 个村/社区作为调查对象,后因不可抗因素缩短调研时间,调查了岱山岛 42 个村/社区,具体样本情况如表 7-5-4所示。由表 7-5-4 可知,本次调查到的农户超 89%为本地户籍;家庭规模以三口之家为主,占比达 74%;年龄结构层次偏高,25 岁及以下的仅占 15%,而 36～35 岁、46～55 岁以及＞55 岁的占比均超过 20%。

表 7-5-4 样本基本情况

	村/社区	人数	户籍		家庭人口总数				年龄(岁)/居住年限(年)				
			本地	非本地	≤3	3～5	6～8	＞9	≤25	26～35	36～45	46～55	＞55
高亭镇	南浦村	4	4	0	2	2	0	0	0	0	0	1	3
	大峧村	6	5	1	5	1	0	0	0	1	1	2	2
	大峧山村	5	5	0	3	2	0	0		2	0	2	1
	大蒲门村	3	3	0	3	0	0	0	0	0	1	0	2
	小蒲门村	5	4	1	3	2	0	0	2	0	0	2	1
	石马岙村	3	1	2	2	1	0	0	1	1	1	0	0
	东海村	6	6	0	3	3	0	0	1	1	2	2	0
	黄官泥岙村	5	4	1	5	0	0	0	2	0	0	1	2
	安澜社区	6	5	1	6	0	0	0	1	2	2	1	0
	沙涂社区	4	4	0	4	0	0	0	0	1	1	1	1
	闸口一村	4	4	0	3	1	0	0	0	0	4	0	0
	闸口二村	4	4	0	4	0	0	0	0	2	1	1	0
	兰亭社区	5	5	0	5	0	0	0	0	0	3	1	1
	浪激渚社区	3	3	0	3	0	0	0	0	2	0	1	0
	塘墩村	6	4	2	4	1	1	0	1	0	2	1	2

续表

	村/社区	人数	户籍		家庭人口总数				年龄(岁)/居住年限(年)				
			本地	非本地	≤3	3～5	6～8	>9	≤25	26～35	36～45	46～55	>55
高亭镇	南峰村	6	4	2	2	4	0	0	2	1	0	1	2
	闸口社区	2	2	0	1	1	0	0	0	1	1	0	0
	板井潭村	5	4	1	3	2	0	0	2	0	0	1	2
	大岙二村	5	5	0	5	0	0	0	0	1	2	2	0
	大岙一村	5	4	1	4	1	0	0	2	1	0	1	1
	育才社区	6	6	0	5	1	0	0	0	2	1	3	0
	蓬莱社区	5	3	2	4	1	0	0	3	1	1	0	0
	嘉和社区	3	2	1	1	2	0	0	1	2	0	0	0
	山外社区	5	5	0	5	0	0	0	0	0	3	1	1
东沙镇	司基村	4	4	0	3	1	0	0	2	0	0	0	2
	泥峙村	3	2	1	1	2	0	0	1	0	1	1	0
	东沙社区	5	5	0	4	1	0	0	0	1	1	1	2
	桥头社区	5	5	0	4	1	0	0	0	0	1	1	3
岱东镇	涂口村	3	3	0	1	2	0	0	0	0	1	1	1
	沙洋村	5	5	0	2	2	1	0	1	1	2	1	0
	北峰村	8	7	1	7	1	0	0	2	2	2	2	0
	龙头村	5	3	2	3	2	0	0	1	0	2	1	1
	虎斗村	4	4	0	3	1	0	0	0	1	0	1	2
岱西镇	青黑村	4	4	0	3	1	0	0	0	0	1	1	2
	后岸村	2	2	0	1	1	0	0	0	0	0	1	1
	火箭村	5	4	1	3	2	0	0	1	0	1	2	1
	枫树村	6	5	1	5	1	0	0	1	0	0	3	3
	双合村	5	5	0	2	3	0	0	0	1	1	2	1
	茶前山村	5	5	0	4	1	0	0	0	0	1	1	3
	海丰村	4	3	1	3	1	0	0	1	1	0	2	0
	前岸村	3	3	0	3	0	0	0	0	0	0	2	1
	摇星浦村	5	5	0	5	0	0	0	0	1	0	3	1

7.5.2.2 收入分位数分布

进一步统计问卷收入数据,并制作表 7-5-5。通过前期的资料查阅和实地调研发现,岱山岛居民收入来源主要是捕捞、种植、水产品养殖、打工、工资、个体经营、土地转租以及政府补贴等,遂设计问卷以收集农户收入来源及收入量数据。整理数据发现,有 75%的居民捕捞收入在 2 万元以下,种植收入和养殖收入几乎为零,75%的居民家庭打工收入在 1.8 万元以下,50%的居民家庭工资性收入在 4 万元以下,超过 50%的居民家庭年总收入低于 10 万元,50%的家庭收入来源仅为 1 种,可见岱山岛居民收入来源之少。其中,家庭工资性收入是家庭总收入的主要构成,家庭收入水平与收入结构呈正比。据表分析,仅当统计样本率达到 90%及以上,岱山岛居民家庭才出现 4 种以上的收入来源;50%左右的居民家庭收入仅包含工资性收入,收入结构过于单一。

表 7-5-5 2019 年岱山岛农户家庭收入及收入结构分位数分布表

分位数	捕捞收入	种植收入	养殖收入	打工收入	政府补贴	工资性收入	其他收入	总收入	家庭收入种类
P_{10}	0	0	0	0	0	0	0	4	1
P_{25}	0	0	0	0	0	0	0	8	1
P_{50}	0	0	0	0	0	4	0	13	1
P_{75}	0	0	0	1.8	0	10	3.6	20	2
P_{90}	2	0	0	10	2	17	10	29	2

7.5.2.3 消费分位数分布

参照收入分位数表制作消费分位数表(表 7-5-6),系统把握岱山岛消费量及消费结构总体特征。海岛城市投入最多的一般是能源、水资源和交通,故将能源消费、水资源和交通通信消费单独拎出考虑,这里的能源消费主要统计用电和用天然气费用;而海岛教育和医疗是当地居民最基本也是最重要的社会资源,这里也单独拎出考虑。从量上来看,仅 10%的居民家庭能源消费在 900 元以下,90%的居民家庭能源消费在 1200 元以上,25%的家庭能源消费超过 3000 元;水资源价格稍低一些,花费总量较能源费用要低很多,75%左右的居民家庭水资源消费在 1000 元以下,仅 25%的居民家庭水资源消费超 1000 元,可见水资源消费对当地居民来说压力并不大;生活消费是所有消费类型中量最大,仅 10%的居民家庭年生活消费量在 12000 元以下,25%左右的居民家庭收入在 50000 元以上;教育投入仅在 50%的居民家庭出现,可能与海岛城市年轻劳动力的流失有关;医疗投入在所抽样本中均有呈现,但年支出量并不大,90%左右的居民家庭年医疗投入量在5000元以下,可见该地区居民身体健康以及医疗资源质量之高;交通通信费用是继生活消费后,消费量最高、消费群体最广的消费类型,25%左右的居民家庭交通通信投入超5000元,可见岱山岛对外联系之不变;发展投入指用于个人享受或成长类的消费,在所抽样本中几乎不涉及,可见当地居民生活水平还处于基本阶段,离步入发展享受阶段还存在一定距离;其他投入主要指经营性投入、红白喜事投入,超75%的居民家庭该项投入在5000元以下,可见岱山岛大部分居民并未从事经营活动。从结构上来看,50%的居民家庭仅存在5类消费投入,消费投入类型越少,总支出就越低;八大消费投入类型中,生活消费和交通通信投入量最高,可见岱山岛居民生活成本之高。

表7-5-6 2019年岱山岛农户家庭消费及消费结构分位数分布表(单元:元)

分位数	能源消费	水资源消费	生活消费	教育投入	医疗投入	交通通讯投入	发展投入	其他投入	总支出
P_{10}	900	300	12000	0	300	600	0	0	23600
P_{25}	1200	400	24000	0	1000	1500	0	0	39360
P_{50}	2000	600	40000	0	2000	3000	0	0	60000
P_{75}	3000	1000	50000	3500	3000	5000	0	5000	100000
P_{90}	4000	2000	90000	30000	5000	12400	0	20000	184700

7.5.3 家庭经济要素评价

7.5.3.1 家庭生计资本评价

(1)村域家庭生计资本空间差异

运用式(7-5-2)~(7-5-6)测算村域层面农户家庭生计资本,并利用K-means聚类法将其划分为较高、中等和较低三个等级,并利用ArcGIS 10.5进行空间展示(图7-5-2~7-5-3)。岱山岛村域尺度矢量底图反映的是岱山岛2007年行政区域情况,为实际反映空间情况,按照岱山县民政局提供的岱山县行政村调整数据将最新行政区划做后退处理。因为分析发现,2007—2019年岱山县行政村变化以合并为主导方向,采用逆向分散处理相对简单一些,各村的值与合并后的值一致,村落个数按合并后计算,具体对应名单见表7-5-7。

表 7-5-7　岱山岛 2007 年与 2019 年行政村名单对应表

2007 年	2019 年
林家村	火箭村
外湾村	
张家塘墩村	
浪激渚一村	浪激渚社区
浪激渚二村	
浪激渚三村	
桥头村	桥头社区
兰亭社区	嘉和社区(分离)

1)总资本空间差异分析

图 7-5-2 展示了岱山岛村域尺度农户生计资本的空间聚类特征。从等级划分来看,等级为中等的占主导地位,主要集中分布于东沙镇东北区域和高亭镇中部区域;较高等主要分布于高亭镇的南浦村、岱西镇的摇星浦村以及火箭村(林家村、外湾村和张家塘墩村)、东沙镇的东沙社区、岱东镇的沙洋村和龙斗村;较低等主要分布在双合村、后岸村、大峧村、塘墩村、北峰村、涂口村以及大小蒲门村和山外社区等区域。总体上,岱山岛农户家庭生计资本在村域尺度呈现"大集中,小分散"的分布态势,较高和中等等级存在明显的区域集中性,较低等相对分散一些,这一空间分异特征与非农企业空间分布存在一定的耦合性。

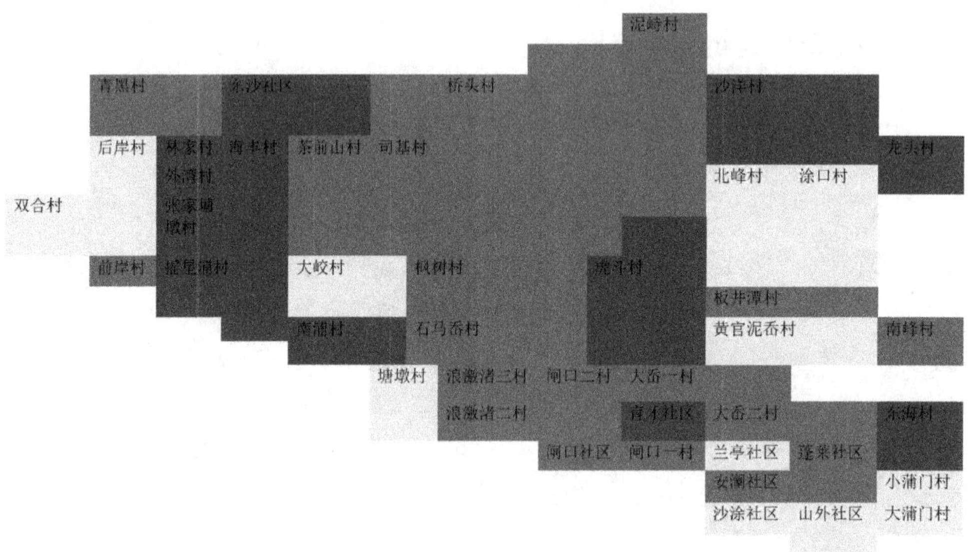

图 7-5-2　岱山岛村域尺度农户生计资本聚类分析结果

2)分资本空间差异及组合差异

图 7-5-3 分别展示了岱山岛农户家庭各子项生计资本等级划分及其空间分布情况。总体而言,村域生计资本越高等,各子项生计资本就越均衡与充裕;个别子项资本匮乏的现象出现在生计资本中等的村域;四个子项资本均匮乏的现象出现在较低等的村域。

物质资本等级以中等为主,集中分布于海岛中部的高亭镇和东沙镇;较低等级在岱西镇西北部沿海区域集聚程度较高;较高等级主要分布在南浦村、摇星浦村、海丰村、沙洋村以及龙头村,呈现一定的分散和集聚趋势。从评价指标来看,南浦村、摇星浦村、海丰村等较高等级区域人均住房面积、房屋结构质量、汽车价值相对较高,主要是这些区域以工业为主导产业,增收效益稍加显著,物质生活环境相对较好。

人力资本三等级分布数量大致相当,较高等数量最少,中等与较低等差不多,空间分布呈现随机状态。较高等分布区域与物质资本分布区域类似,仅增加了枫树村和桥头村;较低等分布区域较物质资本分布较分散,数量增加,岱西镇与高亭镇增加村域最多;中等分布区域与数量较物质资本明显缩小,主要集中于岱山岛衢山大道沿线附近村域。据评价指标分析,较高等区域农户劳动力数量与质量整体较高。

金融资本等级与物质资本等级分布类似,以中等为主,较高等的村域集中分布于岱西镇以及高亭镇主城区,较低等村域主要集中分布在涂口村、北峰村以及大小蒲门村,这些村庄以农渔业为主导产业,收入相对较低。从评价指标看,金融资本空间差异的主要因素为家庭总收入。

社会资本等级以中等为主,较高等主要集中分布于高亭镇主城区及其附近村域,较低等主要离散分布于岱西镇、岱东镇和高亭镇。从评价指标分析,较高等级村域农户居民对“渔民转产”“耕地征用补偿”“创新创业”等政策了解程度更深,参加非农技术培训和就业创业经验分享交流会的机会更多,有更多的直系亲属在政府等事业单位工作。

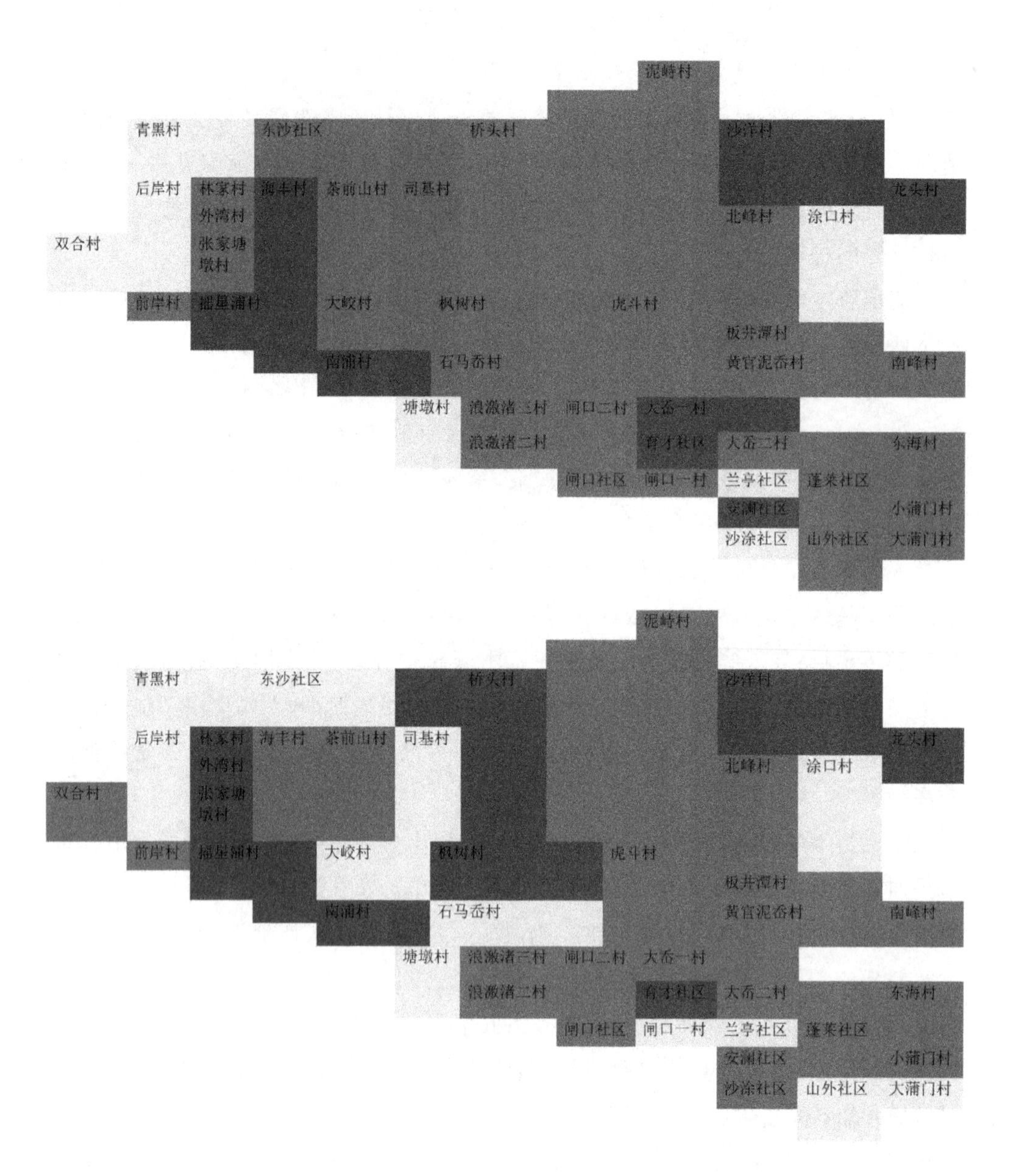
泥峙村
青黑村
东沙社区
桥头村
沙洋村
后岸村
林家村
海丰村
茶前山村
司基村
龙头村
外湾村
北峰村
涂口村
双合村
张家塘墩村
前岸村
摇星浦村
大峧村
枫树村
虎斗村
板井潭村
南浦村
石马岙村
黄官泥岙村
南峰村
塘墩村
浪激渚三村
闸口二村
大岙一村
浪激渚二村
育才社区
大岙二村
东海村
闸口社区
闸口一村
兰亭社区
蓬莱社区
安澜社区
小蒲门村
沙涂社区
山外社区
大蒲门村
泥峙村
青黑村
东沙社区
桥头村
沙洋村
后岸村
林家村
海丰村
茶前山村
司基村
龙头村
外湾村
北峰村
涂口村
双合村
张家塘墩村
前岸村
摇星浦村
大峧村
枫树村
虎斗村
板井潭村
南浦村
石马岙村
黄官泥岙村
南峰村
塘墩村
浪激渚三村
闸口二村
大岙一村
浪激渚二村
育才社区
大岙二村
东海村
闸口社区
闸口一村
兰亭社区
蓬莱社区
安澜社区
小蒲门村
沙涂社区
山外社区
大蒲门村

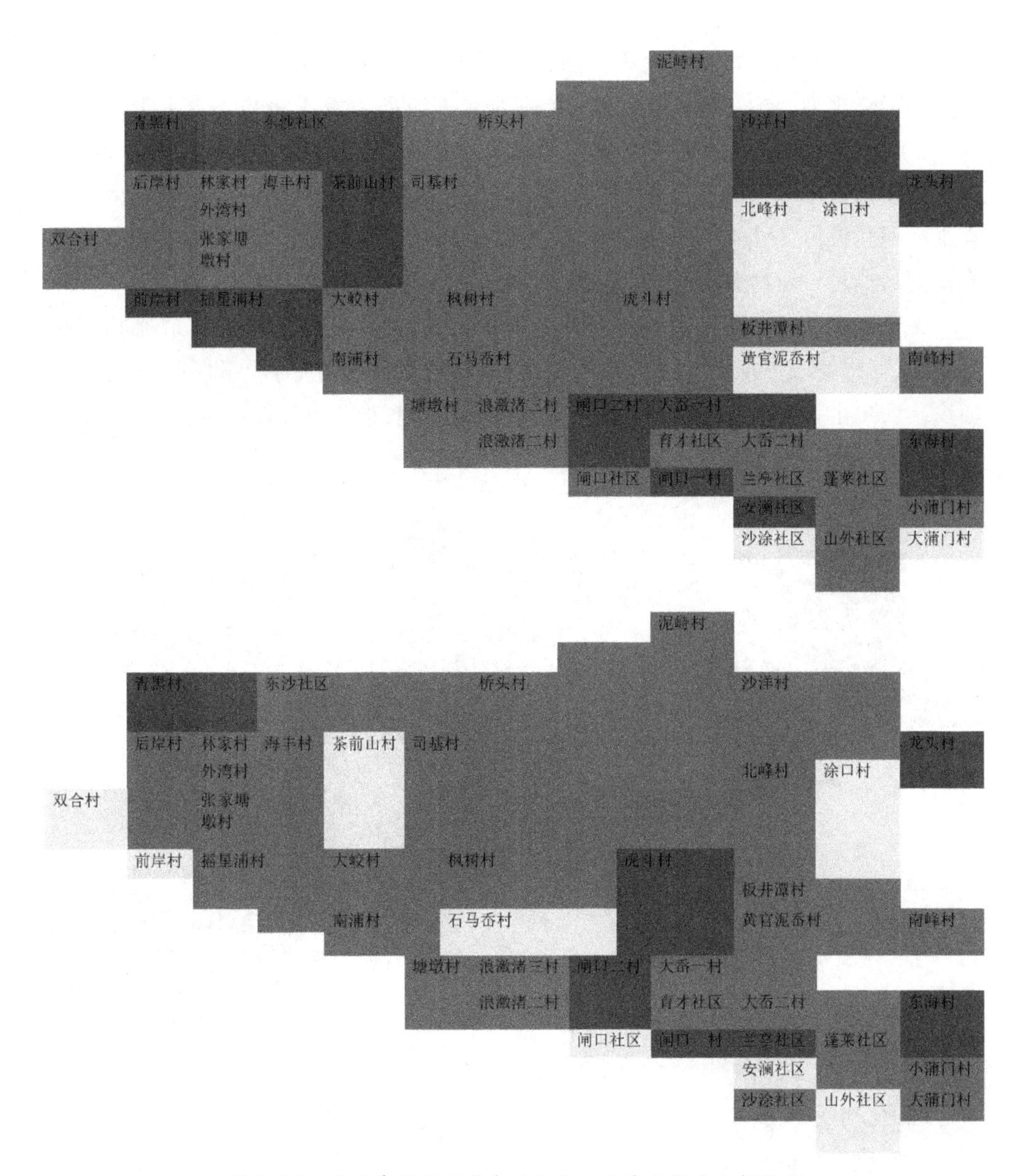

图 7-5-3　岱山岛村域尺度农户生计四分资本聚类分析结果

在农户各子项资本空间聚类分析的基础上,将调查村按照四子项等级划分为资本搭配合理型、单一资本匮乏型、多种资本匮乏型和资本极度匮乏型四类(图7-5-4)。岱山岛农户生计资本搭配类型以资本搭配合理为主,高亭镇、东沙镇、岱东镇和岱西镇主城区均有分布,共计21个村,占总数的50%;单一资本匮乏型主要有10个村,仅占23.81%;多种资本匮乏型有10个村,占23.81%;资本极度匮乏型仅为涂口村,该村四项子资本等级均为较低等,各项资源极度匮乏。

无论是生计资本总量匮乏还是部分资本匮乏,都将制约农户生计系统的良性运转,从而降低农户抵御各项风险的能力,生活质量跌向谷底,严重影响居民生活环境。农户生计资本差异与所在区域产业发展、政府政策、资源丰裕度等密切相关。

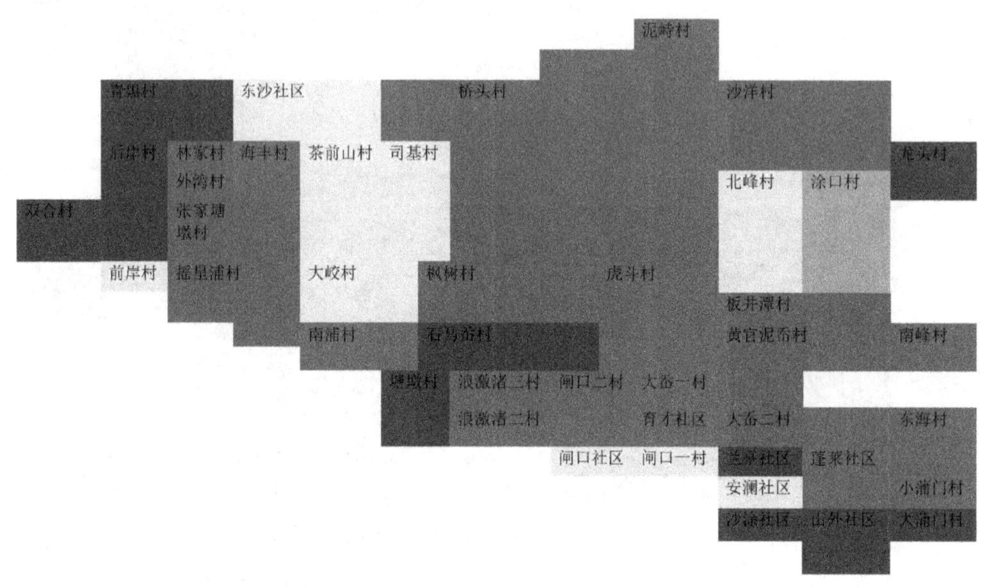

图7-5-4　岱山岛村域尺度农户生计资本搭配类型

(2)空间关联分析

1)全局空间自相关分析

借助ArecGIS 10.5计算岱山岛村域尺度农户生计资本等级Global Moran's I,进一步分析生计资本等级空间分异规律。计算结果:Global Moran's I=0.10205,Z=1.4253(>0,检验结果不显著),P=0.092,表明岱山岛村域尺度农户生计资本存在一定的正向关系但不显著。

2)局部空间自相关

运用ArecGIS 10.5空间统计工具箱中的聚类和异常值分析(Anselin Local Moran's I)工具识别高值集聚区和异常值集聚区(图7-5-5)。

由图 7-5-5 可知,安澜社区、板井潭村为高集群区,火箭村(林家村、外湾村、张家塘墩村)为低集群区,青黑村、茶前山村、大峧村为高离群区,虎斗村为低离群区,其余村落均为不显著区域。这一分析结果与生计资本空间差异分析结果基本保持一致,高集群区意味着高等级集聚,低集群意味着低等级集聚,高离群意味着高等级离散分布,低离群意味着低等级离散分布。

图 7-5-5　岱山岛农户家庭生计等级空间自相关分析

7.5.3.2　家庭收入评价

(1)家庭收入现状

1)收入评价

人均收入是衡量家庭收入情况相对比较准确的指标,这里用作农户家庭收入量的评价指标。通过对问卷数据整理并绘制图 7-5-6,从图中可知调查的 42 个村落人均收入水平维持在 1 万～9 万元,安澜社区和涂口社区人均收入相对较低,双合村人均收入相对较高,其余的村落/社区基本在 5 万元附近上下波动。据国家统计局统计,2019 年全国居民人均可支配收入为 3.07 万元,由此可见所调查的 42 个村中绝大部分农户已然达到国家平均水平,仅个别村人均家庭收入低于国家水平。

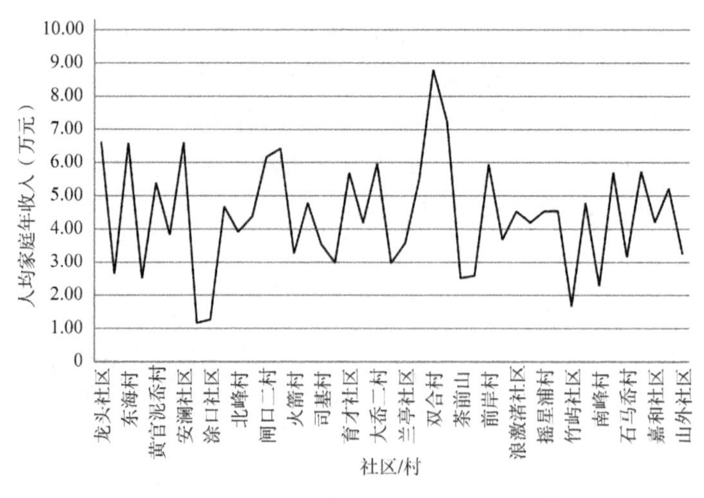

图 7-5-6 岱山岛村域尺度人均收入

收入水平不仅体现在量上,更应该体现在收入来源的多样化上,因为收入来源的多样化决定着收入的质量。通过公式计算各收入源种类数指数以及农户家庭收入来源平均种数(表 7-5-8)。由表可知,抽样样本中收入源为 2 的指数最高,为 0.53;其次是收入源为 1 的指数,为 0.37;然后是收入源为 3 和 4 的,指数值分别为 0.09 和 0.014。可见,岱山岛绝大部分家庭收入源在 2 种以下,多收入源的家庭数极少,说明岱山岛农户收入"质"不高。所有样本家庭收入源平均数再次表明,岱山岛农户收入源保持在 2 上下浮动,家庭收入来源少是影响家庭生计金融资本的主要原因,也是维系农户家庭生活质量持续向好的主要障碍。

表 7-5-8 岱山岛农户收入来源多样化指数

类别数 1	类别数 2	类别数 3	类别数 4	平均
0.366782007	0.525951557	0.093425606	0.01384083	1.505208333

2)收入来源贡献率

借助 SPSS 23.0 分析各项子收入对总收入的贡献率,结果如表 7-5-9~表 7-5-10。由表 7-5-9 可知,该模型调整后 R^2 为 0.994,F 为 0,表明该模型通过显著性检验,具有较强的实际意义。从表 7-5-10 看,各项收入对总收入贡献率从大到小依次为:其他收入、捕捞收入、工资性收入、打工收入、政府补贴收入、种植收入、养殖收入,说明岱山岛农户家庭总收入的增加主要依靠其他收入(个体经营收入、股份分红、土地房屋等资源转租等)的增加,其次是捕捞收入、工资性收入以及打工收入,种植收入和养殖收入贡献率相对较低,这一情况与实际情况相符。种植收入依赖于土地资源,养殖收入依赖于淡水资源、海洋资源、技术人才等,从海岛资源短缺性来说,土地资源是限制海岛城市发展的主要资源之一,区域政府必定以发展单位土地面积高产值的产业为主，种植业这一类型低产值、高耗能、高污染的产业毫无生存优势，不会再成为农户家庭收入的主要来源；淡水资源短缺是各海岛城市通病，与海岛地形和水系特征显著相关；海洋资源方面，自《联合国海洋公约法》生效以后，可供养殖与捕捞的海洋面积大幅度缩减；技术人才引进难也是继淡水资源短缺后又一大难以解决的问题，交通不便、社会资源福利低、城市发展潜力不足是主要原因。

表 7-5-9　岱山岛农户家庭各项收入对总收入贡献率的回归模型及参数模型摘要[b]

模型	R	R^2	调整后 R^2	标准偏离度误差	变更统计资料				
					R^2 变更	F 值变更	df_1	df_2	显著性 F 值变更
1	0.997[a]	0.995	0.994	10318.1028	0.995	4843.334	7	184	0.000

a. 预测值：(常数)，1%；b. 应变量：总收入

表 7-5-10　岱山岛农户家庭各项收入对总收入的贡献率[*]

模型		非标准化系数		标准化系数 β	T	显著性	相关			共线性统计资料	
		B	标准差				零阶	部分	部分	允差	VIF
1	(常数)	884.016	1265.328		0.699	0.486					
	捕捞收入	0.997	0.008	0.687	124.980	0.000	0.611	0.994	0.677	0.972	1.029
	种植收入	0.978	0.161	0.033	6.058	0.000	0.054	0.408	0.033	0.991	1.009
	养殖收入	0.980	0.207	0.026	4.728	0.000	0.000	0.329	0.026	0.996	1.004
	打工收入	0.990	0.015	0.372	66.269	0.000	0.157	0.980	0.359	0.930	1.076
	政府补贴	1.084	0.039	0.152	27.727	0.000	0.010	0.898	0.150	0.970	1.031
	工资性收入	1.001	0.011	0.540	94.182	0.000	0.245	0.990	0.510	0.894	1.119
	其他收入	1.009	0.008	0.694	123.169	0.000	0.548	0.994	0.667	0.923	1.083

[*] 应变量：总收入

3)收入差距—泰尔系数

根据式(7-5-9)～式(7-5-11)计算泰尔系数 T_b 和 T_w，由图 7-5-7 可知，总体来看所调查的农户村域群组间差距不大，仅龙头村与其他村/社区存在较大差距，差距最大为 6；其次是闸口一村，与其他村/社区的差距保持在 1 左右；沙涂社区和大岙一村与其他村/社区的差距在[0,1]。可见除个别发展特别好或者差的村/社区外，岱山岛各村间收入基本均衡，发展差距较小。

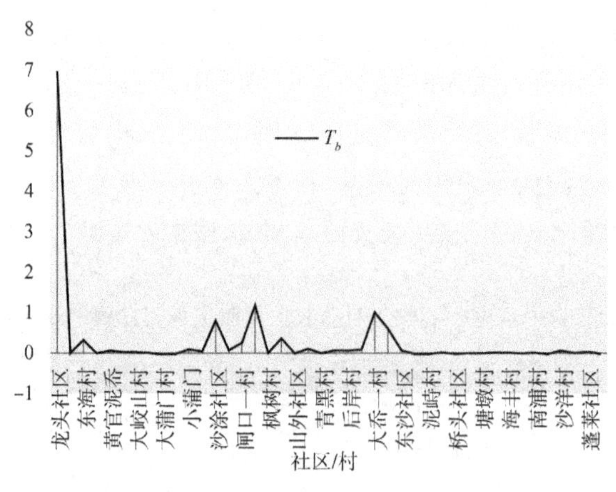

图 7-5-7　岱山岛村域间农户家庭收入差距

借助公式计算的 T_w 值后,借鉴生计资本 K-means 聚类分析法,将 T_w 分为大、中、小三个等级,并利用 ArcGIS 10.5 进行空间展示,能够直观地反映村域尺度农户间差距的大小及其在空间分布上的特征。由图 7-5-8 分析可知,岱山岛农户间差距总体上较小,呈现“小差距集中,大差距分散”的分布状态。农户间差距较大的村主要有后岸村、火箭村(林家村、外湾村和张家塘墩村)、司基村、龙头村、北峰村、板井潭村、黄官泥岙村、东海村、大岙二村、闸口一村、闸口二村、闸口社区、沙涂社区,多数集中分布于高亭镇,可见高亭镇各村内部农户间收入差距较大;中等收入差距的有青黑村、大峧村、涂口村、虎斗村、兰亭社区、大蒲门村和小蒲门村,各镇分布数量相当;总体来看,高亭镇农户间收入差距最大,其次是岱东镇,然后是岱西镇,最后是东沙镇。

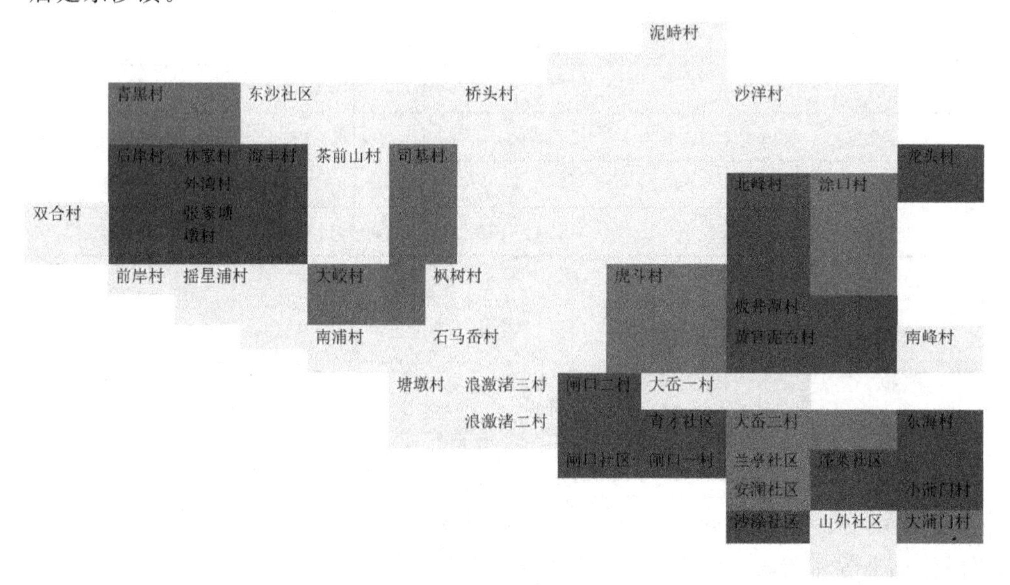

图 7-5-8　岱山岛村域尺度农户家庭间收入差距

(2)收入演化

以《岱山县统计年鉴(2010—2019)》居民人均收入数据为基础,分别计算渔农村和城镇常住居民人均各项收入占比,并绘制折线图(图 7-5-9～7-5-10),以识别各项收入占比在 2010—2019 年间的变化。图 7-5-9 反映出,岱山县 2010—2019 年渔农村各项收入中除人均家庭经营收入外,其余各项收入总体呈现增加趋势。另外,以 2014 年为节点,2014 年前后各项收入占比变化幅度与频率迥异,2010—2014 年间各项收入比例变化幅度大,频率高,可见其经济发展之不稳定;2014—2019 年后各项收入占比变化幅度极小,表明这一时期岱山县经济发展已开始步入稳定状态,如何保持稳定是岱山县政府在未来几年内需要考虑的问题。

图 7-5-10 各项收入比例在 2010—2019 年的变化与图 7-5-9 存在较大区别,城镇各项收入比例变化幅度乃至频率都要比渔农村各项收入比例变化要小很多;仍以 2014 年为时间节点,2014 年前后各项收入比例变化差异与渔农村相似。其中,人均财产性收入变化波动幅度最小,基本保持在 0～0.05%;变化幅度相对较大的是人均工薪收入,变化幅度在 0.08%左右。总体而言,岱山县农户家庭各项收入在 2010—2019 年呈现明显的阶段变化,2014 年阶段分割点;渔农村各项收入比例变化幅度大于城镇,城镇经济发展要稳于农村,所以,发展渔农村的产业是实现人居环境质量同步提升的关键路径。

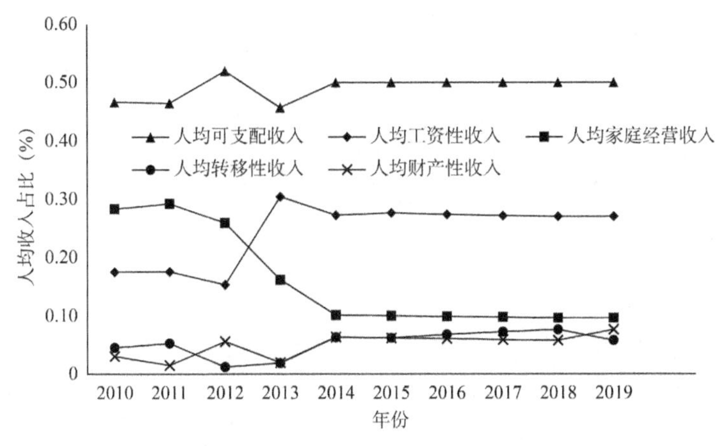

图 7-5-9 2010—2019 年岱山县渔农村常住居民人均各项收入占比变化情况

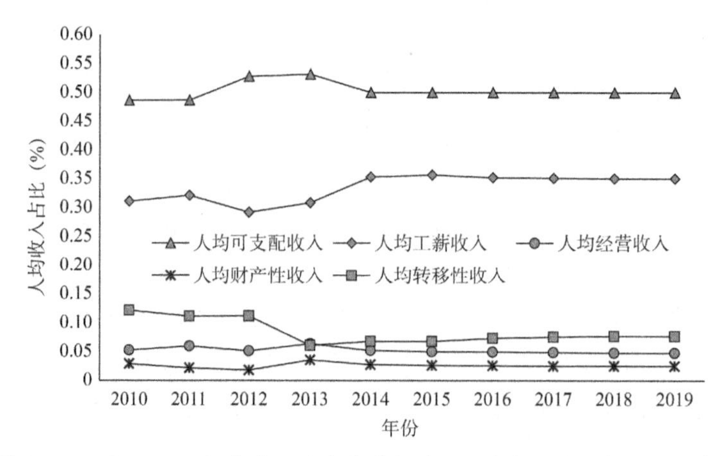

图 7-5-10　2010—2019 年岱山县城镇常住居民人均各项收入占比变化情况

7.5.3.3　家庭消费评价

(1)家庭消费现状

受文本长度限制,正文仅保留 Y_1 与总收入的回归、检验以及修正结果表格,其余以附录的形式呈现,详见附录 A。

1)回归与验证

首先利用 Eviews 8.0 对家庭各项支出 Y(Y_1 能源消费、Y_2 水资源消费、Y_3 生活消费、Y_4 教育投入、Y_5 医疗投入、Y_6 交通通信投入、Y_7 发展投入、Y_8 其他投入)与家庭总收入 X 进行回归,得各项支出与总收入的回归方程:

①回归(表 7-5-11)

表 7-5-11　模型 1 回归

因变量:Y_1

方法:最小二乘法

日期:12/31/20

时间:11:23

样本:1192

观察结果:192

变量	系数	标准差	T 统计量	概率
C	1841.362	798.0371	2.307364	0.0221
X	0.007071	0.003882	1.821771	0.0701
R^2	0.017168	被解释变量的样本均值		2929.438
调整后 R^2	0.011995	被解释变量的样本标准差		7378.346

续表

变量	系数	标准差	T 统计量	概率
回归标准差	7333.961	赤池信息准则		20.64878
残差平方和	1.02E+10	施瓦茨标准		20.68271
对数似然值	−1980.283	HQ 信息准则		20.66252
F 检验	3.318850	DW 统计量		2.082962
概率(F 检验)	0.070062			

$$Y_1 = 1841.362 + 0.007071X$$
$$(798.0371) \quad (0.003882)$$
$$t = (2.307364) \quad (1.821771)$$
$$R^2 = 0.017168 \quad se = 7333.961 \quad F = 3.318850$$
$$Y_2 = 642.2973 + 0.002520X$$
$$(138.1167) \quad (0.000672)$$
$$t = (4.650396) \quad (3.750683)$$
$$R^2 = 0.068936 \quad se = 71269.292 \quad F = 14.06762$$
$$Y_3 = 34935.18 + 0.150984X$$
$$(11932.34) \quad (0.057939)$$
$$t = (2.927773) \quad (2.605930)$$
$$R^2 = 0.034684 \quad se = 109451.7 \quad F = 6.79087$$
$$Y_4 = -1417.626 + 0.111441X$$
$$(8066.625) \quad (0.039090)$$
$$t = (-0.175740) \quad (2.850884)$$
$$R^2 = 0.041140 \quad se = 73813.96 \quad F = 8.127537$$
$$Y_5 = 2879.001 + 0.001871X$$
$$(460.8615) \quad (0.002240)$$
$$t = (6.246997) \quad (0.835445)$$
$$R^2 = 0.003699 \quad se = 4224.937 \quad F = 0.697968$$
$$Y_6 = 2651.063 + 0.015944X$$
$$(712.8612) \quad (0.003467)$$
$$t = (3.718904) \quad (4.598192)$$
$$R^2 = 0.100138 \quad se = 6551.194 \quad F = 21.14337$$
$$Y_7 = -846.9207 + 0.014878X$$

$$(1274.845) \quad (0.006129)$$

$$t=(-0.664332) \quad (2.427340)$$

$$R^2=0.031028 \ se=11525.87 \quad F=0.016173$$

$$Y_8=-3268.579+0.061450X$$

$$(2386.310) \quad (0.011584)$$

$$t=(-1.369721) \quad (5.304799)$$

$$R^2=0.129597 \ se=21877.55 \ F=18.14090$$

②模型检验

本节采用的数据是以问卷形式收集的岱山岛地区各村/社区农户家庭年均各类消费支出和年均家庭总收入数据,因各村/社区间存在一定的收入差距,因此对各种商品及服务的消费会存在差异。这一差异会使得回归模型产生异方差,影响模型估计结果,须进行异方差检验。

这里采用 White 检验来判断模型是否存在异方差,检验结果如表 7-5-12 所示。

表 7-5-12 模型 1 检验

异方差检验:怀特

F 检验	0.955672	F 概率(2189)	0.3864
观测值 * R^2	1.922243	卡方检验概率(2)	0.3825
缩放解释 SS	148.1069	卡方检验概率(2)	0.0000

测试方程:

因变量:$RESID^2$

方法:最小二乘法

日期:12/31/20

时间:11:29

样本:1192

观察结果:192

变量	系数	标准差	T 统计量	概率
C	−73865116	1.04E+08	−0.708076	0.4798
X^2	−0.000989	0.000966	−1.023552	0.3074
X	1097.710	830.1256	1.322342	0.1877
R^2	0.010012	被解释变量的样本均值		53226699
调整后 R^2	−0.000464	被解释变量的样本标准差		6.69E+08
回归标准差	6.70E+08	赤池信息准则		43.49774

续表

变量	系数	标准差	T统计量	概率
残差平方和	8.47E+19	施瓦茨标准		43.54864
对数似然值	−4172.783	HQ信息准则		43.51835
F检验	0.955672	DW统计量		2.028615
概率(F检验)	0.386404			

由表7-5-12可知，$nR^2=1.922243$。由White检验可知，当$nR^2<X^2_{0.05}(2)=5.9915$时，拒绝备用假设，接受原假设，表明模型不存在异方差，即模型合理。同理可知，模型2、7、8存在异方差，模型不合理，需进行修正；3、4、5、6不存在异方差，模型合理。

2)修正

针对存在异方差的模型，这里采用加权最小二乘法(WLS)做出修正，权数设计为$w_1=\frac{1}{x}$，$w_2=\frac{1}{x^2}$，$w_3=\frac{1}{x^{\frac{1}{2}}}$，依次修正，选择最合理模型($nR^2<5.9915$)。修正模型(表7-5-13)为：

$$Y_2=870986.3+139652.4X$$
$$t=(552971.2)(119831.5)$$
$$R^2=0.008105 \quad se=4356168 \quad F=0.772168$$
$$Y_7=10559.5+0.068126X$$
$$t=(5473.65)(0.1222274)$$
$$R^2=0.002541 \quad se=68693.8 \quad F=0.154559$$
$$Y_8=7994704+0.010418X$$
$$t=(94611183)(0.006383)$$
$$R^2=0.017574 \quad se=7.43E+08 \quad F=1.681497$$

表7-5-13　模型1修正

异方差检验：怀特

F检验	0.772168	F概率(2189)	0.4635
观测值 * R^2	1.556135	卡方检验概率(2)	0.4593
缩放解释SS	13.02045	卡方检验概率(2)	0.0015

测试方程：

因变量：$RESID^2$

方法：最小二乘法

日期：12/31/20

时间:11:41

样本:1192

观察结果:192

从规范中删除的共线测试回归器

变量	系数	标准差	T统计量	概率
C	870986.3	552971.2	1.575102	0.1169
X^2WGT^2	−9.20E−07	2.72E−05	−0.033808	0.9731
WGT^2	139652.4	119831.5	1.165406	0.2453
R^2	0.008105	被解释变量的样本均值		1049784
调整后 R^2	−0.002391	被解释变量的样本标准差		4350969
回归标准差	4356168	赤池信息准则		33.42759
残差平方和	3.59E+15	施瓦茨标准		33.47848
对数似然值	−3206.048	HQ 信息准则		33.44820
F 检验	0.772168	DW 统计量		2.056329
概率(F 检验)	0.463462			

3)经济意义和统计推断检验

经过模型检验与修正确定的 8 个模型,家庭年均总收入 X 的系数均>0,表明随着家庭总收入的增加,农户家庭各项消费支出均呈现增长态势,符合经济实际。回归模型的 R^2 仅模型 6 高于 0.05,其余均小于 0.05,考虑到所采用的数据为截面数据,可认为这些模型的拟合度合理,可以接受。

4)ELES 模型估计结果及分析

据表 7-5-14 中的 β_i 可知,2019 年岱山岛农户家庭的生活边际消费倾向最大,为 0.1510,即居民将总收入的 15.1%用于家庭生活支出,主要包括家庭成员个人的吃、穿、用消费;其次为教育边际消费倾向,为 0.1114,即家庭总收入的 11.14%用于子女教育支出;然后是发展性边际消费倾向,为 0.0681,即家庭总收入的 6.81%用于家庭成员个人发展投入,主要是一些专业技能培训;交通通信边际消费倾向为 0.0159,表明家庭总收入的 1.59%用于家庭交通通信支出。这些数据表明,岱山岛居民在满足基本的吃、穿、用后,更多的倾向于子女的教育,与海岛城市的局限性密切相关。在调研的过程中与当地居民攀谈发现,当地居民都非常重视子女的教育问题,认为教育是其子孙脱离海岛限制最重要的途径之一。个人发展边际消费的倾向可能与海岛地区资源短缺、产业结构单一等问题有关。近年,岱山县为发展工业经济,大范围征地;随着《海洋法公约》的生效,可捕鱼范围迅速缩减,不少的农民及渔民为维持生计不得不进行转产，进入工厂上班、开店成立个体经营户等均需进行专业培训。另外，海岛自身交通局限性的存在，必然会导致交通通信费用的增加。将8项消费支出边际消费倾向求和，得0.3658，表明2019年岱山岛居民在满足基本需求后的剩余收入中，用于各项消费支出的比例为36.58%，与2019年全国消费对经济的贡献率57.8%相比相差甚远。

需求收入弹性指商品需求量针对收入1%的变化而发生的变化占比。据表7-5-14分析，水资源的需求收入弹性最小，表明水资源需求对收入变动最不敏感，可见岱山岛淡水资源的供应能够满足居民生活的需求，不存在价格过高而用不起水的情况。仅教育投入的需求弹性>1，即居民家庭教育投入受家庭总收入增加影响显著，且居民对教育服务的需求量增长率高于家庭总收入的增长率，这又印证了上面的分析。其余6类消费品或服务的需求收入弹性均<1，因为这些类别的消费品和服务为生活必需品，需求敏感性较低。

需求的自价格弹性是指商品需求量针对自身价格1%的变化而产生的变化百分比。据表7-5-14分析可知，该研究中商品、服务的自价格弹性系数均>0，即当所有商品和服务的价格上升时，会导致家庭实际收入的增加，从而增加对商品和服务的需求。2019年岱山岛发展类服务的自价格弹性系数>能源消费自价格弹性系数，表明自身价格1%的变化会引起商品需求量超过10%的变化，即该类商品或者服务的需求量受价格变动影响显著。其中，水资源的自身价格弹性最小，因为水资源属于生活必需品，生活必需品价格的变化对其自身需求量的变化往往是最小的。

表7-5-14　ELES模型估计值

	α_i	β_i	$P_i r_i$	C_i	ε_i	ε_{ii}
能源消费	1841.3620	0.0071	101683.6519	5834.7712	0.6844	16.3035
水资源消费	870986.3000	0.0000	870973.3627	870986.1181	0.0000	0.0000
生活消费	34935.1800	0.1510	2158116.6298	1713122.3400	0.9796	0.0696
教育投入	1417.6260	0.1114	1565698.5184	332727.0684	1.0043	3.1813
医疗投入	2879.0010	0.0019	29189.5537	4004.6694	0.2811	6.2752
交通通信投入	2651.0630	0.0159	226860.2841	18276.5019	0.8549	11.2148
发展投入	10559.5000	0.0681	968567.3647	29185.1484	0.6382	29.9261
其他投入	7994704.0000	0.0104	8141204.9825	8007048.9133	0.0015	0.0062

(2)家庭消费演化——恩格尔系数

恩格尔系数能够反映居民消费水平和消费结构的优化程度。据图 7-5-11～7-5-12分析,岱山县渔农村和城镇常住居民的恩格尔系数总体呈现下降趋势;在2010—2019 年间,恩格尔系数分别位于 0.39～0.35 与 0.37～0.33,即渔农村常住居民消费水平低于城镇常住居民消费水平。另外,随着恩格尔系数(食品支出占比)的降低,在满足基本生活需求后,居民将更多收入投入到医疗教育、居住环境、交通通信等服务领域,以提高生活质量。

根据国家粮农组织依据恩格尔系数划分区域居民生活贫困与富裕的标准(<0.39为富裕,40～49 为小康,50～59 为温饱,60 以上为贫困),岱山县居民生活水平均位于富裕的水平,并随着时间推移富裕度加深,这与 2010 年后岱山县产业经济的蓬勃发展以及环岛道路连接工程的竣工分不开。

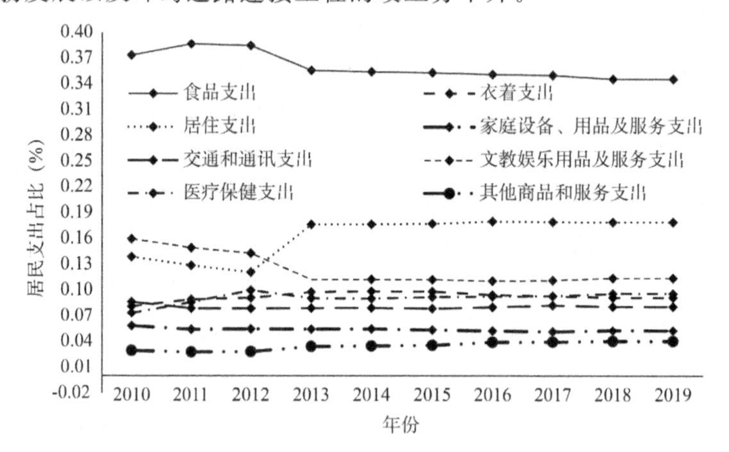

图 7-5-11　2010—2019 年岱山县渔农村常住居民各项支出占比情况

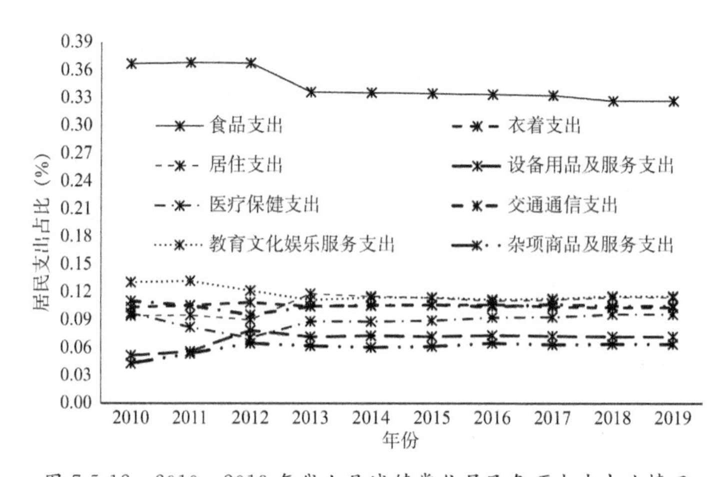

图 7-5-12　2010—2019 年岱山县城镇常住居民各项支出占比情况

7.5.4 家庭经济要素产业影响测度及因素与路径

鉴于数据样本的大小，对于家庭生计资本、家庭收入及家庭消费现状的产业因子探析，借助 AMOS23.0，采用探索性分析办法，拟合模型并进行检验与修正。家庭收入与消费演化产业结构演替影响因子探析，借助 SPSS23.0，采用主成分回归模型进行研究能够有效克服数据多重共线性的问题。

农户家庭生计资本、家庭收入与消费数据采用村域尺度的数据，家庭收入与消费数据做标准化处理；产业结构因子数据来源于前两章节，受 AMOS 样本量的限制（样本量应为观测变量的 5～6 倍），遂选取了一、二、三次产业产值比重、产业结构构成效应与产业结构竞争效应这五个能够明显表征产业结构特征的指标进行结构方程模型构建，得到模型的相关拟合指数以及每条路径的标准化系数和显著性成果（图 7-5-12～7-5-14）。

7.5.4.1 村域尺度农户家庭生计资本产业影响测度及因素与路径分析

图 7-5-13 反映了村域尺度产业结构状态潜变量对农户家庭生计资本观测变量的影响大小。其中，W 为物质资本、R 为人力资本、J 为金融资本、SL 为社会资本、ZL 为家庭生计资本；IDS 为产业结构状态，X_1 为第一产业产值比重、X_2 为第二产业产值比重、X_3 为第三产业产值比重、DIF 为产业结构构成效应、MIX 为产业结构竞争效应。

由图 7-5-13 可知，该模型开方检验（χ^2）为 29.045，自由度为 34，P 值为 0.709 >0.05，表明该模型具有一定的合理性，可以进行结果分析。该图各路径系数均为标准化估计值，表示各变量间的相关关系。从产业结构状态（IDS）来看，第三产业产值比重（X_3）能解释产业结构状态 97%的特征，对产业结构状态呈强正相关关系；其次为第一产业产值比重（X_1），能够解释 78%的产业结构状态特征；然后是第二产业产值比重（X_2），能够解释 77%的产业结构状态特征，但与产业结构状态呈强负相关关系；产业结构竞争效应对产业结构状态的路径载荷系数为0.68，表明产业结构竞争效应这一指标能够解释产业结构状态 68%的特征；产业结构构成效应对产业结构状态的路径载荷系数为 0.13，说明该项指标对产业结构状态特征的解释力度要小很多，仅为 13%。从农化家庭生计资本（ZL）来看，物质资本（W）对农化家庭生计资本的载荷系数为 0.76，表明其能够解释家庭生计资本 76%的特征，呈现强正相关性；其次为人力资本，能够解释家庭生计资本 71%的特征；然后是金融资本，载荷系数为 0.6；最后是社会资本，载荷系数仅为 0.16。

从模型整体来看，产业结构状态（IDS）为自变量，家庭生计资（ZL）、物质资本（W）、人力资本（R）、金融资本（J）和社会资本（SL）为因变量。产业结构状态对家庭生计资本的直接效应为0.57,对物质资本、人力资本、金融资本和社会资本的间接效应分别为0.57×0.76=0.4332、0.57×0.71=0.4047、0.57×0.60=0.342和0.57×0.40=0.228,可见产业结构状态对物质资本的影响最大,其次是人力资本,然后是金融资本,影响最小的是社会资本。从产业结构状态因子分析,第三产业产值比重对家庭生计资本的间接效应最大,为0.97×0.57=0.5529;其次为第一产业产值比重,其对家庭生计资本的间接效应为0.78×0.57=0.4446。可见岱山岛第一产业和第三产业对农户生计资本的影响最显著,其中又以对物质资本的影响为最。第二产业产值比重对家庭生计资本的间接效应为-0.77×0.57=-0.4389,表明第二产业产值的增加反而会降低岱山岛农户家庭的生计资本,当地居民可能受第二产业的负外部性影响较为显著。产业结构竞争效应指区域产业专业化生产的能力,其对家庭生计资本的效应为0.68×0.57=0.3876,即每当区域产业专业化生产能力提高1%,农户家庭生计资本相应提高38.76%;产业结构构成效应对农户家庭生计资本的间接效应最小。

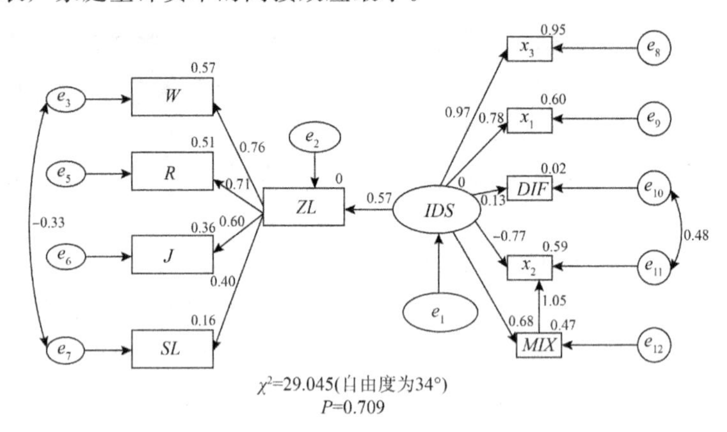

图7-5-13 岱山岛农户家庭生计资本产业结构因子结构方程模型图

7.5.4.2 家庭收入产业影响测度及因素与路径分析

(1)村域尺度农户家庭收入影响分析

图7-5-14反映了村域尺度产业结构状态潜变量(*IDS*)对农户家庭收入水平潜变量(*ICL*)的影响大小。其中,*YZ*为养殖收入、*ZHONG*为种植收入、*DG*为打工收入、*ZB*为政府补贴收入、*GZ*为工资收入、*QT*为其他收入、*SORT*为家庭收入源数;产业结构因子与家庭生计资本一致。

由图7-5-14可知,该模型开方检验(χ^2)为57.131,自由度为51,*P*值为0.258>0.05,表明该模型具有一定的合理性,可以进行结果分析。该图各路径系数均为标准化估计值,表示各变量间的相关关系。产业结构状态(*IDS*)与其5个指标间的关系与生计资本模型中基本一致，5 项指标对产业结构状态的解释力度由大到小依次为第三产业产值比重＞第一产业产值比重＞产业结构竞争效应＞产业结构构成效应＞第二产业产值比重。农户家庭收入水平（*ICL*）与其 7 项指标的关系差异显著，家庭收入源数（*SORT*）对家庭收入水平的贡献率最大，达 51％；其次为其他收入（个体户经营收入、土地房屋转租收入等），贡献率达 26％；然后是打工收入，贡献率为 18％。

从模型整体分析，该模型主要呈现了产业结构状态对居民家庭收入水平的影响，其中产业结构状态对居民家庭收入水平的直接效应为－1，表明产业结构状态与居民家庭收入水平存在强负相关关系。从产业结构状态对居民家庭各项收入的间接效应来看，产业结构状态主要通过第三产业影响居民家庭其他收入，从而实现对居民家庭的收入水平的影响，第三产业产值比重－产业结构状态－家庭收入水平－其他收入的间接效应为 0．98×（－1）×（－0．26）＝0．2548；通过第二次产业产值比重影响居民家庭收入源数，实现对居民家庭收入水平的影响，第二产业产值比重－产业结构状态－家庭收入水平－居民收入源数的间接效应为－0．04×（－1）×0．51＝0．0204，说明第二产业的发展能够增加居民家庭收入种类，从而提高居民家庭收入水平。

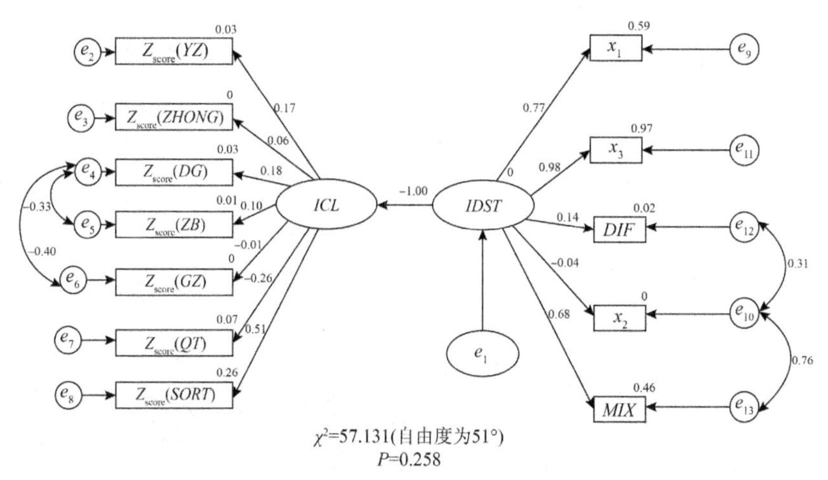

图 7-5-14　岱山岛农户家庭收入产业结构因子结构方程模型图

（2）县域尺度家庭收入产业演替影响分析

本节以岱山县人均家庭各项收入为研究对象，产业结构演替数据采用第 7．3 节中的岱山县产业结构演替数据，借助 SPSS23．0 进行主成分回归分析，探究 2010—2019 年岱山县产业结构演替对人均家庭各项收入的影响，从渔农村和城镇两个层面进行比较性分析（表 7-5-15～7-5-16）。

1)渔农村收入

表 7-5-15 反映了渔农村家庭人均可支配收入(*AZ*)、人均工资性收入(*AG*)、人均家庭经营收入(*AF*)、人均转移性收入(*AM*)和人均财产性收入(*AI*)5 个因变量受岱山县产业结构演替 18 个因子的影响情况。一个因变量对应一个模型,除人均财产性收入(*AI*)这一因变量对应模型的调整后 $R^2<0.3$,其余四个模型调整后 R^2 均>0.3;从显著性判断,仅家庭经营收入(*AF*)对应的模型通过显著性检验($P=0.0010<0.05$),其余各模型 P 值均>0.05;从残差进一步分析,5 个模型的残差值均较小,即各模型能够解释绝大部分平方和。综合上述,5 个模型相对合理,可进行结果分析。

分析可知,岱山县产业结构演替对家庭经营收入的影响最为显著,转换系数绝对值在 0.4~3.9,其中第三产业方向系数(θ_3)对家庭经营收入的影响最大,转换系数为 3.8941,即随着第三产业地位的上升,家庭经营收入随之增加;其次为第一产业方向系数(θ_1),转换系数为 3.6876,可见岱山县第一产业仍然是影响家庭经营收入的主要因素。在家庭人均可支配收入对应的模型中,第一产业仍然为主要影响因素,转换系数为本模型最大,为 0.6894,即第一产业主导地位越高,家庭人均可支配收入也越高,可见岱山县第一产业对经济增长的贡献率仍然很大。人均工资性收入模型中,第一产业方向系数对人均工资性收入呈现强负影响,即家庭人均工资性收入会随着第一产业主导地位的上升而下降,与经济发展实际相符。第一产业属于劳动密集型产业,这一产业主导地位的上升必定会圈固更多的家庭劳动力从事这一产业,减少家庭休闲劳动力从事二、三产业的可能性,从而降低家庭人均工资性收入。在人均家庭转移性收入模型中,产业结构竞争效应的影响最为显著,说明区域产业专业化生产能力越强,人均家庭转移性收入也越高;在人均家庭财产转移性收入模型中,产业结构构成效应对其影响最大,即产业结构及其变化对经济发展的贡献越大,人均家庭财产性收入越高。

表 7-5-15 2010—2019 年岱山县渔农村常住居民家庭人均收入产业结构因子主成分回归结果

	AZ	*AG*	*AF*	*AM*	*AI*
x_1	0.5735	−0.7189	1.1599	−0.4140	0.4404
x_2	−0.3056	0.1452	0.6841	−0.1654	−0.2635
x_3	0.0043	0.3618	−2.1138	0.5986	0.0947
H	0.5274	−0.6041	0.8600	−0.2961	0.3644
ϑ_1	0.2296	−0.0720	−1.6947	0.2560	0.6399
ϑ_2	−0.0730	−0.2331	1.9596	−0.4916	−0.2336

续表

	AZ	*AG*	*AF*	*AM*	*AI*
ϑ_3	0.0104	0.2474	−1.1792	0.3894	−0.0747
Φ	−0.1511	−0.1588	1.8364	−0.4769	−0.2697
V	0.0163	−0.1952	0.4090	−0.2934	0.1904
θ_1	0.6894	−0.9837	3.6876	−0.7658	−0.1503
θ_2	0.2295	0.1902	1.2088	0.4400	−1.1549
θ_3	0.2061	−0.3139	3.8941	−0.4114	−1.1788
B_1	0.2296	−0.0720	−1.6947	0.2560	0.6399
B_2	−0.0730	−0.2331	1.9596	−0.4916	−0.2336
B_3	0.0104	0.2474	−1.1792	0.3894	−0.0747
S	−0.1468	−0.1569	1.9811	−0.4809	−0.3437
MIX	−0.2871	0.0285	−3.2205	−0.0891	1.6049
DIF	−0.1029	0.5616	−0.6567	0.7016	−0.7862
R	0.7880	0.8580	0.9830	0.7990	0.7320
R^2	0.6200	0.7350	0.9660	0.6380	0.5360
调整后 R^2	0.3160	0.5240	0.9390	0.3490	0.1640
Sig.	0.2270	0.1020	0.0010	0.2040	0.3440
e	0.1120	0.2910	0.0790	0.0040	0.0040

2）城镇收入

表 7-5-16 反映了 2010—2019 年岱山县城镇常住居民家庭人均各项收入受产业结构演替的影响情况，且各模型基本合理，可以做进一步分析。分析可知，岱山县产业结构演替对城镇常住居民家庭人均各项收入的影响较渔农村而言相对均衡，但各产业结构因子对家庭各项人均收入的影响还存在较大差异。在家庭人均可支配收入模型和人均家庭经营收入模型中，产业结构构成效应的转化系数最大，分别为 1.1477 和－1.0335，即当产业结构及其变化沿着促进经济发展方向发展时，家庭人均可支配收入会大幅度增加，而人均家庭经营收入则呈现反方向变化，可见产业结构及其变化对家庭收入的影响之深。在家庭人均工薪收入模型中，第一产业方向系数($\theta1$)对家庭人均工薪收入呈强负影响，转换系数为－1.1214，与渔农村家庭人均工薪收入和第一产业方向系数的关系极度相似。在家庭人均财产转移性收入模型中，产业结构竞争效应的影响最显著，即区域产业专业化生产能力能

够增加家庭人均财产转移性收入,如"离退休金""价格补贴""赡养收入"等均会有所增长。在家庭人均财产收入模型中,第三产业方向系数转换系数值最大,为2.6522,即当第三产业主导地位上升时,家庭人均财产收入将大幅度增加,如房屋等固定资产出租收入。

表 7-5-16　2010—2019 年岱山县城镇常住居民家庭人均收入产业结构因子主成分回归结果

	AZ	AG	AJ	AM	AI
x_1	0.8213	−0.5007	−0.4710	−2.5782	0.7861
x_2	−0.3729	−0.1737	0.3311	0.7672	0.6314
x_3	−0.0559	0.6985	−0.1619	0.9405	−1.6911
H	0.7161	−0.3808	−0.4181	−2.3115	0.5357
ϑ_1	0.4995	0.4351	−0.5766	0.2584	−1.2426
ϑ_2	−0.1261	−0.6033	0.2716	−0.5756	1.5549
ϑ_3	−0.0636	0.3995	−0.0176	0.2026	−1.0209
Φ	−0.1577	−0.5780	0.3200	−0.4922	1.4655
V	0.4099	−0.2843	−0.1152	−1.1748	0.3244
θ_1	0.4073	−1.1214	−0.0271	−3.4144	2.6101
θ_2	−0.9715	0.0366	0.6844	−0.2951	0.4904
θ_3	−0.7329	−0.9210	0.8338	−1.8579	2.6522
B_1	0.4995	0.4351	−0.5766	0.2584	−1.2426
B_2	−0.1261	−0.6033	0.2716	−0.5756	1.5549
B_3	−0.0636	0.3995	−0.0176	0.2026	−1.0209
S	−0.1962	−0.6102	0.3706	−0.6185	1.5488
MIX	1.1477	0.5308	−1.0335	1.5279	−1.9150
DIF	−1.0456	0.5688	0.5145	1.8979	−0.6842
R	0.8010	0.8460	0.7850	0.9420	0.9690
R^2	0.6420	0.7150	0.6170	0.8870	0.9390
调整后 R^2	0.3560	0.4880	0.3110	0.7960	0.8890
$Sig.$	0.2000	0.1210	0.2310	0.0140	0.0030
e	0.0020	0.0050	0.0000	0.0000	0.0040

综上，岱山县产业结构18个因子中的第一产业方向系数、第三产业方向系数、产业结构构成效应、产业结构竞争效应对岱山县居民家庭各项收入的影响最为显著，其中第一产业仍然是岱山县渔农村居民家庭增收的主要来源，第三产业是渔农村家庭经营收入的主要来源；当产业结构及其变化对区域经济发展有益时，除家庭经营收入外，其余各项收入均有所增加；当区域产业专业化生产能力越强，竞争力越大时，家庭人均财产转移性收入增加最明显。

7.5.4.3　家庭消费产业影响测度及因素与路径分析

(1)农户尺度家庭消费影响分析

图7-5-15反映了村域尺度产业结构状态潜变量(*IDS*)对农户家庭消费水平潜变量(*OUT*)的影响大小，鉴于样本量比较小，未将能源消费与水资源消费纳入其中，且这两类消费是生活必需，变化弹性相对较小。其中，*SZ*为生活消费、*JZ*为教育投入、*YZ*为医疗投入、*JZ-A*为交通和通信投入、*FZ*为发展投入、*QZ*为其他投入、*ZZ*为家庭总支出；产业结构因子与家庭生计资本及家庭收入一致。

由图7-5-15可知，该模型开方检验(χ^2)为50.287，自由度为40，*P*值为0.128>0.05，表明该模型具有一定的合理性，可以进行结果分析。该图各路径系数均为标准化估计值，表示各变量间的相关关系。产业结构状态与其5个产业因子的关系与家庭生计、家庭收入基本一致，变化很小。农户家庭消费支出与其7项家庭消费支出间关系存在一定差距，其中家庭总收入对家庭收入水平的贡献率最大，路径载荷系数为0.29；其次为教育投入，其路径载荷系数为0.12；然后是交通通信投入和发展投入，路径载荷系数均为0.10；医疗投入和其他投入对家庭消费水平的贡献率最小，路径载荷系数仅为0.09。

从模型整体来看，该模型主要呈现了产业结构状态对居民家庭消费水平的影响，其中产业结构状态对居民家庭消费水平的直接效应为1，表明产业结构状态与居民家庭收入水平存在强正相关关系。从产业结构状态对居民家庭各项消费的间接效应来看，产业结构状态主要通过第三产业产值比重对家庭总消费的影响，实现对家庭消费水平这一潜变量的影响，第三产业产值比重—产业结构状态—家庭消费水平—家庭总消费的间接效应为1×1×0.29=0.29。第一产业产值比重对家庭消费水平及各项家庭消费支出的影响次之，第一产业产值比重—产业结构状态—家庭消费水平的间接效应为0.76×1=0.76，第一产业产值比重—产业结构状态—家庭消费水平—教育投入的间接效应为0.76×0.12=0.0912。可见第一产业产值比重越高，居民家庭消费越高，增加家庭消费压力。第二产业对居民家庭消费水平存在负向影响，两者间的间接效应为−0.75×1=−0.75，说明随着第二产业产值比重的增加，居民家庭消费反而降低，除总消费外，教育投入变化幅度最大，医疗和其他消费变化幅度最小。因为第二产业产值比重决定着政府对公共设施和服务的投入力度,其比重越高,政府对公共设施和服务的支持力度越强,教育资源作为社会资源的一种,其质量必定会有所提升,学校的教育质量上去了,课外辅导费就省了;而医疗属于必需品,与产业经济的发展联系不大;其他消费本就以旅游等享受性支出为主,针对高收入群体,这类群体的金融能力受产业经济的影响可能并不是很大。

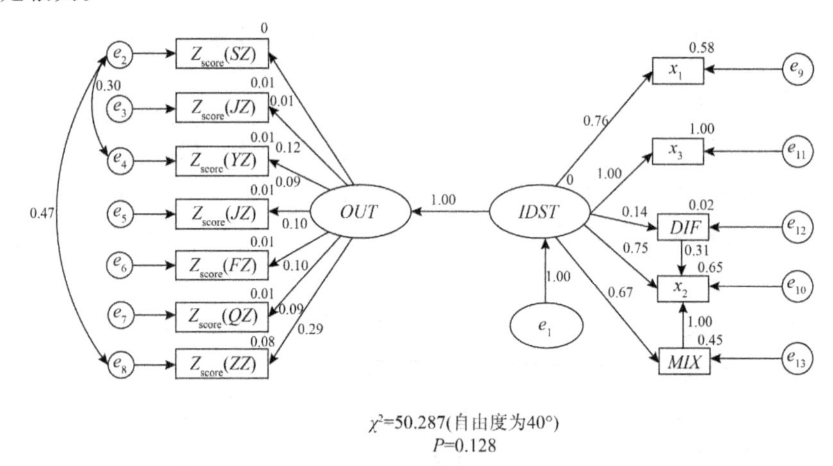

图 7-5-15　岱山岛农户家庭生计消费产业结构因子结构方程模型图

(2)县域尺度家庭消费产业演替影响分析

本节以岱山县人均家庭各项消费为研究对象,产业结构演替数据采用淡水资源章用过的岱山县产业结构演替数据,借助 SPSS23.0 进行主成分回归分析,探究 2010—2019 年岱山县产业结构演替对人均家庭各项消费的影响,从渔农村和城镇两个层面进行比较性分析(表 7-5-17～7-5-18)。

1)渔农村消费

表 7-5-17 反映了渔农村家庭人均食品支出(*SZ*)、家庭人均衣着支出(*YZ*)、家庭人均居住支出(*JZ*)、家庭人均设备用品及服务支出(*JAZ*)、家庭人均医疗保障支出(*WYZ*)、家庭人均交通通信支出(*JOZ*)和家庭人均教育文化娱乐支出(*YLZ*)7 个因变量受岱山县产业结构演替 18 个因子的影响情况。一个因变量对应一个模型,除家庭人均设备用品及服务支出(*JAZ*)这一因变量对应模型的调整后 $R^2<0.3$,其余六个模型调整后 R^2 均>0.3;从显著性判断,仅家庭人均食品支出(*SZ*)、家庭人均居住支出(*JZ*)和人均交通通信支出(*JOZ*)对应的模型通过显著性检验($P=0.0010<0.05$),其余各模型 P 值均>0.05;从残差进一步分析,7 个模型的残差值均较小,即各模型能够解释绝大部分平方和。综合上述,7 个模型相对合理,可进行结果分析。

由表7-5-17分析可知,岱山县2010—2019年产业结构演替对家庭人均各项消费均较为显著。在家庭人均食品支出模型中,第一产业比较劳动生产率系数对其影响最大,转换系数为−1.7593,即第一产业比较劳动生产率系数越小,家庭人均食品支出低。产业比较劳动生产率系数是产业产值比重与劳动力比重之比,常用于衡量产业结构效益,其对家庭人均食品支出的影响可理解为,家庭人均食品支出会随着第一产业结构效益的增长而降低,因为第一产业是食品的主要来源,其产业结构效益的增长能够提升渔农村居民食品自给自足的能力,从而减少购入消费。在家庭人均衣着支出消费模型中,第一产业产值比重对其影响最大,转换系数为−1.9087,即家庭人均衣着消费会随着第一产业产值比重的增长而减少,因为第一产业对家庭增收的拉动力并不大,反而象征着贫穷,必然会减少除此以外不必要的开支,以降低家庭生活压力。在家庭人均居住支出模型中,第一产业比较劳动生产率系数仍为影响最显著因素,转换系数为2.3362,即家庭人均居住支出会随着第一产业结构效益的增长而增加,因为第一产业结构效益的增长意味着第一产业生产效率的提升,曾被土地禁锢的多余劳动力即可获得解放,从事非农工作,租房、购房等一系列事物便会接踵而至,家庭人均居住支出自然而然就上升了。在家庭人均设备用品及服务支出模型中,产业结构竞争效应对其影响最为显著,转换系数为1.2615,即区域产业专业化生产能力越强,家庭人均设备用品及服务支出越高,因为区域专业化生产能力越强,意味着竞争力越强,收益必定也是本区域范围内最高的,从其对收入的影响来看,能够显著增加居民家庭收入,收入越高,支出必定越高,家庭设备用品和服务是居民在满足基本生活需求后的必需品。在家庭人均医疗保障支出模型中,第一产业产值比重对其影响尤为显著,转换系数高达2.889,即家庭人均医疗保障支出会随着第一产业产值比重的增加而大幅度增加,因为第一产业属于低收入、低保障产业,随着整个社会的进步,渔农村居民增加家庭成员医疗保障的支出,如医疗保险、养老保险等保障,弥补第一产业在这一方面的缺陷。第一产业比较劳动生产率系数对家庭人均交通通信支出(*WYZ*)的影响最显著,转化系数为−2.2165,即家庭人均交通通信支出会随着第一产业结构效益的增长而降低,因为第一产业属于劳动密集型产业,其产业结构效益的增加绝大程度上依赖于劳动力数量及劳动强度的增加,降低家庭出行的可能性;另外,海岛地区食品资源短缺,第一产业结构效益的增加意味着自我满足程度提升,岛外购入出行费大幅度减少。产业结构竞争效应对家庭人均教育文化娱乐支出(*YLZ*)的影响同样显著,转换系数为−1.5311,即区域专业化生产能力越强,家庭人均教育文化娱乐支出越低,可能是因为,海岛地区土地、淡水等资源的短缺,当区域专业化生产能力提高时,非专业产业因成本太高而流出,特别是娱乐性产业;教育类支出减少,应该与政府补助增加有关,社会经济越发达,教育等公共福利越好。

表 7-5-17 2010—2019 年岱山县渔农村常住居民家庭人均消费产业结构因子主成分回归结果

	SZ	YZ	JZ	JAZ	WYZ	JOZ	YLZ
x_1	0.8759	−1.9087	−1.8774	0.4752	2.8890	1.6230	−0.2168
x_2	0.4512	−0.2839	−0.7684	−0.1227	0.2307	0.3282	0.3991
x_3	−1.2060	0.2909	1.5416	−0.1180	0.4011	−0.8640	−0.2675
H	1.5631	−0.2760	−1.8479	0.3214	−0.7581	1.1509	0.0552
ϑ_1	0.7060	−0.2813	−1.0434	−0.0696	0.0211	0.4926	0.4026
ϑ_2	0.6166	−0.3998	−0.8678	0.1561	0.2046	0.6140	−0.0056
ϑ_3	−1.5637	0.3930	1.9022	−0.3454	0.5398	−1.2187	−0.0314
Φ	1.6399	−0.2788	−1.9464	0.3264	−0.7791	1.1925	0.0869
V	−1.2230	0.2503	1.4959	−0.1870	0.5321	−0.8896	−0.1461
θ_1	1.1643	−0.7063	−1.5374	0.4980	0.4069	1.2091	−0.2911
θ_2	−1.5889	0.7898	1.8106	−0.9937	−0.0706	−1.7244	0.9642
θ_3	−0.3619	1.4830	0.7531	−0.9679	−2.3519	−1.3647	1.2622
B_1	−1.7593	1.4879	2.3362	−1.1156	−1.2113	−2.2165	1.0270
B_2	0.6166	−0.3998	−0.8678	0.1561	0.2046	0.6140	−0.0056
B_3	−1.5637	0.3930	1.9022	−0.3454	0.5398	−1.2187	−0.0314
S	1.6399	−0.2788	−1.9464	0.3264	−0.7791	1.1925	0.0869
MIX	−1.1256	0.2774	1.3897	−0.1935	0.4145	−0.8528	−0.1019
DIF	0.8684	−1.8554	−1.4020	1.2615	2.5696	1.9673	−1.5311
R	0.9200	0.8540	0.9480	0.7490	0.8290	0.9210	0.7910
R^2	0.8470	0.7290	0.8480	0.5620	0.6880	0.8480	0.6260
调整后 R^2	0.7250	0.5120	0.8170	0.2110	0.4380	0.7270	0.3260
$Sig.$	0.0280	0.1080	0.0110	0.3060	0.1480	0.0280	0.2200
e	0.0020	0.0000	0.0050	0.0000	0.0000	0.0030	0.0000

2)城镇消费

表 7-5-18 反映了岱山县城镇家庭人均食品支出(*SZ*)、家庭人均衣着支出(*YZ*)、家庭人均居住支出(*JZ*)、家庭人均设备用品及服务支出(*JAZ*)、家庭人均医疗保障支出(*YLZ*)、家庭人均交通通信支出(*JOZ*)和家庭人均教育文化娱乐支出(*JYZ*)7 个因变量受岱山县产业结构演替 18 个因子的影响情况。一个因变量对应一个模型,七个模型调整后 R^2 均>0.3;从显著性判断,仅家庭人均设备用品及服

务支出(JAZ)对应的模型未通过显著性检验($P=0.1040>0.05$)，其余各模型 P 值均 <0.05；从残差进一步分析，7 个模型的残差值均较小，即各模型能够解释绝大部分平方和，综合上述，7 个模型相对合理，可进行结果分析。

由表 7-5-18 分析可知，岱山县 2010—2019 年产业结构演替对岱山县城镇常住居民家庭人均各项消费的影响也较为显著和均衡，但因子间存在较大的影响差异。在家庭人均食品支出模型中，第一产业比较劳动生产率系数对其影响最显著，转换系数为－2.0235，即城镇家庭人均食品支出会随着第一产业结构效应的增长而增加，与其对渔农村家庭人均食品支出的影响相反，可能是因为城镇居民家庭食品全部来源于外部生产，而食品质或量的改变促进了消费。

在家庭人均衣着支出模型中，第三产业方向系数对其影响最显著，转换系数为 1.6222，即家庭人均衣着支出会随着第三产业主导地位的上升而大幅度增加，因为第三产业属于高速增收产业，当第三产业主导地位上升，居民家庭收入自然而然会增加，除食品外的所有消费都有可能增加，衣着质量存在较大的提升空间。

在家庭人均居住支出模型中，第一产业产值比重对其影响尤为显著，转换系数为－3.1015，即家庭人均居住支出将随着第一产业产值比重的降低而增加，可能的原因是，当第一产业产值比重降低，二、三产业产值比重必然增加，则居民家庭收入也会增加，随着收入的增加，居民必然会寻求更加高质量的居住场所，家庭人均居住支出增加也就不难理解了。

在家庭人均设备用品及服务支出模型中，产业结构竞争效应对其影响较为显著，转换系数为－1.4138，即家庭人均设备用品及服务支出会随着区域产业专业化生产能力的提升而减少，可能是因为，区域产业专业化生产能力提升导致非专业化产业和人才流出，常住居民中以当地渔农民为主，消费水平较低。

在家庭人均医疗保障支出模型中，产业结构偏差系数对其影响较大，转换系数为－1.6273，即家庭人均医疗保障支出会随着产业结构偏差系数的减小而增加，可能是因为，当产业结构与就业结构差距较小时，产业结构效益较低，不利于对居民医疗等社会福利的保障，居民自身会增加医疗、养老等社会保障的投入，差异指数(S)恰好证明了这一点。

在家庭人均交通通信支出模型中，产业结构竞争效应对其影响较大，转换系数为1.5989，即区域专业化生产能力越强，家庭人均交通通信支出越高，可能是因为，区域专业化生产导致人才流动加剧，海岛本就交通不便，专业化生产导致人才流动加剧必然会增加交通和通信支出。在家庭人均教育文化娱乐支出模型中，第二产业方向系数对其影响较明显，转换系数为－1.9184，即家庭人均教育文化娱乐支出会随着第二产业主导地位的上升而显著降低，因为第二产业属于增收产业，是政府加大社会福利保障支出的重要经济来源,第二产业主导地位越强,政府地方财政收入越高,对教育、公园、体育场等公共服务与设施的投入就会随之增加,公共服务与公共设施开放范围与服务对象范围就会显著扩大,家庭人均教育文化娱乐支出自然而然会减少。

表 7-5-18　2010—2019 年岱山县城镇常住居民家庭人均消费产业结构因子主成分回归结果

	SZ	*YZ*	*JZ*	*JAZ*	*YLZ*	*JOZ*	*JYZ*
x_1	1.5252	−0.1741	−3.1015	0.3513	−0.4708	−0.2317	0.4070
x_2	0.4882	0.7288	−1.1680	0.5167	−0.8146	−0.8300	−0.0131
x_3	−1.0868	−1.2357	1.8148	−0.1051	1.3889	1.1123	−0.7432
H	1.3594	1.3164	−1.9636	−0.2959	−1.5077	−1.0378	1.2281
ϑ_1	0.6901	0.9534	−1.4232	0.4421	−1.0607	−0.9929	0.2002
ϑ_2	0.6534	0.3934	−1.1159	−0.0438	−0.5244	−0.3612	0.4629
ϑ_3	−1.4105	−1.2483	2.0911	0.2718	1.4754	1.0046	−1.2166
Φ	1.4286	1.4101	−2.0743	−0.2568	−1.6273	−1.1351	1.2436
V	−1.0763	−1.1355	1.6707	0.0927	1.2734	0.9507	−0.8832
θ_1	1.2396	0.4175	−1.8043	−0.3744	−0.7786	−0.3231	0.9975
θ_2	−1.5929	−0.0207	1.7310	1.3815	0.4624	−0.3566	−1.9184
θ_3	−0.9168	1.6222	1.1140	1.0554	−1.0509	−1.5302	−0.9209
B_1	−2.0235	0.1459	2.7274	1.2106	0.4907	−0.3494	−1.9564
B_2	0.6534	0.3934	−1.1159	−0.0438	−0.5244	−0.3612	0.4629
B_3	−1.4105	−1.2483	2.0911	0.2718	1.4754	1.0046	−1.2166
S	1.4286	1.4101	−2.0743	−0.2568	−1.6273	−1.1351	1.2436
MIX	−1.0087	−0.9940	1.5676	0.1118	1.1309	0.8278	−0.8337
DIF	1.4696	−1.6083	−1.8505	−1.4138	0.8915	1.5989	1.4991
R	0.9200	0.8990	0.9610	0.8560	0.9270	0.9000	0.9180
R^2	0.8460	0.8080	0.9240	0.7330	0.8590	0.8090	0.8430
调整后 R^2	0.7230	0.6550	0.8630	0.5190	0.7460	0.7180	0.7180
Sig.	0.0290	0.0490	0.0050	0.1040	0.0240	0.0300	0.0300
e	0.0300	0.0000	0.0010	0.0010	0.0010	0.0000	0.0010

综上,第一产业对家庭人均食品支出的影响尤为明显,且对渔农村人均食品支出与城镇家庭人均食品支出的影响截然相反;另外,第一产业属于低收入产业,二、三产业属于高收入产业,当第一产业产值比重、产业主导地位上升时,会减少居民家庭的收入,从而降低居民家庭人均各项消费;区域产业专业化生产会导致非专业化产业和人才的流出,专业化的人才流进,从而加大流动成本,其中尤以交通通信支出增加显著;区域产业结构效益较低时,海岛居民医疗、养老等社会保障性投入会显著增加,可能与海岛居民的自我保护本能有关,有待进一步考证。

7.5.5 小　结

产业结构演替对居民家庭经济结构的影响表现为家庭生计能力、家庭收入水平、家庭收入结构、居民收入差距、家庭消费结构的变化(图 7-5-16)。产业是居民实现就业,获取金融资本的根本途径,而就业是家庭收入的主要来源,不同类型产业对居民家庭的增收贡献率不同,从而影响家庭收入总量。家庭收入结构由产业结构直接决定,以服务业为主导产业的产业结构将促使家庭收入以从事服务业打工收入和个体收入为主。家庭生计资本中的物质资本和金融资本绝大程度取决于家庭的收入情况,收入越高,物质资本与金融资本必定较强;另外,社会资本与人力资本的提升,必然也离不开区域产业经济的发展,良好的产业结构变动能够有效增加政府的财政收入,从而增加政府对社会公共服务设施和服务的投入,实现社会资本与人力资本水平再提升。

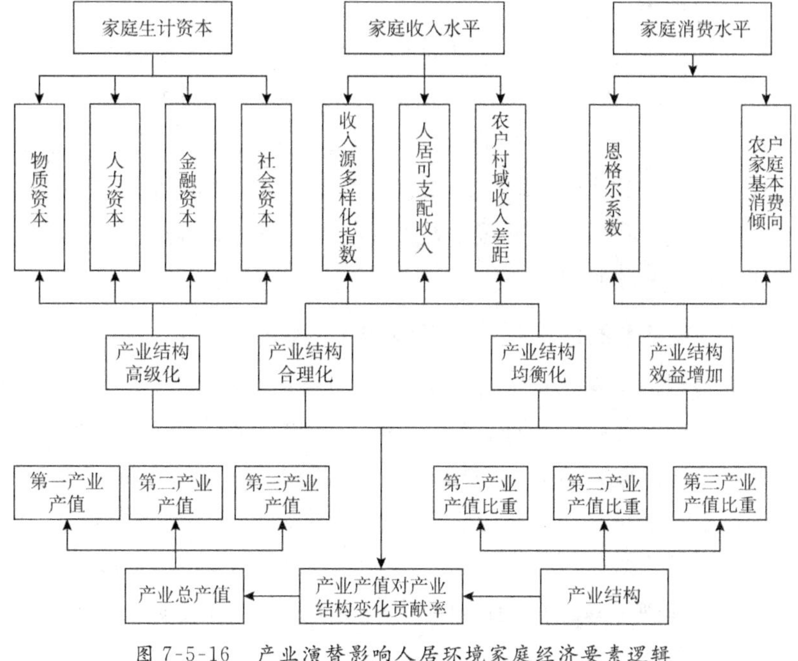

图 7-5-16　产业演替影响人居环境家庭经济要素逻辑

7.5.5.1 农户家庭生计资本评价及产业因子

岱山岛村域尺度农户家庭生计资本在空间上总体呈现“大集中,小分散”的分布态势,与非农企业空间分布存在一定的耦合性。生计资本较高等的村域各子项生计资本较均衡和充裕;中等的村域出现个别子项资本匮乏的现象;较低等村域四个子项资本均呈现出匮乏状态。50%的村/社区属于资本搭配合理型,资本极度匮乏型仅为2.38%,岱山岛各村/社区农户家庭生计资本水平均较高。

上述现象的产生与产业结构演替分不开,通过分析产业结构演替对农户家庭生计资本的影响发现:产业结构状态对农户家庭生计资本呈正向作用,四项子资本受其影响从大到小依次为物质资本>人力资本>金融资本>社会资本。其中,第三产业产值比重对农户生计资本及其四项子资本的间接效应最大,其次为第一产业产值比重。第三产业产值比重与第一产业产值比重对农户家庭物质资本的影响尤为突出,可能与第二产业强外部不经济性相关。

7.5.5.2 农户家庭收入评价及产业因子

岱山岛农户家庭收入源均为1.5种,收入不稳定性显著。其中,各项收入对总收入贡献率呈现:其他收入>捕捞收入>工资性收入>打工收入>政府补贴收入>种植收入>养殖收入的现象。所调查的农户村域群组间差距较小,收入基本均衡;空间呈现“小差距集中,大差距分散”的分布状态。但岱山县2010—2019年渔农村农户家庭各项收入变化幅度显著大于城镇农户家庭各项收入变化幅度,渔农村经济发展稳定性差于城镇。

以上现象的产生与产业结构演替密切相关,通过分析产业结构演替影响农户家庭收入发现:产业结构状态对居民家庭收入水平呈强负影响,家庭其他收入的增长主要依赖于第三产业产值比重的提高,居民家庭收入源的增加主要依赖于第二产业产值比重提高;当产业结构及其变化对区域经济发展有益时,各项收入(除家庭经营收入外)均有所提高,当区域产业专业化生产能力越强、竞争力越大时,家庭人均财产转移性收入增加最明显。

7.5.5.3 农户家庭消费评价及产业因子

农户家庭各项消费支出随着家庭总收入的增加而增长。2019年岱山岛居民在家庭生活、教育和发展方面投入明显较多,仅将剩余收入的36.58%用于各项消费支出。而家庭实际收入与商品、服务的价格和需求成正比,其中,发展类服务、能源类产品的需求量对价格变化较为敏感,增加该类商品或者服务的价格,可以促使居民对其需求量的大幅度增加。2010—2019年岱山县渔农村和城镇常住居民的恩格尔系数总体呈现下降趋势,前者常住居民消费水平显著低于后者常住居民消费水平。

通过分析产业结构演替对农户家庭消费发现,产业结构状态对居民家庭消费水平呈强正影响,第三产业产值比重为主要产业因子,其次为第一产业产值比重。第一产业对家庭人均食品支出影响显著,居民家庭消费随着第一产业产值比重、产业主导地位的上升而减少。区域产业专业化生产会导致流动成本增加,其中,交通通信支出增加显著;产业结构效益与海岛居民医疗、养老等社会保障性投入呈反比。

7.6 岱山岛产业演替影响人居环境关键要素的机制

7.6.1 研究方法

7.6.1.1 系统动力学模型原理

系统动力学是一门由社会、自然和计算机等学科相互交叉的学科,最早出现于20世纪60年代Jay Forrester应用控制理论研究工业系统中,直到1972年才被正式提出。到20世纪90年代,系统动力学在系统科学、控制理论和突变理论等方面获得快速发展,应用领域迅速不断扩大。系统动力学模型(System Dynamics, SD),是一种以系统理论、信息论和控制论为基础,基于计算机编程,对系统进行动态模拟与仿真的技术,具有长期性、复杂性和开放性的特征。被研究系统常为高阶次、多层次、非线性、多反馈回路的复杂系统,常通过综合结构法、功能法和历史法的定量性质分析法,界定系统边界及系统内部要素间以及系统与系统间的相互关系,明晰系统结构及功能,厘清系统行为与内在机制,以便更好地进行系统模型构建。目前可实现系统动力学模型的软件有很多,如Stella, Dynamo, Vensim, Powersim等,其中Vensim PLE操作相对简单,是一款应用较广的、可实现系统动力学建模与模拟仿真可视化的软件。

在系统动力学模型中,反馈回路即为系统的基本单元,是耦合系统状态、速率和信息的一条回路。按照作用机制的差异,反馈可分为正反馈和负反馈,前者表示自我提高的作用,后者表示自我抑制的作用。在确定系统边界和反馈回路后,明确系统构成单元和影响因素,进而确定各子系统间的关系和各单元间相互作用的总体效益,在此基础上实现系统因果回路关系的明确。在前述系列定性分析的基础上,借助计算机和软件绘制因果关系图以及对应的流程图,并构建方程组对各变量进行定义,而后进行模型检验和仿真,以获得研究对象随时间变化后的定量结果。

7.6.1.2 系统模型构建步骤

系统动力学建模是基于某一研究领域专业理论基础上的,即基于应用系统动力学理论对研究问题进行理论定性分析的基础上,具体建模步骤如下。

(1)应用系统动力学理论分析研究对象

第一步,也是最重要的一步,是明确研究目的,确定模型构建的侧重点。在此基础上界定系统边界,确定内生变量、外生变量和输入变量,而后遴选核心变量,在变量的选取过程中注意参考前人的相关研究,多采用一些可替代性指标,以防出现指标不能量化而导致模型构建失败情况的出现。

(2)构建模型

系统动力学模型构建主要有系统结构分析、系统因果关系图绘制、系统流图绘制和系统模型构建四步。根据研究目的,分析系统整体与部分的回馈关系、变量与变量的关系,划定系统层次与结构,并利用软件将这些关系可视化,绘制出系统结构因果关系图和对应的流图。在系统流图绘制结束后,对模型变量进行定义,即建立模型仿真方程(DYNAMO)和对参数进行赋值,模型构建完成。其中,模型仿真方程包括状态变量方程(L)、速率变化方程(R)、辅助方程(A)、常数方程(C)、表函数方程(T=Y 坐标)、初始值方程(N)六类。状态变量方程为一种积累方程,速率方程为辅助方程的一种;表函数方程、常数方程和初始值为模型参数,主要通过赋值确定。具体表达式为:

$$L(K)=L(J)+DT*(\text{输入速率}-\text{输出速率})$$

$$R(KI)=RF*RN(K)$$

式中,K 表示现期,J 表示基期,I 表示未(预)期,DT 表示基期与现期及现期与未(预)期之间的时间步长;RF 为计算状态变量的输入速率系数,RN 为计算状态变量的初始值;A 辅助变量方程不定。

(3)模型检验与修正

系统动力学模型检验方法比较多样,大体上包括适合性检验和一致性检验,而适合性检验又包括模型结构适合性检验和模型行为适合性检验;一致性检验包括模型行为和结构一致性检验、真实系统一致性检验。其中,模型结构适合性检验又包括量纲检验和模型边界检验等;行为适合性检验包括灵敏度检验和参数灵敏度检验等。模型检验是模型修正的基础,只有通过不断的检验、修正和调整,才能实现最优化模型的构建。

(4)模型模拟与分析

模型在模拟分析问题的基础上,更加深入地分析问题,寻找解决问题的方法,通过仿真获得更多的信息，发现新问题，不断修改模型及参数，直到获得合理的仿真结果，进而对系统要素进行预警，提出改善措施。

鉴于本书仅将该模型用于分析海岛产业结构演替对人居环境关键要素的影响路径与机制的研究，故未做模型的检验与模拟，仅画出流图并分析。

7.6.2　人居环境关键要素系统界定及因果关系

根据建模过程，本节首先界定系统边界，系统各单元、各子系统之间的相互作用与相互关系是系统运行的基础，在对海岛产业结构演替影响人居环境的机制进行系统分析时，保证系统闭合是首要的。此外，还应明确系统各单元、各变量的划分与明确，以方便对各个变量进行定义与赋值。界定完系统边界与系统变量及其相互间的关系后，绘制因果关系图进行系统要素间的因果分析。根据研究内容设计，将人居环境关键要素划分为水资源系统、土地资源系统和家庭经济系统，分别进行系统因果关系分析。

7.6.2.1　水资源系统边界界定及因果分析

在产业结构对水资源的影响进行系统分析时，选用产业用水量、产业污水生产量、产业需水量、产业总产值、水资源供应量以及漏水量进行总体上的因果关系分析。产业水资源因果关系见图 7-6-1，根据因果图可得相关变量的因果树及因果环，如图 7-6-2。

同时根据已有的系统模型因果图，得到模型中的不同因果回环，如下文所示：

回路数字 1，它的长度是 3：产业需水量→水资源供应量→漏水量→产业用水量→产业需水量。

在回路 1 中，产业需水量增加会引起水资源供应量的增加，管道漏水量相应增加，而漏水量越大，能够用于生产的产业用水量就越少，为保证生产活动的有序进行，进一步增加产业需水量，导致水资源供应进一步增加，极大地增加用水压力。

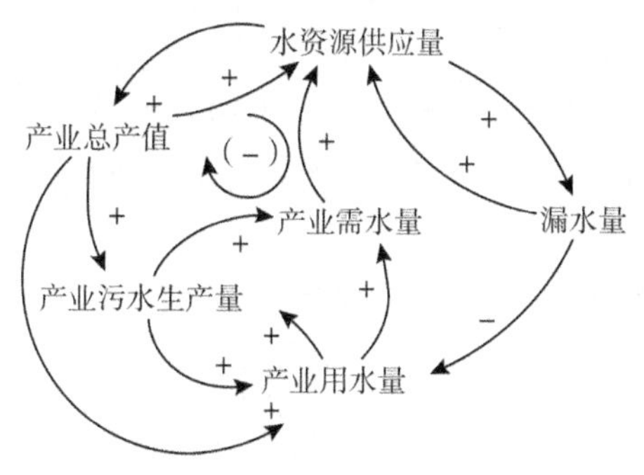

图 7-6-1　水资源系统因果关系图

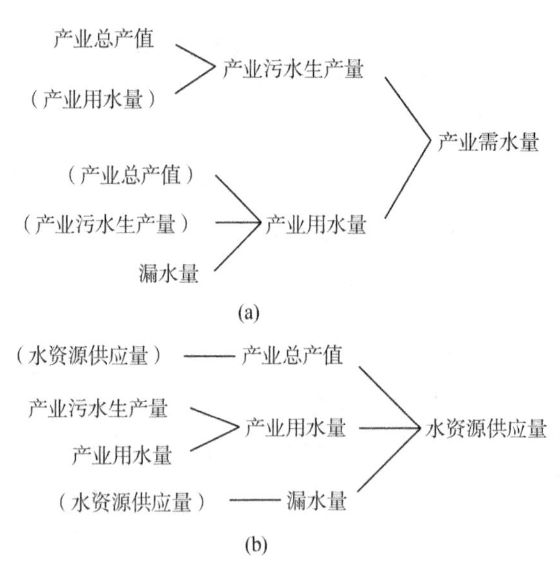

图 7-6-2 (a)产业需水量因果树;(b)水资源供应量因果树

回路数字 2,它的长度是 3:产业需水量→水资源供应量→产业总产值→产业污水生产量→产业需水量。

在回路 2 中,产业需水量的增加将直接导致水资源供应量的增加,满足生产的需要,不受水资源约束背景下的产业生产总值提高,而生产总值越高,产业用水量就越大,则又会产生更大的需水量要求。

回路数字 3,它的长度是 3:产业需水量→水资源供应量→产业总产值→产业用水量→产业需水量。

在回路 3 中,产业需水量越大,则要求更大的水资源供应量,更大的水资源总量能够最大的满足产业生产所需,产业生产总值自然而然会增加,而生产总值超过一定限度后,产业用水量随之上升,对产业用水的需求量也进一步增加。

回路数字 4,它的长度是 4:产业需水量→水资源供应量→产业总产值→产业用水量→产业污水生产量→产业需水量。

在回路 4 中,产业需水量增加导致水资源供应量增加,从而增进产业生产总值的增加,生产总值越高,产业用水量越大,产业污水生产量相应增加,从而进一步增加产业需水量。

回路数字 5,它的长度是 4:产业需水量→水资源供应量→漏水量→产业用水量→产业污水生产量→产业需水量。

回路 5 中,产业需水量增加导致水资源供应量增加,水资源供应量越大,漏水量就越大,产业用水量相较于前一阶段还是有所增加,产业污水生产量随着产业用水量的增加而增加,会产生更大的产业需水量。

回路数字 6，它的长度是 4：产业需水量→水资源供应量→产业总产值→产业污水生产量→产业用水量→产业需水量。

回路 6 中，产业需水量越大，水资源供应量也会随之增加，原先受水资源限制的行业扩大生产，生产总值随之上升，产业污水生产量也随之增加，产业用水量与产业污水生产量成正比，所以产业用水量也会越来越大，最后直接导致产业需水量的不断上升，对水资源供应量的需求也会越来越大。

7.6.2.2　土地资源系统边界界定及因果分析

在对土地资源系统因果关系分析时，仅采用生产用地、受污染生产用地、未受污染生产用地、产业总产值和产业污染排放总量为核心指标，构建因果关系图（图 7-6-3）。根据因果关系图得相关变量的因果关系树与因果环，如图 7-6-3～7-6-5。

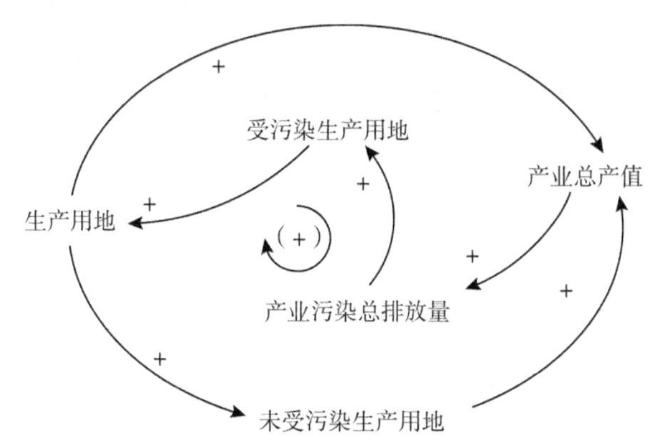

图 7-6-3　土地资源系统因果关系图

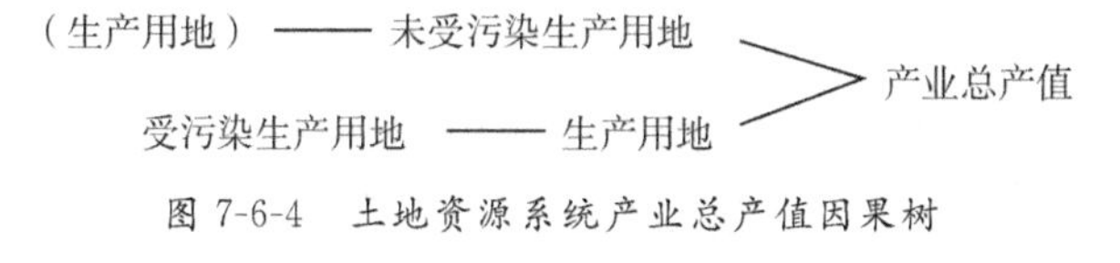

图 7-6-4　土地资源系统产业总产值因果树

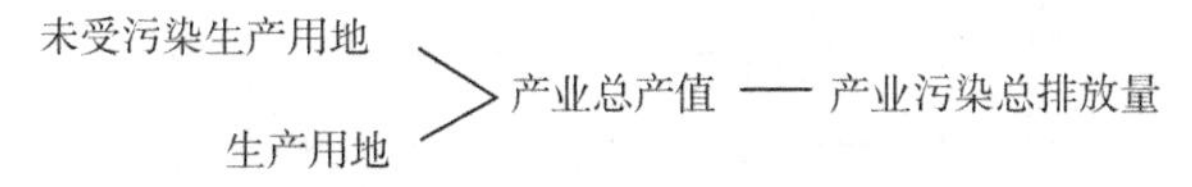

图 7-6-5　土地资源系统产业污染排放总量因果树

回路数字 1，它的长度是 3：产业污染排放总量→受污染生产用地→生产用地→产业总产值→产业污染排放总量。

在回路 1 中，产业污染排放总量增加会导致受污染生产用地面积扩大，为维持生产，总生产用地随之增加，以满足产业增产对土地资源的要求；而生产用地面积越大，产业总产值越高。

回路数字 2，它的长度是 4：产业污染排放总量→受污染生产用地→生产用地

→未受污染生产用地→产业总产值→产业污染排放总量。

回路2与回路1相比仅多“未受污染生产用地”这一变量，但回路更加清晰。产业污染排放总量越高，污染土地资源的可能性越大，受污染生产用地也随之增加；当原生产用地受污染面积增大后，为稳定生产，政府划定的总生产用地也会随之增加，未受污染的生产用地面积也会随之扩大；未受污染生产用地面积的不断扩大，满足区域产业规模的扩张需要和产业数量的增加，为产业总产值的增加奠定了基础；而产业总产值与产业污染排放总量一般呈正比例关系，总产值越高，产业污染排放总量越大，进一步增加对土地资源的污染，从而形成一个完整的产业土地资源回馈路径。

7.6.2.3 支撑系统边界界定及因果分析

在对支撑系统分析时，仅考虑公共服务设施与区域生产总值的关系，并将地方财政收入和地方财政支出作为中间变量，以厘清公共服务设施和区域生产总值的因果关系(图7-6-6)。并根据因果关系图得相关变量的因果关系树与因果环，如图7-6-6～7-6-8。

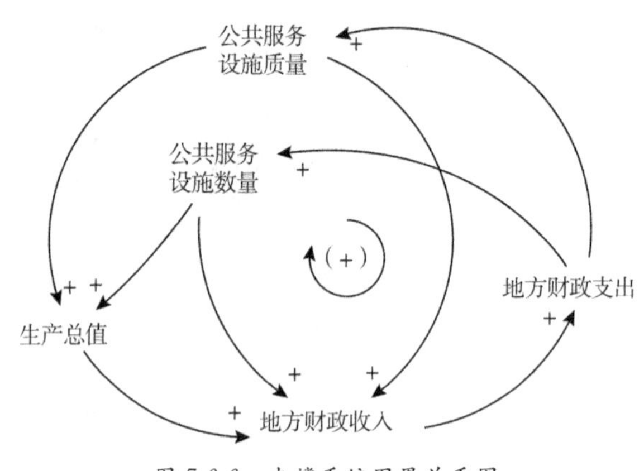

图7-6-6 支撑系统因果关系图

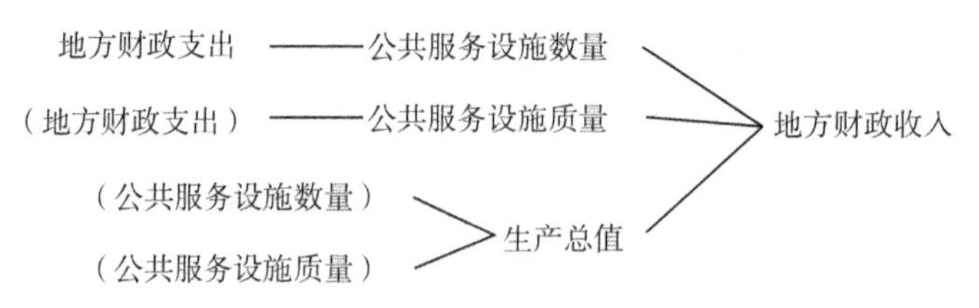

图7-6-7 支撑系统地方财政收入因果树

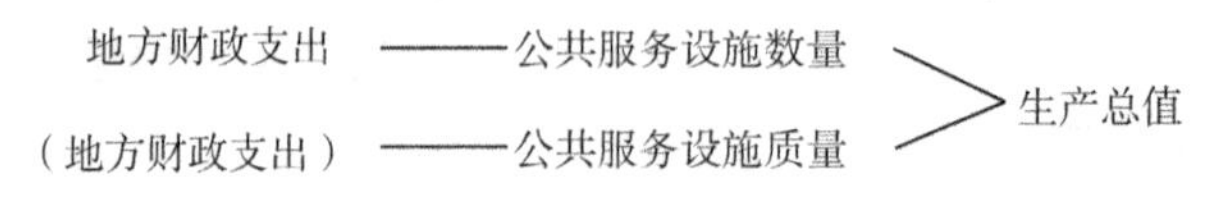

图7-6-8 支撑系统生产总值因果树

回路数字1,它的长度是3:地方财政收入→地方财政支出→公共服务设施质量→生产总值→地方财政收入。

在回路1中,地方财政收入增加将直接导致地方财政支出的增加,而地方财政支出包括教育、医疗卫生、交通运输、文化体育与传媒等公共支出,各类公共服务设施供给质量将随着财政收入和支出的增加而提升。良好的公共服务设施是经济生产的基础,高质量的公共服务设施能够有效提升生产总值,主要依靠于能源和交通设施质量的提升。而区域生产总值的提升,意味着各类税收源的增加,进一步增加地方财政收入。

回路数字2,它的长度是3:地方财政收入→地方财政支出→公共服务设施数量→生产总值→地方财政收入。

在回路2中,主要体现公共服务设施数量随着地方财政收入和支出的增加而增加,以实现最大程度的满足生产的需要,生产总值自然而然的增加。

7.6.2.4 家庭经济系统边界界定及因果分析

在对家庭经济系统进行因果分析时,仅考虑了家庭总收入、物质消费、产业总产值、教育投入、医疗投入、人力资本、物质资本、金融资本以及社会资本间的因果关系,具体见图7-6-9。并根据家庭经济系统因果关系图获得家庭总收入、物质消费、教育投入、物质资本、人力资本和社会资本的因果关系树以及部分因果环,详见图7-6-9~7-6-15。

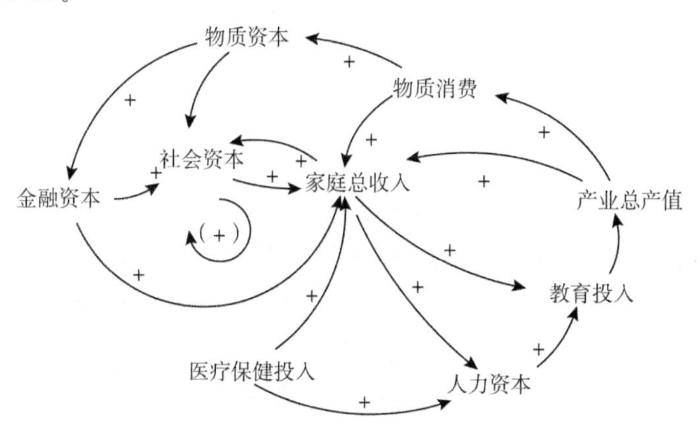

图7-6-9 家庭经济系统因果关系图

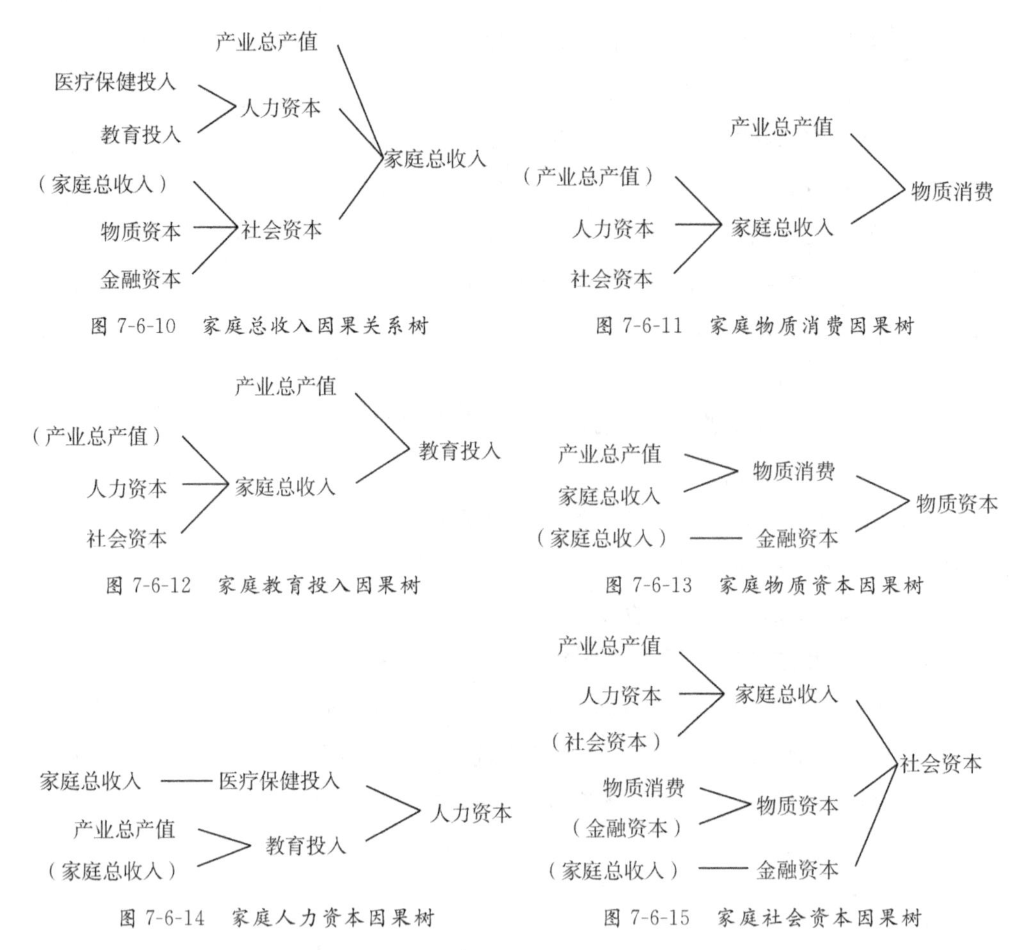

图 7-6-10　家庭总收入因果关系树

图 7-6-11　家庭物质消费因果树

图 7-6-12　家庭教育投入因果树

图 7-6-13　家庭物质资本因果树

图 7-6-14　家庭人力资本因果树

图 7-6-15　家庭社会资本因果树

回路数字 1,它的长度是 2:金融资本→社会资本→家庭总收入→金融资本。

在回路 1 中,一个家庭金融资本的增加会为社会资本的增加提供物质基础,社会资本越高意味着社会资源的丰富,对增加家庭收入是非常有益的;而当家庭总收入增加后,将直接增加家庭的金融资本,主要是银行存蓄的增加。

回路数字 2,它的长度是 3:金融资本→物质资本→社会资本→家庭总收入→金融资本。

在回路 2 中,一个家庭的金融资本是家庭物质资本的基础,主要是通过家庭消费的方式改善家庭内部人居环境质量,如丰富家庭配套设施,购买汽车等高档产品等;而物质资本的提高能够为社会资本的提升提供良好的环境和途径,如:居住小区越高档,距离城区越近,获取信息的速度就会越快,参加各类培训和组织活动的机会就会越多。在当今社会,信息就是资本,社会资本能够在一定程度上提供家庭总收入增加的机遇;而家庭总收入的增加将直接导致家庭金融资本增加,从而进一步扩大消费，提升家庭物质资本。总体而言，这是一个螺旋上升的过程。

7.6.3　人居环境关键要素的系统流图及其机制

7.6.3.1　水资源系统流图及机制分析

水资源系统流图主要反映产业发展对水资源的影响，根据水资源系统因果关系图、实证研究发现以及各变量间的关系进行数据构建(图 7-6-1)。据分析，该流图模型中，共有 4 个水平变量(L)、4 个速率变量(R)和 28 个辅助变量(A)。在此基础上，根据变量间的逻辑关系，对变量间的关系进行拟合，部分方程参考相关文献，该模型流图主要的方程：

GDP 总产值＝第一产业产值＋第二产业产值＋第三产业产值

总用水量＝期初用水量＋总用水增加量

总用水增加量＝居民生活用水＋生态与环境用水＋工业用水＋农业用水

水资源供给量＝总用水量＋漏水量

缺水程度＝水资源供需差/水资源供给量

水资源供需差＝水资源供给量－总用水量

农业用水量＝农田灌溉用水＋林牧渔蓄用水

工业用水量＝工业增加值×万元工业增加值用水量

工业增加值＝第二产业增加值×工业占二产的系数

工业废水排放量＝工业用水量×工业废水排放系数

生活污水排放总量＝居民生活用水量×生活污水排放系数

污水排放总量＝生活污水排放总量＋生产污水排放总量

生产污水排放总量＝一产污水排放量＋二产污水排放量＋三产污水排放量

一产污水排放量＝一产 GDP×单位产值污水排放量

二产污水排放量＝二产 GDP×单位产值污水排放量

三产污水排放量＝三产 GDP×单位产值污水排放量

单位产值污水排放量＝污水排放总量/GDP 总产值

据图 7-6-16 和变量间相关关系分析可知，产业对水资源系统的影响路径有二：一是通过产业结构转型升级改变用水结构和用水效率；二是通过产业污水与生活污水处理和排放，影响水质和水源。各产业类型间的用水量存在较大的差异，一般而言第三产业用水量最大，其中又以餐饮业为主；其次是第二产业中的制造业，如钢铁、纺织印染、造纸、石油石化、化工、制革等工业。产业结构的转型升级包括产业结构高级化和合理化两个方向,第三产业产值比重与产业结构高级化呈正比;而产业结构合理化指产业发展与当地自然环境相协调,可实现永续发展。当区域产业结构趋向高级化时,第三产业比重提升,区域用水结构趋向服务业;继而考虑合理化,海岛城市水资源本就短缺,水库水、地下水、海水淡化和岛外引水是主要水源,当服务业用水量超过一定比例后,农业可用水量和工业可用水量将急剧下降,从而影响农业和工业的生产,政府为发展经济加大财政支出,增加水资源供给以暂时性的满足产业生产的需要;当地方财政支出持续增加至入不敷出时,政府必将出台限水政策和相关措施,如强制关闭高水产业、增收水资源利用税、提高水价等,导致居民用水消费提高。实质上反映了居民与产业间水资源的分配问题,当市场失灵后,由政府这一"看得见"的手进行宏观调控,以维持居民用水与产业用水相协调,同时实现产业经济的可持续性发展。

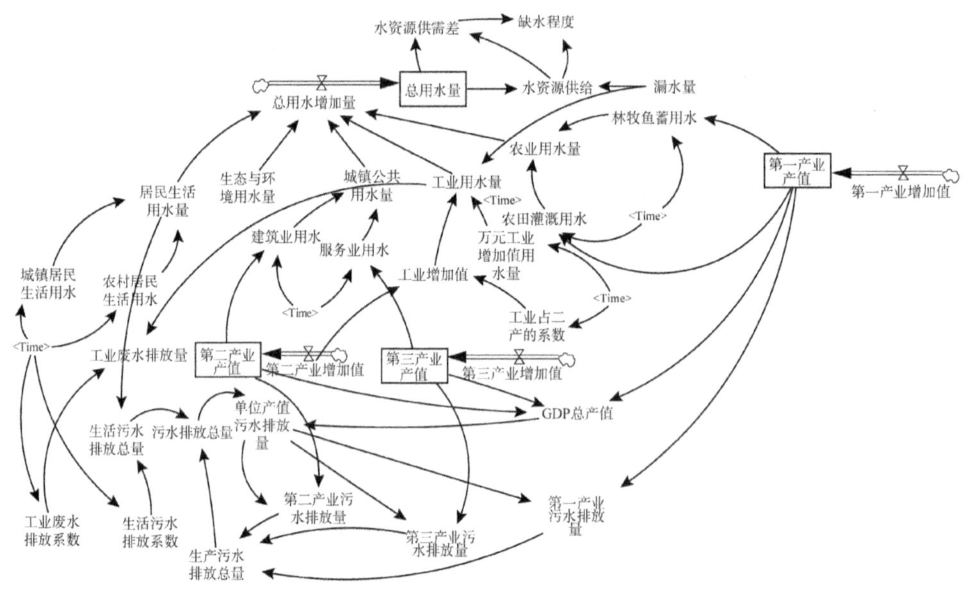

图 7-6-16　水资源系统流图

区域污水源于生产活动和生活活动,分别称为生产污水和生活污水。不同产业类型污水生产能力存在较大差异,可用污水生产系数表示,随着环保意识的增强,生产污水必须经过无害化处理后才可排放至环境中,而污水处理能力与区域污水处理设施投入呈正比,污水处理设施投入越高,污水处理能力越强,污水排放量越低,对水质和水源的影响越小。污水处理设施投入包括企业自身投入和政府投入两部分,企业产值的高低直接影响污水处理设施的投入,这是一个双向循环的过程,依赖于产业的发展和污水处理技术的提升。生活污水与居民生活可用水量和污水生产能力有关，一般的生活可用水量越高，生活污水生产量越大；污水生产能力则与家庭收入和消费水平有关，而家庭收入与消费则取决于区域产业发展规模和结构，一般居民生活污水生产能力会随着区域产业发展而发生变化。当生活污水和生产用水生产速度超过污水处理设施的处理速度以及政府财政的支持力度时，政府则有可能出台一些措施以限制污水的产出，如提高水价、增收污水处理费等。实质上反映了，居民与产业间污水可排放量的分配，以及市场与政府相互作用，以保证居民与产业、生产生活与环境间的协调。

7.6.3.2 土地资源系统流图及机制分析

土地资源系统流图主要反映产业发展对土地资源的影响，根据土地资源系统因果关系图、实证研究发现以及各变量间的关系进行数据构建。据分析，该流图模型中，共有 7 个水平变量(L)、7 个速率变量(R)和 40 个辅助变量(A)。在此基础上，根据变量间的逻辑关系，对变量间的关系进行拟合，部分方程参考相关文献，该模型流图主要的方程：

二产产值＝生产总值(GDP)－三产产值－一产产值

工业污染物生产量＝工业污染物增加量＋期初工业污染物生产量

工业污染物增加量＝二产产值×工业污染物生产率系数

工业污染物生产量＝工业固体废弃物生产量＋工业废水生产量

工业固体废弃物排放量＝工业固体废弃物生产量×(1－工业固体废物综合利用率)

工业废水排放量＝工业废水生产量×工业废水排放达标率

建设用地比重＝建设用地面积/土地总面积

综合容积率＝房屋建筑面积/建设用地面积

耕地面积＝期初耕地面积－耕地面积减少量

农作物播种面积＝耕地面积×复种指数

粮食总产量＝粮食单产×粮食播种面积

人均耕地面积＝耕地面积/总人口

绿地面积＝期初绿地面积－绿地年减少量

建成区绿地覆盖率＝年末绿化覆盖面积/建成区面积

土地利用率＝1－未利用地面积/土地总面积

未利用地面积＝未利用农用地面积＋未利用建设用地面积

据图 7-6-17 和变量间相关关系分析可知，产业对土地资源系统的影响与对水资源系统的影响路径类似，主要通过产业规模结构和空间结构变化影响土地空间利用状态。产业空间结构指产业空间分布规律和集聚特征,主要影响区域土地利用空间结构。土地利用空间结构指各类用地在空间上的分布特征,一般的工业分布与工业用地相应分布。另外,产业空间集聚会提高用地价值,从而增加地租,导致一些低附加值的产业逐渐转移,高附加值产业或关联产业不断聚集,促使用地性质空间显著。

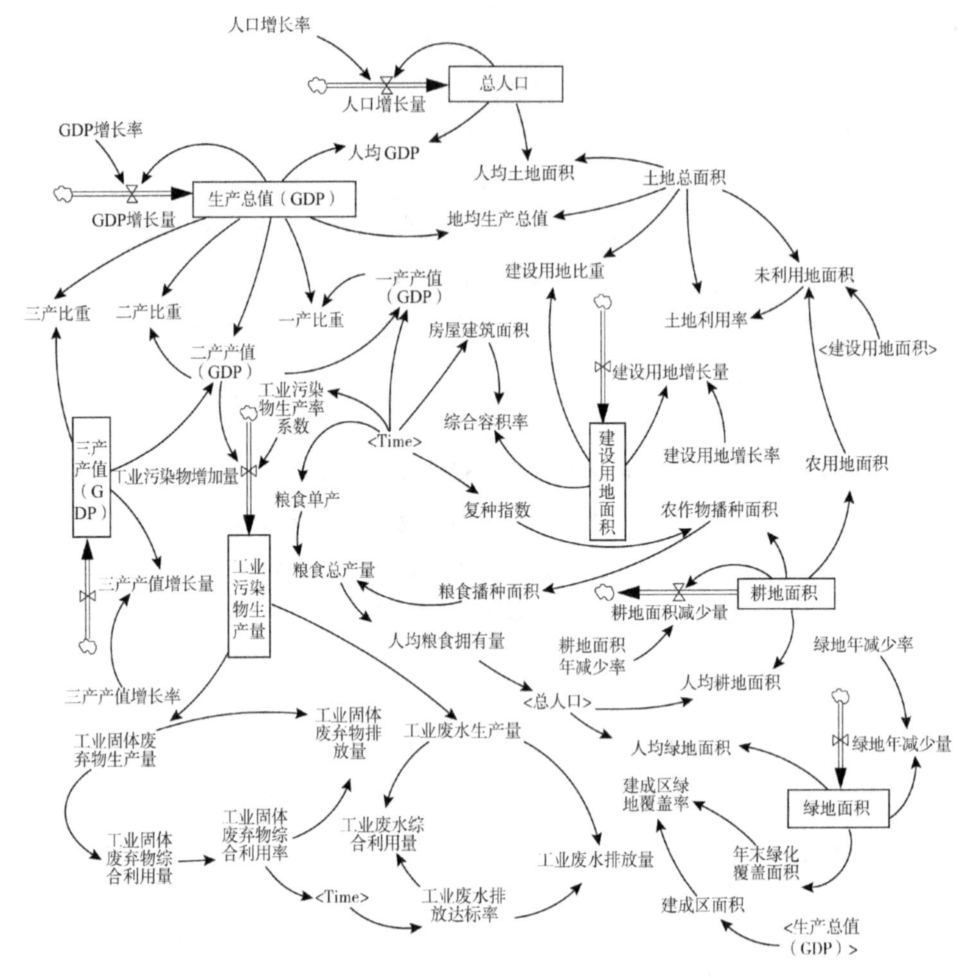

图 7-6-17 土地资源系统流图

产业规模结构指产业结构比例,主要影响区域土地利用空间性质。海岛城市土地总面积受限,随着二、三产业的不断发展,第一产业用地不断受到挤压,农田、盐田和滩涂被征用成为常态,即农业用地成为建设用地,包括用作工业用地、交通用地、居住用地、公共建筑用地等。二、三产业自身规模的不断扩大,直接导致用地面积增加;二、三产业规模扩大,产品仓储空间要求迅速扩张和流通速度要求增强,增设仓储空间,加建交通设施,将直接导致工业用地的扩张;二、三产业规模扩大意味着产业吸附人口增加，对住宅、交通、公共服务设施的压力明显增大，政府为维持社会和谐运转，在国家规划用地范围和标准内，增加住宅用地、交通用地和公共建筑用地，而这些用地主要源于农业用地和填海造陆。实质上反映了政府调控下生活、生产和生态间的土地资源分配问题，虽然这一问题是动态变化的，但协调自然—社会经济可持续发展这一目标是固定的。在实际的发展过程中，生态空间是被挤压的，生活空间和生产空间是不断扩大的，当生态空间减少到一定程度时，自然—社会经济发展将不再协调，自然生态服务价值将会大幅度降低，从而影响人类的居住环境，最终影响社会经济的发展。

7.6.3.3　支撑系统流图及机制分析

支撑系统流图主要反映产业发展对公共服务设施的影响，根据支撑资源系统因果关系图、实证研究发现以及各变量间的关系进行数据构建(图 7-6-18)。据分析，该流图模型中，共有 2 个水平变量(L)、3 个速率变量(R)和 91 个辅助变量(A)。在此基础上，根据变量间的逻辑关系，对变量间的关系进行拟合，部分方程参考相关文献，该模型流图主要的方程：

地方财政收入＝城镇土地使用税＋增值税＋个人所得税＋企业所得税

地方财政支出＝公共服务设施建设支出＋环保支出

城镇土地使用税＝城镇土地使用面积×城镇土地使用税税率

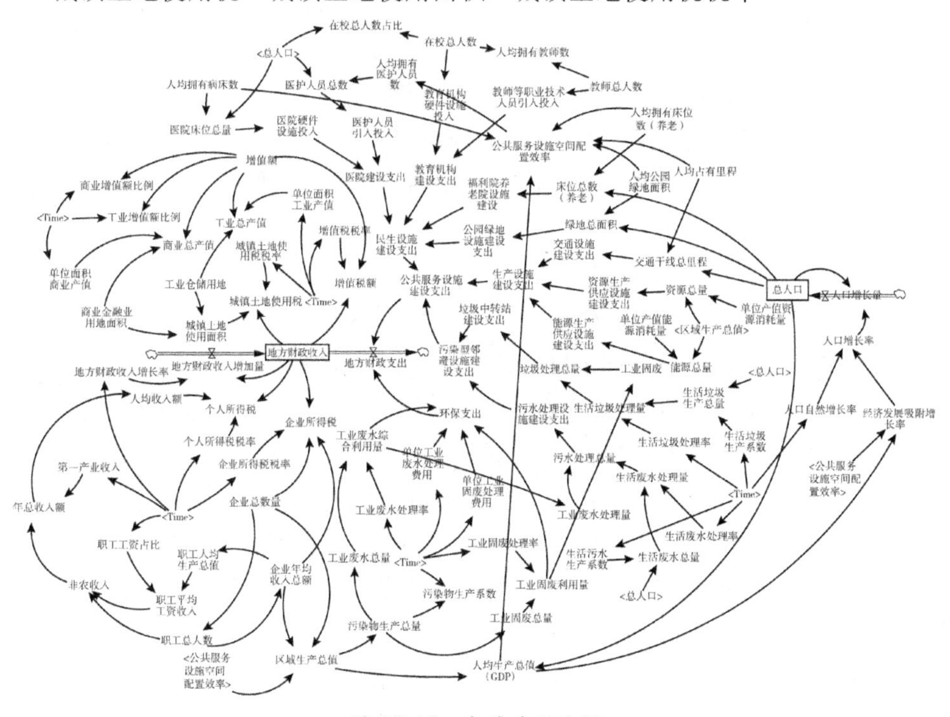

图 7-6-18　支撑系统流图

增值税=商业增值税额比例×商业总产值+工业总产值×工业增值税额比例

商业总产值=单位面积商业产值×商业金融业用地面积

工业总产值=单位面积工业产值×工业仓储用地

城镇土地使用面积=商业金融业用地面积+工业仓储用地

个人所得税=人均收入×个人所得税税率

年总收入额=第一产业收入+非农收入

非农收入=职工平均工资收入×职工总人数

职工平均工资收入=职工人均生产总值×职工工资占比

企业所得税=企业年均收入×企业所得税税率

区域生产总值=企业年均收入×企业总数

环保支出=工业废水综合利用量×单位工业废水处理费用+工业固废利用量单位工业固废处理费用

公共服务设施建设支出=民生设施建设支出+生产设施建设支出+污染型邻避设施建设支出

民生设施建设支出=医院建设支出+教育机构建设支出+福利院养老设施建设支出+公园绿地建设支出

生产设施建设支出=交通设施建设支出+资源生产工艺设施+能源生产供应设施

污染型邻避设施建设支出=垃圾处理设施建设支出+污水处理设施建设支出

医院建设支出=医院硬件设施投入+医护人员引入投入

教育机构建设支出=教育结构硬件设施投入+教师等职业技术人员引入投入

人均拥有病床数=医院总床位数/总人口

人均拥有医护人员数=医护总人数/总人口

人均拥有养老床位=福利养老院总床位数/总人口

人均占有道路里程=总里程/总人口

资源总量=生产总值/单位产值资源消耗

能源总量=生产总值/单位产值能源消耗

人口增长率=人口自然增长率+经济发展吸附增长率

公共服务设施空间配置效率=人均拥有病床数×权重1+人均拥有医护人员数×权重2+人均拥有养老床位×权重3+人均占有道路里程×权重4+人均GDP×权重5

据图7-6-18和变量间相关关系分析可知,产业主要借助地方财政收入和地方财政支出的途径影响公共服务设施。实际上,公共服务设施及其配套服务均由政府出资建设以及后期的运营费用支出的支撑。而地方财政收入是资金的主要来源，税收是地方财政收入的主要来源，其中城镇土地使用税、增值税、个人所得税和企业所得税对地方财政收入的贡献率稍大，也是产业贡献税收的主要体现。工商业、建筑业和旅游业是城镇用地面积较大的几类产业，土地作为生产要素的一种，会随着产业规模和产值的不断扩大和增长而增加投入，即产业结构的转型变化引起的用地结构变化会直接影响城镇土地使用税的征收。一般地，二、三产业产值比重越大，城镇土地使用税就越高，非常有利于地方财政收入的增加。商品生产、流转及劳务服务是二、三产业的重要环节，随着二、三产业规模的扩大和转型升级，商品生产、流转加速，商品及劳务服务附加值提高，导致增值税征收对象一增值额快速增长，从而实现增值税对地方财政收入的贡献。个人所得税和企业所得税是以主体所得为征税对象的税种，与个人所得和企业所得额的高低密切相关。企业所得由企业生产总值决定，而企业生产总值代表区域产业发展程度，一般的，产业发展越好，企业生产总值越高，企业所得也会越高，对地方财政收入的贡献也就越大。个人所得与企业生产总值息息相关，企业职工工资来源于企业生产，是企业生产总值的一部分，与企业生产总值的变化同生共息。另外，个人所得还与从事的职业类型、企业吸附就业能力有关，根据实证研究部分可知，三次产业对居民家庭收入的贡献率存在第三产业＞第二产业＞第一产业，即产业结构升级能够带来家庭收入增收的效应。企业吸附就业能力决定着区域失业人数和从业人数的多少，一般的劳动密集型产业吸附就业能力最强，但随着产业结构的升级，资金、技术日益取代劳动力成为企业必需的生产要素，但以服务业为主导产业的产业结构体系，对劳动力的需求仍是第一位的。近些年来，岱山岛第三产业特别是以“海岛”为主题的风景旅游业快速发展，极大程度地降低了岱山岛失业人数多，就业难的问题。

地方财政支出决定着地方环境治理效果及公共服务设施供给满足地方生产和生活需求的程度。环保支出是地方环境治理的专项支出项目，主要是针对工业废水、工业固废、生活垃圾和生活废水的处理。工业废水由企业做预处理，达标后汇入生活污水处理厂一并处理，当然企业也会支付一定的处理费用。但污水处理厂和垃圾处理厂等污染型邻避设施由政府完全出资建设，建设规模由污水和固废生产规模决定，本质上由企业和人口规模决定。公共服务设施建设支出，按照设施类型可分为民生设施建设支出、生产设施建设支出和污染型邻避设施建设支出，民生设施指以服务生活活动为目的的设施，生产设施指以服务生产活动为目的的设施。民生设施建设支出中以医院建设支出、教育机构建设支出和公园绿地建设支出为重点，民生设施建设支出项目、建设规模由区域人口规模决定，本质上还是由产业发展状况决定。因为，人口规模取决于人口增长率，而人口增长率包括自然增长率和机械增长率(产业发展吸附增长率),自然增长率受育龄妇女人数、育龄妇女受教育程度、医疗水平影响显著;机械增长率主要指产业发展吸附增长率,取决于当地产业发展对外地劳动力的吸引。从产业影响具体分析,育龄妇女属于年轻劳动力的一部分,只有地方产业发展规模及结构与劳动力数量及结构相匹配时,两者间相辅相成才有可能;受教育程度取决于地方财政的支撑和家庭收入的高低,而这一切归根结底取决于产业的发展;医疗水平更是如此,高新的医疗设备、技术人才的引进均靠政府财政的支持。生产设施支出主要是交通建设支出和资源能源生产与供应设施支出。海岛交通和资源能源供应一直是限制海岛城市发展短板,其中岛陆交通、淡水资源、石油、天然气等能源为最。海岛产业生产和居民生活离不开资源和能源的投入,产品的流通,地方政府如何根据岛上居民生活和生产对资源能源以及交通的需求制定建设规划,配置财政支出,以实现生产、生活、资源能源供应的良性循环至关重要。

7.6.3.4 家庭经济系统流图及机制分析

支撑系统流图主要反映产业发展对公共服务设施的影响,根据支撑资源系统因果关系图、实证研究发现以及各变量间的关系进行数据构建(图 7-6-19)。据分析,该流图模型中,共有 3 个水平变量(L),4 个速率变量(R)和 27 个辅助变量(A)。在此基础上,根据变量间的逻辑关系,对变量间的关系进行拟合,部分方程参考相关文献,该模型流图主要的方程:

家庭总人口=实际劳动力+非劳动力

家庭实际劳动力之比=实际劳动力/家庭总人口

家庭抚养比=非劳动力/实际劳动力

人均可支配收入=家庭总收入/总人口

人力资本=家庭实际劳动力比×家庭实际劳动力-人力资本权重+家庭抚养比×家庭抚养-人力资本权重

人口增长率=人口自然增长率+产业发展吸附增长率

金融资本=人均家庭可支配收入×人均收入-金融资本权重+家庭新增储蓄×家庭新增储蓄-金融资本权重

家庭新增储蓄=家庭总收入×家庭新增储蓄占比

家庭消费支出=食品支出+衣着支出+居住支出+设备用品及服务支出

恩格尔系数=食品支出/家庭消费支出

据图 7-6-19 和变量间相关关系分析可知,产业主要通过经济外部性影响家庭经济系统。家庭经济系统包括家庭生计、家庭收入、家庭消费及家庭投资四部分,这里主要讨论前三种。家庭生计指维持家庭持续生存的能力,包括物质资本、金融资本、人力资本和社会资本。物质资本又包括自然物质资本和家庭物质资本，产业结构演替过程对自然物质资本的影响表现为资源占用和污染，导致家庭占有量减少；对家庭物质资本的影响还需通过家庭收入和家庭消费来实现，而我们了解到各类产业对家庭增收的贡献率存在差异，故产业结构演替会引起家庭收入的变化，从而导致家庭消费发生变化。房屋结构、房屋面积、小轿车、盥洗室、冲水马桶、空调、电脑等均属于家庭物质资本，取决于家庭消费水平和收入水平。金融资本指家庭获取资金的能力，包括家庭收入源、家庭收入量、家庭储蓄占比以及贷款机会等，家庭收入源和家庭收入量直接影响家庭收入水平及其稳定性，与产业结构多样化分不开；家庭储蓄是家庭金融能力的直接表现，与产业结构高级化密切相关。人力资本取决于家庭实际劳动力、家庭抚养比、劳动力受教育程度、劳动力身体健康状况等指标，家庭实际劳动力指实际参与劳动的劳动力，当产业结构吸纳就业人口能力越强，家庭参与劳动的劳动力就会增加，从而降低家庭抚养比；另外，海岛城市教育质量相对滞后，与转型升级后产业发展对劳动力的要求相脱节，导致年轻劳动力外流，本岛产业出现用工荒的问题。

家庭收入与家庭消费相互影响、相互制约。家庭收入水平取决于区域产业结构层次、家庭劳动力等要素。区域产业结构层次指三次产业间及产业内部各行业间的比例关系，不同层次的产业结构会形成不同的家庭收入结构层次。一般，第一产业比重越高，家庭收入结构层次越低；二三产业比重越高，家庭收入结构层次也越高。家庭消费不仅取决于家庭收入水平，还与产业产品生产密切相关，即消费与产业间存在双向的影响关系，消费决定生产，生产带动消费。

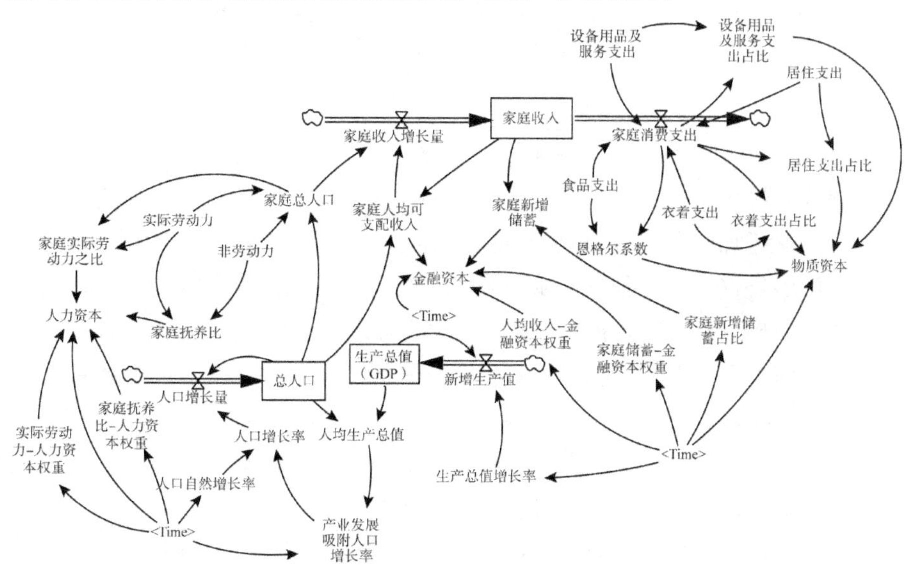

图 7-6-19　家庭经济系统流图

7.6.3.5 海岛产业结构演替对人居环境关键要素的影响机制分析

综合分系统流图绘制海岛产业结构演替影响下人居环境系统流图(图 7-6-20),并做海岛产业结构演替对人居环境关键化人工要素影响机制的详细分析。

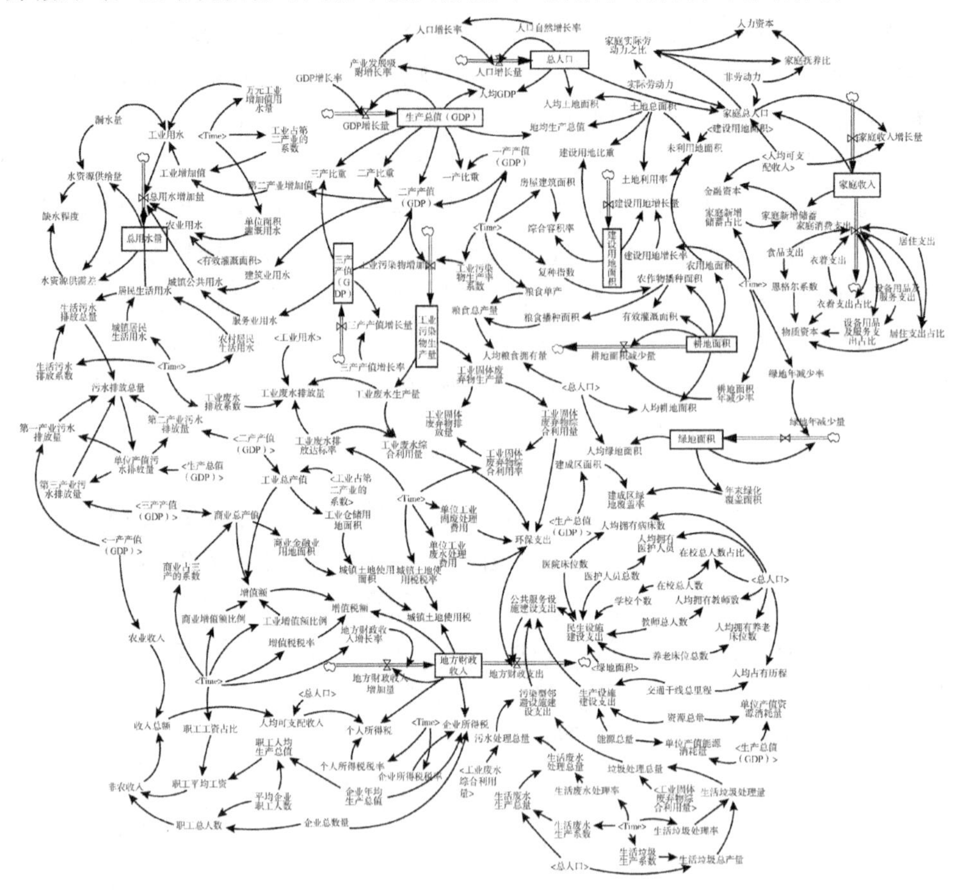

图 7-6-20 海岛产业结构演替影响下的人居环境系统流

根据分系统流图与影响机制分析以及图 7-6-20,可将海岛产业结构演替影响人居环境的路径总结为三条;根据经济外部性理论分析,海岛产业结构对人居环境影响的发展路径仅为二。根据产业结构对外影响的性质,将具有促进作用的影响统称为正外部性,反之为负外部性,即为产业结构影响人居环境的发展路径。正负外部性对应两条影响路径:正外部性主要是产业结构在转型升级的过程中由产业增值、吸附就业能力增强而导致家庭收入和地方财政收入增加的一系列正面影响;负外部性主要是由产业结构变化而引起能源资源消耗结构以及三废排放结构变化而影响居民资源能源利用和生态环境的一系列负面影响。正外部性有利于内外部人居环境质量的整体提升,负外部性对外部人居环境质量提升的阻碍作用较大。

岱山岛作为海岛城市的典型代表,其产业结构演替及内外部人居环境具有一定的海岛特性,首先是产业结构由以渔业盐业为主的农业经济体系直接转向以船舶修造、汽配机械制造为主的临海工业经济体系;其次,淡水资源和土地资源匮乏,依赖于水库蓄水、岛外输水和海水淡化,土地资源依赖于"排山倒海",围海造陆;生产与生活间对水土资源存在竞争;岛陆来往不便,本土年轻劳动力流失严重,生活成本较高;本土产业极少,以海内外引进为主;产业污染程度相对大陆较浅,污水、废气容易消散等。在此基础上分析海岛产业结构演替影响人居环境的三条路径更为深刻。

(1)家庭收入水平需从收入来源和收入量来衡量。一般地,收入来源越多,收入就会越高并且相对稳定。收入来源的多少本质上由家庭劳动力从业结构决定,而家庭劳动力从业结构与整个产业结构背景分不开。第一产业为主导产业的产业结构背景下的家庭收入结构也会以农业收入为主,海岛地区则以养鱼业、捕捞业、盐业为主要收入来源;随着第二产业特别是临海工业的兴起与发展,导致第一产业结构比例下降,二、三产业结构比例上升,此时农户家庭收入开始出现打工收入、工资收入等来源,人均收入也开始增长;第二产业结构比例不断上升,直至超过第一产业成为区域经济发展的支柱性产业,农户家庭打工收入、工资收入占比快速提高;最后一个阶段,第三产业逐渐超越第一产业和第二产业成为区域发展的支柱产业,农户家庭个体收入比例快速增加,对家庭总收入的贡献也越来越大。家庭收入量不仅受家庭劳动力从业结构的影响,还与家庭劳动力、非劳动力、产业结构就业吸纳能力等要素有关。家庭劳动力是家庭收入的基础,实际参与劳动的劳动力才能给家庭带来收入,一般年轻强壮的男性劳动力更容易获得高薪的工作,这与区域产业结构就业吸纳能力的大小密切相关。假设家庭劳动力均健康并能够满足产业生产的技术要求,那么产业结构就业吸纳能力将直接影响农户家庭实际劳动力和抚养比,吸纳能力越强,家庭实际劳动力数量越大,高收入家庭的可能性就会越高,具有良好内部人居环境质量的可能性也会越大,反之则不然。第三产业属于资金密集型、技术密集型和劳动密集型产业,就业吸纳能力相对强于第二产业和第一产业,大力发展劳动密集型的第三产业能够有效解决海岛劳动力因技术水平低、资金短缺而失业的人群获得生计资本,即产业结构与劳动力结构相匹配。

(2)家庭收入水平提升将直接导致消费水平上升,因为收入是消费的基础。产业结构演替通过收入影响消费,再通过消费影响人内部居住环境,这是第一条途径。第二条途径是通过增加财政税收和财政支出影响人外部居住环境。这里的外部环境主要指公共服务设施和生态环境,主要有政府财政支出予以支持,财政税收是财政支出的基础。"产业结构的优化升级是财政收入可持续增长的基础,第一产业的财政收入贡献水平较低,第二产业较大,第三产业逐渐成为财政收入新的增长点”。环保支出是政府为维持生态环境的重要支出项目,包括生产废水和固废以及生活废水与垃圾的处理费用,这一支出的多少与生产排污量和生活排污量密切相关。一般地,二产的排污量比较大,三产的排污量比较小;生活排污量与家庭消费水平有关,而家庭消费水平取决于家庭收入水平,家庭收入水平与产业结构有关,所以环保支出本质上还是由产业影响。公共服务设施是外部人居环境的重要组成,相对于较为封闭的海岛城市来说是居民和产业得以长居的根本。医疗、教育等民生设施直接关系居民身体健康与受教育程度,对家庭收入存在间接的影响;另外,就医和接受教育是人民的基本权利,建设规模需结合人口规模进行综合考量。人口规模受自然增长率和产业发展吸附增长率双重影响,即产业结构影响人口机械增长,从而影响地方财政对医疗和教育等民生设施的投入。交通是限制海岛城市发展的重要因素,是产业商品流通、人口流动的重要基础。商品流动能够产生增值额,从而增加财政收入;产业结构的转型升级,对交通提出了更高的标准和要求,促使交通财政支出增加;交通便利是人们选择居住地的必要条件之一。

(3)海岛产业影响人居环境的第三条路线是对自然资源的占用和消耗,其中淡水资源和土地资源尤其明显。海岛淡水资源是限制海岛产业发展的重要因素,发展节水产业是大势所趋。产业间耗水量存在较大差异,餐饮业、造纸业、石化工业等产业用水量突出,海岛产业结构在转型升级的过程中逐渐淘汰高耗水、高耗能的产业,其中造纸业的减少尤为显著。由此可知,产业结构变化会引起用水总量和用水结构的变化,生产用水与生活用水间是竞争的关系,生产用水量大,则生活用水量就会降低,从而降低外部人居环境的质量。当然政府也会通过加大财政支出的方式,加大岛外淡水的引进和海水的淡化,以满足生产和生活的需求,但又会减少财政对公共服务设施等其他影响人居环境质量要素的支持。土地资源也是限制海岛城市发展的重要因素,生活用地、生产用地和生态用地三者间是一个博弈的过程。产业发展导致的产业规模扩大、产业集聚,生产用地和生活用地随之增加,作为自然本底的生态用地受到明显挤压,其中人均绿地面积和耕地面积明显减少,严重影响自然生态服务价值的持续化供给,最终导致生态环境受损,从而降低整个人居环境质量。

7.7 本章小结

本章基于系统动力学理论,根据海岛产业结构演替人居环境的IS-PRED分析模型,分别绘制分系统因果关系图、流图及人居环境总系统流图,详细分析了海岛产业结构演替对地方人居环境水资源系统、土地资源系统、公共服务设施系统的影响机制,以论证实证研究部分的可靠性和科学性。

海岛产业结构演替对人居环境的影响可总结为“两个方向,三条路径”,两个方向指的是产业正外部性和负外部性,三条路径指产业通过影响家庭收入、地方财政收入和资源能源占用而产生一系列影响人居环境质量的链条反应。产业正外部性指产业结构转型升级导致产业规模扩大、产业附加值增加、吸附就业能力增强等而产生的对人居环境质量起促进作用的系列影响;产业负外部性主要通过三废排放和资源能源占用实现。

产业结构层次决定家庭收入结构层次,三次产业对家庭总收入的贡献以及吸纳就业的能力存在第三产业＞第二产业＞第三产业的现象;家庭收入则通过家庭消费实现对内部人居环境质量的影响。产业结构层次决定地方财政收入水平,其中第二产业是地方财政收入的基础,第二产业中的工业是地方财政收入的中坚力量,第三产业是地方财政收入的新增长点;地方财政收入通过地方财政支出如环保支出、公共服务设施建设支出等影响外部人居环境质量,而环保支出主要用于产业和生活的三废无害化处理,以缓解产业对外部环境的负面影响。海岛产业结构层次影响海岛淡水资源和土地资源利用结构,以影响生态服务价值,从而实现对自然生态环境的影响,本质上是产业、人类和自然对淡水资源和土地资源的博弈过程。

8 结论与展望

海岛兼具海洋与大陆两种地域特征，是地理学研究的重要对象之一。中国地理学界日益关注海岛产业转型、海洋资源可持续利用、海洋权益维护等，鲜见探讨产业结构与人居环境变化之间关系论著。海岛产业结构变迁对海岛人居环境影响的具体形式及产生问题探究，能为海岛社会经济发展决策提供参考，亦能引导海岛产业布局尽可能有效地规避自然灾害，降低因自然灾害带来的经济损失，繁荣海岛地区人口和经济，避免海岛地区地缘价值的丧失。同时，海岛产业结构变迁影响人居环境研究，丰富了海岛产业结构变化过程的人居环境影响机理，阐明了其效应形成路径与刻画方法体系。

8.1 海岛产业演替影响人居环境的机理

在理论分析基础上，以舟山市产业数据（2000—2021 年）、土地利用数据（2000—2019 年）、水资源利用数据（2010—2021 年）、公共服务设施 POI 数据（2010—2021 年）、社会经济统计数据（2010—2021 年）、家庭经济统计调查数据及地方志数据为准；以及 2016—2020 年间宁波大学地理与空间信息技术系本科生、硕士研究生暑期社会实践在舟山朱家尖街道、六横镇、岱山镇开展的海岛人居环境调查数据为数据源，采用定量定性相结合方法分析舟山市及其朱家尖岛、六横岛、岱山岛的产业结构演进、人居环境要素状态，进而探究海岛产业结构变迁如何影响人居环境。

（1）舟山市六横岛案例研究发现：六横岛产业结构由农业主导转向工业主导过程，相应地六横岛城市化水平快速提升，城市化公共基础设施也日益密集布局于城市化社区，如龙山社区、峧头社区、台门社区；相应的海岛本地居民感知公共服务设施满意程度方面也集中体现在公共设施齐全性、交通便利性、环境舒适性、环境健康性等方面，其中对于环境健康性区域分异尤为关注，主要是因产业结构趋向工业升级会造成一定的工业三废排放以及岛内交通通勤压力，影响居民安全感，表明产业结构变化将直接影响城镇村人居环境的硬件建设速度与质量，同时也在一定程度上影响工业密集区周边居民的人居环境主观满意度评价，尤其是环境健康性与社区居住安全性方面。

(2)舟山市朱家尖岛案例研究发现：朱家尖岛产业结构由农业主导转向旅游业主导过程，相应地朱家尖岛旅游化水平快速提升，旅游类公共基础设施也日益密集布局于景区周边与街道办驻地；相应地海岛本地居民感知公共服务设施满意程度方面也集中体现在公共设施齐全性、交通便利性、环境舒适性、环境健康性等方面，且普遍高于六横岛居民感知状态。这表明海岛产业结构趋向旅游业方向升级，虽然会造成一定的经济收入季节性波动，但是三废排放及岛内通勤压力低于趋向工业转型，表明产业结构趋向旅游业主导服务业结构时将直接影响城镇村人居环境的硬件建设速度与质量，同时也在一定程度上景区周边居民的人居环境主观满意度评价普遍较高，尤其是环境舒适性、环境健康性高于趋向工业主导产业结构转型。

(3)舟山市岱山岛案例的研究发现：①舟山市岱山岛产业结构单一，高亭镇产业结构体系相对完善，与劳动力就业结构发展不对称，第三产业产值比重最低，而就业人数比重最高；产业经济增长高度依赖一、二产业，二、三产业增长速度加快，第一产业增长速度减慢。非农产业空间分布形成由中心城区向乡村区域扩散的多中心圈层结构，分布密度由高亭镇城市中心向外围呈圈层式递减，并随着时间推移，集聚度不断提高，其中制造业集聚度增幅最大。岱山岛土地利用类型以耕地、建设用地和林地为主，其中，耕地面积逐渐减少，建设用地和林地普遍增加，四镇土地利用类型变化呈现波动平稳型(东沙镇)、波动上升型(高亭镇)和波动下降型(岱东镇与岱西镇)；组合类型较为单一，“耕地＋林地”“耕地＋林地＋建设用地”为主要组合类型；耕地分布均衡度、离散度远高于建设用地；土地利用程度偏低，并呈现减弱趋势；土地利用结构变化导致结构效益恶化和生态服务功能提升。舟山市岱山岛产业结构变化与土地利用结构变化匹配度低，互动关系由非同步变化趋向同步变化；非农企业空间布局与建设用地空间分布耦合度高；产业结构转型升级促进经济发展，提高土地利用生态效益与结构效益；第三产业产值比重与就业比重差距在一定范围内时，第三产业结构偏离度对土地集约利用水平的边际贡献率最大。②舟山市岱山岛工业生活用水、农业用水为主要用水量，其中服务业用水量最大，并呈现持续增加的趋势。自来水结构均衡度呈现先增长后下降的趋势，水资源利用效率、水资源利用与经济社会发展协调度呈现提高之势,水环境污染效应显著加深。产业结构高级化导致淡水资源利用结构均衡度、协调度降低,第二产业结构效益增加有利于水资源利用协调度提高;快速趋向二、三产业的产业高级化过程有利于降低水环境污染,其中第二产业发展是造成淡水资源污染的主要原因。③舟山市岱山岛教育文化设施、卫生健康休闲设施、医疗养老设施呈多核心分散分布模式,市场、交通、环境指向明显,集聚度显著提高,空间尺度范围持续扩大;交通设施、通信能源设施总体呈现由中心城区-外围扩散的多中心圈层结构,且集聚度加强、集聚范围明显扩大,呈现一定的行政指向性和交通指向性;污染型邻避设施分布均匀,存在显著的交通指向性。公共服务设施空间配置效率保持东沙镇>高亭镇>岱西镇>岱东镇;且高亭镇与东沙镇空间配置效率总体呈下降趋势,岱东镇和岱西镇公共服务设施空间配置效率总体提高。制造业空间集聚与公共服务设施高度耦合于高亭镇主城区、岱山岛经济开发区、双合村、沿港中路和沿港西路附近以及泥峙村附近等区域,其中,东沙社区附近为低耦合度区域;产业结构趋向二、三产业过程,当第二产业产值比重显著提高时,区域公共服务设施空间配置效率有显著提升。④舟山市岱山岛村域尺度农户家庭生计资本空间分布与非农企业存在一定的耦合性,总体呈现“大集中,小分散”的分布态势。生计资本较高则各子项生计资本较均衡和充裕;中等则个别子项资本匮乏;较低等则四个子项资本均呈现匮乏状态。农户家庭生计资本水平均较高,资本搭配合理型占50%,资本极度匮乏型仅占2.38%。三产比重提高有效提升了农户家庭生计资本水平,对农户家庭居住环境(物质资本)的正向影响尤为突出。农户家庭收入“质”较差,农户平均收入源指数为1.5(种);农户家庭各项收入对总收入贡献率从大到小依次为其他收入>捕捞收入>工资性收入>打工收入>政府补贴收入>种植收入>养殖收入;农户村域群组间收入差距较小,基本均衡;空间呈现“小差距集中,大差距分散”的分布状态;高亭镇农户间收入差距最大。渔农村和城镇常住居民家庭各项收入均增加,但渔农村农户家庭增收幅度显著大于城镇,渔农村经济发展稳定性较差。农户家庭收入增长来源之中二、三产业的贡献率显著提高,进而提升家庭居住环境改善的消费支出占比,以实现居住环境质量的改善。⑤舟山市岱山岛居民仅将满足家庭生活、教育和发展等基本需求后剩余收入中的36.58%用于其他消费支出。家庭实际收入随着商品和服务价格的上升而增加;发展类服务、能源类产品的需求量对价格变化较为敏感。渔农村和城镇常住居民的恩格尔系数虽呈现下降趋势,但均位于富裕水平;渔农村常住居民消费水平低于城镇;居民在满足基本的生活需求后,随着收入的增加,更多收入用于改善居住环境、医疗教育、交通通信等服务,以提高生活质量。三产比重提高能够有效提升农户家庭消费水平,而第一产业的发展以降低家庭消费水平为主，其对家庭人均食品支出的影响最显著。区域产业专业化生产能力的提升会导致交通通信支出显著增加，产业结构效益会降低海岛居民医疗、养老等社会保障性的投入。

三个案例实证结论进一步佐证了海岛产业结构演替影响人居环境机理的理论分析：①海岛产业演替过程直接影响淡水资源、土地利用类型转换的生态服务价值结构；②产业高级化过程的空间集聚，既能拓宽家庭收入增长来源实现居住环境支出改善，又能提高地方公共服务设施与环保设施的投入占比，从而缓解产业演替过程带来的建设用地占比快速增加的生态环境负效应。③海岛产业结构演替作为海岛人居环境系统的核心驱动因素，关键在于一是产业结构升级与空间组织形式变化对水资源、土地资源、能源资源、人力资源的消耗形式发生转变，同时产业结构演替过程主导产业空间重组驱动各类人居设施升级或再布局，进而提升居民居住、通勤的便利性以及潜在的就业机会。这既客观提升了海岛人居环境的关键要素及其空间公平性，又增强了居民对人居环境的主观感知。

8.2 促进陆海统筹与人居环境的变革性研究

海岛产业结构演替影响人居环境，主要通过产业规模结构、空间结构变动和污染物排放行为影响地方人居环境，其中合理化和高级化是地方产业结构的主要方向，产业集聚是空间布局的主要趋势。合理化能够增加居民就业机会、丰富收入来源、降低收入差距。然而，产业结构高级化进程，劳动力被迫分层，对收入差距的缩小极不利。舟山市六横岛、岱山岛、朱家尖岛的产业结构都日益多元且高级化，大量就业岗位趋向高素质劳动力，导致当地居民收入差距拉大。海岛第一产业对农户家庭总收入的增长呈负向影响，第一产业产值比重越高，家庭总收入反而越低；二、三产业产值比重与家庭总收入呈正比例关系，农户家庭收入的增长主要依赖于二、三产业的发展，主要通过增加家庭经营性收入和工资性收入增加农户家庭总收入。海岛产业演进过程污染物排放方面，海岛水资源污染效应随着二、三产业产值比重的增长而显著增加。与此同时，产业空间集聚对污染物的排放具有较大的影响，制造业集聚会加大资源能耗、污染物排放量，服务业集聚反而会降低对环境的污染。

8.2.1 聚焦海岸海岛城镇经济社会活动的陆海特性，向海进军研究人居环境关键样带

中国海岸带城市地方生产总值与外来人口不断增长、城市化进程持续加速，其

建设用地一直是由其他陆域地类转化、滩涂围垦等方式获得,形成了快速富裕起来的城市多元化居民社群与城市生态环境呈局部恶化态势、宜居水平较低等人居环境空间公正鸿沟。海岸带城市此类发展方式,虽带来了经济快速增长,但经济发展与城市居民人居需求的矛盾却日益凸显。联合国住房和城市可持续发展大会(人居三大会)《新城市议程》指出人居环境问题的解决,归根结底还是要实现城市社会—生态系统可持续转型,提升城市人居环境的空间—社会公平与总体韧性。如何降低海岸带城市发展过程生态系统快速损耗,实现海岸带人地关系协调和城市人居福祉的提高,是城市地理学与经济地理学创新的一个重要方向。国内外研究一直关注哪些因素改变了城市人居环境。其中,大规模的人类活动无疑是最重要的方面,包括城市化导致的土地利用方式改变和工业化引发的污染问题等显著的影响着人居环境。海岸带城市产业演替及其海陆集聚—扩散,既受技术—经济范式变迁主导,又囿于城市社会—生态系统演进及其耦合特性是否宜居以集聚各类人才促进经济社会可持续发展。显然,探究海岸带城市社会—生态系统及其人居环境风险感知是城市地理学研究海洋时代人地关系理论的重要命题。

8.2.2 重视海岸海岛城镇社会—生态系统及其人居环境风险,厘清人居环境关键要素的社会空间生产机制,拓展人居环境理论研究视角与规划实践应用价值

中国沿海城市的城市病日益突出,城市人居环境风险频发导致城市化进程中诸多负外部效应不容忽视。海岸带城市作为中国经济增长高地和人口净流入地,日益多样性社区、多元社群对人居环境客观经历差异、风险感知分化及其治理成为中国沿海城市可持续发展的一个重要研究前沿和应用领域。中国城市环境污染加剧与高消耗、高污染发展模式下高速增长和快速城市化模式休戚相关,加速的工业化和城市化导致过度污染物排放,超出国土或城市资源环境承受能力。尽管环境污染并不等于人居环境问题,但是学界一致认为环境污染问题将提高社会群体暴露于污染环境之中风险,会导致不同程度的人居环境受损。于是国内学者由此探讨了城市居民出行的空气污染暴露度以及影响暴露度的原因。显然,人居环境风险感知成为能否避免暴露于污染环境的充分条件。如居民对空气污染、垃圾处理设施/化工厂等邻避设施位置及污染传播路径有感知,将产生个体避险行为并强化形成社群邻避。这形成了基于社会感知的人居环境风险理解和争论。同时,相关研究表明快速城市化地区不同收入、职业、教育等背景家庭对人居环境风险有不同的感知水平。不可否认,中国人居环境研究忽略了人居环境风险感知及其空间正义。显然,亟待整合人文—经济地理学与环境心理学等学科综合探索这一新兴人

居环境问题，这些短板将是未来关注重点。

8.2.3 应用社会—生态系统理论促推海岸海岛城镇人居环境研究转向

Ostrom① 提出了社会—生态系统（social-ecological system，SES）的可持续发展分析框架，认为 SESs 在一定的社会、经济和政治背景中，应包含资源系统、资源单位、管理系统和行动者 4 个子系统，子系统间相互影响并与关联的生态系统间存在反馈关系，其互动结果是要实现生态系统的生态效益、社会效益、经济效益和治理效益。很多研究表明社会—生态系统变化的发生会导致系统服务功能的突变和持续变化，对人类居住环境产生重大影响。相关研究内容由证明湖泊、海洋、森林等生态系统转换的发生，到转型影响因素的探索及转型预测；研究对象从湖泊、海洋、森林等生态领域，到土地、环境等复杂系统，推演到工业、人口、社会等领域。研究尺度方面，对于自然生态系统而言，国内外学者多基于中观尺度的湖泊、海洋、湿地等生态系统进行研究，或者基于微观尺度的典型变量展开研究（如富营养化水体中磷元素、潟湖群落等）；在社会—生态系统范畴下，国内学者大多基于省或地级市展开研究，基于城市尺度下社区以及居民本身则鲜有研究。社区作为城市基本单位，是居民生活、生产活动的基础环境，居民与城市社会—生态系统变化密切相关，分析其变化是研究城市人居环境风险的核心单元与行动客体。

伴随着快速城市化，作为生态环境敏感区、脆弱区与经济发达地区并存的海岸带城市，传统乡村逐渐大都市化，经济结构从农业向非农业、陆地经济向海洋经济的转型，社会构成由计划经济单位制向改革开放后的市民化过程的农民、城市社区居民、国际短期游客或长期工作者等多样化过渡，城市基本功能单元的社区包括从乡村向城镇转型的城市边缘社区或城中村、单位制社区、商品化社区等，这些转变促进了城市产业结构、社会结构由传统向现代、由陆域向陆海统筹的全面转型。运用社会—生态系统理论洞察典型海岸海岛城镇的人居环境，以城市及其降尺度（Downscaling）社会—生态系统变化为切入点探究海岸带城市人居环境可持续性，重点探讨社区尺度的社会—生态系统转换影响人居环境（感知）因素及其稳健性。理论上有助于丰富基于微观视角城市人居环境发展过程与格局研究，并可能实现城市社会—生态系统以及可持续人居环境框架的整合研究。这将为沿海城市及社区提供有益的人居环境决策支持和管理方法。

1919 年，Johnson DW 认为海岸带是指高潮线以外的陆地部分海岸。20 世纪 50—80 年代对海岸线界定通常包括水上和水下两部分。广义海岸带是指以海岸

① Ostrom E. A general framework for analyzing sustainability of social-ecological systems[J]，Science，2009，325(5939)：419－422.

线为基准向海陆两个方向辐射扩散的广阔地带,包括沿海平原、河口三角洲、浅海大陆架一直延伸到大陆边缘的地带。1980—1995年我国进行全国海岸带滩涂资源综合调查中使用的海岸带是向陆地延伸10km,向海延伸15km。1993年,国际地圈生物圈计划(IGBP)将海岸带海陆交互作用(LOICZ)单独列为其核心计划之一,将海岸带定义为从近岸平原一直延伸到大陆架边缘的一种区域,反映出陆地—海洋相互作用的地带。根据LOICZ计划的定义,海岸带具体范围是向陆到200m等高线,向海是大陆架的边坡,大致与200m等深线相一致。学界非常重视海岸带生态系统研究,如IPCC海岸带管理工作组(coastal zone management subgroup,CZM)认为其是海岸带面临全球气候变化影响及海平面上升等风险。综合IPCC和各国专家对海岸带脆弱性概念分析将其概括为:系统的暴露度、敏感度和适应性,即海岸带生态系统脆弱性=海岸带生态系统暴露度+海岸带生态系统敏感度-海岸带生态系统适应性。围绕脆弱性,相关国际组织与学界发展了三种分析海岸带生态系统脆弱性的逻辑框架(表8-2-1),主要有压力—状态—响应(pressure-state-response,PSR)、驱动力—状态—响应(driving force-state-response,DSR)、驱动力—压力—状态—影响—响应(driving-pressure-state-impact-response,DPSIR)、源—途径—受体—影响(source-pathway-receptor-consequence,SPRC)、压力—脆弱性—状态(pressure-vulnerability-response,PVS)等,这些框架从不同角度考虑各项因素对海岸带生态系统脆弱性的影响,脆弱性是海岸带生态系统一个固有属性,在不同生态系统群落碰撞过程中自然活动与人类活动共同对其产生干扰,当干扰超过其承受能力时有可能会出现如海岸侵蚀、海水入侵、生境退化等脆弱性症状。

海岸海岛城镇人居环境研究主要集中在河口三角洲地区人居环境受全球变化影响,中国沿海城市如大连、上海、厦门、深圳、宁波、舟山等海岸带城市内部人居环境分析研究。亟待通过海岸海岛人文要素过程研究海岸带城市社会-生态系统变化,诠释海岸海岛城镇人居环境可持续机理。①海岸海岛城镇人文要素过程是地球表层过程核心部分,指人文地理要素(如人口、经济、社会、文化、政治等要素)随时间推移而出现的动态过程,以及在此连续过程中人文系统及其作用的自然要素发生的系列运动与变化,形成各种人文空间类型(形态)的组合和布局,引起人文地理要素的空间演替,表征为"时-空断面"上人文地理要素动态过程的基本事实、概念、原理、规律。近30年来,陆表地理过程研究方向逐渐变化,强调自然过程与人文过程的有机结合,应从不同尺度探究陆表变化的关键环节,探讨地貌、水文、土壤、生物、气候、人文等多种因素及过程的相互作用机制、模型的综合表达、模拟与预测。与地表过程相关的重大计划显示,侧重生态学的IBP→IGBP→MAB→MA,

表 8-2-1 海岸带生态系统脆弱性分析概念框架比较

框架	发展历程	优点	缺点
PSR	David J. Rappor 等于 1979 年构建，OECD 和 UNEP 于 20 世纪 80—90 年代将其用于环境问题研究	因果关系较为简洁，能够较好地表达人类活动与海岸带生态系统脆弱性的相互作用关系	缺少对海岸带生态系统内各指标关系的描述，不能反映指标间相互作用及其对生态系统脆弱性的影响
DSR	由联合国可持续发展大会（UNCSD）根据 PSR 概念框架改进而来，用于可持续发展指标的分类	可以准确反映出海岸带生态系统中环境、社会、人文之间的关系和对生态系统脆弱性的影响	没有反映各指标对海岸带生态系统的压力和影响结果，不能明确指标的作用效果和响应机制
DPSIR	欧洲环境署（EEA）在 PSR 和 DSR 概念框架上发展而来，以阐述人类活动对生态系统的影响，如环境变迁与社会经济的相互作用	能较好地反映社会发展与海岸带生态系统的关联，强调社会发展与海岸带生态系统脆弱性间因果关系	缺少海岸带生态系统的驱动力影响过程分析，不能很好地反映各指标对脆弱性的影响
SPRC	Holdgate 于 1979 年提出该概念框架发展，早期被广泛应用于废物和污染管理研究，欧盟 THESEUS 项目曾将其应用于海岸带地区受海平面上升影响研究	能够清晰地表达海岸带生态系统受影响的过程和结果，从源和受体的相互作用关系中明确脆弱性的成因和响应机制	技术路线较为单一，没有形成全方面的指标作用机制，不能直接指导多准则措施的制定
PVS	国内学者提出，用于评价大亚湾海湾地区开发利用程度	较好地解决了海湾地区生态系统脆弱性作用结构复杂性的问题	仅适用于海湾地区

从强调生物的生产力发展到强调人与地理圈的过程；侧重地学的 IGBP→IHDP→ESSP、LUCC、GCTE 等，从地圈、生物圈为研究核心发展到以人文地理过程为核心的 IHDP。地表过程研究重点已从自然向自然—人文结合发展，从单要素、单过程研究向多要素、多过程耦合研究方向发展。西方学界关于行为或情感地理研究，可以认为是属于人文地理学的过程研究，但不能称为陆表人文要素过程，关于人文要素地理过程模拟研究就更少。②21 世纪以来，3S 技术与大数据技术快速应用于地理学人文要素过程研究，相关研究更加强调过程模拟与可视化。人文要素过程模拟研究主要集中在人文要素聚变的城市/城市群或人文要素交汇作用强烈的界面（如保护区或旅游区、城市扩展边界、港口界面等）为主的综合研究，但强调多种人文要素综合过程模拟比较少。综合看，人文要素过程模拟研究进展主要为一是单

一人文要素过程模拟及驱动力研究,如国家经济或经济地缘过程模拟、基础设施过程、行政区划过程、旅游交流过程等;二是土地利用过程模拟与动力体系探究,土地利用变化是人文要素变化最直接的反映,人类活动和自然过程的相互作用集中体现在土地利用变化上,并由此成为地表要素过程研究的主要途径,重点是利用不同年份的遥感影像进行解译和模拟,探讨土地利用结构与空间格局的变化,进而考察人文要素的过程与机理;三是城市与区域空间过程模拟与动力研究,是最具代表性的综合性人文要素过程刻画与动力模拟,主要集中在城市人口、经济、土地一交通互动的空间模拟和城市空间拓展模拟。

综合来看,海岸海岛城镇社会—生态系统及人居环境相关研究尚未形成系统化,相关方法和技术手段也尚未成熟,但也取得了一定的成果,积累了一定的经验。①城市化地区人居环境风险感知相关研究聚焦于完善环境健康感知的理论建构,指出人居环境风险源于利益攸关、环境态度取向,但是地理学"距离衰减规律"仍然是建构统一环境风险感知理论模型的主线,国内尚处于摸索环境风险感知单要素及其作用机理阶段。②社会—生态系统转型注重驱动力以及响应格局探究,海岸带社会—生态系统脆弱性是海岸带城市社会—生态系统变化的基本属性之一,陆表人文要素地理过程模拟及其动态机理分析表明城市人文地理研究已跨入人文—自然耦合探索阶段。但必须指出的是,目前对城市社会—生态系统变化刻画研究,尤其是对海岸带城市社会—生态系统变化的人居环境风险模拟研究尚未形成理想的研究方法与理论框架。未来,随着人类活动作用与影响的增强,海岸带城市社会—生态系统过程研究越来越重要。尤其是,工业化、城市化的共同推进,加快了海岸带城市社会—生态系统过程的速度和影响深度及范围。如何模拟海岸带城市社会—生态系统变化影响(多主体)人居环境的作用过程与响应行为,定量识别敏感人居环境要素及其敏感度,刻画海岸带城市社会—生态系统关键要素变化特征,揭示城市社会—生态系统关键要素及其作用人居环境对人居环境风险的协同性和拮抗性,评估城市社会—生态系统关键要素的演化趋势及其对城市人居环境格局的形成、演变作用,以期形成沿海城市人居环境综合的研究思路与方法学框架,是科学地理解和解释海岸带城市物质能量过程的重要基础,有利于揭示海岸带城市"人地"关系协调发展的动力机制,提出海岸带城市"人—地"系统协调发展的调控途径。同时,研究探讨城市社会—生态系统变化及互馈机制如何影响人居环境风险感知的空间不均衡性,是深化研究全球变化影响下区域可持续发展现实难点,以服务于国家科学决策。

附录 A　多元线性回归、检验、修正表

表 A1　家庭各项支出与家庭总收入的回归结果

因变量：Y_2

方法：最小二乘法

日期：12/31/20

时间 11：31

样本：1192

观察结果：192

变量	系数	标准差	T 统计量	概率
C	642.2973	138.1167	4.650396	0.0000
X	0.002520	0.000672	3.750683	0.0002
R^2	0.068936	被解释变量的样本均值		1030.000
调整后 R^2	0.064036	被解释变量的样本标准差		1311.995
回归标准差	1269.292	赤池信息准则		17.14067
残差平方和	3.06E+08	施瓦茨标准		17.17460
对数似然值	−1643.504	HQ 信息准则		17.15441
F 检验	14.06762	DW 统计量		2.155492
概率（F 检验）	0.000234			

因变量：Y_3

方法：最小二乘法

日期：12/31/20

时间：12：07

样本：1192

观察结果：191

变量	系数	标准差	T 统计量	概率
C	34935.18	11932.34	2.927773	0.0038
X	0.150984	0.057939	2.605930	0.0099
R^2	0.034684	被解释变量的样本均值		58193.72
调整后 R^2	0.029577	被解释变量的样本标准差		111107.2

续表

变量	系数	标准差	T 统计量	概率
回归标准差	109451.7	赤池信息准则		26.05477
残差平方和	2.26E+12	施瓦茨标准		26.08883
对数似然值	−2486.231	HQ 信息准则		26.06856
F 检验	6.790870	DW 统计量		2.086288
概率(F 检验)	0.009893			

因变量:Y_4

方法:最小二乘法

日期:12/31/20

时间:12:09

样本:1 192

观察结果:190

变量	系数	标准差	T 统计量	概率
C	−1417.626	8066.625	−0.175740	0.8607
X	0.111441	0.039090	2.850884	0.0048
R^2	0.041440	被解释变量的样本均值		15781.05
调整后 R^2	0.036341	被解释变量的样本标准差		75192.91
回归标准差	73813.96	赤池信息准则		25.26695
残差平方和	1.02E+12	施瓦茨标准		25.30113
对数似然值	−2398.361	HQ 信息准则		25.28080
F 检验	8.127537	DW 统计量		2.020045
概率(F 检验)	0.004847			

因变量:Y_5

方法:最小二乘法

日期:12/31/20

时间:12:10

样本:1192

观察结果:190

变量	系数	标准差	T 统计量	概率
C	2879.001	8066.625	−0.175740	0.8607
X	0.001871	0.039090	2.850884	0.0048
R^2	0.003699	被解释变量的样本均值		3166.526
调整后 R^2	−0.001601	被解释变量的样本标准差		4221.560
回归标准差	4224.937	赤池信息准则		19.54587
残差平方和	3.36E+09	施瓦茨标准		19.58005
对数似然值	−1854.857	HQ 信息准则		19.55971
F 检验	0.697968	DW 统计量		2.061923
概率(F 检验)	0.404528			

因变量:Y_6

方法:最小二乘法

日期:12/31/20

时间 12:10

样本:1192

观察结果:192

变量	系数	标准差	T 统计量	概率
C	2651.063	712.8612	3.718904	0.0003
X	0.015944	0.003467	4.598192	0.0000
R^2	0.100138	被解释变量的样本均值		5104.271
调整后 R^2	0.095401	被解释变量的样本标准差		6887.990
回归标准差	6551.194	赤池信息准则		20.42304
残差平方和	8.15E+09	施瓦茨标准		20.45698
对数似然值	−1958.612	HQ 信息准则		20.43679
F 检验	21.14337	DW 统计量		1.773317
概率(F 检验)	0.000008			

因变量:Y_7

方法:最小二乘法

日期:12/31/20

时间:11:49

样本:1192

观察结果:186

变量	系数	标准差	T 统计量	概率
C	846.9207	1274.845	−0.664332	0.5073
X	0.014878	0.006129	2.427340	0.0162
R^2	0.031028	被解释变量的样本均值		1469.892
调整后 R^2	0.025762	被解释变量的样本标准差		11677.27
回归标准差	11525.87	赤池信息准则		21.55327
残差平方和	2.44E+10	施瓦茨标准		21.58796
对数似然值	−2002.454	HQ 信息准则		21.56733
F 检验	5.891981	DW 统计量		2.071071
概率(F 检验)	0.016173			

因变量:Y_8

方法:最小二乘法

日期:12/31/20

时间:11:51

样本:1192

观察结果:191

变量	系数	标准差	T 统计量	概率
C	−3268.579	2386.310	−1.369721	0.1724
X	0.061450	0.011584	5.304799	0.0000
R^2	0.129597	被解释变量的样本均值		6203.979
调整后 R^2	0.124992	被解释变量的样本标准差		23387.98
回归标准差	21877.55	赤池信息准则		22.83473
残差平方和	9.05E+10	施瓦茨标准		22.86878
对数似然值	−2178.716	HQ 信息准则		22.84852
F 检验	28.14090	DW 统计量		2.372228
概率(F 检验)	0.000000			

表 A2　回归结果 White 检验(按 $Y_1 \sim Y_8$ 排序)

异方差检验:怀特

F 检验	16.29302	F 概率(2189)	0.0000
观测值 * R^2	28.23517	卡方检验概率(2)	0.0000
缩放解释 SS	228.5756	卡方检验概率(2)	0.0000

测试方程:
因变量:$RESID^2$
方法:最小二乘法
日期:12/31/20
时间:11:32
样本:1192
观察结果:192

变量	系数	标准差	T 统计量	概率
C	1287261.	940126.7	1.369242	0.1725
X^2	2.67E−05	8.71E−06	3.062378	0.0025
X	−5.331317	7.481194	−0.712629	0.4770
R^2	0.147058	被解释变量的样本均值		1594321.
调整后 R^2	0.138032	被解释变量的样本标准差		6499682.
回归标准差	6034448.	赤池信息准则		34.07937
残差平方和	6.88E+15	施瓦茨标准		34.13027
对数似然值	−3268.619	HQ 信息准则		34.09998
F 检验	16.29302	DW 统计量		2.121180
概率(F 检验)	0.000000			

异方差检验:怀特

F 检验	1.663382	F 概率(2189)	0.1923
观测值 * R^2	3.321082	卡方检验概率(2)	0.1900
缩放解释 SS	85.96480	卡方检验概率(2)	0.0000

测试方程:
因变量:$RESID^2$
方法:最小二乘法
日期:12/31/20
时间:11:44
样本:1192
观察结果:191

变量	系数	标准差	T 统计量	概率
C	−9.83E+09	1.34E+10	−0.732301	0.4649
X^2	−0.179276	0.124300	−1.442291	0.1509
X	190149.9	106770.1	1.780928	0.0765
R^2	0.017388	被解释变量的样本均值		1.19E+10
调整后 R^2	0.006935	被解释变量的样本标准差		8.64E+10
回归标准差	8.61E+10	赤池信息准则		53.21150
残差平方和	1.39E+24	施瓦茨标准		53.26258
对数似然值	−5078.698	HQ 信息准则		53.23219
F 检验	1.663382	DW 统计量		2.059134
概率(F 检验)	0.192274			

异方差检验:怀特

F 检验	0.723321	F 概率(2189)	0.4865
观测值 * R^2	1.458566	卡方检验概率(2)	0.4823
缩放解释 SS	116.1402	卡方检验概率(2)	0.0000

测试方程:

因变量:$RESID^2$

方法:最小二乘法

日期:12/31/20

时间:11:45

样本:1192

观察结果:190

变量	系数	标准差	T 统计量	概率
C	−6.03E+09	1.08E+10	−0.558874	0.5769
X^2	−0.088410	0.099656	−0.887148	0.3761
X	98378.34	85620.22	1.149008	0.2520
R^2	0.007677	被解释变量的样本均值		5.39E+09
调整后 R^2	−0.002936	被解释变量的样本标准差		6.89E+10
回归标准差	6.90E+10	赤池信息准则		52.76945
残差平方和	8.91E+23	施瓦茨标准		52.82072
对数似然值	−5010.098	HQ 信息准则		52.79022
F 检验	0.723321	DW 统计量		1.989021
概率(F 检验)	0.486491			

异方差检验:怀特

F 检验	1.361533	F 概率(2189)	0.2588
观测值 * R^2	2.726999	卡方检验概率(2)	0.2558
缩放解释 SS	22.78107	卡方检验概率(2)	0.0000

测试方程:

因变量:$RESID^2$

方法:最小二乘法

日期:12/31/20

时间:11:47

样本:1192

观察结果:192

变量	系数	标准差	T 统计量	概率
C	29910258	27350345	1.093597	0.2755
X^2	0.000128	0.000253	0.505618	0.6137
X	46.44000	217.6443	0.213376	0.8313
R^2	0.014203	被解释变量的样本均值		42471085
调整后 R^2	0.003771	被解释变量的样本标准差		1.76E+08
回归标准差	1.76E+08	赤池信息准则		40.82031
残差平方和	5.82E+18	施瓦茨标准		40.87121
对数似然值	−3915.750	HQ 信息准则		40.84092
F 检验	1.361533	DW 统计量		2.021186
概率(F 检验)	0.258769			

异方差检验:怀特

F 检验	3.211732	F 概率(2189)	0.0426
观测值 * R^2	6.307373	卡方检验概率(2)	0.0427
缩放解释 SS	422.8247	卡方检验概率(2)	0.0000

测试方程:

因变量:$RESID^2$

方法:最小二乘法

日期:12/31/20

时间:11:49

样本:1192

观察结果:186

变量	系数	标准差	T 统计量	概率
C	−3.84E+08	2.42E+08	−1.588097	0.1140
X^2	−0.003255	0.002214	−1.470573	0.1431
X	4213.611	1908.235	2.208119	0.0285
R^2	0.033911	被解释变量的样本均值		1.31E+08
调整后 R^2	0.023352	被解释变量的样本标准差		1.54E+09
回归标准差	1.52E+09	赤池信息准则		45.14342
残差平方和	4.25E+20	施瓦茨标准		45.19545
对数似然值	−4195.338	HQ 信息准则		45.16450
F 检验	3.211732	DW 统计量		2.080963
概率(F 检验)	0.042568			

异方差检验:怀特

F 检验	54.82109	F 概率(2189)	0.0000
观测值 * R^2	70.35850	卡方检验概率(2)	0.0000
缩放解释 SS	1414.766	卡方检验概率(2)	0.0000

测试方程:

因变量:$RESID^2$

方法:最小二乘法

日期:12/31/20

时间:11:51

样本:1192

观察结果:191

变量	系数	标准差	T 统计量	概率
C	7.24E+08	3.79E+08	1.907659	0.0580
X^2	0.023747	0.003510	6.766182	0.0000
X	−8160.899	3015.311	−2.706487	0.0074
R^2	0.368369	被解释变量的样本均值		4.74E+08
调整后 R^2	0.361650	被解释变量的样本标准差		3.04E+09
回归标准差	2.43E+09	赤池信息准则		46.07697
残差平方和	1.11E+21	施瓦茨标准		46.12805
对数似然值	−4397.350	HQ 信息准则		46.09766
F 检验	54.82109	DW 统计量		2.920247
概率(F 检验)	0.000000			

表 A3 检验结果修正

(Y_7)

异方差检验:怀特

F 检验	0.154559	F 概率(2189)	0.9266
观测值 * R^2	0.472662	卡方检验概率(2)	0.9249
缩放解释 SS	12.92434	卡方检验概率(2)	0.0048

测试方程:

因变量:$RESID^2$

方法:最小二乘法

日期:12/31/20

时间:11:50

样本:1192

观察结果:186

变量	系数	标准差	T 统计量	概率
C	10559.50	5473.650	1.929151	0.0553
$X^2 WGT^2$	−8.84E−06	1.41E−05	−0.626143	0.5320
$X * WGT^2$	0.068126	0.122274	0.557162	0.5781
WGT^2	−126.1165	246.0857	−0.512490	0.6089
R^2	0.002541	被解释变量的样本均值		9101.448
调整后 R^2	−0.013900	被解释变量的样本标准差		68221.29
回归标准差	68693.80	赤池信息准则		25.13398
残差平方和	8.59E+11	施瓦茨标准		25.20335
对数似然值	−2333.460	HQ 信息准则		25.16209
F 检验	0.154559	DW 统计量		2.103761
概率(F 检验)	0.926650			

(Y_8)

异方差检验:怀特

F 检验	1.681497	F 概率(2189)	0.1889
观测值 * R^2	3.356615	卡方检验概率(2)	0.1867
缩放解释 SS	40.65115	卡方检验概率(2)	0.0000

测试方程:

因变量:$RESID^2$

方法:最小二乘法

日期:12/31/20

时间:11:50

样本:1192

观察结果:191

从规范中删除的共线测试回归器

变量	系数	标准差	T 统计量	概率
C	7994704	94611183	0.084501	0.9327
X^2WGT^2	0.010418	0.006383	1.632212	0.1043
WGT^2	37006772	28096533	1.317129	0.1894
R^2	0.017574	被解释变量的样本均值		1.50E+08
调整后 R^2	0.007123	被解释变量的样本标准差		7.46E+08
回归标准差	7.43E+08	赤池信息准则		43.70705
残差平方和	1.04E+20	施瓦茨标准		43.75813
对数似然值	−4171.023	HQ 信息准则		43.72774
F 检验	1.681497	DW 统计量		2.162299
概率(F 检验)	0.188882			

附录B 调查问卷

岱山岛人居环境的调查问卷

尊敬的女士/先生：

您好！我们是宁波大学昂热大学联合学院/中欧旅游与文化学院的地理学硕士研究生，正在调查研究岱山岛人居环境的基本情况，希望得到您的支持与协助。本次调查采用匿名的方式填写，所有数据仅用于统计分析，不会对您造成任何不便。衷心感谢您的支持与协助！

问卷编号：__________ 调查时间：____年____月____日 调查员：________

调查地点：________区________街道(乡镇)________村(社区)

Ⅰ 家庭生计状况

一、家庭基本能力

1.您是/否为本地户口，居住________年。

2.您家共有________人，其中非农人口________人；劳动力(正在从事工作)：男________人，女________人；本岛务工________人，外出打工________人；学生________人。

3.本人及家庭成员基本情况(以家庭为单位进行填写)

家庭身份(现有所有家庭成员)	性别	年龄	文化程度(选填)	目前从业情况(选填)	工作地点	工作时间	健康情况(健康/疾病)	家庭成员年收入	是否购买养老保险	养老保险类型	购买金额(元/年)	是否领取养老金(元/月)
1												
2												
3												
4												

续表

家庭身份(现有所有家庭成员)	性别	年龄	文化程度(选填)	目前从业情况(选填)	工作地点	工作时间	健康情况(健康/疾病)	家庭成员年收入	是否购买养老保险	养老保险类型	购买金额(元/年)	是否领取养老金(元/月)
5												
6												
7												

注:可增加行数(另:文化程度:①学龄前,②文盲,③小学,④初中,⑤高中,⑥大专,⑦本科及以上;从业情况:①纯务农,②务农为主,农闲周边打工,③以打工为主,农忙务农,④常年周边打零工,⑤常年外出打工(出岛),⑥工资性收入者(企业职工、服务业人员、事业单位职工),⑦个体经营,⑧上学,⑨离退休人员,⑩未就业或其他____________;养老保险类型:①新型农村社会养老保险,②企业补充养老保险,③个人储蓄养老保险,④社会养老保险,⑤转产渔民专项养老保险,⑥其他____________)

4.历年来您的职业情况

年份	主要从事职业	工作地点	工作时间(天/月/年)
2000			
2005			
2010			
2015			
2018			

5.2019年家庭经济收入状况

收入来源	捕捞收入	种植收入	养殖收入	打工收入	政府补贴	工资性收入	其他收入(土地出租/转包,房屋出租,村集体分红,经营收入)	总收入
收入金额(元)								

2000年以后您家获得的政府各种补贴有________(类别),预计共________元。

2019年,家庭存款为________,2015年家庭存款约为________,2010年________,2005年________,2000年________。

6. 2019年家庭经济支出状况

支出类别	能源消费	水资源消费	生活消费(吃、穿、用)	教育投入	医疗投入	交通通讯投入	发展投入(创业、参加培训、学习)	其他投入	总支出
支出金额(元)									

2019年家庭消费________(元),主要用于________________________;

2015年家庭消费________(元),主要用于________________________;

2010年家庭消费________(元),主要用于________________________;

2005年家庭消费________(元),主要用于________________________;

2000年家庭消费________(元),主要用于________________________。

7. 您家现在是否有从银行贷款的机会(打√)

A. 有　B. 没有

二、外部物质基础

1. 您家目前有耕地________亩,实际耕种利用的耕地________亩,主要种植/养殖________,平均每年亩产________元。征地前/移居前有耕地________亩,主要种植/养殖________,平均每年亩产________元。

2. 您家目前的耕地质量与村里其他人家相比　(　)

A. 耕地质量差　B. 耕地质量一般　C. 耕地质量好　D. 耕地质量很好

3. 您家(A. 是 B. 否)有渔船,现有________艘,实际在用的________艘,主要用于________,每艘渔船年均收入________元。起初有渔船________艘,实际利用________艘,主要用于________,每艘渔船年均收入________元。

4. 您家目前生活用水来源(　　),水质(　　),家庭每月生活用水量______(吨),水价______元/吨,生活用水每年花费大概______元。2000年水源(　　),水质(　　),生活用水花费______元;2010水源(　　),水质(　　)年,生活用水花费______元。

水源:A. 自来水　B. 井水　C. 水窖水　D. 河水　E. 其他

水质:A. 很好　B. 较好　C. 一般　D. 较差　E. 很差

三、家庭居住环境

1. 您家现有住房______套,房屋类型(打√),户型______房,______厅,

______厨,______卫,住房面积共______平方米。

A. 草房/石房　B. 土(木)房　C. 土砖房　D. 砖瓦房

E. 钢筋混凝土结构

2. 您家现有以下哪些固定消耗品(打√),价值________万元。

①小汽车;②摩托车/电动车/自行车;③农用车/拖拉机/货车;④空调;⑤冰箱;⑥洗衣机;⑦电视机;⑧热水器/太阳能;⑨电脑;⑩风扇;⑪其他____________

四、家庭职业收入弹性

1. 您对"渔民转产""耕地征用补偿""移居(拆迁)补偿""创新创业"等政策了解吗?

A. 完全不了解　B. 不太了解　C. 一般　D. 比较了解

E. 非常了解

2. 是否参加过非农技术的培训(A. 有　B. 没有),平均每年________次,培训内容(多选)　(　　)

①渔船修缮　②海产品养殖　③海产品加工　④工商业服务　⑤工商旅游管理　⑥自然灾害防治(台风)　⑦贮藏保险　⑧务工技能　⑨其他____________

3. 现在您是否将所学的非农技术运用到生产中 A. 有　B. 没有,原因________________。

4. 您觉得除了目前的生计方式外,您是否能通过学习依靠其他方式维持生计,如依靠(限选 3 项)　(　　)

①造船修船厂上班　②开店成为个体户　③外出打工　④岛内打零工　⑤岛内从事服务行业　⑥参加事业单位或公务员考试,成为公职人员　⑦创业　⑧其他____________。

五、社会资本

1. 当地政府是否开展过灾害紧急处理的培训与宣传(A. 有;B. 没有),年均______次,内容____________________________________(选 B 则不需要填)。

2. 您所在乡镇政府应对灾害的处理能力与效率(　　);村干部工作能力(　　)

A. 很好　B. 较好　C. 一般　D. 较差　E. 基本没有

3. 您所在的乡镇村民是否有机会参与政府决策(A. 有;B. 没有),年均______次,内容____________________________________(选 B 则不需要填)。

4. 您所在的乡镇家庭对重新就业、创业、打工等的经验分享交流情况(　　)

A. 很多　B. 较多　C. 一般　D. 较少　E. 基本没有

5. 您家是否有在政府机构或企事业单位工作的亲属:A. 有,______人;B. 没有

6. 您家是否有人参加了社区或乡镇组织或活动：A. 有，______个(次)；B. 没有

7. 您与亲戚朋友的联系程度　　　　（　　）

A. 基本不联系　B. 联系较少　C. 一般　D. 比较密切

E. 非常密切

8. 您对邻居与周围人群的信任程度　　　　（　　）

A. 完全不信任　B. 不太信任　C. 一般　D. 比较信任

E. 非常信任

9. 您愿意主动参与社区活动与邻居或周围人群交往吗　　　　（　　）

A. 不愿意　B. 不太愿意　C. 一般　D. 比较愿意

E. 非常愿意

10. 家庭遇到经济困难时，一般从哪里获得资金帮助　　　　（　　）

A. 银行或信用社　B. 高利贷　C. 亲戚或朋友　D. 政府、社会援助

E. 其他____________。

11. 您获得过社区或邻里朋友的哪些帮助(多选)　　　　（　　）

①资金帮助(资金赠送、无息借款)　②人力帮助(劳动力)　③物质帮助(政府福利)　④技术帮助(策略、知识、信息等)　⑤政策帮助(优惠、扶植政策等)　⑥其他____________

12. 您家获取各种信息的渠道(多选)　　　　（　　）

①村干部　②村务公开栏　③村民集体会议　④报纸　⑤广播　⑥电视　⑦手机　⑧网络　⑨周围人群亲朋好友告知　⑩其他____________

Ⅱ 土地征收、移居和补偿情况

一、征地情况

1. 您家土地是否被征收过(A. 是；B. 否(跳至第5题))，________次，最近一次是________年，征收的是(A. 农用地；B. 宅基地)征收的原因：农用地用作(　　)；宅基地用作(　　)

①道路、公园等城市基础设施建设　②经济适用房、教育等城市公益性用地　③工商业、房地产等城市经营性用地　④工业园区开发建设　⑤旅游景点、服务设施开发建设　⑥政府部门等市政设施建设　⑦其他____________

2. 您家农用地被征收的方式(　　)；宅基地被征用的方式(　　)

A. 政府出面协商　B. 用地单位出面协商　C. 未通知未协商

3. 被征用农用地面积________亩，补偿________元/亩，土地依附物(房屋、庄稼、养殖等)赔偿____，赔偿款(A. 全部到位　B. 大部分到位　C. 少部分到位　D. 没有到位)；被征用宅基地________平

方米,共补偿______元;提供安置房________平方米/人,提供宅基地________平方米/人

4.土地被征收后,政府如何安置:农用地(　　);宅基地(　　)

①货币安置　②就业安置　③入股安置(集体创办企业)　④留地安置　⑤社保安置　⑥移居安置　⑦没有安置　⑧其他____________

5.您是否愿意自家土地被征用 A.愿意,原因(自行填写)________________;B.不愿意,原因(√)

①征地补偿太低　②生活来源不稳定　③找不到合适工作　④土地情感较重　⑤农用地(住房)太少　⑥安置政策不够完善　⑦征地用途不利　⑧其他________

6.您家是否收到过转产补贴(A.是;B.否),补贴情况(√)

①每个家庭固定额度补贴　②按人头补贴　③按闲置渔船数补贴　④按转产前平均收入补贴　⑤其他____________

7.您是否愿意转产 A.愿意,原因(自行填写)____________________________;B.不愿意,(√)

①补偿太低　②生活来源不稳定　③找不到合适工作　④海洋情感较重　⑤渔业投入太多　⑥安置政策不够完善　⑦其他____________

8.征地/转产/移居前,家庭收入来源(按照收入占家庭总收入的比重进行排序):____

①捕鱼　②海产品养殖　③海产品加工　④个体经营　⑤岛内打工　⑥岛外打工　⑦房屋出租　⑧工资收入　⑨政府补偿　⑩入股分红　⑪社会保障　⑫其他____________

9.征地/转产/移居后生活水平(　　)

①明显提高　②有所提高　③没有变化　④有所降低　⑤明显降低

10.补偿款您是如何利用的,按花费量排序____________

①储蓄　②生活开支　③婚丧嫁娶　④修建购买房屋　⑤生意投资　⑥创业投资　⑦医疗就医　⑧教育开支　⑨购买社会保险　⑩技能培训与学习　⑪其他____________

二、就业情况

1.征地/转产后政府是否提供就业服务:A.是,形式__________;B.否

①提供工作岗位　②提供就业培训　③提供用工信息　④提供就业指导　⑤组织外出打工　⑥其他____________

2.您是否参加过政府组织的培训:A.是,有________;B.否,原因________

是:①服务行业　②家庭手工业　③自主创业　④其他____________

原因:①政府没有组织 ②培训内容不感兴趣 ③培训方式不接受 ④培训作用不大 ⑤培训需自费 ⑥年龄性别限制 ⑦学历限制 ⑧其他____________

3.您觉得政府是否有必要组织就业培训吗 A.是,原因____________;B.否,原因____________

4.您是否愿意自费参加感兴趣且效用较大的技能培训

A.不愿意 B.不太愿意 C.一般 D.比较愿意

E.愿意

5.关于自主创业( )

A.从未考虑过 B.有想法但是不敢行动

C.有想法并且已经开始行动 D.创业成功

6.影响您创业的主要因素(限选三项,并按影响程度排序)________

A.缺少创业资本 B.缺少勇气和信心

C.风险太大 D.缺少创业项目

E.缺少相关知识和能力 F.缺少政府政策支持

G.缺少经验人士帮助 H.其他____________

7.您是否愿意留在岛上的企业和工作打工( )

A.不愿意 B.不太愿意 C.一般 D.比较愿意

E.愿意

三、社会保障情况

1.征地/转产/移居后最担心的问题,按担心程度排序____________

A.没有归属感 B.失去固定生活来源

C.找不到满意住所 D.找不到合适的工作

E.没有养老保障 F.后代没有资产继承

G.闲置的渔具怎么办 H.其他____________

2.您是否领取养老金:A.是,每人每月________元;B.否

3.您是否享有最低生活保障:A.是,每人每月________元;B.否

4.您是否参加医疗保险:A.是,形式( )金额________元;B.否

A.新型农村合作医疗保险 B.城镇职工医疗保险

C.商业医疗保险 D.转产渔民专项医疗保险

E.其他形式医疗保险____________

5.您是否参加失业保险:A.是,B.否;是否参加工伤保险:A.是,B.否;是否参加生育保险(限女性):A.是,B.否;

Ⅲ 产业演替及其影响与人居环境变化及其影响感知情况

以下几个方面您的态度或意愿(√)	非常反对/不愿意	反对/不太愿意	中立/一般	同意/愿意	非常同意/非常愿意
您是否愿意自家土地被征用					
您是否愿意移居					
您是否愿意放弃原来的生计,寻求新的生计方式					
您对政府的补偿费分配是否满意					
您对目前的生活环境是否满意					
您对目前的工作是否满意					
您对目前的生活质量是否满意					
您对目前的收入水平是否满意					
您对目前岛上交通发展是否满意					
您对岛陆连接工程是否满意					
您对目前岛上水资源供应是否满意					
您对岛上产业布局与结构是否满意					
您是否愿意参与到岛内的城市化建设与工业化建设中来					
您对政府关于岛上产业开发与发展的相关工作是否满意					
您认为产业发展带来的利大于弊					
产业兴起前后社会服务(零售、交通、医疗、教育、文化等)变化					
您对目前的生活状态、生活环境是否满意					